国家出版基金项目
NATIONAL PUBLICATION FOUNDATION

“十三五”国家重点图书出版规划项目

兽医基础

丛书主编 李金祥 陈焕春 沈建忠
本书主编 吴文学 盖新娜

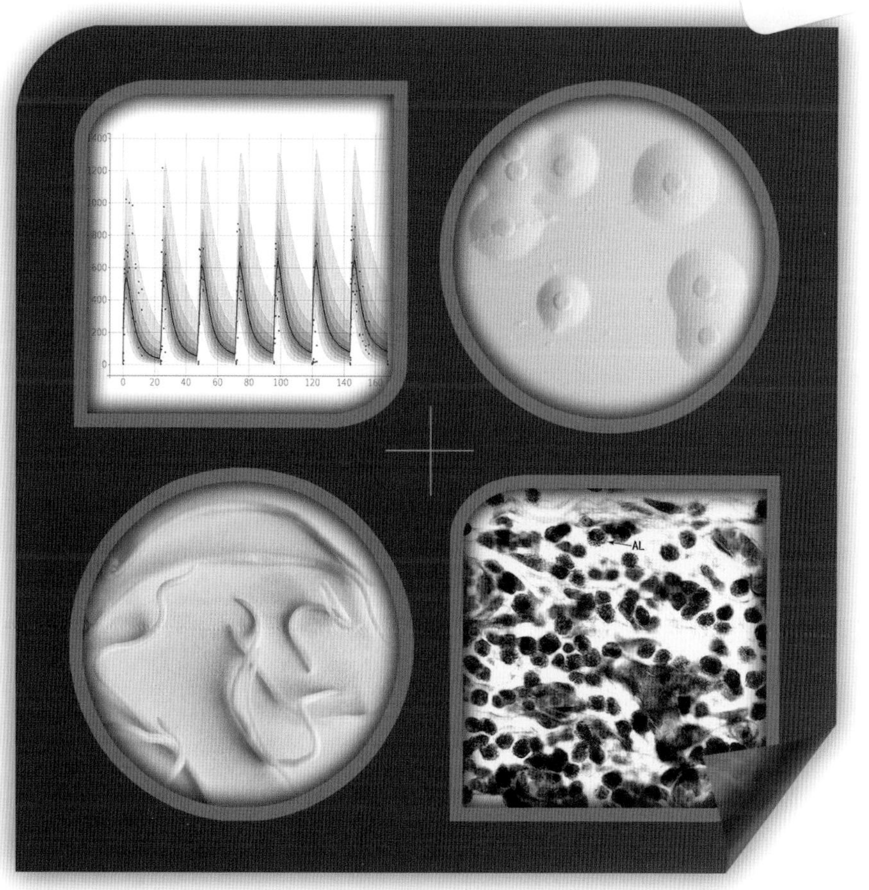

中国农业科学技术出版社

图书在版编目(CIP)数据

兽医基础 / 吴文学，盖新娜主编 . -- 北京 : 中国农业科学技术出版社，2020.9
（中国兽医诊疗图鉴 / 李金祥，陈焕春，沈建忠主编）
ISBN 978-7-5116-4339-1

Ⅰ . ①兽… Ⅱ . ①吴… ②盖… Ⅲ . ①兽医学 Ⅳ . ① S85

中国版本图书馆 CIP 数据核字 (2019) 第 173692 号

责任编辑 闫庆健 陶莲
责任校对 李向荣

出 版 者 中国农业科学技术出版社
北京市中关村南大街 12 号 邮编：100081
电 话 (010)82106632（编辑室） (010)82109702（发行部）
(010)82109703（读者服务部）
传 真 (010)82106625
网 址 http://www.castp.cn
经 销 者 各地新华书店
印 刷 者 北京科信印刷有限公司
开 本 880mm × 1 230mm 1/16
印 张 19
字 数 510 千字
版 次 2020 年 9 月第 1 版 2020 年 9 月第 1 次印刷
定 价 228.00 元

《中国兽医诊疗图鉴》丛书

编委会

《兽医基础》
编委会

主　编　　吴文学　盖新娜

副主编　　曹兴元　周向梅　高　光

编　者　　曹兴元　盖新娜　高　光　李旭妮　宋建红

　　　　　吴文学　杨利峰　张　云　张素霞　周向梅

序

目前，我国养殖业正由千家万户的分散粗放型经营向高科技、规模化、现代化、商品化生产转变，生产水平获得了空前的提高，出现了许多优质、高产的生产企业。畜禽集约化养殖规模大、密度高，这就为动物疫病的发生和流行创造了有利条件。因此，降低动物疫病的发病率和死亡率，使一些发生普遍、危害性大的疫病得到有效控制，是保证养殖业继续稳步发展，再上新台阶的重要保证。

“十二五”时期，我国兽医卫生事业取得了良好的成绩，但动物疫病防控形势并不乐观。重大动物疫病在部分地区呈点状散发态势，一些人畜共患病仍呈地方性流行特点。为贯彻落实农业农村部发布的《全国兽医卫生事业发展规划（2016—2020年）》，做好“十三五”时期兽医卫生工作，更好地保障养殖业生产安全、动物产品质量安全、公共卫生安全和生态安全，提高全国兽医工作者业务水平，编撰这套《中国兽医诊疗图鉴》丛书恰逢其时。

“权、新、全、易”是该套丛书的主要特色。

“权”即权威性，该套丛书由我国兽医界教学、科研和技术推广领域最具代表性的作者团队编写。业界知名度高，专业知识精深，行业地位权威，工作经历丰富，工作业绩突出。同时，邀请了7位兽医界的院士作为出版顾问，从专业知识的准确角度保驾护航。

“新”即新颖性，该套丛书从内容和形式上做了大量创新，其中类症鉴别是兽医行业图书首见，填补市场空白，既能增加兽医疾病诊断准确率，又能降低疾病鉴别难度；书中采用富媒体形式，不仅图文并茂，同时制作了常见疾病、重要知识与技术的视频和动漫，与文字和图片形成良好的互补。让读者通过扫码看视频的方式，轻而易举地理解技术重点和难点，同时增强了可读性和趣味性。

“全”即全面性，该套丛书涵盖了猪、牛、羊、鸡、鸭、鹅、犬、猫、兔等我国主要畜种，及各畜种主要疾病内容，疾病诊疗专业知识介绍全面、系统。

“易”即通俗易懂，该套丛书图文并茂，并采用融合出版形式，制作了大量视频和动漫，能大大降低读者对内容理解与掌握的难度。

该套丛书汇集了一大批国内一流专家团队，经过5年时间，针对时弊，厚积薄发，采集相关彩色图片20 000多张，其中包括较为重要的市面未见的图片，且针对个别拍摄实在有困难的和未拍摄到的典型症状图片，制作了视频和动漫2 500分钟。其内容深度和富媒体出版模式已超越国内外现有兽医类出版物水准，代表了我国兽医行业高端水平，具有专著水准和实用读物效果。

《中国兽医诊疗图鉴》丛书的出版，有利于提高动物疫病防控水平，降低公共卫生安全风险，保障人民群众生命财产安全；也有利于兽医科学知识的积累与传播，留存高质量文献资料，推动兽医学科科技创新。相信该套丛书必将为推动畜牧产业健康发展，提高我国养殖业的国际竞争力，提供有力支撑。

值此丛书出版之际，郑重推荐给广大读者！

中国工程院院士
军事科学院军事医学研究院　研究员　夏咸柱

2018年12月

前 言

兽医学是研究预防和治疗动物疾病的科学，涉及动物疾病、人畜共患病、食品安全、公共卫生和生态环境健康等多个领域，为保障动物和人类健康发挥了重要作用。

为了满足新时期动物疫病防治工作需要和配合《中国兽医诊疗图鉴》丛书的出版工作，我们组织编写了系列丛书中的《兽医基础》。考虑《中国兽医诊疗图鉴》丛书的总体架构，本书主要包含兽医病理、兽医药理学和病理学、基础免疫学、基础微生物学、基础传染病学和兽医寄生虫学基础知识，并分六部分组织编写。全书由吴文学和高光统稿。

在编写过程中，本书得到了有关教师的大力支持，并参阅了国内外兽医同仁的相关教材和文献资料，在此谨向专家们表达最衷心的感谢！由于编者水平有限，难免有不足之处，敬请广大读者和同行专家批评指正。

编　者

2019 年 7 月

目 录

基础免疫学

基础微生物学

基础传染病学

兽医寄生虫学

兽医病理

第一章 疾 病

第一节 疾病概述

一、疾病的概念

疾病是在一定病因作用下自稳调节紊乱而发生的异常生命活动过程，并引发一系列代谢、功能、结构的变化，表现为症状、体征和行为的异常。动物疾病是动物机体受到内在或外界致病因素和不利影响的作用而产生的一系列损伤与抗损伤的复杂过程，表现为局部、器官、系统或全身的形态变化和（或）功能障碍。在健康情况下，动物与其环境之间保持一种动态平衡，机体的结构和功能处于正常状态；疾病则使这种平衡受到破坏。在这一过程中，若损伤大于机体的防御能力，则疾病恶化，甚至导致死亡；反之则疾病痊愈，机体康复，间或遗留某些不良后果。

二、疾病的分类

（一）按照发生原因分为以下 3 类

1. 传染病

其病原包括病毒、细菌、立克次氏体、衣原体、霉形体和真菌等微生物。特点是：一是每一种传染病都由一种特定的微生物所引起，而且宿主谱宽窄各不相同。如猪瘟和炭疽分别是由猪瘟病毒和炭疽杆菌所引起的；猪瘟只能感染猪属动物，而炭疽则几乎能感染所有哺乳动物，包括人类。二是具有传染性。病原微生物能通过直接接触（舐、咬、交配、触碰等），间接接触（空气、饮水、饲料、土壤、授精精液、乳汁等），死物媒介（畜舍用具、污染的手术器械等），活体媒介（节肢动物、啮齿动物、飞禽、人类、两栖爬行动物等）从受感染的动物传给健康动物，引起同样疾病。三是分别侵害一定的器官、系统甚或全身，表现特有的病理变化和临诊症状。四是动物受感染后多能产生免疫生物学反应（免疫性和变态反应），人类可借此创造各种方法来进行传染病的诊断、治疗和预防。

2. 寄生虫病

寄生虫主要包括原虫、蠕虫和节肢动物三大类。前二者多为内寄生虫，后者绝大多数为外寄生虫。寄生虫多有较长的发育期和较复杂的生活史，有的需要在一种、甚至几种宿主体内完成其发育，多数寄生虫都有其固定的终宿主。它们可以通过直接接触（如疥螨、马媾疫锥虫、钩虫丝状蚴、血吸虫尾蚴），吞入含感染性虫卵、幼虫或卵囊等的土壤、饮水或饲料（例如蛔虫、圆线虫、球虫）以及蜱、虻等外寄生虫作媒介（例如血液原虫）而传播。

3. 普通病

主要包括内科、外科和产科疾病 3 类。内科疾病有消化、呼吸（家畜）、泌尿、神经、心血管、血液造血器官、内分泌、皮肤、肌肉、骨骼等系统以及营养代谢、中毒、遗传、免疫、幼畜疾病等，其病因和表现多种多样。外科疾病主要有外伤、四肢病、蹄病、眼病等。产科疾病可根据其发生时期分为怀孕期疾病（流产、死胎等），分娩期疾病（难产），产后期疾病（胎衣不下、子宫内膜炎、生产瘫痪）以及乳房疾病、新生幼畜疾病等。随着畜牧业对家畜繁殖率和家畜品质要求的提高，产科学的领域已扩展到人工授精、胚胎移植以及交配和输精感染及不育症的防治等，从而又分化出母畜科分支。

上述分类并非绝对的。有些原虫所致的疾病如球虫病、弓形虫病、梨形虫病和锥虫病等由于传播、流行和表现方式与传染病非常相似，有些学者也将其归入传染病。由蟠尾丝虫侵害马项韧带所致的鬐甲瘘，既是一种寄生虫病，又可归属于外科病。肿瘤能用手术切除者属于外科疾病，非手术所能达到者为内科疾病。至于因重视幼畜的培育及强调幼畜的解剖生理特点而设置的幼畜病分支，其内容则传染病、寄生虫病和普通病 3 类均具备。分类为便于叙述和应用，并无不可逾越的界限。

（二）按照是否群发或散发分为以下 2 类

1. 群发病

一般传染病、寄生虫病、中毒和营养缺乏病多为群发，但也有例外，如破伤风虽为一种传染病，但必须有破伤风梭菌存在于缺氧的深创伤中才能发生，故仅散发。有些传染病，如钩端螺旋体病以及部分寄生虫病，如弓形虫病和血吸虫病在畜群中常表现为隐性感染，多属散发，仅偶有群发。

2. 散发病

在群发疾病中，又可根据其流行方式分为地方性、流行性和大流行性疾病。普通病虽多为散发，但某些中毒疾病和营养缺乏，特别是微量元素缺乏疾病，由于其病因多与某一地区饲料和土壤的特性有关，亦常呈地方性流行。在传染病和寄生虫病中，有的因其病原（如炭疽杆菌、恶性水肿梭菌及其芽孢）常存在于某一地区的土壤中，或者其中间宿主（如含血吸虫尾蚴的螺、带梨形虫的蜱）只限于某一水域或者地区中，所以只呈地方性流行。但大多数烈性传染病如牛瘟、猪瘟、鸡新城疫等常同时在广大地区蔓延发生，以流行性疾病著称；其中部分尚可同时迅速在洲际散播，构成大流行或世界性流行。

其他分类：动物疾病还可分为本土疾病和外来疾病。在国际交往频繁，旅游和贸易十分发达的情况下，外来疾病常通过各种交通工具中的蚊、蝇、蚤、虱、臭虫、蟑螂、老鼠和伴随动物、进口的家畜和野兽、冷冻精液和胚胎，以及畜产品和其他货物传入本国。严防外来的动物疾病，已成为国境和口岸检疫的重要任务。

第二节 疾病的经过与致病因素

一、疾病的经过和转归

疾病从发生、发展到结局的过程称为疾病的经过或疾病过程。在这个过程中，由于损伤和抗损伤反应的不断变化，从而使疾病呈现不同的阶段性。不同的发展阶段有不同的表现。通常可把疾病经过分为相互联系的 4 个阶段。

（一）潜伏期

也称隐蔽期，指从病因作用于机体时起，到疾病的第 1 批症状出现时为止的一段时间。潜伏期的长短因机体所处的环境、本身的条件、病因的特性及病原体侵入部位的不同而不同。一般侵入机体的病原微生物数量多或毒力强时，疾病的潜伏期较短，反之则较长。潜伏期是机体动员各种防御机能与致病因素进行斗争的过程，若防御机能能够克服致病因素的损害，则在出现症状之前疾病即停止发展。

（二）前驱期

也称先兆期，指从疾病出现最初征兆到主要症状开始暴露的一段时间。在此阶段，机体的机能活动和反应性均有所改变，通常出现某些非特异性的症状，如精神沉郁、食欲减退、心脏活动和呼吸机能发生改变、体温升高、使役或生产能力下降等。

（三）临床经过期

也称症状明显期，是紧接前驱期之后，疾病的主要或典型临床症状已充分表现出来的阶段。

（四）终结期

也称转归期，指疾病的结束阶段。此阶段有时疾病结束很快，症状在几小时到 1 昼夜之间迅速消失，称为“骤退”。有时则在较长时间内逐渐消失，称为“缓退”。

另外，在疾病经过中，有时机体可因抵抗力下降导致症状和机能障碍加剧，称为疾病的“恶化”；若疾病的症状在一定时间内减弱或消失，则称为疾病的“减轻”。在某些疾病的过程中，可能发生并发症，如幼畜患副伤寒时可以并发肺炎。

一般将疾病的转归分为完全康复、不完全康复和死亡 3 类。

完全康复是指致病因素的作用停止或消失，机体各系统器官的机能、代谢和形态结构恢复正常；患病机体的症状和体征完全消退，机体的自稳调节以及对外界环境的适应能力、动物的生产能力也彻底恢复到正常水平。

不完全康复指病因消除后，疾病的主要症状虽然消失，但疾病时机体受损的机能、代谢和形态结构变化并未完全恢复正常，往往遗留下某些损伤的残疾或持久性的变化。如烧伤后形成的瘢痕，心内膜炎治愈后形成的心瓣膜狭窄或闭锁不全等。

死亡是指机体生命活动的终止，完整机体的解体，即机体作为一个整体其生命活动永久性停止。死亡可分为生理性死亡和病理性死亡 2 种。前者较为少见，它是由于机体各器官自然老化所致，又称自然死亡。病理性死亡是由于致病因素的损伤作用过强所造成的死亡。

二、疾病的致病因素

（一）人为因素

1. 管理问题

在畜牧养殖中，由于种种原因，造成很多岗位人才缺失，例如消毒岗位，从而导致脏、乱、差的现象在养殖场中随处可见，动物患病概率加大。

2. 医疗问题

目前，很多养殖人员并没有参与专业的动物养殖培训，因此在动物的疫病防控和养殖技术上有很多缺失。例如，在进行动物疾病的预防阶段中，药物的配置以及用量上，养殖人员往往是根据经验而定的，药物的作用不能正常发挥，无法起到预防疾病的作用，甚至可能增强药物的毒性；还有在动物发病后，诊断不清、不准，乱用抗生素药物，导致药不对症，起不到治疗作用，贻误治疗时机，甚至出现动物中毒、死亡等现象。

3. 设施问题

现阶段畜牧业由粗放式散养向集约化、规模化过渡，养殖设施参差不齐，现状不容乐观，不仅选址不合理，而且设备设施无法满足基本要求，缺乏完善性。管理人员在选址前，不能很好地对周围的环境进行评估，从而导致养殖环境出现问题，设备条件较差，例如通风问题、保暖问题、养殖密度、设施不达标等均会造成细菌的滋生，导致动物患病。

（二）养殖环境

动物的机体会随着不同的养殖环境发生不同的变化，当养殖环境较为恶劣时，动物正常的新陈代谢会受到干扰，生理调节也会遭到相应的损害，导致疾病乘虚而入，进一步破坏动物生理平衡。为节约成本，饲养密度过高，造成通风不良，排泄物也随之增多，造成空气污染，易诱发多种疾病。此外，动物在生长过程中也很大程度上受到外界环境的影响，例如，环境不良或者圈舍卫生条件差都会直接影响动物的生长发育。

（三）饲料添加剂、药物等应用不当

人们为了提高生产性能，在畜禽饲料中常常加入一些微量元素、药物等添加剂，使动物多产蛋、产肉、产奶，但随之动物的生理机能也发生改变。近几年，在畜牧养殖中，滥用抗生素、随意在饲料中添加促进生长发育的一些药物，对动物本身的免疫系统造成了极大的破坏，导致动物患病的概率大大提升，对动物源性食品安全也造成很大的隐患，例如，为了防治肠道性疾病，在饲料中添加过量的抗生素，结果动物肠道菌群被破坏，微生物抗药性逐年增强。这些微生物同时又威胁到人类的健康。

（四）动物自身的原因

部分动物在出生之前可能就患上了疾病，还可能在母体中先天性传染造成的，还有引进的动物品种不适应当地的生长环境，很容易患病以及动物在运输途中感染发病。这些由动物自身原因造成的疾病也是动物发病的原因之一。

（五）条件性疫病危害日趋严重

动物及动物产品的流通越来越频繁，动物疫病的传播媒介不断增多，发病和病害流行的概率显著增加，在造成经济损失的同时，也严重危害了人类的健康。人类为了获取经济利益最大化，在养殖生产中增加养殖密度，减少设施投入，致使养殖设施差，减少了畜禽活动空间，空气、水等也极易受到污染，也给致病微生物生长创造了适宜环境。在现阶段，动物疾病发病率 50% 以上来自条件性疫病导致的发病，已成为控制疾病发生的主要类型。

第二章 血液循环障碍

第一节 充 血

充血是指组织或器官的血管内血液含量增多，可分为动脉性充血和静脉性充血 2 类。广义来说是脏器一部分区域血量增加的状态，但一般是不包括由静脉血液的增加所形成的被动性充血（瘀血），而是单指动脉（主动性）充血。充血的重要原因除炎症外，温热的、机械的、化学的及精神的刺激也可以引起。这些刺激可以通过血管舒张神经的兴奋或血管收缩神经的麻痹而导致充血。动脉充血时由于大量血液加速流通，因而局部出现发红、温度增高、肿胀和机能亢进等征候。而机体局部组织、器官的小血管由于过度扩张，会出现内含血量比正常增多的现象。

一、充血的分类

充血根据其发生原因和机制不同，可分为动脉性充血和静脉性充血 2 类。

（一）动脉性充血

由于小动脉扩张而流入组织或器官的血量增多的现象称为动脉性充血，也称为主动性充血（简称充血）。

动脉性充血的病理变化主要表现为充血的组织器官体积轻度肿大，色泽鲜红，温度升高。镜下变化为小动脉及毛细血管扩张，管腔内充满大量红细胞。

（二）静脉性充血

由于静脉回流受阻而引起局部组织或器官中血量增多的现象称为静脉性充血，又称为被动性充血（简称瘀血）。

静脉性充血的病理学变化主要表现为瘀血的组织或器官体积增大，颜色加深，呈暗红或紫红色，表面温度降低。镜下变化为小静脉和毛细血管扩张，充满大量红细胞。若瘀血持续时间较长、血液循环不能建立时，可导致瘀血性水肿、出血、组织坏死、间质结缔组织增生等，甚至发生瘀血性硬变，瘀血组织易继发感染而发生炎症、坏死。肺瘀血多见于左心衰竭和二尖瓣狭窄或关闭不全时，剖检可见肺体积膨大，被膜紧张，呈暗红色或紫红色，在水中呈半沉半浮状态。切面常有暗红色不易凝固的血液流出，支气管内流出灰白色或淡红色泡沫状液体。肝脏瘀血多见于右心衰竭时，急性肝瘀血时，肝体积肿大，质地较软，呈紫红色，切面流出多量暗红色液体。肾脏瘀血多见于右心衰竭时，剖检可见肾体积稍肿大，呈暗红色。切开时，从切面流出多量暗红色液体，皮质常呈红黄色，故皮质和髓质界线清晰。

二、充血的病因

（一）动脉充血

动脉充血是指通过神经体液作用，使小动脉扩张，导致局部器官或组织动脉内过多的血液流入而发生充血。充血原因根据始动原因不同分为生理性和病理性 2 种。血管舒张神经兴奋性增高或血管收缩神经兴奋性降低、舒血管活性物质释放增加等，引起细动脉扩张、血流加快，使动脉血输入微循环的灌注量增多。常见充血现象如下。

1. 生理性充血

如进食后的胃肠道黏膜、运动时的骨骼肌和妊娠时的子宫充血等。

2. 炎症性充血

见于局部炎症反应的早期，由于致炎因子的作用引起的轴索反射使血管舒张神经兴奋，以及组织胺、缓激肽等血管活性物质作用，使细动脉扩张充血。

3. 减压后充血

如局部器官或组织长期受压，见于绷带包扎的肢体或大量腹水压迫腹腔内器官后，组织内的血管张力降低，若突然解除压力，受压组织内的细动脉发生反射性扩张，导致局部充血。

（二）静脉充血（瘀血）

1. 静脉受压使管腔发生狭窄或闭塞

如肿瘤压迫局部静脉；妊娠子宫压迫髂总静脉；嵌顿性肠疝、肠套叠和肠扭转时压迫肠系膜静脉。静脉血液回流受阻，血液淤积在小静脉或毛细血管网，使血管扩张，充满了红细胞。

2. 静脉腔阻塞

如静脉血栓形成阻塞静脉回流受阻，导致局部出现瘀血。但由于静脉分支较多，又有丰富的吻合侧支，只有在静脉阻塞并且侧支循环不能有效建立的情况下，静脉管腔的阻塞才会发生瘀血。

3. 心力衰竭

如二尖瓣狭窄和高血压病引起的左心衰竭，导致肺瘀血；肺源性心脏病时发生的右心衰竭，导致体循环脏器瘀血；肺循环和体循环都发生瘀血的全心衰竭。

三、充血的表现

（一）动脉性充血

动脉充血的器官和组织内血量增多，体积可轻度增大。充血如发生于体表，可见局部组织的颜色鲜红，温度升高。动脉性充血是暂时性的血管反应，原因消除后，局部血量迅即恢复正常，不遗留不良后果，对机体无重要影响。炎症反应的动脉性充血，是一系列血管反应的初始，它参与炎症血管动力学变化，具有积极的作用。

（二）静脉性充血

静脉充血的组织和器官，可由于血液的淤积而肿胀；发生于体表的静脉性充血，由于血液内氧合血红蛋白减少，还原血红蛋白增多，局部可呈发绀；又由于局部血流淤滞，毛细血管扩张，使得散热增加，该处体表的温度因而降低。静脉性充血的组织，镜下呈小静脉和毛细血管扩张，充满血液，有时还伴有水肿。由于局部血液氧分压降低，器官和组织相对缺氧，代谢功能可因而减弱。

四、充血的结局

静脉性充血对机体的影响决定于瘀血的范围、瘀血的器官、瘀血的程度、瘀血发生的速度（急性或慢性）以及侧支循环建立的状况。全身性瘀血影响许多重要器官的功能，可出现相应的功能障碍（如肾、肝、肺），局部性静脉性充血则主要影响局部器官的功能。

较长期的静脉性充血，使局部组织内代谢中间产物蓄积，从而损害毛细血管，使其通透性增高，加之瘀血时小静脉和毛细血管内流体静力压升高，导致局部组织发生水肿，严重时甚至发生漏出性出血。如肺瘀血时，肺泡壁毛细血管扩张、充血，严重时肺泡腔内可出现水肿液，甚至出血。若肺泡腔内的红细胞被巨噬细胞吞噬，其血红蛋白变为含铁血黄素，这种巨噬细胞常在左心衰竭的情况下出现，因而被称为心力衰竭细胞。

长期瘀血，由于氧和营养物质供应不足和代谢中间产物堆积，还可引起实质细胞的萎缩和变性。如慢性肝瘀血时，肝细胞萎缩（主要在肝小叶中央带）和脂肪变性（主要在小叶周边带），以致肝切面呈现槟榔状花纹，称为槟榔肝（nutmeg liver）。较急性且程度严重的肝瘀血可引起肝细胞坏死。某些器官，慢性瘀血引起实质细胞萎缩的同时，其间质细胞却可增生。例如慢性肝瘀血时，小叶中央肝细胞萎缩，结缔组织则增生，最后形成瘀血性肝硬化。

由于静脉通常都有丰富的吻合支，因此当某一静脉发生阻塞时，其吻合支能及时扩张，有助于局部血液回流，起了代偿作用。这种通过吻合支的血液流通，称为侧支循环。侧支循环具有一定程度的代偿作用，但当瘀血的程度超过侧支循环所能代偿的范围时，终归会出现静脉性充血所招致的各种病理变化，如水肿、实质器官的变性和坏死等变化。

第二节　出　血

血液流出心脏或血管外的现象称为出血。

一、出血的分类

根据出血的原因可分为破裂性出血和渗出性出血。

（一）破裂性出血

破裂性出血乃由心脏或血管壁破裂所致。破裂可发生于心脏（如心壁瘤的破裂），也可发生于动脉，其成因既可为动脉壁本身的病变（如主动脉瘤），也可因动脉旁病变侵蚀动脉壁（如肺结核空洞对肺血管壁的破坏，肺癌、胃癌、子宫颈癌的癌组织侵蚀局部血管壁，胃和十二指肠慢性溃疡的溃疡底的血管被病变侵蚀）。静脉破裂性出血的原因除创伤外，较常见的例子是肝硬化时食管静脉曲张的破裂。毛细血管的破裂性出血发生于局部软组织的损伤。

（二）渗出性出血

渗出性出血也称为渗漏性出血，是指由于血管壁通透性增高，红细胞通过扩大的内皮细胞间隙和损伤的血管基底膜漏出血管外。渗出性出血多见于某些急性败血性传染病，瘀血、中毒，对血管的损伤，血小板数量减少、血小板功能障碍、凝血因子缺乏等。渗出性出血的病理变化常见的有：点状出血，常见于皮肤、黏膜、浆膜以及肝、肾等器官表面，多呈针尖大至高粱米粒大散在或弥漫性分布；斑状出血，常形成绿豆大、黄豆大或更大的瘀血斑；出血性浸润。当机体有全身性出血倾向时，称为出血性素质，表现为全身各器官组织出血。

二、出血的表现

（一）内出血

可发生于体内任何部位，血液积聚于体腔内者称体腔积血，如腹腔积血、心包积血；体腔内可见血液或凝血块。发生于组织内的出血，量大时形成血肿（hematoma），如脑血肿、皮下血肿等；量少时仅可在镜下检查到，在组织内有多少不等的红细胞或含铁血黄素、橙色血晶的存在。皮肤、黏膜、浆膜的少量出血在局部形成瘀点（petechia），较大的出血灶形成瘀斑。

（二）外出血

鼻黏膜出血排出体外称为鼻衄；肺结核空洞或支气管扩张出血经口排出到体外称为咯血；消化性溃疡或食管静脉曲张出血经口排出到体外称呕血；结肠、胃出血经肛门排出称便血；泌尿道出血经尿道排出称尿血。这些局部出血灶的红细胞被降解，由巨噬细胞吞噬，血红蛋白酶解最终转变为棕黄色的含铁血黄素，成为出血灶的特征性颜色改变。广泛性出血的患者，由于大量的红细胞崩解，胆红素释出，有时会发展为黄疸。

三、出血的结局

出血对机体的影响取决于出血量、出血速度和出血部位。漏出性出血过程比较缓慢，出血量较少，不会引起严重后果。但如漏出性出血广泛时，如肝硬化时因门静脉高压发生的广泛性胃肠黏膜漏出性出血，可因一时的多量出血导致出血性休克。破裂性出血的出血过程迅速，如在短时间内丧失循环血量的 20%~25% 时，即可发生出血性休克。发生在重要器官的出血，即使出血量不多，亦可致命，如心脏破裂引起心包内出血，由于心包填塞，可导致急性心功能不全；脑出血，尤其是脑干出血，可因重要神经中枢受压致死。局部的出血，可导致相应的功能障碍，如视网膜出血引起视力减退或失明。慢性出血可引起贫血。一般的进行缓慢的破裂性出血，多可自行停止。其机制是局部受损的细动脉发生痉挛，小静脉形成血栓，从而阻止血液继续流失。流入体腔或组织内的血液，时间长了可被吸收、机化或包裹。

第三节 贫 血

贫血是指全身血液量减少或单位容积血液中红细胞数和血红蛋白量减少的一种病理现象。贫血不是一种独立的疾病，而是某些疾病的一种症状表现。动物中各种家畜均能发生，尤以幼龄家畜多见。

一、贫血的分类

（一）小细胞低色素性贫血

动物缺铁或缺铜时，可引起小细胞低色素性贫血，其特征是红细胞小，染色淡，中央透亮区大。因每个红细胞较小，故红细胞压积低，血红蛋白浓度下降，每个红细胞内血红蛋白浓度低，可视黏膜由淡粉红色变为淡白色或苍白色。病畜安静时呼吸平和，但运动后喘息，皮肤更显苍白至发绀。血清铁浓度下降，血清铁蛋白明显降低，铁饱和度明显减低，骨髓贮铁及肝、脾内黄铁蛋白浓度明显减少，血清铜蓝蛋白浓度正常或偏低。当缺铜导致低色素性小细胞性贫血时，主要是因为铁在贮存场所不能及时运送到骨髓参与造血，因而血清铁浓度正常，铁饱和度正常，骨髓贮铁减少，肝、脾内黄铁蛋白浓度增多，肝、脾切片中布满染成棕黄色的枯否氏细胞，血清铜蓝蛋白浓度下降，血铜浓度偏低或正常。长期使用某些药物，如抗结核药中毒、铅中毒、血液肿瘤、癌症、溶血、卟啉病等，可导致铁利用障碍时，也可产生小细胞低色素性贫血。这时，血清铁浓度升高，铁饱和度增高，血清铁蛋白增高，骨髓贮铁明显增多等。此外，慢性感染、消耗性疾病导致铁吸收利用障碍，也可导致小细胞低色素性贫血。

（二）巨幼细胞性贫血

巨幼细胞性贫血主要因动物缺乏钴、钴胺素或叶酸所致。其特征是外周血红细胞平均容积，平均红细胞血红蛋白浓度均高于正常。骨髓幼红细胞涂片镜检可见典型巨幼细胞，幼红细胞糖原染色呈阴性反应，有叶酸或钴胺素缺乏的病因条件。红细胞较大，染色较深，中央透亮区缩小甚至缺失。牛、羊缺钴引起消瘦、贫血，皮下脂肪消耗殆尽。病畜血、肝和瘤胃内容物中钴含量降低，钴胺素含量也降低。钴胺素缺乏和叶酸缺乏所致贫血之间的区别，仅从临床检查难以判断，实验检查有如下特点，钴胺素缺乏时，血清钴胺素浓度降低，但血清叶酸和红细胞内叶酸浓度正常。叶酸缺乏引起贫血时，血清叶酸浓度和红细胞叶酸浓度均降低，血清钴胺素浓度正常或偏高，如两者都缺乏时，血清中钴胺素、叶酸和红细胞内叶酸浓度都降低。巨幼细胞性贫血应与下列疾病引起的贫血进行区别。红白血病。骨髓内幼红细胞被释放到循环血中，常易误诊为巨幼红细胞性贫血，但犬的红白血病临床上有出血、发热和肝、脾肿大等症状。采血镜检可见外周呈全血细胞减少，并可见较多的幼稚红细胞和粒细胞，骨髓内异常原始粒细胞和早幼粒细胞明显增多。该病用钴胺素、叶酸治疗无效。骨髓增生异常综合征。外周血中可见巨幼红细胞样变，和巨幼红细胞性贫血很相似，但骨髓增生异常时，外周血中全血细胞减少，骨髓内呈病态造血。外周血中可见较多的原粒细胞、年幼粒细胞，对钴胺素、吡哆素治疗无效。其他原因所致巨幼细胞贫血可见于某些抗代谢性药物的应用、慢性溶血和肝病。

（三）溶血性贫血

溶血性贫血是由于动物红细胞寿命缩短，破坏增加，骨髓造血功能不足以代偿红细胞损失而发生的贫血病。临床特征为动物可视黏膜苍白，排血红蛋白尿，黄疸，肝、脾肿大及巨细胞性贫血。

按溶血场所分为血管内溶血和血管外溶血，按病因分为先天性溶血和后天性溶血。溶血性贫血的实验诊断表现为血清间接胆红素增高，尿胆原增多，血浆游离血红蛋白增加。尿中含铁血黄素阳性。网织红细胞增多，末梢血中有时出现有核红细胞，骨髓红是代偿性增生所致，可视黏膜黄染。引起溶血性贫血的原因有血液寄生虫，如附红细胞体、血巴尔通体、梨形虫及猫立克次氏体等。细菌感染，如牛传染性血红蛋白尿、梭菌、钩端螺旋体等。病毒感染，如立克次氏体、马传染性贫血。化学药品，如硫化二苯胺、苯胺、皂苷、硝基呋喃妥英、铅、铜、某些磺胺类药物、非那西汀等。某些植物，蓖麻子、栎树叶、冰冻芜菁、秋水仙、榛树、黑藜芦等。营养代谢性疾病，如低磷血症。免疫介导反应，如新生幼畜溶血症、自身免疫性溶血、全身红斑狼疮。过敏反应，如静脉注射大分子药物或输血引起溶血。溶血性贫血诊断中应注意与下述疾病相区别。遗传性球形红细胞增多症又称先天性溶血性黄疸，多发生于家鼠和牛，是因牛编码红细胞膜蛋白基因发生无意义突变，红细胞膜蛋白缺失，阴离子跨膜转运障碍所致。临床特征是初生时动物严重黄疸，随后出现贫血，肝、脾肿大。断奶后贫血体征减轻，血液涂片中具有大量网织红细胞，以至有核红细胞可达 50%~70%，有的高达 92%。骨髓增生十分活跃，代偿健全。葡萄糖 -6 - 磷酸脱氢酶缺乏所致的溶血性贫血，又叫先天性非球形细胞性溶血，以急性血管内溶血为特征。

（四）营养性贫血

动物因营养缺乏造成的贫血常为某些疾病的并发症。铁、铜、钴等微量元素与造血有密切的关系，铁是血红蛋白生成的原料，铜有利于铁的利用，钴为钴胺素的活性中心。当铁、铜、钴缺乏时，可引起血红蛋白生成不足，导致小细胞低色素性贫血。另外，其他微量营养物质，对造血功能也能产生影响。如钼可干扰铜的营养与代谢，铅可干扰铁营养，铬对血红蛋白的合成和造血机理有促进作用。此外，吡哆素缺乏可引起犊牛异形红细胞增多、红细胞大不均症及猪小细胞低色素性贫血。叶酸缺乏引起猪正红细胞性贫血。烟酸缺乏则影响叶酸合成。此外，赖氨酸缺乏可引起猪蛋白合成障碍，泛酸、维生素 E 或维生素 C 缺乏时也可引起营养性贫血。

（五）再生障碍性贫血

再生障碍性贫血是动物骨髓造血功能衰竭的一种贫血。发病动物的共同特征是全血细胞减少，骨髓增生显著降低，进行性贫血伴有出血和继发感染。

二、贫血的表现

贫血的病因，血液携氧能力下降的程度，血容量下降的程度，发生贫血的速度和血液、循环、呼吸等系统的代偿和耐受能力均会影响贫血的临床表现。

（一）循环系统

贫血时由于红细胞和血红蛋白减少，导致机体缺氧与物质代谢障碍，在早期可以出现代偿性心跳加强加快，以增加每分钟心输出量，因血流加速，通过单位时间的供氧增多，就能代偿红细胞减少所造成的缺氧，但到后期由于心脏负荷加重，心肌缺氧而致心肌营养不良，则可诱发心脏肌原性扩张和相对性瓣膜闭锁不全，导致血液循环障碍。

（二）呼吸系统

贫血时由于缺氧和氧化不全的酸性代谢产物蓄积，刺激呼吸中枢使呼吸加快，患畜轻度运动后，便发生呼吸急促；同时组织呼吸酶活性增强，且因红细胞内 2，3- 二磷酸甘油酸增高促使氧合血红蛋白的解离加强，从而增强了组织对氧的摄取能力。

（三）消化系统

消化道机能改变除因缺氧所致外，还与营养障碍有关。动物表现食欲减退，胃肠分泌与运动机能减弱，消化吸收障碍，故临诊上往往呈现消瘦、消化不良、便秘或腹泻等症状。消化过程障碍，反过来又可加重贫血的发展。

（四）神经系统

贫血时，中枢神经系统的兴奋性降低，以减少脑组织对能量的消耗，增高对缺氧的耐受力，因此具有保护性意义。严重贫血或贫血时间较长时，由于脑的能量供给减少，神经系统机能减弱，对各系统机能的调节则降低，动物表现精神沉郁、容易疲劳、生产效率降低、抵抗力减弱。

（五）骨髓造血机能

贫血时，由于缺氧可促使肾脏产生促红细胞生成素，致使骨髓造血机能增强（再生障碍性贫血除外）。关于促红细胞生成素的作用机理，通过骨髓培养证明，其最初效应是控制与合成血红蛋白所必需的蛋白质有关的信息 RNA 的合成速度，并促进 δ-氨基-γ-酮戊酸、原血红素合成酶、原血红素的生成以及 DNA 的合成速度。此外，促红细胞生成素还能促进其反应细胞的增生，并增加正在成熟的红细胞内的血红蛋白合成速度，缩短骨髓内各级未成熟红细胞的转化时间，并引起早期释放网织红细胞。

第四节　血　栓

在活体的心脏或血管内血液发生凝固，或某些有形成分析出而形成固体物质的过程称为血栓形成，所形成的固体物质称为血栓。根据血栓的形成过程和形态特点，可分为白色血栓、混合血栓、红色血栓以及透明血栓 4 种类型。血栓的结局主要有血栓的软化、机化、钙化 3 种。

一、血栓的分类

（一）白色血栓

发生于血流较快的部位（如动脉、心室）或血栓形成时血流较快的时期（如静脉混合性血栓的起始部，即延续性血栓的头部）。镜下，白色血栓主要由许多聚集呈珊瑚状的血小板小梁构成，其表面有许多中性白细胞黏附，形成白细胞边层，推测是由于纤维素崩解产物的趋化作用吸引而来。血小板小梁之间由于被激活的凝血因子的作用而形成网状的纤维素，其网眼内含有少量红细胞。肉眼观呈灰白色，表面粗糙有波纹、质硬、与血管壁紧连。

（二）混合血栓

静脉的延续性血栓的主要部分（体部），呈红色与白色条纹层层相间，即是混合性血栓。其形成过程是：以血小板小梁为主的血栓不断增长以致其下游血流形成漩涡，从而再生成另一个以血小板为主的血栓，在两者之间的血液乃发生凝固，成为以红细胞为主的血栓。如是交替进行，乃成混合性血栓。在二尖瓣狭窄和心房纤维颤动时，在左心房可形成球形血栓；这种血栓和动脉瘤内的血栓均可见到灰白色和红褐色交替的层状结构，称为层状血栓，也是混合性血栓。

（三）红色血栓

发生在血流极度缓慢甚或停止之后，其形成过程与血管外凝血过程相同。因此，红色血栓见于混合血栓逐渐增大阻塞管腔，局部血流停止后，往往构成延续性血栓的尾部。镜下，在纤维素网眼内充满如正常血液分布的血细胞。肉眼观呈暗红色。新鲜的红色血栓湿润，有一定的弹性，陈旧的红色血栓由于水分被吸收，变得干燥、易碎、失去弹性，并易于脱落造成栓塞。

（四）透明血栓

这种血栓发生于微循环小血管内，只能在显微镜下见到，故又称微血栓，主要由纤维素构成，见于弥散性血管内凝血。

二、血栓的原因

（一）心、血管内膜损伤

（1）内膜受到损伤时，内皮细胞发生变性、坏死脱落，内皮下的胶原纤维裸露，从而激活内源性凝血系统的Ⅻ因子，内源性凝血系统被激活。

（2）损伤的内膜可以释放组织凝血因子，激活外源性凝血系统。

（3）受损伤的内膜变粗糙，使血小板易于聚集，主要黏附于裸露的胶原纤维上。

（二）血流改变

血流变慢和血流产生漩涡等。

（三）血液性质改变

主要是指血液凝固性增高，见于血小板和凝血因子增多。如在严重创伤、产后及大手术后。

三、血栓的结局

（一）软化、溶解和吸收

小的血栓可被完全溶解和吸收；大的血栓则可被部分溶解而软化，易受血流冲击脱落形成栓子。

（二）机化与再通

血栓形成后，从血管壁向血栓内长入内皮细胞和成纤维细胞，形成肉芽组织并逐渐取代血栓，这一过程为血栓机化。

（三）钙化

血栓形成后，既未被溶解吸收，又未被完全机化时，可发生钙盐沉积。静脉中的血栓钙化后称静脉石。

第五节　栓　塞

血液循环中出现不溶性的异常物质，随血流运行并阻塞血管腔的过程称为栓塞，阻塞血管的异常物质称栓子。根据栓塞的原因以及栓子的性质，分为血栓性栓塞、空气性栓塞、脂肪性栓塞、组织性栓塞、细菌性栓塞、寄生虫性栓塞等。空气性栓塞多见于静脉破裂后或静脉注射、胸腔穿刺等手术操作不慎而注入空气。

一、栓子的运行途径

栓子运行途径一般随血流方向运行。

（一）来自体静脉系统及右心的栓子

随血流进入肺动脉主干及其分支，可引起肺栓塞。某些体积小而又富于弹性的栓子（如脂肪栓子）可通过肺泡壁毛细血管经左心进入体循环系统，阻塞动脉小分支。

（二）来自左心或主动脉系统的栓子

随动脉血流运行，阻塞于各器官的小动脉内。常见于脑、脾、肾等器官。

（三）来自肠系膜静脉等门静脉系统的栓子

可引起肝内门静脉分支的栓塞。

（四）交叉性栓塞

偶见来自右心或腔静脉系统的栓子，多在右心压力升高的情况下通过先天性房、室间隔缺损到左心，再进入体循环系统引起栓塞。左心压力升高时，左心的栓子也可引起肺动脉的栓塞。

（五）逆行性栓塞

极罕见于下腔静脉内血栓，在胸、腹压突然升高（如咳嗽或深呼吸）时，使血栓一时逆流至肝、肾、髂静脉分支并引起栓塞。

二、栓塞的分类

（一）血栓栓塞

指由血栓脱落引起的栓塞，为栓塞中最常见的一种。一是来自静脉系统及右心的栓子，常按其大小阻塞相应的肺动脉分支，引起肺动脉栓塞。由于肺动脉分支与支气管动脉分支之间有丰富的吻合支，所以，小动脉栓塞后，局部肺组织仍能从侧支循环获得充足的血液供应，一般不引起严重后果。如果被栓塞的肺动脉较多，则可造成病畜突发性呼吸困难、黏膜发绀、休克甚至突然死亡。较大的肺动脉栓塞，同时又不能形成有效的侧支循环时，会导致肺组织的循环障碍，引起肺梗死。二是来自动脉系统及左心的栓子，可随动脉血运行阻塞全身小动脉的分支，如慢性猪丹毒伴发心内膜炎时，瓣膜上的赘生物或附在心壁的血栓都可脱落，随血液运行到达肾脏、脾脏、心脏引起相应组织的缺血和坏死，有时还可导致脑部栓塞，反射性引起脑血管痉挛，导致动物急性死亡。

（二）脂肪栓塞

指在循环的血流中出现脂肪滴阻塞于小血管，称为脂肪栓塞。栓子来源常见于长骨骨折、脂肪组织挫伤和脂肪肝挤压伤时，脂肪细胞破裂释出脂滴，由破裂的小静脉进入血循环。

脂肪栓塞常见于肺、脑等器官。脂滴栓子随静脉入右心到肺，直径 >20 μm 的脂滴栓子引起肺动脉分支、小动脉或毛细血管的栓塞；直径 <20 μm 的脂滴栓子可通过肺泡壁毛细血管经肺静脉至左心达体循环的分支，可引起全身多器官的栓塞。最常见的为脑血管的栓塞，引起脑水肿和血管周

围点状出血。在镜下血管内可找到脂滴。其临床表现，在损伤后可出现突然发作性的呼吸急促，呼吸困难和心动过速等。

（三）气体栓塞

大量空气迅速进入血循环或原溶于血液内的气体迅速游离，形成气泡阻塞心血管，称为气体栓塞。

空气栓塞多由于静脉损伤破裂，外界空气由静脉缺损处进入血流所致。如头颈手术、胸壁和肺创伤损伤静脉、使用正压静脉输液误伤静脉时，空气可被吸气时因静脉腔内的负压吸引，由损伤口进入静脉。

空气进入血循环的后果取决于进入的速度和气体量。小量气体入血，可溶解入血液内，不会发生气体栓塞。若大量气体（>100mL）迅速进入静脉，随血流到右心后，因心脏搏动将空气与血液搅拌形成大量气泡，使血液变成可压缩的泡沫状充满心腔，阻碍了静脉血的回流和向肺动脉的输出，造成了严重的循环障碍。可出现呼吸困难、发绀和猝死。进入右心的部分气泡可进入肺动脉，阻塞小的肺动脉分支，引起肺小动脉气体栓塞。小气泡亦可经过肺动脉小分支和毛细血管到左心，引起体循环一些器官的栓塞。

减压病是气体栓塞的一种。减压是指从高气压环境迅速进入常压或低气压的环境，使原来溶于血液、组织液和脂肪组织的气体包括氧气、二氧化碳和氮气迅速游离形成气泡，但氧和二氧化碳可再溶于体液内被吸收，氮气在体液内溶解迟缓，致在血液和组织内形成很多微气泡或融合成大气泡，继而引起栓塞。

（四）其他栓塞

肿瘤细胞的转移过程中可引起癌栓栓塞，寄生虫虫卵、细菌或真菌团和其他异物可能进入血循环引起栓塞。

第六节　梗　死

器官或局部组织由于血管阻塞、血流停滞导致缺氧而发生的坏死，称为梗死。梗死一般是由动脉阻塞引起局部组织的缺血缺氧而坏死，但静脉阻塞，使局部血流停滞导致缺氧，亦可引起梗死。

一、梗死形成的原因

（一）血栓形成

血栓形成是梗死发生最常见的原因。由于动脉血栓形成后，由它供应血液的组织因缺血缺氧发生坏死。如马前肠系膜动脉干和回肠结肠动脉因普通圆线虫寄生所致慢性动脉炎时，诱发的血栓形成，可将动脉完全堵塞，进而引起结肠或盲肠梗死。静脉内血栓形成一般只引起瘀血、水肿，但肠系膜静脉血栓形成可引起所属静脉引流肠段的梗死。

（二）动脉栓塞

动脉栓塞多为血栓栓塞，也可为气体、羊水、脂肪栓塞，常引起脾、肾、肺和脑的梗死。

（三）血管受压闭塞

见于血管外肿瘤的压迫，肠扭转、肠套叠、腹水、肿瘤时肠系膜静脉和动脉受压，卵巢囊肿扭转及睾丸扭转致血管受压等引起的坏死。

（四）动脉痉挛

如冠状动脉粥样硬化时，血管发生持续性痉挛，可引起心肌梗死。

二、梗死形成的条件

（一）未能建立有效侧支循环

梗死的形成主要取决于血管阻塞后能否及时建立有效的侧支循环。有双重血液循环的肝、肺，血管阻塞后，通过侧支循环的代偿，不易发生梗死。一些器官动脉吻合支少，如肾、脾及脑，动脉迅速发生阻塞时，常易发生梗死。

（二）局部缺血耐受性和全身血液循环状态

局部组织对缺血的耐受性和全身血液循环状态。如心肌与脑组织对缺氧比较敏感，短暂的缺血也可引起梗死。全身血液循环在贫血或心功能不全状态下，可促进梗死的发生。

三、梗死的分类

梗死分为贫血性梗死、出血性梗死与败血性梗死。贫血性梗死灶颜色呈白色，故也称为白色梗死，常发生于心、脑、肾等。梗死灶的病变主要表现为病灶稍隆起，略干燥，硬固，黄白色，周围有充血、出血带。出血性梗死灶的颜色呈暗红色，又称为红色梗死，主要发生于肺、肠、脾等。梗死灶呈暗红色、肿大，硬固、切面湿润，与周边组织界限清晰。败血性梗死多见于肺。

（一）贫血性梗死

发生于组织结构较致密侧支循环不充分的实质器官，如脾、肾、心肌和脑组织。当梗死灶形成时，病灶边缘侧支血管内血液进入坏死组织较少，梗死灶呈灰白色，故称为贫血性梗死（又称为白色梗死）。发生于脾、肾梗死灶呈锥形，尖端向血管阻塞的部位，底部靠脏器表面，浆膜面常有少量纤维素性渗出物被覆。心肌梗死灶呈不规则地图状。梗死的早期，梗死灶与正常组织交界处因炎症反应常见一充血出血带，数日后因红细胞被巨噬细胞吞噬后转变为含铁血黄素而变成黄褐色。晚期病灶表面下陷，质地变坚实，黄褐色出血带消失，由肉芽组织和疤痕组织取代。镜下呈缺血性凝固性坏死改变，早期梗死灶内尚可见核固缩、核碎裂和核溶解等改变，细胞浆呈均匀一致的红色，组织结构轮廓保存（如肾梗死）。晚期病灶呈红染的均质性结构，边缘有肉芽组织和疤痕组织形成。此外，脑梗死一般为贫血性梗死，坏死组织常变软液化，无结构。

（二）出血性梗死

常见于肺、肠等具有双重血液循环，组织结构疏松伴严重瘀血的情况下，因梗死灶内有大量的出血，故称为出血性梗死，又称为红色梗死。

1. 出血性梗死发生的条件

（1）严重瘀血。如肺瘀血，是肺梗死形成的重要先决条件。因为在肺瘀血情况下，肺静脉和毛细血管内压增高，影响了肺动脉分支阻塞后建立有效的肺动脉和支气管动脉侧支循环，引起肺出血性梗死；卵巢囊肿或肿瘤在卵巢蒂部扭转，使静脉回流受阻，动脉供血也受影响逐渐减少甚至停止，致卵巢囊肿或肿瘤梗死。

（2）器官组织结构疏松。肠和肺的组织较疏松，梗死初起时在组织间隙内可容肺的出血性梗死。

2. 常见类型

（1）肺出血性梗死。其病灶常位于肺下叶，好发于肋膈缘。常可多发性，病灶大小不等，呈锥形、楔形，尖端朝向肺门，底部紧靠肺膜，肺膜面有纤维素性渗出物。梗死灶质实，因弥漫性出血呈暗红色，略向表面隆起，久而久之由于红细胞崩解肉芽组织长入，梗死灶变成灰白色，病灶表面局部下陷。镜下见梗死灶呈凝固性坏死，可见肺泡轮廓，肺泡腔、小支气管腔及肺间质充满红细胞。早期红细胞轮廓尚保存，以后崩解。梗死灶边缘与正常肺组织交界处的肺组织充血、水肿及出血。临床上可出现胸痛、咳嗽及咯血、发热及白细胞总数升高等症状。

（2）肠出血性梗死。多见于肠系膜动脉栓塞和静脉血栓形成，或在肠套叠、肠扭转、嵌顿疝、肿瘤压迫等情况下引起出血性梗死。肠梗死灶呈节段性暗红色。肠壁因瘀血、水肿和出血呈明显增厚，随之肠壁坏死，质脆易破碎，肠浆膜面可有纤维素性脓性渗出物被覆。临床上，由于血管阻塞，肠壁肌肉缺氧引起持续性痉挛致剧烈腹痛；因肠蠕动加强可产生逆蠕动引起呕吐；肠壁坏死累及肌层及神经，可引起麻痹性肠梗阻；肠壁全层坏死可致穿孔及腹膜炎，引起严重后果。

（三）败血性梗死

由含有细菌的栓子阻塞血管引起。常见于急性感染性心内膜炎，含细菌的栓子从心内膜脱落，顺血流运行而引起相应组织器官动脉栓塞所致。梗死灶内可见有细菌团及大量炎细胞浸润，若有化脓性细菌感染时，可出现脓肿形成。

四、梗死对机体的影响

梗死对机体的影响，取决于发生梗死的器官、梗死灶的大小和部位。肾、脾的梗死一般影响较小，肾梗死通常出现腰痛和血尿，不影响肾功能；肺梗死有胸痛和咯血；肠梗死常出现剧烈腹痛、血便和腹膜炎的症状；心肌梗死影响心脏功能，严重者可导致心力衰竭甚至急死；脑梗死出现其相应部位的功能障碍，梗死灶大者可致死。四肢、肺、肠梗死等可继发腐败菌的感染而造成坏疽。如合并化脓菌感染，亦可引起脓肿。

五、梗死的结局

梗死灶形成时，引起病灶周围的炎症反应，血管扩张充血，有嗜中性白细胞及巨噬细胞渗出，继而形成肉芽组织，在梗死发生 24~48h 后，肉芽组织已开始从梗死灶周围长入病灶内，小的梗死灶可被肉芽组织完全取代机化，日久变为纤维瘢痕。大的梗死灶不能完全机化时，则由肉芽组织和日后转变成的瘢痕组织加以包裹，病灶内部可发生钙化。脑梗死则可液化成囊腔，周围由增生的胶质瘢痕包裹。

第七节　休　克

休克是一种机体氧代谢障碍的状态，其病因可能是组织灌注不足、细胞中毒或细胞病以致不能摄取氧进行正常代谢，导致组织氧供和氧需之间的失衡。因此恢复对组织细胞的供氧，促进其有效的利用，重新建立氧的供需平衡和保持正常的细胞功能是治疗休克的关键。

一、休克的分类

多年来休克按病因分类，如出血性休克、心源性休克、创伤性休克、感染性休克、过敏性休克、神经源性休克，一目了然地指明了休克的病因。虽然根据病因进行休克分类便于理解，但分类过多则无法反映其共同特点，不利于临床医生掌握。近年来国内外趋于一致的新认识，即将休克按血流动力学特点分类，这是人们对休克的认识已从病因向病理生理水平过渡的必然结果。不同病因引起的休克可能属于同一种血流动力学类型，为更好理解和治疗休克提供直接的依据。根据休克血流动力学特点，将其分为低血容量性、心源性和分布性休克 3 类。但是，多数类型的休克均阻碍了氧的输送和氧利用，故现今又将休克分为低血容量性、心源性、分布性和缺氧性 4 类，充分表现了休克的血流动力学以及氧合作用的特点。血流动力学理论的发展和临床监测手段的逐步完善也使得对休克进行定量监测和治疗成为可能。血流动力学监测的引入使休克治疗在病因治疗的基础上，走向循环功能支持。当将氧输送的相关指标引入循环功能支持，不仅在很大程度上解决了不同器官支持中的矛盾，而且使治疗理念上了一个新的台阶。

（一）低血容量性休克

基本机制为循环容量丢失，有效循环量减少，导致心脏静脉回流减少，氧输送受阻，心输出量减少。由于创伤，大量出血、体液丢失（呕吐、腹泻和肠梗阻等）或渗入第三间隙（腹膜炎、创伤和炎症等）可引起有效循环血量减少。失血性休克和创伤性休克均属此类。低血容量性休克的血流动力学特点包括心室前负荷降低，即心室舒张压力和容积减少，心指数和每搏输出量指数也随之下降。除低血压外，脉压也明显降低。心输出量下降，但组织代谢需求仍维持不变，故混合静脉血氧饱和度降低，动、静脉氧含量差增加。典型的临床表现为皮肤苍白、冰凉、湿冷（常有花斑）、心动过速（或严重心动过缓）、呼吸急促、外周静脉不充盈、颈静脉搏动减弱及尿量减少等。

（二）心源性休克

心源性休克是心脏泵血功能严重受损所致，导致循环衰竭。常见于急性心肌梗死、各种心肌病变、严重的心律失常以及慢性心功能不全等心脏疾患。还包括心外原因，通过对心脏或大血管的压缩导致心脏充盈或排空受损（有时也被称为阻塞性休克，并作为一个单独的类别分类），病因包括心包填塞、心瓣膜狭窄、腔静脉阻塞和张力性气胸等。与低血容量性休克一样，患畜会出现心动过速、虚弱、少尿、四肢变凉和弱脉。心脏衰竭的患畜可能还有原发性的心脏杂音、腹水、颈静脉怒张、肺水肿和心律失常等。氧输送不足的主要原因是心输出量减少。大型犬胃扩张—肠扭转综合征可归属于此类休克。血流动力学的主要特点为心室前负荷增加，其余特点与低血容量性休克相似。2 种类型的休克均可导致心指数、每搏输出量指数和心室每搏功指数降低，而外周血管阻力升高。由于组织灌注不足，混合静脉血氧饱和度显著降低，而动、静脉氧含量差增大。此时，乳酸中毒的程度与病死率密切相关。

休克的特异性临床表现极为类似，但是，心源性休克以充血性心力衰竭（容量负荷过多）为典型表现。颈静脉与外周静脉充盈也是典型表现之一，其他阳性体征包括第三心音奔马律及肺水肿。

（三）分布性休克

主要是由异常的全身血管收缩导致的外周血管扩张和血流分布不均引起，是以调节血管张力的机制受损并伴有血管容量分布不均和大规模的全身性血管扩张为特征。这种减少全身血管阻力导致循环血液量不够以填补血管空间，造成相对血容量不足和静脉回流减少。分布性休克最常见的原因是败血症和全身炎症反应综合征。此外，分布性休克还可由过敏反应（过敏性休克）、药物（麻醉剂）或突然失去自主神经对血管的刺激与中枢神经系统的严重损害（神经性休克）引起。血流动力学特点为外周血管阻力显著降低。但是，各个脏器的血管阻力既可能降低，也可能升高或不变。最初，心指数和心室充盈压力均下降。在液体复苏后，充盈压力正常或升高，心指数通常明显升高。受到低血压的影响，左心室和右心室每搏功能指数均下降。混合静脉血氧饱和度高于正常。同时，尽管氧需升高（尤其在感染性休克），但动、静脉血氧含量差减小。此时，尽管全身血流量增加，但由于血液不能到达缺氧的组织，或组织不能利用营养底物，故血清乳酸水平往往升高，提示多为无效灌注。与其他休克不同，分布性休克治疗有效的临床表现包括肢体温暖、灌注良好、舒张压降低及脉压增加。休克的非特异性表现包括心动过速、呼吸频率加快、尿量减少及意识改变。另外，患畜还有原发病因的相关临床表现（神经源性休克有脊髓损伤，感染性休克者有感染相关表现）。

（四）缺氧性休克

基本机制是机体有足够的组织灌注但动脉血氧含量不足或细胞对氧的利用不足。缺氧性休克最常见的原因是贫血和低氧血症，伴有呼吸衰竭。缺氧性休克可能与损害血红蛋白与氧结合能力的毒性有关，如高铁血红蛋白血症或一氧化碳中毒。尽管有足够水平的氧，但细胞还是不能产生足够的能量，这种形式的缺氧性休克是由于败血症、毒素等干扰细胞摄氧量和能量生产引起的。尽管依据血流动力学特点的休克分类系统已经得到广泛认同，但临床多数休克往往是混合性的。例如，当出现低血容量休克或分布性休克时，可引起冠状动脉灌注压的下降，从而导致某种程度的心肌缺血及心肌功能障碍，可能引起心源性休克。因此，尽管根据动脉血流动力学仅存在 4 种类型的休克，但是临床休克常常同时具有多种休克的特点。

二、发病机理

虽然休克病因和最初病理机制不同，但其病理生理变化一般是相同的，即都存在绝对的或相对的有效血液循环量和组织灌注量的不足，氧供与氧需失衡。休克开始是处在可逆期或代偿期。此时，儿茶酚胺分泌增多，血管收缩以调整循环血容量。若病情再度恶化，代偿机能维持足够血容量，生命器官血管流量减少，心输出量进一步下降，血液停滞于毛细血管床，出现休克的不可逆性，进一步减少生命器官的血管流量。以往对微循环变化进行了重点阐述，形成了近代休克的微循环学说。有效循环血量的急剧下降导致了微循环障碍的发生，微循环障碍的发展大致可分为微循环收缩期（又称微循环缺血期）、微循环扩张期（又称微循环瘀血期）和微循环衰竭期 3 个阶段。休克的发病机理还涉及其他方面的变化。

（一）组织细胞缺氧

组织细胞缺氧是休克的基本问题，纠正“生命体征正常情况下的组织缺氧”作为一种新理念的提出，将休克的治疗从循环中氧的供给深入到组织对氧的需求，是近年来对休克理解和治疗的一大进步。首先在正常情况下，细胞可从循环中得到足够的氧，满足机体的需要。当细胞所能获得的氧量逐渐减少时，机体首先会提高氧输送的能力，包括呼吸、心率、每搏输出量等的调节，从而增加氧的输送量。其次细胞也通过提高自身的氧摄取能力以维持氧耗量的恒定，当氧进行性下降超过了细胞的代偿能力，氧耗量则开始下降，细胞处于缺氧状态，进而发生一系列的反应致使细胞损害的发生。

1. 细胞线粒体损害和能量代谢紊乱

线粒体是细胞内氧化磷酸化和形成 ATP 的主要场所，有细胞“动力工厂”之称。营养物质在线粒体内通过三羧酸循环生成大量三磷酸腺苷(ATP)，后者的生成对维护细胞功能和完整至关重要。组织细胞缺氧造成线粒体内膜通透性升高，膜流动性改变使线粒体内膜功能障碍，发生线粒体肿胀，内膜组分改变以致内膜破裂，从而严重地损害了线粒体的呼吸活性，ATP 生成减少，影响线粒体的氧化磷酸化过程，导致机体细胞代谢和功能的严重紊乱。ATP 的合成减少，糖酵解途径占优势，产生大量的乳酸和丙酮酸，引起细胞酸中毒。酸中毒抑制氧化磷酸化酶活性，激活溶酶体酶，使细胞膜通透性增加。同时由于 ATP 的 Na^+-K^+ 泵功能失效，导致细胞内包括内质网等其他细胞器发生损害。

2. 细胞内钙离子超负荷

Na^+-K^+ 泵功能的失效，使细胞维持跨膜离子梯度的能力很快下降，Na^+、Ca^{2+} 进入细胞。高钙离子水平的危害：激活线粒体外膜上磷脂酶 A_2 引起膜脂降解，使游离脂肪酸，特别是花生四烯酸释入胞浆，由此产生血栓素、白三烯等毒性产物；激活溶酶体，释放出水解酶，引起组织结构的破坏；移植丙酮酸脱氢酶和 α - 酮戊二酸脱氢酶等，使机体三羧酸循环不能正常进行；过度激活对 Ca^{2+} 敏感的 ATP 酶而消耗能量，影响腺普环酶而减少 cAMP 生成，激活磷脂酶和蛋白酶而使组织破坏，最终使氧化 - 磷酸化发生障碍。线粒体内钙离子代谢紊乱可能是由于线粒体能量代谢障碍所引起的，而钙离子紊乱又反过来损害线粒体的能量代谢，形成恶性循环。

休克时的细胞代谢障碍可分为 2 种：第一种是原发性细胞代谢障碍，由休克的病因（特别是内毒素）直接作用于细胞所致，它的发生可早于休克时血流动力学改变；第二种是继发性细胞代谢障碍，由微循环障碍引起细胞缺氧，导致细胞膜的损伤和细胞的死亡。

（二）血流动力学改变

1. 心排出量减少

心率和每搏输出量是决定心排出量的根本因素。每搏输出量又取决于前负荷、后负荷、心脏收缩力。低血容量性休克时，回心量减少和心脏充盈不足导致心排出量减少。全身外周血管阻力减少，在静脉回流充足的情况下心排出量常可增加；反之，外周血管阻力增大，则心排出量减少。可见临床上单用升压药以纠正低血压，表面上血压虽有改善，但心血管的有效功能反见降低，从而减少外周组织的血流灌注，加重病情。休克时肾上腺素能受体受到刺激，而造成心肌收缩力的增高和心率加快，改善组织的血供和循环，这一变化是对休克的一个重要的代偿反应。

2. 血管收缩

血管收缩的程度直接影响到血流阻力的大小，并反应在血压的高低上。阻力血管是由动脉和小动脉组成，收缩时对血流有阻力作用，产生动脉压。毛细血管的收缩力小，其血流阻力仅为微动脉的 1/3，血流易发生淤滞。阻力血管的主要功能是血流分配作用，如在休克时，交感神经的肾上腺素能使受体受到刺激而引起动脉血管收缩，将血流转至对缺血较为敏感的心脑等重要器官。但外周血管过度收缩是有害的，所释放的溶酶体酶和血管活性物质将损害心血管系统。当心排出量减少时，外周血管阻力可代偿性增加，不使血压下降，在血容量丧失的初期，动、静脉同时收缩，可使血管容积减少 10%~20%。因此，仅凭血管的收缩就可代偿丢失的 15% 左右的血容量而不发生明显的临床症状，首先由增加静脉的张力来代偿，静脉的被动扩张和主动回缩可调节循环血量增减 10% 左右而不发生回心血量和中心静脉压的改变。由大、小静脉组成的血管系统是血流动力学中一个很重要的血容量贮存场所，静脉收缩可发挥其代偿机制。循环血量减少 15%~25% 时，静脉回流就受到影响，心脏充盈不足，可引起心排出量减少。在上述的代偿机制中，心血管系统还不断受到延髓血管中枢的调节。当血压下降时，位于颈动脉窦和主动脉弓的压力牵张受体，通过第 9、第 10 脑神经把信息传到中枢，引起交感神经的反应，使小动脉收缩以提高外周血管阻力，同时心脏收缩力量和频率也会增加以提高心排出量，静脉的张力也见增大，将大量静脉内贮血排入循环系统中，由此提高有效循环血容量。

（三）代谢改变

组织缺氧时，动物体内碳水化合物无氧代谢增强，乳酸、丙酮酸等酸性产物大量增加。肝脏由于血流和氧供减少而致对乳酸的利用和转化能力显著降低，肾功能减退致使固定酸不能很好地排泄，造成血浆乳酸积聚，引起代谢性酸中毒。休克早期由于血容量不足、缺氧和乳酸血症，呼吸反射性地加深加快，换气过度，使二氧化碳排出过多，可出现呼吸性碱中毒。休克晚期由于呼吸变浅、换气不足、二氧化碳滞留，又可发生呼吸性酸中毒。酸中毒使心肌收缩力减弱，影响心血管对儿茶酚胺的反应性，加重心血管的损害。酸中毒又影响血液的凝固性，加重微循环的淤滞。这些变化都加重休克的病理生理过程。

（四）弥散性血管内凝血

在休克的发展过程中，由于缺氧、酸中毒使得红细胞变形能力降低，红细胞表面电荷减少，细胞间的电荷排斥力降低，以致红细胞容易凝集和堵塞微血管，使微循环血液灌注减少。随着休克的发展，微血管可发生扩张，使有效循环血量减少；血细胞间、血细胞与微血管内皮细胞间粘附力增加，微血管内静水压升高，缺血缺氧与组胺等的作用使微血管的通透性增高：尤其在晚期，微循环血流变得更慢，血液浓缩加上局部酸性物质浓度的升高，使得因创伤、缺氧和细菌等作用下而遭受损害的微血管易于发生纤维蛋白沉积和血小板聚集，聚集的血小板分离释放出促凝物质而促使纤维蛋白在血管内沉积，沉积纤维蛋白又可使红细胞聚集成团，构成微血栓，微血栓多发生于毛细血管的静脉端并向静脉延伸，阻塞微静脉，加重微血管内血流淤滞和血浆外渗，以致回心血量和心排血量进一步减少，弥散性血管内凝血大量消耗血液中凝血因子，造成凝血因子缺乏引起出血现象，出血如发生在内脏，后果尤其严重。此外，弥散性血管内凝血可加重毛细血管和组织细胞的缺氧损伤，若凝固的血栓未能溶解去除，则组织细胞内溶酶体破裂，释出蛋白溶解酶使细胞自溶、组织坏死，从而造成脏器严重损伤。

（五）内脏器官继发性损伤

休克时心、肺、肝、肾、胃肠、脑均可发生继发性损害，出现多器官功能障碍，其中心、肺和肾衰竭时是造成休克死亡的三大重要原因。

1. 心

冠状动脉血流量减少，导致缺血和酸中毒，从而损伤心肌，当心肌微循环内血栓形成，可引起心肌的局灶性坏死。心肌含有丰富的黄嘌呤氧化酶，易遭受缺血 - 再灌注损伤，电解质异常将影响心肌的收缩功能。

2. 肺

肺血管阻力增高，肺小动脉收缩引起动脉周围出血，肺泡内也见出血和渗出，随后出现氧摄取障碍和缺氧、肺顺应性改变、肺泡表面活性物质减少以及肺微血管内血栓形成，最终出现急性呼吸功能衰竭。

3. 肝

休克可引起肝缺血、缺氧性损伤，可破坏肝的合成与代谢功能。另外，来自胃肠道的有害物质可激活肝枯否氏细胞，从而释放炎症介质。组织学方面可见肝小叶中央出血、肝细胞坏死等。受损肝的解毒和代谢能力下降，可引起内毒素血症，并加重已有的代谢紊乱和酸中毒。

4. 肾

肾也是休克时最易受损的器官，严重者最终导致急性肾衰竭。低血容量休克时，肾小球滤过率和排尿量减少。远端肾小管内钠浓度和肾小动脉灌注减少，可刺激肾小球分泌肾素，并使血管紧张素原转化为血管紧张素，进一步加剧血管收缩，使肾血供减少，肾小管因缺血缺氧而发生肿胀坏死、间质水肿，肾血管阻力增高、肾小管阻塞，最后导致急性肾衰竭。发生弥散性血管内凝血时可在肾小球毛细血管形成广泛的血栓，严重者致肾实质坏死和变形。

5. 胃肠道

休克后胃肠功能损伤在临床上易被忽视。肠道血流量不仅下降早，而且恢复慢。肠道缺血除了血容量减少的因素外，还存在血管痉挛机制，DIC 时薪膜下小血管中有微血栓存在。肠道黏膜对血流量减少及缺氧高度敏感，黏膜上皮受损，严重时可发生急性出血性肠炎。受损后肠系膜通透性增加，出现细菌、内毒素易位。再灌注后的肠道还是促炎症反应介质的重要来源。新近研究发现胃肠道功能衰竭与休克患畜病死率呈明显正相关。

6. 脑

脑组织不能进行无氧糖酵解，但其需氧量较其他组织高，其糖原含量低，主要靠血流不断供给葡萄糖、游离脂肪酸和酮体等能量物质和氧，故要求较高的血液灌流量。灌流量决定于平均动脉压。当血压下降至 8.0kPa 以下时，脑灌流量即不足。脑对缺氧缺糖十分敏感，缺氧时星形细胞首先肿胀而压迫血管，同时内皮细胞也肿胀，阻塞微血管内腔，造成脑微循环障碍，加重脑缺氧。脑缺氧 10min 后，其 ATP 贮存量即耗尽，钠泵作用消失而引起脑水肿。同时二氧化碳积聚，破坏血 - 脑屏障，加重脑水肿。如在短时期内不能重新建立脑循环，脑水肿将继续发展，恢复比较困难。

（六）介质释放和缺血再灌注损伤

严重创伤、感染、休克可刺激机体释放过量炎症介质形成“瀑布样”连锁放大反应。炎症介质包括白介素、肿瘤坏死因子、集落刺激因子、干扰素等。活性氧代谢产物可引起脂质过氧化和细胞膜破裂。近年的休克研究证实，组织细胞灌注衰竭后再灌注确能造成再灌注区及全身一定程度的损害。从组织水平看，这主要是组织和细胞水肿加重；从分子水平看，目前发现的主要是过氧化物，氧游离基等介质增加，并且多种介质回灌入循环内，对机体再度造成伤害。

三、休克的治疗

随着人们对休克发生发展机制的认识逐步深入，休克治疗的策略也在不断演变，休克的治疗重点经历了病因治疗—循环功能支持—组织氧代谢纠正的演变。在以往的一般紧急救治、补充血容量、积极处理原发病、使用血管活性药物和纠正酸中毒等治疗方法基础上，提高氧输送以改善组织缺氧，使用酶抑制剂保护线粒体结构和功能上的完整性，保护胃肠道，营养支持等一系列新的治疗方法将提高成功率。目前正广泛引起关注的如早期目标指导性治疗等研究，正是在常用的循环监测指标正常后，继续以反映组织灌注的指标作为治疗目标，可明显降低患畜的病死率。虽然这些研究在方法学上仍存在一定的局限性，但已充分体现了将纠正组织缺氧及改善组织灌注作为治疗休克目标的可行性和有效性，作为休克的治疗目标已被广泛接受。

第三章 水、盐代谢障碍

第一节 水 肿

等渗性体液在细胞间隙或浆膜腔内积聚过多的病理过程称为水肿，正常动物浆膜腔内存在少量液体，而当大量液体在浆膜腔内积聚时称为积水，例如，胸腔积水、心包积水、腹腔积水，积水是水肿的一种特殊表现形式。水肿不是一种独立性疾病，而是在许多疾病中都可能出现的一种重要的综合病理过程。在某些动物疾病中水肿是其重要的临床特征，例如，仔猪水肿病、牛恶性水肿病、肉鸡腹水综合征等。不同类型水肿的发生原因和机理并不完全相同，但多数都具有一些共同的发病环节，其中主要是血管内外液体交换失平衡以及球-管失平衡导致的钠、水在体内潴留，以头面、眼睑、四肢、腹背，甚至全身浮肿为临床特征的一类病征。

一、水肿形成的原因

不同类型水肿发生的原因和机理不尽相同，但多数具有共同的发生因素，主要是组织液生成大于回流及钠、水在体内潴留两方面的因素。

（一）组织液生成量大于回流量

生理状态下在毛细血管动脉端血液中的液体成分通过血管壁进入组织间隙，而在静脉端又从组织间隙通过血管壁和淋巴管回流进入血液。通过这种循环，组织液和血液中的液体成分不断地进行着交换，但组织液的生成和回流始终处于动态平衡，维持这种平衡的力主要有血管壁内外的流体静压和胶体渗透压，其中毛细血管血压和组织渗透压是促使组织液生成的力，而血浆胶体渗透压和组织液压可使组织液回流到血管内。在病理条件下组织液生成和回流之间的动态平衡遭到破坏，使组织液生成量大于回流量致使组织液在组织间隙积聚过多则发生水肿。引起组织液生成大于回流的因素有以下几点：毛细血管流体静压升高，当毛细血管流体静压增高时其动脉端有效滤过压增大，可促使血浆液体过多滤出，如超过淋巴回流的代偿限度时则发生水肿，动脉充血和静脉压增高都可引起毛细血管流体静压增高；组织间液渗透压升高，组织间液的胶体渗透压具有阻止组织间液进入淋巴管和回流入血管的作用，当其升高时大量组织液在组织间隙潴留而发生水肿；血浆胶体渗透压降低，血浆胶体渗透压是组织液回流入血管的主要动力，当其下降时，组织液回流入血管的动力不足，组织液回流量减少，则出现水肿。水肿液中蛋白质含量较低。血浆胶体渗透压主要靠血浆中的蛋白质来维持，所以凡能引起血浆蛋白减少的因素都可引起水肿；微血管壁通透性增高，正常时毛细血管只允许水分、电解质及葡萄糖等小分子物质自由通过而大分子蛋白质只有微量滤出。但当毛细血管壁受损伤时，其通透性增高，就有较多的蛋白质渗出到组织间隙，使血浆胶体渗透压降低而组织液胶体渗透压升高，引起组织液生成大于回流而发生水肿；淋巴回流受阻，正常形成的组织液有一小部分经淋巴管回流，从毛细血管动脉端滤出的少量蛋白质也经淋巴回流入血液。当淋巴回流受阻时，一方面使组织液不能经淋巴回流入血液而使组织间液过多，另一方面从毛细血管中渗出的蛋白质也不能由淋巴管运走，组织液的胶体渗透压升高，促使血浆中的液体成分滤出到组织间隙从而引起水肿。引起淋巴回流受阻的因素有淋巴管阻塞、淋巴管痉挛等。

（二）钠、水潴留

动物不断从饲料和饮水中摄取水和钠盐，并通过呼吸、汗液及大、小便将其排出。正常成年动物钠、水的摄入量和排出量始终保持着动态平衡，维持着体液总量和组织间液量的相对平衡，这种动态平衡的维持是通过神经体液的调节得以实现的，其中肾脏对钠、水排泄的调节最为重要。肾脏通过肾小球的滤过和肾小管的重吸收作用而维持动物体钠、水的平衡。当肾脏出现病变时，肾小球滤过减少或肾小管对钠、水的重吸收增强，则可导致钠、水在体内的潴留。钠、水潴留是水肿发生的物质基础。肾小球滤过作用受有效滤过压、肾血流量及肾小球滤过膜通透性等因素的影响。一般认为引起肾小球滤过率降低的主要原因有广泛的肾小球病变可严重影响肾小球的滤过。如急性肾小球肾炎，由于炎性渗出物阻塞肾小球血管和血管内皮细胞增生、肿胀，导致肾小球完全或部分阻塞，阻碍了肾小球的滤过。慢性肾小球肾炎则由于肾小球严重纤维化而影响滤过。有效循环血量下降可引起肾血流量减少而导致肾小球滤过降低。肾小管重吸收增多是决定体内钠、水潴留的主要方面。引起肾小管重吸收钠、水增多的因素有激素和肾血流重新分布 2 个方面。激素醛固酮可促进肾小管重吸收钠，抗利尿激素有促进远曲小管和集合管重吸收水的作用。任何能使抗利尿激素或醛固酮分泌增多的因素都可引起肾小管重吸收水、钠增多。另外，肝功能严重损伤影响抗利尿激素和醛固酮的灭活，也可加重水肿的发生。肾血流重新分布，动物的肾单位有皮质肾单位和髓旁肾单位 2 种。皮质肾单位接近肾脏表面，其髓袢较短，因此重吸收钠、水的作用较弱。髓旁肾单位靠近肾髓质其髓袢长，重吸收钠、水的作用也比皮质肾单位强得多。正常时肾血流大部分通过皮质肾单位，只有小部分通过髓旁肾单位。但在某些病理情况下可出现肾血流的重新分配，这时肾血流大部分被分配到髓旁肾单位使较多的钠、水被重吸收导致钠、水潴留。

二、水肿的分类

水肿的分类也是较为复杂的，通过对水肿的治疗、研究及临床经验，可将水肿大体分为 5 类：肾性水肿、心性水肿、恶病质水肿、中毒性水肿、炎性水肿。从水肿的类型不难看出水肿的复杂性与水肿对动物机体的影响。现以心性水肿为例做一分析，心性水肿是由于心脏疾病所引起的水肿。当心脏机能障碍时，能够引起静脉瘀血，使静脉压增高，加之由于毛细血管壁的营养不良而引起的通透性增高，结果血液中的水分，包括电解质等经毛细血管壁渗透到组织中，如四肢、头部、胸部等组织发生水肿，而这种水肿由于受地心引力的影响则多数发生于机体的下部和与心脏相近的部位。心脏是动物血液循环及新陈代谢的重要器官，担负着供给机体全身营养，经肺、肾、肝的生理作用排出机体在分解合成等过程中所不必要的废物。当心脏发生疾病时，将会导致动物全身各种疾病的发生，甚至危及动物的生命。其他类型的水肿与心性水肿从病理机制及对机体造成的影响大同小异。

三、水肿的临床表现

水肿初起多从眼睑开始，继则延及头面、四肢、腹背，甚者肿遍全身，也有先从下肢足胫开始，然后遍及全身。轻者仅眼睑或足胫浮肿，重者全身皆肿，肿处按之凹陷，其凹陷或快或慢皆可恢复。如肿势严重，可伴有胸腹水表现出腹部膨胀，胸闷心悸，气喘不能平卧等症状。病畜可能有乳蛾、心悸、疮毒、紫癜，感受外邪以及久病体虚的病史。水肿在动物的各个生长阶段都有发生，不同的动物不同的临床症状暗示着不同系统的问题，根据临床接触情况及资料查询，有以下几方面。

（一）心血管系统水肿病

心血管系统由心脏、动脉、毛细血管和静脉组成。心脏有节律地收缩与舒张，不停地将血液由动脉输出，由静脉回流，保证血液在心血管内连续不断地做定向流动，动脉是运血离心的管道，静脉是引导血液回心的血管，毛细血管是连接动、静脉末梢间的管道。各种心脏病发生右心衰竭或右心功能不全时可出现水肿，临床上多表现在动物机体的低垂部位，如四肢、胸腹下部、肉垂、阴囊等处，由于重力的作用，毛细血管流体静压更高，水肿也越发明显，如猪的副猪嗜血杆菌病、慢性链球菌病所表现的关节肿大，一肢或多肢关节发炎跛行。也表现在病原微生物引起的浆液 - 纤维素性心包发炎肿胀。临床上以强心利尿为主要治疗原则，辅助尼可刹米、维生素 C、抗生素等加强疗效。

（二）呼吸系统水肿病

呼吸系统是执行机体和外界进行气体交换的器官，由呼吸道和肺组成。呼吸道包括鼻腔、咽喉、气管和支气管，临床上将鼻腔、咽喉归为上呼吸道，气管和支气管叫下呼吸道。肺主要由支气管反复分支及其末端形成的肺泡共同构成。临床上呼吸系统疾病并发的水肿病多表现为声音嘶哑、呼吸困难、流涎、舌脱出在口腔外，细嫩、红润、水肿，如猪呼吸系统出现问题时水肿部位常表现在扁桃体、肺。依据不同病理现象选择不同抗生素类药、辅助兴奋呼吸类药物如氨茶碱、维生素 C、尼可刹米、高渗葡萄糖溶液等治疗有较好功效。

（三）消化系统水肿病

消化系统包括口腔及其相关器官、食道、反刍动物的前胃、各种动物的真胃、肝脏、胰脏、小肠、大肠和肛门。沿消化道分布的淋巴组织和腹膜与许多胃肠疾病有着密切的关系。并发水肿病常表现在胃肌肉层内侧筋膜层水肿、触诊肠系膜盘状肠管水肿，肝水肿。也有个别现象如误食青杠叶中毒主要表现在臀部水肿。一般采取抗菌消炎减毒利尿的治疗方案，用药过程中需注意补充钠钾。针对青杠叶中毒多用硫代硫酸钠、碳酸氢钠、高糖、维生素 C 等治疗。

（四）泌尿系统水肿

泌尿系统由肾脏、输尿管、膀胱和尿道 4 部分组成。肾脏是动物生命运动的重要器官。当肾功能不全时，极易引起动物水肿，以机体组织疏散部位，如眼睑、颌下、胸腹下、公畜阴囊部及四肢末端表现明显。严重时，可发生喉水肿，肺水肿或体腔积液。其治疗原则是消除病因，加强护理，消炎、利尿，抑制免疫反应。治疗主要选用一些抗生素类药物，如青霉素、链霉素，配以利尿药物。

（五）被皮系统水肿病

被皮系统包括皮肤和皮肤衍生物，即家畜的蹄、枕、角、毛和皮肤腺（汗腺、皮脂腺及乳腺）

等。被皮系统直接接触外界，较易受到损伤，常见有中毒性疾病、过敏性疾病，如蛇咬伤、蜜蜂蜇伤。其中蜜蜂蜇伤有3种情况，轻度数小时内可恢复，主要表现为蜇伤局部红肿少数有水疱；重度蜂蜇伤立即表现全身中毒症状，发热、头晕、腹痛、腹泻、肌肉痉挛，甚至休克，肺水肿及急性肾功能衰竭；蜂毒过敏病例，蜇伤后立即出现荨麻疹、喉头水肿、哮喘，甚至支气管痉挛，重者因过敏性休克，窒息而死。治疗时多用肌内注射马来酸氯苯那敏注射液、维生素C加高渗葡萄糖静脉注射对症治疗，消除炎症。

四、水肿的治疗

水肿并不是一个独立的病理，找到水肿的根源，即可对水肿进行对症治疗，并不是进行简单的局部放水或涂擦消肿药物能够解决的问题。如对恶病质水肿的治疗，此类水肿是由长期消耗性疾病引起的心脏衰弱、血浆蛋白减少、毛细血管通透性增高等所造成的全身性水肿。对此类水肿的治疗，一要补充所消耗的营养，二要强心利尿，三要根据动物的全身状况针对性用药，且在监测动物的pH值及电解质的同时，补充其所缺乏的营养物质，测定各环节的生理指标，哪个环节不正常即对哪个环节着重治疗。有人在治疗水肿病时忌用盐类，笔者认为并不是千篇一律，而是要因病而异，在此情况下应运用渗透压的作用与原理进行血液氯化钠、碳酸氢钠及胶体物质的补充，这样才会使全身的水肿及渗出血管外的水分回到血液中或排出体外达到消除水肿的目的。中草药可用茯苓、木通、党参、黄芪等滋阴补阳，强心利水之药物。一般来说，轻度水肿对动物机体的影响并不大，只需除去病因即可恢复。但重度的水肿和发生在重要器官的水肿，或因重要器官机能障碍而发生的水肿常因水肿液的压迫和组织的极度缺氧，可危及动物生命。例如脑水肿时，由于脑室内蓄积大量液体，使颅腔内压增高，压迫脑组织，动物可出现精神沉郁，运动障碍脑昏迷而死亡。牛发生脑包虫时，由于包虫孢液的压迫，使牛运动反刍失调影响生产而失去生产能力，只要做开颅手术取出孢虫即可痊愈的道理是相同的。

第二节 脱 水

脱水指动物机体由于病变，消耗大量水分，而不能及时补充，造成新陈代谢障碍的一种症状，严重时会造成虚脱，甚至有生命危险，需要依靠输液补充体液。细胞外液减少而引起的一组临床症候群根据其伴有的血钠或渗透压的变化，脱水又分为低渗性脱水即细胞外液减少合并低血钠；高渗性脱水即细胞外液减少合并高血钠；等渗性脱水即细胞外液减少而血钠正常。

一、脱水的分类

（一）高渗性脱水

高渗性脱水的特征是失水多于失钠，血清钠浓度 >150mmol/L，血浆渗透压 >310mmol/L。

失水多于失钠导致细胞外液渗透压增高，是引起高渗性脱水的原因。细胞外液渗透压增高刺激动物口渴中枢引起渴感和饮水。细胞外液渗透压增高刺激下丘脑视上核渗透压感受器，抗利尿激素（ADH）释放增多，使肾小管重吸收水增多引起尿量减少尿比重升高。细胞外液渗透压增高可使渗透压相对较低的细胞内液的水分向细胞外转移。可见高渗性脱水时细胞内、外液都有所减少，但以细胞内液减少为主，并出现细胞脱水。而细胞外液则能从以上 3 个方面得到补充，故细胞外液和血容量的减少不如低渗性脱水明显，发生循环障碍者也较少。早期或轻症患者由于血容量减少不明显、醛固酮分泌不增加，尿内仍有钠排出，其浓度还可因 ADH 的作用使水分重吸收增多而增高。晚期或重症患者可因血容量减少醛固酮（ADS）分泌增多而使尿钠含量减少。严重脱水时，细胞外液渗透压增高可导致脱水热与脑细胞脱水。前者是由于皮肤及汗腺细胞脱水，汗腺分泌汗液及皮肤蒸发水分减少导致体温升高。后者可引起中枢神经系统功能障碍的症状。动物脑体积因脱水而显著缩小时颅骨和脑皮质之间的空间增大使血管张力增大引起静脉破裂，出现颅内出血和蛛网膜下腔出血。

为防治该病单纯失水者可口服淡水或输注 5% 葡萄糖溶液，失水多于失钠者在补水的同时也要适当补钠。原则上先补水后补钠一般是两份 5% 葡萄糖溶液和一份生理盐水。

（二）低渗性脱水

低渗性脱水的特征是失钠多于失水，血清钠浓度 <135mmol/L，血浆渗透压 <280mmol/L。

失钠多于失水引起细胞外液渗透压降低，是导致低渗性脱水时病理生理变化的主要环节。细胞外液渗透压降低患畜早期无渴感，但晚期或严重脱水的病畜血容量明显减少使血管紧张素Ⅱ浓度升高，可直接刺激口渴中枢引起渴感。细胞外液渗透压降低抑制下丘脑视上核渗透压感受器，ADH 分泌减少使肾小管对水重吸收减少，所以早期病畜尿量一般不减少，常出现低比重尿。但晚期或严重脱水的病畜，血容量明显减少，ADH 释放增多，肾小管对“自由水”（肾小管腔内形成的相对无溶质水）重吸收增加。加之肾血流减少肾小球滤过率下降原尿减少，“自由水”产生减少使尿量转为减少，尿比重升高。细胞外液渗透压降低，可使水分从细胞外液移向渗透压相对较高的细胞内液，一方面引起细胞水肿；另一方面造成细胞外液进一步减少，低血容量进一步加重。可见低渗性脱水时细胞内液并未丢失甚至增加，主要是以细胞外液明显减少为主，同时导致血容量降低和周围循环衰竭，常有静脉塌陷，动脉血压降低脉搏细速。若低渗性脱水是经肾失钠则病畜尿钠含量增多。若是由肾外原因引起则因低血容量时肾血流量减少而激活肾素 - 血管紧张素 - 醛固酮系统和血钠浓度降低直接刺激肾上腺皮质球状带，使 ADS 分泌增多，肾小管对钠重吸收增加，结果尿钠含量减少。由于细胞外液减少血浆容量也就减少，使血液浓缩血浆胶体渗透压升高，导致组织间液进入血管补充血容量导致组织间液减少更为明显。

防治该病一般应用等渗氯化钠溶液及时补足血容量，严重者可输高渗氯化钠溶液，补 5% 或 10% 葡萄糖溶液。如动物发生休克应及时抢救。

（三）等渗性脱水

等渗性脱水的特征是水与钠成比例的丢失，血清钠浓度为 50~130mmol/L，血浆渗透压为 280~310mmol/L。

因首先丢失的是细胞外液，故血容量和组织间液均丢失，但细胞外液渗透压正常，细胞内液不向细胞外转移，细胞内液量变化不大。有效循环血量减少使 ADS 和 ADH 分泌增加，肾小管对钠、水重吸收增多，细胞外液得到一定的补充，同时尿量减少，尿比重增高。严重患者血容量减少迅速而明显伴发休克。若未及时处理可通过不断蒸发不断丢失水分而转变为高渗性脱水。若仅补水而未补钠可转变为低渗性脱水。等渗性脱水无特异的临床表现，兼有高渗性脱水和低渗性脱水的表现。

轻症以失盐的表现为主，如厌食、恶心、软弱、口渴、尿少、口腔黏膜干燥、眼窝凹陷和皮肤弹性下降等。防治该病应输注偏低渗氯化钠溶液，其渗透压以等渗溶液渗透压的 1/2~2/3 为宜。

二、脱水引起钾的紊乱

（一）低血钾症

长期不进食，应用了利尿剂、甘露醇，呕吐、腹泻都会丢失钾盐。长期使用地塞米松也会引起缺钾。表现为神经和肌肉兴奋性下降，严重时呼吸肌麻痹、肠麻痹、心跳加快和心动过速。

（二）高血钾症

多见于补钾过多、过快或大量注射青霉素钾以及肾脏排钾障碍，补钾过快会造成猝死。

三、脱水引起的酸碱平衡紊乱

正常血液的 pH 值为 7.35~7.45，当脱水时，由于丢失液体的酸碱性质不同会引起酸中毒和碱中毒。

（一）酸中毒

剧烈腹泻时，由于肠液呈碱性，碱性液体丢失引起酸中毒。大量静脉注射氨基酸也会引起酸中毒。酸中毒时呼吸慢、嗜睡、心率变慢，一般可用静脉注射碳酸氢钠纠正。

（二）碱中毒

由于频繁呕吐胃液丢失、大量使用利尿剂或过量静脉注射碳酸氢钠引起。碱中毒时表现为呼吸快、嗜睡、甚至昏迷。一般可用除去病因的方法：如用止吐剂和静脉注射葡萄糖水来纠正，重症可以给予 0.9% 氯化铵 3mL/kg 体重静脉滴注。

四、补液常用的液体

（一）非电解质液

常用有 5% 和 10% 葡萄糖，因不含钠、钾称为非电解质液。前者为等渗液，后者为高渗液，但输入体内后会发生氧化反应变成水和二氧化碳，因此不能维持渗透压，仅起补充水和能量的作用。但如果大量输入 10% 葡萄糖，还会引起短期血液渗透压上升，对治疗脱水症不利。静脉注射葡萄糖还会引起多尿，所以单纯补糖起不到补液体的作用，多用于补液后段，补充能量或用于一些只能加入葡萄糖中的药物输入。

（二）含电解质液体

1. 0.9% 生理盐水和复方生理盐水

0.9% 生理盐水为等渗液（与血浆等渗）的液体，但含氯较多。复方盐水除了含氯化钠外还含钾和钙。

2. 碳酸氢钠液

可以迅速纠正酸中毒。市售有 1.4% 的等渗液和 5% 的高渗液。使用 5% 高渗液时需加 2 倍量的葡萄糖液稀释。

3. 乳酸钠液

在大量或长期补液时因氯化钠液中氯离子过多，应适当配合乳酸钠液使用。1.87% 为等渗液，但在酸中毒或休克时不宜使用。

4. 氯化钾液

用于补钾。一般静滴 0.2% 的氯化钾液，不可直接推注静脉，应缓慢滴注。

（三）常用的混合溶液

2 ∶ 3 ∶ 1 含钠液：每 100mL 中 33mL 0.9% 盐水、50mL 5% 葡萄糖注射液、17mL 1.4% 的碳酸氢钠液。

1 ∶ 2 含钠液：每 100mL 中 33mL 0.9% 盐水、66mL 5% 或 10% 葡萄糖注射液。

1 ∶ 1 含钠液：每 100mL 中 50mL 0.9% 盐水、50mL 5% 或 10% 葡萄糖注射液。

口服补液盐液：又称为 ORS 液，每 1 000mL 含氯化钠 3.5g、碳酸氢钠 2.5g、葡萄糖 20g、氯化钠 1.5g。一般在犬能喝水时给予或配合静脉注射补充给予，给予量为犬自由饮用的量。

五、补液方法

（一）轻度脱水

用 0.9% 盐水或 5% 及 10% 葡萄糖注射液均可，剂量掌握在 30mL/kg 体重以内。

（二）中度脱水

先用 1/2 总补充量的 1 ∶ 1 含钠液（其中可载放其他药物）快速补液，余下 1/2 用 5% 或 10% 葡萄糖注射液缓慢静滴，总量 50mL/kg 体重。

（三）重度脱水

总量 70~80mL/kg 体重，分 3 个阶段进行。第一阶段：常用 2 ∶ 3 ∶ 1 含钠液 20mL/kg 体重快速补液；第二阶段：常用 1 ∶ 2 混合液，补液量为余量的 1/2；第三阶段：常用 10% 葡萄糖注射液缓慢滴注，缺钾时用复方盐水。因为动物长时间补液会因尿急而不安，而致针头脱出，所以第三阶段的补液可以在第一次补液后 4~6h 做第二次静滴，这样也可以减少病犬心脏负担。

第四章　酸碱平衡

第一节　酸碱平衡的机理和意义

一、动物体内酸碱来源及其调节

（一）酸来源

动物体内正常代谢产生大量的酸性物质，可以分为 2 类，即挥发性酸和固定性酸。挥发性酸是指 CO_2，动物的各种饲料及各类营养物质在体内分解代谢过程中，特别是在氧化的最后阶段都将产生大量的 CO_2。CO_2 是潜在的酸源，它在广泛分布于细胞内的碳酸酐酶的催化下，产生大量的碳酸，即 $H_2O+CO_2=H_2CO_3$。在正常情况下，这些都可由动物呼吸而排出，但当动物处于热应激或发生呼吸障碍时，H_2CO_3 是体内酸的一大来源。固定性酸由可滴定性酸和日粮中的阴阳离子两部分组成。可滴定性酸由营养物质代谢过程产生的 H_2SO_4、H_3PO_4 和一些有机酸组成，当体内某些营养物质过剩或动物生理状态发生变化时，这几类酸也是体内酸的一个来源，如常见的含硫氨基酸过剩时，1moL 蛋氨酸就可产生 2moL 的 H_2SO_4。日粮中的阴阳离子是用以维持电中性的。虽然它们自身无酸碱性，但可通过参与体内的代谢过程而引起动物体内的酸碱状态发生变化。

（二）碱来源

动物体内能产生碱的物质较少，主要是氨基酸脱氨产生的氨，氨基酸脱氨产生的氨进入肝脏后经鸟氨酸循环合成尿素排出体外，在动物体内碱中毒的可能性较小。

（三）酸碱平衡的机理

离子平衡的研究必然涉及对动物机体酸碱平衡和电解质平衡的分析研究。在离子平衡中，酸碱平衡是指动物的体液 pH 值维持在一个较为恒定的范围内。动物体内具有保持体液质子浓度恒定的趋势，电解质平衡是指动物体摄入的水及各种无机盐类，以维持正常的生理功能。同时又不断地排出一定量的水和电解质，使动物体内各种体液之间保持一种动态的平衡。离子平衡主要通过对体内酸碱平衡的影响而发挥作用，而酸碱平衡状态又是通过对体内酶的微环境的 pH 值影响改变机体的营养代谢。同时体内某些酶又以电解质离子钾、钠、钙和镁等作为辅因子，电解质是酶正常的催化活性必不可少的成分。

（四）动物体内酸碱调节机制

主要有 3 条途径，即呼吸、肾脏和体内的体液缓冲体系，其途径相互作用共同构成机体的酸碱调节屏障。在正常生理条件下，动物凭借体内的酸碱调节机制维持体内的酸碱平衡。

1. 体液缓冲体系

动物体内具有由多种物质构成的缓冲体系，主要的缓冲对有：碳酸盐、磷酸盐和蛋白质缓冲对，其中最主要的是碳酸盐缓冲对，常将 $NaHCO_3$ 作为碱储。这些缓冲对在体液中均有分布，共同组成对抗强酸和强碱的快速反应机制，维持机体内环境的相对稳定。

2. 呼吸调节

动物通过呼吸频率和呼吸程度的调节，增加或减少 CO_2 的排出量来维持碳酸盐缓冲对的适宜水平。在动物碱中毒时，可以保存挥发性酸，而在酸中毒时通过肺排出挥发性酸，而这些调节作用主要是通过呼吸频率来进行控制的。

3. 肾脏调节

通过肾脏的调节作用动物可以排出过多的固定酸碱物质，通过肾小管保钾排钠稳定体内的酸碱状态，恢复体内的碱储。尿的 pH 值可因体液对酸、碱的需求情况而发生变化。

二、酸碱平衡紊乱

正常状态下，机体有一套调节酸碱平衡的机制。疾病过程中，尽管有酸碱物质的增减变化，一般不易发生酸碱平衡紊乱，只有在严重情况下，机体内产生或丢失的酸碱过多而超过机体调节能力，或机体对酸碱调节机制出现障碍，进而导致酸碱平衡失调。尽管机体对酸碱负荷有很大的缓冲能力和有效的调节功能，但很多因素可以引起酸碱负荷过度或调节机制障碍导致体液酸碱度稳定性破坏，这种稳定性破坏称为酸碱平衡紊乱。

正常动物的动脉血 pH 值在 7.35~7.45。机体维持内环境 pH 值恒定的主要调节机制有：血液缓冲系统的调节其中最主要的缓冲对是 HCO_3^-/H_2CO_3；肺脏是通过 CO_2 呼出量调节 H_2CO_3 的浓度；肾脏主要通过重吸收 HCO_3^- 和排出 H^+ 进行调节；细胞通过细胞内外 H^+-Na^+、H^+-K^+ 等离子交换的方式进行调节。但机体在受到致病因子作用下，许多因素可打破这种平衡，当超出最大代偿能力时机体则表现酸中毒或碱中毒现象。

（一）酸中毒

酸中毒可简单概括为由于 HCO_3^- 降低或（和）H_2CO_3 升高所引起的酸碱平衡障碍。伴有或不伴有血液 pH 值降低。大体可分为 2 类：代谢性酸中毒和呼吸性酸中毒。

1. 代谢性酸中毒

以血浆 HCO_3^- 浓度原发性减少为特征病理过程，在兽医临诊上最为常见和重要。主要见于体内固定酸产生过多（反刍动物瘤胃酸中毒、酮病等）或酸性物质摄入过多（如大量用氯化钠、水杨酸等）。其特点是血浆 $NaHCO_3$ 含量原发性减少，二氧化碳结合力（指血浆中化学结合状态的 CO_2 量，即血浆 $NaHCO_3$ 中 CO_2 含量降低；动脉血二氧化碳分压代偿性降低，H_2CO_3 含量代偿性减少；能充分代偿时 pH 值可在正常范围内，失代偿后 pH 值低于正常值的下限。代谢性酸中毒对机体的影响：

（1）对中枢神经系统的影响。酸中毒尤其发生时代偿性酸中毒时，由于神经细胞能量代谢障碍和抑制性神经介质 Y- 氨基丁酸的含量增多，可使中枢神经系统功能抑制，动物表现为精神沉郁、感觉迟钝、甚至昏迷。

（2）对心血管系统功能的影响。

①酸中毒产生的大量 H^+ 可竞争性的与钙和肌钙蛋白结合。同时也影响 Ca^{2+} 内流和心肌细胞内肌浆网释放 Ca^{2+}。抑制心肌兴奋 - 收缩偶联，使心肌收缩力降低，心输出量减少，容易引起急性心功能不全。

②酸中毒常伴发高钾血症，血清钾浓度升高，可使心脏传导阻滞，引起心室颤动、心律失常，发生急性心功能不全。

③血浆 H^+ 浓度升高，可使小动脉、微动脉毛细血管前括约肌对儿茶酚胺的敏感性降低，而微静脉、小静脉仍保持对儿茶酚胺的敏感性（可能与微静脉、小静脉正常时即处于一种微酸环境有关）故毛细血管"前门开放，后门关闭"。血容量扩大而回心血量显著减少，严重时可引发低血容量性休克。

（3）对骨骼系统的影响。慢性肾功能不全时可伴发慢性代谢性酸中毒。由于骨内磷酸钙不断释放入血以缓冲 H^+，故对骨骼系统的正常发育和机能都造成严重影响，在幼畜可引起幼畜生长迟缓和佝偻病，在成畜可导致骨软化症。

2. 呼吸性酸中毒

以血浆 H_2CO_3 浓度原发性升高为特征的病理过程，在兽医临诊上也比较多见。主要见于 CO_2 排出障碍（如肺病变呼吸肌麻痹等）和吸入过多。血浆 H_2CO_3 含量原发性增加，CO_2 分压（$PaCO_2$）升高；$NaHCO_3$ 含量代偿性增多，CO_2 结合力代偿性升高；能充分代偿时 pH 值可在正常范围内，失代偿后，pH 值低于正常值的下限。呼吸性酸中毒对机体影响主要表现为：

（1）对中枢神经系统的影响。呼吸性酸中毒时高浓度的 CO_2 能直接引起脑血管扩张。颅内压升高。此外 CO_2 分子为脂溶性的，能自由透过血脑屏障；而 $NaHCO_3$ 是水溶性的不容易透过血脑屏障，故脑脊液 pH 值降低较血浆更加明显。因此，呼吸性酸中毒引起的脑功能紊乱比代谢性酸中毒时更加严重。有时呼吸中枢、心血管运动中枢麻痹而使动物死亡。

（2）对心血管系统的影响。由于 H^+ 浓度增高和高钾血症可引起心肌收缩力减弱、末梢血管扩张、血压下降以及心律失常。

（二）碱中毒

碱中毒可简单地概括为由于 HCO_3^- 浓度升高或（和）H_2CO_3 浓度降低所引起的酸碱平衡障碍，伴有或不伴有血液 pH 值的升高，分为代谢性碱中毒和呼吸性碱中毒。

1. 代谢性碱中毒

以血浆 HCO_3^- 浓度原发性升高为特征的病理过程，兽医临诊上主要见于严重呕吐，高位肠梗阻，低钾血症等情况。其特点主要是血浆中 $NaHCO_3$ 含量原发性增多。能充分代偿时 pH 值可在正常范围内，失代偿后 pH 值则高于正常值上限。

（1）对中枢神经系统的影响。碱中毒特别是失代偿性碱中毒时由于血浆 pH 值升高，引起脑组织 Y- 氨基丁酸转氨酶的活性增高，具有抑制性作用的 Y- 氨基丁酸分解代谢加强，脑内含量减少，故对中枢神经的抑制作用减弱，患畜呈现躁动、兴奋等症状。

（2）对血液离子的影响。代谢性碱中毒 K^+、Cl^- 降低，Ca^{2+} 浓度降低，引起神经肌肉组织兴奋性升高，患畜出现肢体肌肉抽搐，反射活动亢进，甚至发生痉挛。

2. 呼吸性碱中毒

以血浆 H_2CO_3 浓度原发性降低为特征的病理过程。主要见于呼吸系统受刺激、环境缺氧（如高原地区）等情况，可因通气过度而发生。其特点是血浆中 H_2CO_3 含量原发性减少，CO_2 分压（$PaCO_2$）降低；$NaHCO_3$ 代偿性减少，CO_2 结合力代偿性降低；能充分代偿时 pH 值在正常范围内，失代偿时 pH 值则高于正常值的上限。其对机体的影响是：严重的 $PaCO_2$ 降低可引起血管和脑血流量减少。因此，重症碱中毒可引起脑组织缺氧。患畜可由兴奋状态转化为萎靡不振、精神沉郁、甚至昏迷。

（三）混合型酸碱平衡紊乱

在临诊实践中除了有单纯的酸中毒外，有时还可能在同一个动物体并存酸碱中毒混合失调的现象。混合型酸碱平衡紊乱可分为 2 类，即酸碱一致型和酸碱混合型。

1. 酸碱一致型

指酸中毒、碱中毒在同一动物个体上不交叉发生，有以下 2 种情况。

（1）呼吸性酸中毒合并代谢性酸中毒。常见于通气障碍引起的呼吸功能不全如脑炎、延脑损伤等 CO_2 在体内滞留导致呼吸性酸中毒，而缺氧又可引起代谢性酸中毒。其特点是除单纯呼吸性酸中毒或代谢性酸中毒的特点外，最显著的特点是动物血浆 pH 值明显下降。

（2）呼吸性碱中毒合并代谢性碱中毒。主要见于带有呕吐的热性传染病。如犬瘟热，部分病犬剧烈呕吐并伴有高热，高热造成过度通气引起呼吸性碱中毒；呕吐导致胃酸丢失引起代谢性碱中毒。其特点是血浆 pH 值显著升高，另伴有单纯性呼吸碱中毒或代谢性碱中毒的特点。

2. 酸碱混合型

指酸中毒、碱中毒在同一动物个体上交叉发生。

（1）代谢性酸中毒合并呼吸性碱中毒。见于动物发生高热、通气过度又合并发生肾病或腹泻。如严重肾功能不全又伴发高热时，可在原代谢性酸中毒的基础上因过度通气而合并发生呼吸性碱中毒。其显著特点是血浆 pH 值变化不大。

（2）代谢性酸中毒合并代谢性碱中毒。见于动物发生肾炎、尿毒症又伴有呕吐。如犬尿毒症又伴有呕吐。在原代谢性碱中毒的基础上因胃酸大量丢失而引发代谢性碱中毒。其显著特点是 pH 值改变不明显。

第二节　离子平衡与动物代谢性疾病的关系

一、主要固定离子的营养作用及代谢规律

动物体内的固定阳离子有钠离子和钾离子，固定阴离子指氯离子。根据动物胴体的分析结果，动物机体含有钠 1.5g/kg、钾 3g/kg、氯 1.5g/kg。3 种离子的主要吸收部位都是十二指肠，都可通过简单扩散进行吸收。钠和钾离子还可通过 Na^+-K^+-ATP 酶的方式进行转运，钠离子也可以通过葡萄糖或氨基酸的吸收而协同吸收。3 种主要的固定离子的排泄方式都是通过尿液，在体内代谢的固定离子主要来源于内源周转部分，从消化道吸收的部分相对较低。3 种离子都参与机体水盐代谢和渗透压平衡及酸碱平衡的维持，并参与广泛的生理代谢过程。3 种离子都具有独特的作用，同时三者的相对含量即离子平衡情况也对机体代谢产生重要影响。

（一）钠的营养作用及代谢规律

钠离子是血浆和细胞外液中的主要阳离子，血液中的钠离子主要是通过氯离子和碳酸氢根离子而得到平衡。钠大量存在于动物的肌肉中，使肌肉的兴奋性加强，对心肌活动起调节作用。钠离子是 Na^+-K^+-ATP 酶的主要离子，对于体内营养物质的转运及能量代谢具有重要作用。

（二）钾的营养作用及代谢规律

在动物体内，钾的含量是仅低于钙、磷等常量元素。钾离子存在于每个细胞内液中，它在肌肉细胞和神经细胞中的含量较高，是细胞间液的 2 倍。在红细胞（旧称红血球）中的钾离子含量最高，约为血浆中含量的 2.5 倍。钾离子主要是通过磷酸氢盐、碳酸氢盐以及硫酸盐得到平衡。钾离子的主要营养作用是作为 Na^+-K^+-ATP 酶的组成部分，参与维持体内渗透压平衡，作为主要的阳离子参与离子平衡，对血液中氧气、二氧化碳的运输发挥作用；钾离子与动物神经肌肉的兴奋性调节有直接联系。此外，钾离子在多种酶系统中作为重要的辅助因子参与能量输送、蛋白质及碳水化合物的代谢。钾主要由肾脏排出体外。

（三）氯的营养作用及代谢规律

氯离子是细胞外体液的主要阴离子，参与机体水的代谢。它与氢离子结合成盐酸，作为胃液中激活胃蛋白酶并保持胃酸性环境。

二、动物代谢性疾病

（一）家禽疾病

1. 家禽腿病

仔鸡的胫骨短粗症（TD）属于代谢性疾病，该病多发生于快速生长的肉仔公鸡，且病情发展迅速，对其病因进行了广泛探索。现已知，年龄、性别、遗传和环境以及多种营养因素，均与胫骨短粗症发病率有关。就营养因素来说，多种矿物质都可单独或综合影响发病率和严重率，离子平衡是重要的病因之一。当日粮氯离子过多，而又没有相应的钾、钠离子的平衡时，TD 的发病率增高。日粮中低钙高磷使 TD 的发病率增高。日粮钙水平下降，发病率和严重率明显提高。硫酸根加剧 TD 病情；高氯和高磷的摄取也导致发病率和严重率提高；高镁日粮可以降低由高氯和高磷导致的高发病率和严重率。不少学者认为，日粮钙磷比似乎是更重要的因素。日粮中高钙低磷含量和高钙磷比会降低 TD 发病率，如果钙与非植酸磷的比例保持，即使升高磷水平也不会影响其发病率；决定 TD 发病率的因素主要是钙与有效磷的比例，然而，使发病率最低的钙和有效磷的比例并不能使动物达到最佳的生长性能（增重和饲料转化率），因此要在最佳饲料转化率和最低发病率间进行权衡，以确定产生最佳经济效益的钙磷比。即不能为了减少 5% 的 TD 发病率，而降低 100% 鸡的生长性能。日粮中阴阳离子比例的变化通过改变体内酸碱平衡状况来影响发病率和严重率。日粮变化诱发的代谢性酸中毒提高的发病率，诱发的代谢性碱中毒降低的发病率，提高日粮的钠和钾水平会明显降低发病率。日粮中无论添加氯、磷还是硫酸根，使得阴离子的比例升高，TD 的发病率均上升；向含钙含有效磷的普通日粮中添加镁使日粮阳离子比例升高，会使鸡的腿病发生率下降，但镁的效应不如钙的效应大。日粮高硫酸铵使 TD 的发病率增高，而硫酸钠则对 TD 的发病率没有影响。高氯、磷、硫均不同程度地诱发 TD 的发生，添加阳离子可将 TD 的发病率降低到 0；而添加阴离子显著降低体重和胫骨重量、长度及皮质层厚度，并使血液的碱超和碱储降低，日粮阴离子的增高使血液发生酸化，损害了血液对氧气的运输效率，导致骨胶原降解，诱发 TD 的发生。由于影响腿疾的因素较多，因此关于家禽 TD 发病率的日粮离子包括多种离子。

2. 肉鸡腹水症

肉鸡腹水症的病因极为复杂，日粮离子平衡是诱发肉鸡腹水症的重要因素之一，日粮中阴离子过高导致腹水症的发病率增高。日粮的酸化使腹水症发病率增高导致死亡率增高，而日粮碱化（添加 10g/kg $NaHCO_3$）则显著地降低由于腹水症导致的死亡率。饲喂特殊的利尿剂，改变肾脏电解质吸收对于腹水症发病率有明显的降低。

3. 猝死综合征

猝死综合征又称 SDS（sudden death syndrome），也是肉鸡生产中极为常见的一种急性代谢病，主要发生于生长迅速的公鸡，日粮离子平衡是 SDS 发生的重要病因之一。

（二）猪病

在养猪生产中，仔猪的营养性腹泻是较为复杂的问题。在腹泻时，加速钾离子从尿中的排出，同时水、钠、钾、氯等离子和重碳酸盐等都从动物体内丧失，严重改变机体的水盐代谢及水和离子的储备状况并改变能量代谢。

（三）牛

在反刍动物代谢性疾病与日粮离子平衡关系的研究中，较为集中的是对奶牛产褥热的研究。对奶牛产褥热影响较大的离子是钙的代谢，维生素 D_3 及其代谢物在防治奶牛产褥热方面也具有一定的效果，但结果并不稳定。已发生产褥热的奶牛对 1, 25- 二羟基 -D_3 敏感性降低，甲状旁腺素（PTH）参与体内钙稳态的调节，但同样发现，已发生产褥热的奶牛血液中 PTH 水平升高。而日粮离子平衡的调节，即降低日粮中阴离子水平，可以有效地防止奶牛产褥热的发生。在奶牛妊娠期的最后 21~28d，饲喂电解质平衡（dEB 值）为（-200~-100）mEq/kg 的日粮，改善了钙的代谢并有效地预防低血钙和奶牛产褥热的发生，奶牛在随后的哺乳期的产奶量提高 3%~7%。

第五章 细胞、组织的损伤

第一节 萎 缩

萎缩是指发育正常的细胞、组织或器官的体积缩小。萎缩与发育不全和未发育不同，后两者是分别指组织或器官未发育至正常大小，或处于根本未发育的状态。

一、萎缩的分类

发育正常的实质细胞、组织或器官体积缩小，是因实质细胞体积缩小所致，可伴细胞数量减少称为萎缩。常有间质细胞增生。萎缩的机制目前还不明确，可能主要涉及蛋白质合成和降解的平衡，蛋白降解的增加起关键作用。萎缩包括自身实质细胞数量的减少和自身实质细胞体积的减小，亦根据起始原因分为病理性萎缩和生理性萎缩。生理性萎缩常见于胸腺的青春期萎缩和生殖系统中卵巢、子宫及睾丸的更年期后萎缩等，病理性萎缩一般有以下几种。

（一）营养不良性萎缩

蛋白质摄入不足或者血液等消耗过多引起。全身营养不良性萎缩见于长期饥饿、消化道梗阻、慢性消耗性疾病及恶性肿瘤等，由于蛋白质摄入不足或者血液等消耗过多引起全身器官萎缩，这种萎缩常按一定顺序发生，即脂肪组织首先发生萎缩，其次是肌肉，再其次是肝、脾、肾等器官，而心、脑的萎缩发生最晚。局部营养不良性萎缩常因局部慢性缺血引起，如脑动脉粥样硬化引起的脑萎缩。

（二）压迫性萎缩

组织或器官长时间受压迫所致。如尿路梗阻（结石、肿瘤等）时，因肾盂积水压迫肾实质引起肾萎缩。引起这种萎缩的压力无须太大，关键是一定的压力持续存在。

（三） 废用性萎缩

器官长时间功能和代谢下降所致。例如，骨折后，久卧不动的肌肉因代谢减慢可逐渐发生萎缩。

（四）神经性萎缩

因运动神经元或者轴突损害引起效应器萎缩。例如，小儿麻痹症的肌肉萎缩下运动神经元损伤后，其所支配的器官、组织可发生萎缩，又如脊髓灰质炎所致的下肢肌肉萎缩。

（五）内分泌性萎缩

由于内分泌腺功能下降引起靶器官细胞萎缩。例如，绝经后子宫的萎缩。

二、萎缩的病理表现

萎缩的细胞、组织、器官体积减小，重量减轻，色泽变深，细胞器大量退化。萎缩细胞胞浆内可出现脂褐素颗粒，后者是细胞内未被彻底消化的富含磷脂的细胞器残体。萎缩细胞蛋白质合成减少、分解增加，或者两者兼有。萎缩的细胞和组织、器官功能大多下降，并通过减少细胞体积与降低的血供，使之在营养、激素、生长因子的刺激及神经递质的调节之间达成了新的平衡。去除病因后，轻度病理性萎缩的细胞有可能恢复常态，但持续性萎缩的细胞最终可死亡。在实质细胞萎缩的同时，间质成纤维细胞和脂肪细胞可以增生，甚至造成器官和组织的体积增大，此时称为假性肥大。脑萎缩时，除体积缩小、重量减轻外，脑回变窄，脑沟变宽，切面皮质变薄。

三、萎缩对机体影响

萎缩是一种可逆性的变化，通常在病因消除后，萎缩的器官、组织和细胞可以逐渐恢复原状。如果病变继续发展，萎缩的细胞最后也可消失。萎缩的细胞、组织、器官功能大多下降，如肌肉萎缩时，收缩力下降；脑萎缩时，思维能力减弱，记忆力减退。

第二节　变　性

变性是指细胞或间质内出现异常物质或正常物质的量显著增多，并伴有不同程度的功能障碍。表现为细胞内或细胞间质中出现非生理性物质或生理性物质过度堆集、活体内局部组织细胞的病理性死亡过程。组织细胞发生坏死后，物质代谢停止，功能完全废绝。

一、水泡变性（细胞水肿）

当缺氧、毒性物质损及线粒体内 ATP 产生时，细胞膜上的钠泵功能降低，使细胞膜对电解质的主动运输功能发生障碍，更多的钠、钙离子和水进入细胞内，而细胞内钾离子外逸，导致细胞内水分增多，形成细胞肿胀，严重时称为细胞的水泡变性。

病理变化表现为光镜下水泡变性的细胞体积增大，因胞浆内水分含量增多，变得透明、淡染，甚至出现空泡，可称为空泡变性，严重时胞核也可淡染，整个细胞膨大如气球，称气球样变性。常见于心、肝、肾等实质性器官。受累脏器肿胀，边缘变钝，苍白而混浊，光镜下胞浆呈粉染细颗粒状，透明度也降低。电镜下内质网和线粒体扩张呈空泡状。一般而言，细胞水肿是一种可恢复性的损伤，但是，严重的细胞水肿也可发展为细胞死亡。

二、脂肪变性

正常情况下，除脂肪细胞外的实质细胞内一般不见或仅见少量脂滴。如这些细胞中出现脂滴或脂滴明显增多，则称为脂肪变性或脂肪变。脂滴的主要成分为中性脂肪，也可有磷脂及胆固醇等。脂肪变性主要见于肝、心、肾等实质器官，因肝是脂肪代谢的重要场所，肝脂肪变性最常见。脂肪变性时最初形成的脂滴很小，以后可逐渐融合为较大脂滴，此时常无界膜包绕而游离于胞浆中。

（一）肝脂肪变性

肝脏的脂肪变性与肝脏的脂肪代谢紊乱有关。肝脏的脂肪代谢过程中的任何一个环节发生障碍，均可造成肝细胞的脂肪变性，如脂蛋白的合成发生障碍，中性脂肪合成过多，脂肪酸氧化障碍。

病理变化：轻度脂肪变性，肝脏可无明显改变。如果脂肪变性弥漫而严重时，肝脏可明显肿大，色变黄，触之有油腻感称为脂肪肝。光镜下早期肝脂肪变性，可表现为在肝细胞核周围出现小的脂肪空泡。以后随着脂肪变性的加重，空泡逐渐变大，分布于整个胞浆中。严重者融合成一个大泡，将细胞核挤向一边，形态与脂肪细胞类似。肝瘀血时，小叶中央区缺血较重，因此脂肪变性首先在中央区发生。磷中毒时，肝脂肪变性首先发生在小叶周边部，然后，累及整个肝小叶。

（二）心肌脂肪变性

发生脂肪变性时，心肌细胞内脂滴含量显著增多。心肌脂肪变性最显著的发生部位是乳头肌和心内膜下心肌。重者呈黄色条纹，轻者呈暗红色，两者相间排列，状似虎皮，故称为“虎斑心”。光镜下脂肪变性的心肌细胞浆中出现细小、串珠样脂肪空泡，排列于纵行的肌原纤维间。

三、玻璃样变性

玻璃样变性又称透明变性，系指在细胞内或间质中，出现均质、半透明的玻璃样物质，在 HE 染色切片中呈均质性红染。它可以发生在结缔组织、血管壁，有时也可见于细胞内。

（一）结缔组织玻璃样变性

常见于纤维瘢痕组织内。肉眼形态：灰白、半透明状，质地坚韧，缺乏弹性。光镜下，纤维细胞明显变少，陈旧的胶原纤维增粗并互相融合成为均质无结构红染的梁状、带状或片状，失去纤维性结构。

（二）血管壁的玻璃样变性

多发生于高血压病时的肾、脑、脾及视网膜的细小动脉。高血压病时，全身细小动脉持续痉挛，导致血管内膜缺血受损，通透性增高，血浆蛋白渗入内膜下，在内皮细胞下凝固，呈均匀、嗜伊红无结构的物质。使细小动脉管壁增厚、变硬，管腔狭窄，甚至闭塞，血流阻力增加，使血压升高，此即细动脉硬化症，可引起心、肾和脑的缺血。

（三）细胞内玻璃样变性

细胞内玻璃样变性是指细胞内过多的蛋白质引起细胞发生了形态学改变。光镜下，常表现为圆形、嗜伊红的小体或团块。肾小球肾炎或伴有明显蛋白尿的其他疾病时，肾脏近曲小管上皮细胞胞浆内，可出现大小不等的圆形红染小滴（玻璃小滴）。血浆蛋白经肾小球滤出，又被近曲小管上皮细胞吞噬并在胞浆内融合成玻璃样小滴。

四、黏液样变性

黏液样变性系指组织间质出现类黏液的聚集。肉眼所见：组织肿胀，切面灰白透明，似胶冻状。光镜下病变部位间质疏松，充以淡蓝色胶状物。其中散在一些多角形或星芒状并以突起互相连缀的细胞。

结缔组织黏液样变性，常见于纤维瘤、平滑肌瘤等间叶性肿瘤，也可见于急性风湿病时心血管壁及动脉粥样硬化时的血管壁。甲状腺功能低下时，全身真皮及皮下组织的基质中，有类黏液及水分潴留，称为黏液性水肿。这可能是因为甲状腺素分泌减少，类黏液的主要成分透明质酸降解减弱所致。

一般认为，黏液样变性的结缔组织，当病因去除后，可逐渐恢复其形态与功能。但是严重而持久的黏液样变性，可引起纤维组织增生导致组织的硬化。

五、淀粉样变性

组织内有淀粉样物质沉着称为淀粉样变性，亦称淀粉样物质沉着症。淀粉样物质是蛋白样物质，由于遇碘时，可被染成棕褐色，再加硫酸后呈蓝色，与淀粉遇碘时的反应相似，故称为淀粉样变性。淀粉样物质常分布于细胞间或沉积在小血管的基底膜下，或者沿组织的网状纤维支架分布。病变为灰白色，质地较硬，富有弹性，光镜下HE染色切片中，淀粉样物质呈淡伊红染色、均匀一致、云雾状、无结构的物质。刚果红染色为橘红色，在偏光显微镜下呈黄绿色。电镜下，淀粉样物质为纤细的无分支的丝状纤维构成。淀粉样变性可为局部性的，也可为全身性的，其淀粉样物质生物化学本质也各不相同。与慢性炎症有关的局部性淀粉样变性多见于睑结膜、舌、喉、上呼吸道、肺、膀胱和皮肤等处，由于淀粉样物质沉着，局部形成结节，常伴有大量浆细胞等慢性炎细胞浸润。全身性淀粉样变性可发生在长期慢性炎症疾病，这是由于炎症对组织和细胞的反复破坏引起的继发性病变，因而引起AA型（amyloid-associated-protein，AA）淀粉样物质沉着。

六、细胞内糖原沉积

糖原是一种存在于细胞浆内的容易利用的储备能源。细胞内糖原沉积发生于葡萄糖和糖原代谢异常的患者。糖原为水溶性，在非水溶性固定剂（如纯酒精）中保存较好。在一般HE染色切片中，糖原被溶去呈透明的泡状；PAS染色中，呈玫瑰红色。细胞内糖原沉积常发生于糖尿病患病动物的近曲小管远端的上皮细胞内，甚至肝细胞、心肌细胞和胰岛 β 细胞内。患糖原沉着病时，由于动物糖原合成或降解的酶缺陷，也导致糖原在细胞内沉积。

七、病理性色素

色素是机体组织中的有色物质。有些色素是正常组织内存在的，如黑色素；有些色素是疾病状态下出现的，如肺内炭末颗粒沉着，称为病理性色素。根据来源不同，这些色素可分为内源性和外源性2类。内源性色素主要由机体细胞本身合成，如含铁血黄素、胆色素、脂褐素和黑色素等；外源性色素主要来自体外，如炭末、文身的色素等。

（一）炭末

炭末来自体外，通过吸入到达人体肺部。肺内炭末沉积十分常见。多见于从事与煤炭相关职业及过度吸烟人的肺部。肺组织内，可见大小不等的炭末颗粒，严重者，整个肺脏呈黑色。被吸入的炭末在肺内可被巨噬细胞吞噬，通过淋巴管引流，可沉积在肺间质及肺的淋巴结内。肺内严重的炭末沉积，可产生肺纤维化和肺气肿，引起严重的肺脏疾患。

（二）黑色素

黑色素颗粒为棕褐色或深褐色，大小、形状不一。黑色素由黑色素细胞产生。在酪氨酸酶的作用下，黑色素细胞中的酪氨酸氧化为3，4-二羟苯丙氨酸，再进一步被氧化为吲哚醌。失去CO_2后，转化为二羟吲哚，后者形成一种不溶性的聚合物即为黑色素。黑色素细胞内因含有酪氨酸酶，故当加上多巴时，则出现与黑色素相似的物质，称多巴反应阳性；相反，表皮下吞噬了黑色素的组织细胞，因不含酪氨酸酶，故多巴反应阴性。用此方法可以鉴别黑色素细胞和噬黑色素细胞。ACTH分泌增多可致全身性皮肤黑色素增多。局限性黑色素增多则见于黑色素痣及黑色素瘤等。

（三）脂褐素

脂褐素是细胞内自噬溶酶体中的细胞器碎片发生某些理化反应后，不能被溶酶体酶消化而形成一种不溶性的黄褐色残存小体。多见于老年人及一些慢性消耗性疾病患者的心、肝和肾细胞内，故又有消耗性色素之称。

脂褐素常沉着于犬的神经元、牛的心肌纤维和有些衰弱动物的肾上腺和甲状腺。脂褐素沉着的器官组织常发生萎缩和衰退，呈深棕色。光镜下，脂褐素呈黄褐色、颗粒状，常位于细胞核周围。电镜下：脂褐素颗粒呈典型的残存小体结构。脂褐素的主要生化成分为脂质和蛋白质。

（四）含铁血黄素

含铁血黄素是由铁蛋白微粒集结而成的色素颗粒，呈金黄色或棕黄色，具有折光性。由于含铁血黄素分子中，含有三价铁，普鲁士蓝或柏林蓝反应呈蓝色。含铁血黄素是由血红蛋白被巨噬细胞溶酶体分解、转化而形成的。慢性肺瘀血时，漏入肺泡腔内的红细胞，被巨噬细胞吞噬后，形成含铁血黄素。由于这种吞噬大量含铁血黄素的巨噬细胞常出现在左心衰竭动物，故此细胞又称心力衰竭细胞。此外，溶血性贫血时，可有大量红细胞被破坏，所以可出现全身性含铁血黄素沉积，常沉积于肝、脾、淋巴结和骨髓等器官组织内。

八、病理性钙化

正常机体内，仅在骨和牙齿中含有固体钙盐。如果在骨和牙齿以外的其他组织内有固体钙盐沉积，则称为病理性钙化。沉积的钙盐主要是磷酸钙，其次为碳酸钙。组织内有少量钙盐沉积时，肉眼难以辨认；多量时，则表现为石灰样坚硬颗粒或团块状外观。HE染色切片中，钙盐呈蓝色颗粒状。起初，钙盐颗粒微细，以后可聚集成较大颗粒或团块。

病理性钙化可分为营养不良性钙化和转移性钙化2种类型。

（一）营养不良性钙化

营养不良性钙化是指变性、坏死的组织或异物的钙盐沉积，较常见。而机体本身并无全身性钙、磷代谢障碍，血钙正常。此型钙化常发生在：结核坏死灶，脂肪坏死灶，动脉粥样硬化斑块、玻璃样变性或黏液样变性的结缔组织，坏死的寄生虫体、虫卵及其他异物等。

营养不良性钙化的发生机制尚不清楚。可能与局部碱性磷酸酶升高有关。此酶能水解有机磷酸酯，使局部磷酸根离子增多，进而使 Ca^{2+} 和 PO_4^{3-} 浓度的乘积超过其溶解度乘积系数，即 $3Ca^{2+} \times 2PO_4^{3-} = 35$，此数值称为钙磷溶解度乘积常数。所以形成磷酸钙沉积。至于磷酸酶的来源，一部分是从坏死细胞中的溶酶体释放出来的，有一部分可能是吸收了周围组织液中的磷酸酶。此外，也有人认为，营养不良性钙化与变性、坏死组织的酸性环境有关。由于钙盐在酸性环境中易溶解，使局部钙离子浓度增高；随后由于组织液的缓冲，使局部碱性化，导致钙盐析出、沉积。

（二）转移性钙化

由于全身性的钙、磷代谢障碍，引起机体血钙或血磷升高，导致钙盐在未受损伤的组织内沉积，称为转移性钙化。此种钙化较少见，多见于甲状旁腺功能亢进、过多接收维生素 D 或骨肿瘤造成骨组织严重破坏时，大量骨钙入血，血钙增高，使钙盐可沉积在全身许多未受损伤的组织中。常见的钙盐沉积部位有肾小管、肺泡、胃黏膜等处。

病理性钙化对机体的影响：一般少量的钙盐沉积，有时可被溶解、吸收；当大量钙盐沉积时，则难以完全吸收，它可以作为一种异物长期存在于机体组织中，刺激周围纤维组织增生，将其包裹，并可在钙化的基础上发生骨化，对机体的影响依具体情况而有所不同。如：血管壁钙化后可以变硬、变脆，容易引起破裂出血；心瓣膜在变性、坏死基础上的钙化则可使瓣膜变硬、变形，从而引起血流动力学改变；结核病灶的钙化，可使其内的结核杆菌失去活力，使局部病变停止发展，病情处于相对稳定阶段。但是结核杆菌往往可在病灶中生活很长时间，一旦机体抵抗力低下时，疾病可能会复发。转移性钙化中，未受损伤的肾、肺、胃黏膜的钙盐沉积，可使这些组织本身功能下降甚至丧失。

第三节　坏　死

坏死是指活体内局部组织、细胞的病理性死亡。坏死组织、细胞的物质代谢停止，功能丧失，出现一系列形态学改变，是一种不可逆的病理变化。坏死可因致病因素较强而直接导致，但大多数由可逆性损伤发展而来，其基本表现是细胞肿胀、细胞器崩解和蛋白质变性。炎症时，坏死细胞及周围渗出的中性粒细胞释放溶酶体酶，可促进坏死的进一步发生和局部实质细胞溶解，因此坏死常同时累及多个细胞。

一、坏死的分类

由于酶的分解作用或蛋白质变性所占地位的不同，坏死组织会出现不同的形态学变化，通常分为凝固性坏死、液化性坏死、特殊类型坏死 3 个类型。组织坏死后颜色苍白，失去正常组织的弹性，失去正常感觉（皮肤痛、触痛）及运动功能，无血管搏动，在清创术中切除失活组织时，没有新鲜血液自血管流出，临床上这类组织称为失活组织，应及时切除。

（一）凝固性坏死

坏死组织因为失水变干、蛋白质凝固，而变为灰黄色比较干燥结实的凝固体，故称为凝固性坏死。凝固性坏死常见于心、肾、脾等器官的缺血性坏死。

1. 肉眼形态

开始阶段，坏死组织出现明显肿胀，色泽灰暗，组织纹理模糊。以后坏死灶逐渐变硬，呈土黄色，坏死灶周围常出现出血带，与健康组织分界清楚。

2. 光镜

可见坏死组织的细胞核固缩、核碎裂、核溶解及胞质呈嗜酸性染色，但组织结构的轮廓依然存在。

（二）液化性坏死

坏死组织中可凝固的蛋白质少，或坏死细胞自身及浸润的中性粒细胞等释放大量水解酶，或组织富含水分和磷脂则细胞组织易发生溶解液化，称为液化性坏死。液化性坏死主要发生在含蛋白少脂质多（如脑）或产生蛋白酶多（如胰腺）的组织。

（三）特殊类型坏死

1. 干酪样坏死

干酪样坏死主要见于由结核杆菌引起的坏死，是凝固性坏死的一种特殊类型。由于组织分解较彻底，加上含有较多的脂质，因而坏死组织略带黄色，质软，状似干酪，故称干酪样坏死。光镜下不见组织轮廓只见一些红染的无结构颗粒物质。

2. 脂肪坏死

属液化性坏死，分为酶解性和创伤性 2 种。前者常见于急性胰腺炎。

3. 纤维素样坏死

纤维素样坏死是发生在结缔组织和小血管壁的一种坏死。光镜下，病变部位的组织结构消失，变为境界不甚清晰的颗粒状、小条或小块状无结构物质，呈强嗜酸性，似纤维蛋白，有时纤维蛋白染色呈阳性，故称此为纤维蛋白样坏死。纤维素样坏死主要发生于急性风湿病，与变态反应有关。某些病毒感染，如牛的恶性卡他热引起的结节性动脉周围炎即是典型的纤维素样坏死。

4. 坏疽

组织坏死后因继发腐败菌的感染和其他因素的影响而呈现黑色、暗绿色等特殊形态改变，称为坏疽。坏疽分为以下 3 种类型。

（1）干性坏疽。常见于动脉阻塞但静脉倒流通畅的四肢末端，因水分散失较多，故坏死区干燥皱缩呈黑色。

（2）湿性坏疽。多发生于与外界相通的内脏，如肺、肠、子宫、阑尾、胆囊等。

（3）气性坏疽。也属湿性坏疽。系深达肌肉的开放性创伤合并产气荚膜杆菌等厌氧菌感染所致，除发生坏死外，还产生大量的气体。

二、坏死的结局

（一）溶解吸收

较小的坏死灶可由来自坏死组织本身和中性粒细胞释放的蛋白水解酶将坏死物质进一步分解液

化，然后由淋巴管或血管吸收，不能吸收的碎片则由巨噬细胞加以吞噬消化，留下的组织缺损，则由细胞再生或肉芽组织予以修复。

（二）腐离脱落

较大坏死灶不易完全吸收，其周围发生炎症反应，白细胞释放蛋白水解酶，加速坏死边缘坏死组织的溶解吸收，使坏死灶与健康组织分离。坏死灶如位于皮肤或黏膜，脱落后形成缺损。局限在表皮和黏膜层的浅表缺损，称为糜烂；深达皮下和黏膜下的缺损称为溃疡。肾、肺等内脏器官坏死组织液化后可经相应管道（输尿管、气管）排出，留下空腔，成为空洞（cavity）。深部组织坏死后形成开口于皮肤或黏膜的盲性管道，称为窦道。体表与空腔器官之间或空腔器官与空腔器官之间两端开口的病理性通道称为瘘管。

（三）机化

坏死组织如不能完全溶解吸收或分离排出，则由周围组织的新生毛细血管和成纤维细胞等组成肉芽组织长入并逐渐将其取代，最后变成瘢痕组织。这种由新生肉芽组织取代坏死组织或其他异常物质（如血栓等）的过程称为机化。

（四）包囊形成与钙化

坏死组织范围较大，或坏死组织难以溶解吸收，或不能完全机化，则由周围新生结缔组织加以包裹，称为包囊形成。坏死组织可继发营养不良性钙化，大量钙盐沉积在坏死组织中，如干酪样坏死的钙化。

三、坏死对机体的影响

坏死细胞及周围渗出的中性粒细胞释放溶酶体酶，可促进坏死的进一步发生和局部实质细胞溶解，因此坏死常同时累及多个细胞，并造成组织的炎症，进而引发更严重的后果。坏死对机体的影响与下列因素有关：坏死细胞的生理重要性，如心、脑组织的坏死后果严重；坏死细胞的数量，如广泛的肝细胞坏死可致机体死亡；坏死细胞周围同类细胞的再生情况，如肝、皮肤等易于再生的细胞，坏死组织的结构功能容易恢复；坏死器官的储备代偿能力，如肾、肺等成对器官，储备代谢能力较强。

第六章 细胞、组织的代偿与修复

第一节 再 生

再生是组织损伤后由周围健康细胞分裂增生来完成修复的过程。

一、再生的类型

（一）完全再生

完全再生指再生细胞完全恢复原有组织、细胞的结构和功能。

（二）不完全再生

经纤维组织发生的再生，又称瘢痕修复。

二、组织的再生能力

（一）不稳定细胞

不稳定细胞指一大类再生能力很强的细胞，如表皮细胞、呼吸道和消化道黏膜上皮细胞等。

（二）稳定细胞

这类细胞具有再生的潜能，在生理状态下不显示再生能力，但在组织损伤的刺激下表现出较强的再生能力。包括各种腺体或腺样器官的实质细胞。

（三）永久性细胞

这类细胞几乎没有再生能力，受损后只能由结缔组织增生来修补。包括神经细胞、骨骼肌细胞和心肌细胞。

三、各种组织的再生

（一）上皮组织的再生

1. 被覆上皮再生

鳞状上皮缺损时，由创缘或底部的基底层细胞分裂增生，向缺损中心迁移，先形成单层上皮，后增生分化为鳞状上皮。

2. 腺上皮再生

其再生情况因损伤状态而异。腺上皮缺损腺体基底膜未破坏，可由残存细胞分裂补充，可完全恢复原来腺体结构；腺体构造（包括基底膜）完全破坏时则难以再生。

（二）纤维组织的再生

受损处的纤维细胞在刺激作用下分裂、增生。

（三）软骨组织和骨组织的再生

软骨起始于软骨膜增生，骨组织再生能力强，可完全修复。

（四）血管的再生

1. 毛细血管的再生

多以出芽方式来完成，即由原有毛细血管的内皮细胞肥大并分裂增殖，形成向外突起的幼芽，以后分裂增殖继续进行，幼芽逐渐增长而成实心的内皮细胞条索，随着血流的冲击，增殖的细胞条索中出现管腔，形成新的毛细血管。

2. 大血管修复

大血管离断需手术吻合，吻合处两侧内皮细胞分裂增生，互相连接，恢复原来内膜结构。离断的肌层不易完全再生。

（五）肌肉组织的再生

肌组织再生能力很弱。横纹肌肌膜存在、肌纤维未完全断裂时，可恢复其结构；平滑肌有一定的分裂再生能力，主要是通过纤维瘢痕连接；心肌再生能力极弱，一般是瘢痕修复。

（六）神经组织的再生

脑及脊髓内的神经细胞破坏后不能再生。外周神经受损时，若与其相连的神经细胞仍然存活，可完全再生；若断离两端相隔太远、两端之间有瘢痕等阻隔等原因时，形成创伤性神经瘤。

四、细胞再生的影响因素

细胞死亡和各种因素引起的细胞损伤，皆可刺激细胞增殖。作为再生的关键环节，细胞的增殖在很大程度上受细胞外微环境和各种化学因子的调控。过量的刺激因子或抑制因子缺乏，均可导致细胞增生和肿瘤的失控性生长。细胞的生长可通过缩短细胞周期来完成，但最重要的因素是使静止细胞重新进入细胞周期。

细胞外基质在细胞再生过程中的作用：细胞外基质（ECM）在任何组织都占有相当比例，它的主要作用是把细胞连接在一起，借以支撑和维持组织的生理结构和功能，从而影响细胞的再生。研究证明，尽管不稳定细胞和稳定细胞都具有完全的再生能力，但能否重新构建为正常结构尚依赖ECM，因为后者在调节细胞的生物学行为方面发挥更为主动和复杂的作用。它可影响细胞的形态、分化、迁移、增殖和生物学功能。由其提供的信息可以调控胚胎发育、组织重建与修复、创伤愈合、纤维化及肿瘤的侵袭等。因此，细胞外基质在细胞再生过程中具有重要作用。

第二节　肉芽组织

肉芽组织（granulation tissue）是新生的富含毛细血管的幼稚阶段的纤维结缔组织。病理学里的肉芽组织：组织损伤过程中，为取代坏死的实质组织，周围幼稚结缔组织可以增生，形成红色颗粒样柔软组织，状似肉芽。

一、肉芽组织的成分及形态特点

肉芽组织是由成纤维细胞、毛细血管及一定数量的炎性细胞等有形成分组成的。其形态特点如下。

（一）肉眼观察

肉芽组织的表面呈细颗粒状，鲜红色，柔软湿润，触之易出血而无痛觉，形似嫩肉故名。

（二）镜下观察

镜下观察肉芽组织，其基本结构为以下几种。

（1）大量新生的毛细血管，平行排列，均与表面相垂直，并在近表面处互相吻合形成弓状突起，肉眼呈鲜红色细颗粒状。

（2）新增生的成纤维细胞散在分布于毛细血管网络之间，很少有胶原纤维形成。

（3）多少不等的炎性细胞浸润于肉芽组织之中。肉芽组织内常含一定量的水肿液，但不含神经纤维，故无疼痛。

二、肉芽组织的作用

肉芽组织在组织损伤修复过程中有以下重要作用：抗感染保护创面；填补创口及其他组织缺损；机化或包裹坏死、血栓、炎性渗出物及其他异物。

机化（organization）是指由新生的肉芽组织吸收并取代各种失活组织或其他异物的过程。最后肉芽组织成熟，转变为纤维瘢痕组织。包裹（encapsulation）是一种不完全的机化。即在失活组织或异物不能完全被机化时，在其周围增生的肉芽组织成熟为纤维结缔组织形成包膜，将其与正常组织隔离开。

三、肉芽组织的结局

肉芽组织在组织损伤后 2~3d 内即可开始出现，填补创口或机化异物。随着时间的推移，肉芽组织按其生长的先后顺序，逐渐成熟。其主要形态标志为：水分逐渐吸收减少；炎性细胞减少并逐渐消失；毛细血管闭塞、数目减少，少数毛细血管改建为小动脉和小静脉；成纤维细胞产生的胶原纤维增多，并逐渐变为纤维细胞。最终肉芽组织成熟为纤维结缔组织并转变为瘢痕组织。

第三节 创伤愈合

创伤愈合是指机体遭受外力作用，皮肤等组织出现离断或缺损后的愈复过程，包括了各种组织的再生和肉芽组织增生、瘢痕形成的复杂组合，表现出各种修复过程的协同作用。

一、创伤愈合的基本过程

最轻度的创伤仅限于皮肤表皮层，稍重者有皮肤和皮下组织断裂，并出现伤口；严重的创伤可有肌肉、肌腱、神经的断裂及骨折。下述有伤口的创伤愈合的基本过程。

（一）急性炎症期

伤口的早期变化伤口局部有不同程度的组织坏死和血管断裂出血，数小时内便出现炎症反应，表现为充血、浆液渗出及白细胞游出，故局部红肿。白细胞以中性粒细胞为主，3d 后转为以巨噬细胞为主。伤口中的血液和渗出液中的纤维蛋白原很快凝固形成凝块，有的凝块表面干燥形成痂皮，凝块及痂皮起着保护伤口的作用。

（二）细胞增生期

伤口收缩 2~3d 后伤口边缘的整层皮肤及皮下组织向中心移动，于是伤口迅速缩小，直到 14d 左右停止。伤口收缩的意义在于缩小创面。实验证明，伤口甚至可缩小 80%，不过在各种具体情况下伤口缩小的程度因动物种类、伤口部位、伤口大小及形状而不同。伤口收缩是伤口边缘新生的肌成纤维细胞的牵拉作用引起的，而与胶原无关。因为伤口收缩的时间正好是肌成纤维细胞增生的时间。5-HT、血管紧张素及去甲肾上腺素能促进伤口收缩，糖皮质激素及平滑肌拮抗药则能抑制伤口收缩。抑制胶原形成则对伤口收缩没有影响，植皮可使伤口收缩停止。

（三）瘢痕形成期

肉芽组织增生和瘢痕形成大约从第 3 天开始从伤口底部及边缘长出肉芽组织，填平伤口。毛细血管以每日延长 0.1~0.6mm 的速度增长，其方向大都垂直于创面，并呈袢状弯曲。肉芽组织中没有神经，故无感觉。第 5~6 天起成纤维细胞产生胶原纤维，其后一周胶原纤维形成甚为活跃，以后逐渐缓慢下来。随着胶原纤维越来越多，出现瘢痕形成过程，大约在伤后一个月瘢痕完全形成。可能由于局部张力的作用，瘢痕中的胶原纤维最终与皮肤表面平行。

瘢痕可使创缘比较牢固地结合。伤口局部抗拉力的强度于伤后不久就开始增加，在第 3~5 周抗拉力强度增加迅速，然后缓慢下来，至 3 个月左右抗拉力强度达到顶点不再增加。但这时仍然只达到正常皮肤强度的 70%~80%。伤口抗拉力的强度可能主要由胶原纤维的量及其排列状态决定，此外，还与一些其他组织成分有关。腹壁切口愈合后，如果瘢痕形成薄弱，抗拉强度较低，加之瘢痕组织本身缺乏弹性，故腹腔内压的作用有时可使愈合口逐渐向外膨出，形成腹壁疝。类似情况还见于心肌及动脉壁较大的瘢痕处，可形成室壁瘤及动脉瘤。

（四）表皮及其他组织再生

创伤发生 24h 以内，伤口边缘的表皮基底增生，并在凝块下面向伤口中心移动，形成单层上皮，覆盖于肉芽组织的表面，当这些细胞彼此相遇时，则停止前进，并增生、分化成为鳞状上皮。健康的肉芽组织对表皮再生十分重要，因为它可提供上皮再生所需的营养及生长因子，如果肉芽组织长时间不能将伤口填平，并形成瘢痕，则上皮再生将延缓；在另一种情况下，由于异物及感染等刺激而过度生长的肉芽组织（exuberant granulation），高出于皮肤表面，也会阻止表皮再生，因此临床常需将其切除。若伤口过大（一般认为直径超过 20cm 时），则再生表皮很难将伤口完全覆盖，往往需要植皮。

皮肤附属器（毛囊、汗腺及皮脂腺）如遭完全破坏，则不能完全再生，而出现瘢痕修复。肌腱断裂后，初期也是瘢痕修复，但随着功能锻炼而不断改建，胶原纤维可按原来肌腱纤维方向排列，达到完全再生。

二、创伤愈合的分类

根据组织损伤程度及有无感染，创伤愈合可分为以下 3 种类型。

（一）一期愈合

一期愈合见于组织缺损少、创缘整齐、无感染、经黏合或缝合后创面对合严密的伤口，例如手术切口。这种伤口中只有少量血凝块，炎症反应轻微，表皮再生在 1~2d 内便可完成。肉芽组织在第 2 天就可从伤口边缘长出并很快将伤口填满，5~6d 胶原纤维形成（此时可以拆线），2~3 周完全愈合，留下一条线状瘢痕。一期愈合的时间短，形成瘢痕少，抗拉力强度大。

（二）二期愈合

二期愈合见于组织缺损较大、创缘不整、哆开、无法整齐对合，或伴有感染的伤口，往往需要清创后才能愈合。二期愈合与一期愈合不同之处有：由于坏死组织多或感染，局部组织继续发生变性、坏死，炎症反应明显，只有等到感染被控制，坏死组织被清除以后，再生才能开始；伤口大，伤口收缩明显，伤口内肉芽组织形成量多；愈合的时间较长，形成的瘢痕较大，抗拉力强度较弱。

（三）痂下愈合

痂下愈合是指伤口表面的血液、渗出物及坏死组织干燥后形成硬痂，在其下面进行上述愈合过程。待上皮再生完成后，痂皮即脱落。痂下愈合所需时间较长。痂皮由于干燥不利于细菌生长，故对伤口有一定的保护作用。但如果痂下渗出物较多或已有细菌感染时，痂皮反而影响渗出物的排出，使感染加重，不利于愈合。

三、影响再生修复的因素

从上述可以看出，损伤的程度及组织的再生能力决定修复的方式、愈合的时间及瘢痕的大小。因此，治疗原则应是尽快缩小创面（如对合伤口）、防止再损伤和促进组织再生。虽然组织的再生能力是在进化过程中获得的，但仍受全身及局部条件的影响。因此，应当避免一些不利因素，创造有利条件促进组织再生修复。此外，由于瘢痕组织在一定条件下可以造成危害，因而有时需要抑制瘢痕的形成或者促进瘢痕的吸收。影响再生修复的因素包括全身因素及局部因素两方面。

（一）全身因素

1. 年龄

幼畜的组织再生能力强，愈合快。老畜则相反，组织再生能力差，愈合慢，与老畜血管硬化、血液供应减少有很大的关系。

2. 营养

严重的蛋白质缺乏，尤其是含硫氨基酸（如甲硫氨酸、胱氨酸）缺乏时，肉芽组织及胶原形成不良，伤口愈合延缓。维生素中以维生素 C 对愈合最重要。这是由于 α- 多肽链中的 2 个主要氨基酸——脯氨酸及赖氨酸，必须经羟化酶羟化，才能形成前胶原分子，而维生素 C 具有催化羟化酶的作用，因此维生素 C 缺乏时前胶原分子难以形成，从而影响了胶原纤维的形成。在微量元素中锌对创伤愈合有重要作用，手术后伤口愈合迟缓的病畜，皮肤中锌的含量大多比愈合良好的病畜低。此外已证明，手术刺激、外伤及烧伤患者尿中锌的排出量增加，补给锌能促进愈合。锌的作用机制不很清楚，可能与锌是细胞内一些氧化酶的成分有关。

（二）局部因素

1. 感染与异物感染

许多化脓菌产生一些毒素和酶，能引起组织坏死，基质或胶原纤维溶解。这不仅加重局部组织损伤，也妨碍愈合。伤口感染时，渗出物很多，可增加局部伤口的张力，常使正在愈合的伤口或已缝合的伤口裂开，或者导致感染扩散加重损伤。因此，对于感染的伤口，不能缝合，应及早引流，只有感染被控制后，修复才能进行。此外，坏死组织及其他异物，也妨碍愈合并有利于感染。因此，伤口如有感染，或有较多的坏死组织及异物，必然是二期愈合。临床上对于创面较大、已被细菌污染但尚未发生明显感染的伤口，施行清创术以清除坏死组织并缩小创面。这样，可以使本来应是二期愈合的伤口，愈合的时间缩短，甚至可能达到一期愈合。

2. 局部血液循环

局部血液循环一方面保证组织再生所需的氧和营养，另一方面对坏死物质的吸收及控制局部感染也起重要作用。因此，局部血流供应良好时，则再生修复好，相反，如下肢血管有动脉粥样硬化或静脉曲张等病变，使局部血液循环不良时，则该处伤口愈合迟缓。临床用某些药物湿敷、热敷以及贴敷中药和服用活血化瘀中药等，都有改善局部血液循环的作用。

3. 神经支配

完整的神经支配对组织再生有一定的作用。例如麻风引起的溃疡不易愈合，是因为神经受累的缘故。植物性神经的损伤，使局部血液供应发生变化，对再生的影响更为明显。

4. 电离辐射

能破坏细胞，损伤小血管，抑制组织再生。因此能阻止瘢痕形成。

第四节　化　生

一、化生的概念和意义

化生（metaplasia）是指一种已分化组织转变为另一种分化组织的过程。并非由已分化的细胞直接转变为另一种细胞，而是由具有分裂能力的未分化细胞向另一方向分化而成，一般只能转变为性质相似的细胞。机体的一种组织由于细胞生活环境改变或理化因素刺激，在形态和机能上变为另一种组织的过程，是机体的一种适应现象。如支气管黏膜的柱状上皮组织长期受刺激变为鳞状上皮组织。

常见的化生有上皮化生、骨与软骨化生等。化生是局部组织在病理情况下的一种适应性表现，在一定程度上对动物可能是有益的。鳞状上皮的化生能增强黏膜的抵抗力，使黏膜在不利的情况下仍能生存。但支气管柱状上皮发生鳞状上皮化生时，丧失了纤毛，削弱了呼吸道的防御功能使易受感染。有时化生的细胞可以发生恶性肿瘤。如化生的鳞状上皮，有时未能分化成熟，产生不典型增生，可进而发生恶变，发生浸润成为鳞状细胞癌。胃黏膜的肠上皮化生与胃癌的发生可能有密切关系。

二、化生的分类

（一）上皮组织化生

1. 鳞状上皮化生（squamous metaplasia）

气管和支气管黏膜的纤毛柱状上皮，在长期吸烟者或慢性炎症损害时，可转化为鳞状上皮。若其持续存在，则有可能成为支气管鳞状细胞癌的基础。鳞状上皮化生可增强局部的抵抗力，但同时也失去了原有上皮的功能。

2. 肠上皮化生（intestinal metaplasia）

这种化生常见于胃体和 / 或胃窦部。肠上皮化生常见于慢性萎缩性胃炎、胃溃疡及胃黏膜糜烂后黏膜再生时。

（二）间叶组织化生

结缔组织化生也比较多见。多半由纤维结缔组织化生为骨、软骨或脂肪组织。如骨化性肌炎时，由于外伤引起肢体近段皮下及肌肉内纤维组织增生，并发生骨化生。这是由于新生的结缔组织细胞转化为骨母细胞的结果。老龄动物的喉及支气管软骨可化生为骨。

第五节　肥　大

细胞、组织或器官体积的增大称为肥大（hypertrophy）。本质是细胞体积增大。肥大可分为生理性肥大与病理性肥大 2 种。

一、肥大的概念

由于功能增加，合成代谢旺盛，使细胞、组织或器官体积增大，称为肥大。组织和器官的肥大通常是由于实质细胞体积的增大所致，但也可伴有实质细胞数量的增加。

二、肥大的分类

在性质上，肥大可分为生理性肥大或病理性肥大 2 种。在原因上，则可分为代偿性肥大和内分泌性肥大等类型。

肥大若因相应器官和组织功能负荷功能过重所致，称为代偿性肥大。如生理状态下，上肢骨骼肌的增长肥大；病理状态下，高血压心脏后负荷增加或左室部分心肌坏死后周围心肌功能代偿引起的左室心肌肥大等。

肥大也可因内分泌激素作用于效应器所致，称为内分泌性（激素性）肥大。如生理状态下，妊娠期孕激素及其受体激发平滑肌蛋白合成增加而致的子宫平滑肌肥大；病理状态下，甲状腺素分泌增多引起的甲状腺滤泡上皮细胞肥大等。

在实质细胞萎缩的同时，间质脂肪细胞却可以增生，以维持器官的原有体积，甚至造成器官和组织的体积增大，此时称为假性肥大。

第七章 炎 症

第一节 炎症概述

一、炎症的概念

炎症是指具有血管系统的活体组织对各种损伤因子的刺激所发生的一种以防御反应为主的基本病理过程。局部的血管反应是炎症过程的主要特征和防御反应的中心环节。炎症的局部表现为红、肿、热、痛和功能障碍，也伴有发热、末梢血白细胞计数改变等全身反应。

二、炎症的原因

任何能够引起组织损伤的因素都可成为炎症的原因，即致炎因子。可归纳为以下几类。

（一）生物性因子

细菌、病毒、立克次体、支原体、真菌、螺旋体和寄生虫等为炎症最常见的原因。由生物病原体引起的炎症又称感染（infection）。

（二）物理性因子

高温、低温、放射性物质及紫外线等和机械损伤。

（三）化学性因子

外源性化学物质，如强酸、强碱及松节油、芥子气等。内源性毒性物质，如坏死组织的分解产物及在某些病理条件下堆积于体内的代谢产物，如尿素等。

（四）坏死组织

缺血缺氧等原因引起的组织坏死是潜在的致炎因子。

（五）免疫反应

免疫反应所造成的组织损伤最常见于各种类型的超敏反应：Ⅰ型变态反应，如过敏性鼻炎、荨麻疹；Ⅱ型变态反应，如抗基底膜性肾小球肾炎；Ⅲ型变态反应，如免疫复合物沉着所致的肾小球肾炎；Ⅳ型变态反应，如结核、伤寒等；另外，还有许多自身免疫性疾病，如淋巴细胞性甲状腺炎、溃疡性结肠炎等。

第二节 炎症局部基本病理变化

一、炎症局部变质性变化

炎症局部组织所发生的变性和坏死称为变质。变质是致炎因子引起的损伤过程，是局部细胞和组织代谢、理化性质改变的形态所见。变质既可发生在实质细胞，也可见于间质细胞。实质细胞发生的变质常表现为细胞水肿、脂肪变性、细胞凝固性坏死及液化性坏死等。间质发生的变质常表现为黏液样变性，结缔组织玻璃样变性及纤维样坏死等。变质是由致炎因子直接作用，或由炎症过程中发生的局部血液循环障碍和免疫机制介导，以及炎症反应产物间接作用的结果。变质的轻重取决于致炎因子的性质、强度和机体的反应性 2 个方面。组织、细胞变性坏死后释放的水解酶使受损组织和细胞溶解、液化，并进一步引起周围组织、细胞发生变质，出现器官的功能障碍。

二、炎症局部渗出性变化

炎症局部组织血管内的液体和细胞成分通过血管壁进入组织间质、体腔、黏膜表面和体表的过程称为渗出。所渗出的液体和细胞总称为渗出物或渗出液。炎症时渗出物内含有较高的蛋白质和较多的细胞成分以及它们的崩解产物，这些渗出的成分在炎症反应中具有重要的防御作用，对消除病原因子和有害物质起着积极作用。以血管反应为中心的渗出病变是炎症最具特征性的变化。此过程中血管反应主要表现为血流动力学改变（炎性充血）、血管通透性增加（炎性渗出）、液体渗出和细胞渗出（炎性浸润）。

（一）血流动力学改变

即血流量和血管口径的改变，变化一般按照下列顺序发生：

细动脉短暂收缩→血管扩张和血流加速（炎症充血）→血流速度减慢（白细胞游离出血管，红细胞漏出，形成静脉充血）

（二）血管通透性增加

血管通透性增加是导致炎症局部液体和蛋白质渗出的主要原因。这种液体的渗出主要与血管内膜的完整性遭受破坏有关。影响血管内皮细胞完整性的因素有：内皮细胞收缩、内皮细胞骨架重构、内皮细胞损伤、内皮细胞吞饮及穿胞作用增强、新生毛细血管壁的高通透性。

（三）液体渗出

炎症时由于血管的通透性升高至血管内富含蛋白质的液体通过血管壁达到血管外，这个过程称为液体渗出。渗出富含蛋白质的液体为渗出液，渗出液积存于组织间质内称为炎性水肿；若积存于体腔则称为炎性积液。

（四）细胞渗出

炎症过程中不仅有液体渗出，还有细胞渗出，白细胞渗出是炎症反应最重要的特征。各种白细胞通过血管壁游出血管外的过程称为细胞渗出。炎症时渗出的白细胞称为炎细胞，炎细胞在趋化物质的作用下进入组织间隙的现象称为炎细胞浸润，是炎症反应的重要形态特征。

三、炎症局部增生性变化

在致炎因子、组织崩解产物或某些理化因素的刺激下，炎症局部细胞的再生和增殖称为增生。增生的细胞包括实质细胞和间质细胞。实质细胞的增生如慢性肝炎中的肝细胞增生，鼻息肉时鼻黏膜上皮细胞和腺体的增生。间质细胞的增生包括巨噬细胞、淋巴细胞、血管内皮细胞和成纤维细胞。增生反应一般在炎症初期就有表现，而慢性炎症或炎症的后期则增生性病变较突出。例如，急性肾小球肾炎和伤寒初期就有明显的细胞增生。炎症增生是一种重要的防御反应，具有限制炎症的扩散和弥漫，使受损组织得以再生修复的作用。例如，在炎症初期，增生的巨噬细胞具有吞噬病原体和清除组织崩解产物的作用；在炎症后期，增生的成纤维细胞和血管内皮细胞共同构成肉芽组织，有助于炎症局限化和最后形成瘢痕组织而修复。但过度的组织增生又对机体不利，例如，肉芽组织过度增生，使原有的实质细胞遭受损害而影响器官功能，如病毒性肝炎的肝硬化，心肌炎后的心肌硬化等。

第三节　炎症介质

炎症的血管反应和白细胞反应都是通过一系列化学因子的作用实现的。参与和介导炎症反应的化学因子称为化学介质或炎症介质。急性炎症反应中的血管扩张、通透性升高和白细胞渗出的发生机制，是炎症发生机制的重要课题。有些致炎因子可直接损伤内皮，引起血管通透性升高，但许多致炎因子并不直接作用于局部组织，而主要是通过内源性化学因子的作用而导致炎症，故又称为化学介质或炎症介质。

一、细胞源性炎症介质

（一）血管活性胺

包括组胺和 5- 羟色胺（5-HT）。组胺主要存在于肥大细胞和嗜碱性粒细胞的颗粒中，也存在于血小板。引起肥大细胞释放组胺的刺激包括：创伤或热等物理因子；免疫反应，即抗原与结合于肥大细胞表面的 IgE 相互作用时，可使肥大细胞释放颗粒；补体片段，如过敏毒素；中性粒细胞溶酶体阳离子蛋白；某些神经肽。

组胺可使人类细动脉扩张，细静脉内皮细胞收缩，导致血管通透性升高。组胺可被组胺酶灭活。组胺还有对嗜酸性粒细胞的趋化作用。5-HT 由血小板释放，胶原和抗原抗体复合物可刺激血小板发生释放反应。在大鼠上其作用与在人类上相似。

（二）花生四烯酸代谢产物

包括前列腺素（PG）和白细胞三烯（LT），均为花生四烯酸（AA）的代谢产物。AA 是二十碳不饱和脂肪酸，是在炎症刺激和炎症介质（如 C5a）的作用下激活磷脂酶产生的，在炎症中，中性粒细胞的溶酶体是磷脂酶的重要来源。AA 经环加氧酶和脂质加氧酶途径代谢，生成各种产物。总之，炎症刺激花生四烯酸代谢并释放其代谢产物，导致发热、疼痛、血管扩张、通透性升高及白细胞渗出等炎症反应。另外，抗炎药物如阿司匹林、吲哚美辛和类固醇激素能通过抑制花生四烯酸代谢来减轻炎症反应。

（三）白细胞产物

被致炎因子激活后，中性粒细胞和单核细胞可释放氧自由基和溶酶体酶，促进炎症反应和破坏组织，成为炎症介质。

1. 活性氧代谢产物

其作用包括 3 个方面：损伤血管内皮细胞导致血管通透性增加；灭活抗蛋白酶（如可灭活 α_1 抗胰蛋白酶），导致蛋白酶活性增加，可破坏组织结构成分，如弹力纤维；损伤红细胞或其他实质细胞。当然，血清、组织液和靶细胞亦有抗氧化保护机制，故是否引起损伤取决于两者之间的平衡状态。

2. 中性粒细胞溶酶体成分

因中性粒细胞的死亡、吞噬泡形成过程中的外溢及出胞作用，溶酶体成分可外释，介导急性炎症。其中中性粒细胞蛋白酶，如弹力蛋白酶、胶原酶和组织蛋白酶可介导组织损伤。阳离子蛋白质具有如下生物活性：引起肥大细胞脱颗粒而增加血管通透性；对单核细胞的趋化作用；引起中性和嗜酸性粒细胞游走抑制因子的作用。

（四）细胞因子

细胞因子主要由激活的淋巴细胞和单核细胞产生，可调节其他类型细胞的功能，在细胞免疫反应中起重要作用，在介导炎症反应中亦有重要功能。IL-1 和 TNF 的分泌可被内毒素、免疫复合物、物理性损伤等多种致炎因子刺激，可通过自分泌、旁分泌和全身作用等方式起作用。特别是它们可促进内皮细胞表达黏附分子，增进白细胞与之黏着，也可以引起急性炎症的发热。TNF 还能促进中性粒细胞的聚集和激活间质组织释放蛋白水解酶。IL-8 是强有力的中性粒细胞的趋化因子和激活因子。

（五）血小板激活因子

血小板激活因子（PAF）是另一种磷脂起源的炎症介质，乃由 IgE 致敏的嗜碱性粒细胞在结合抗原后产生。除了能激活血小板外，PAF 可增加血管的通透性、促进白细胞聚焦和黏着，以及趋化作用。此外还具有影响全身血流动力学的功能。嗜碱性粒细胞、中性粒细胞、单核细胞和内皮细胞均能释放 PAF。PAF 一方面可直接作用于靶细胞，还可刺激细胞合成其他炎症介质，特别是 PG 和白细胞三烯的合成。

（六）其他炎症介质

P 物质可直接和间接刺激肥大细胞脱颗粒而引起血管扩张和通透性增加。内皮细胞、巨噬细胞和其他细胞所产生的一氧化氮可引起血管扩张和具有细胞毒性。

二、血浆源性炎症介质

体液中产生的炎症介质血浆中有 3 种相互关联的系统，即激肽、补体和凝血系统。均为重要的炎症介质。

（一）激肽系统

激肽系统的激活最终产生缓激肽，后者可引起细动脉扩张、内皮细胞收缩、细静脉通透性增加，以及血管以外的平滑肌收缩。缓激肽很快被血浆和组织内的激肽酶灭活，其作用主要局限在血管通透性增加的早期。

（二）补体系统

补体系统由一系列蛋白质组成，补体的激活有 2 种途径——经典途径和替代途径。在急性炎症的复杂环境中，3 种因素可激活补体：一是病原微生物的抗原成分与抗体结合通过经典途径激活补体，而革兰氏阴性细菌的内毒素则通过替代途径激活补体。此外，某些细菌所产生的酶也能激活 C3 和 C5；二是坏死组织释放的酶能激活 C3 和 C5；三是激肽、纤维蛋白形成和降解系统的激活及其产物也能激活补体。

补体可从几个方面影响急性炎症：C3a 和 C5a（又称过敏毒素），增加血管的通透性，引起血管扩张，都是通过肥大细胞和单核细胞进一步释放炎症介质；C5a 还能激活花生四烯酸代谢的脂质加氧酶途径，使中性粒细胞和单核细胞进一步释放炎症介质；C5a 引起中性粒细胞黏着于血管内皮细胞，并且是中性粒细胞和单核细胞的趋化因子；C3b 结合于细菌细胞壁时具有调理素作用，可增强中性粒细胞和单核细胞的吞噬活性，因为在这些吞噬细胞表面有 C3b 的受体。

C3 和 C5 是最重要的炎症介质。除了前述的激活途径外，C3 和 C5 还能被存在于炎症渗出物中的蛋白水解酶激活，包括纤维蛋白溶酶和溶酶体酶。因此形成中性粒细胞游出的不休止的环路，即补体对中性粒细胞有趋化作用，中性粒细胞释放的溶酶体又能激活补体。

（三）凝血系统

Ⅻ因子激活不仅能启动激肽系统，而且同时还能启动血液凝固和纤维蛋白溶解 2 个系统。凝血酶在使纤维蛋白原转化为纤维蛋白的过程中释放纤维蛋白多肽，后者可使血管通透性升高，又是白细胞的趋化因子。

纤维蛋白溶解系统可通过激肽系统引起炎症的血管变化。由内皮细胞、白细胞和其他组织产生的纤维蛋白溶酶原激活因子，能使纤维蛋白溶酶原转变成纤维蛋白溶酶，后者通过如下 3 种反应影响炎症的进程：激活第Ⅻ因子启动缓激肽的生成过程；裂解 C3 产生 C3 片段；降解纤维蛋白产生其裂解产物，进而使血管通透性增加。

第四节　炎症局部表现及全身反应

一、炎症的局部表现

以体表炎症时最为显著，常表现为红、肿、热、痛和功能障碍。

（一）红

红是由于炎症病灶内充血所致，炎症初期由于动脉性充血，局部氧合血红蛋白增多，故呈鲜红色。随着炎症的发展，血流缓慢、瘀血和停滞，局部组织含还原血红蛋白增多，故呈暗红色。

（二）肿

胀主要是由于渗出物，特别是炎性水肿所致。慢性炎症时，组织和细胞的增生也可引起局部肿胀。

（三）热

热是由于动脉性充血及代谢增强所致，白细胞产生的白细胞介素Ⅰ（IL-1）、肿瘤坏死因子（TNF）及前列腺素 E（PGE）等均可引起发热。

（四）痛

引起炎症局部疼痛与多种因素有关。局部炎症病灶内钾离子、氢离子的积聚，尤其是炎症介质诸如前列腺素、5-羟色胺、缓激肽等的刺激是引起疼痛的主要原因。炎症病灶内渗出物造成组织肿胀，张力增大，压迫神经末梢可引起疼痛，故疏松组织发炎时疼痛相对较轻，而牙髓和骨膜的炎症往往引起剧痛；此外，发炎的器官肿大，使富含感觉神经末梢的被膜张力增加，神经末梢受牵拉而引起疼痛。

（五）功能障碍

如炎症灶内实质细胞变性、坏死、代谢功能异常，炎性渗出物造成的机械性阻塞、压迫等，都可能引起发炎器官的功能障碍。疼痛也可影响肢体的活动功能。

二、炎症的全身反应

炎症病变主要在局部，但局部病变与整体又互为影响。在比较严重的炎症性疾病，特别是病原微生物在体内蔓延扩散时，常出现明显的全身性反应。

（一）发热

病原微生物感染常常引起发热。病原微生物及其产物均可作为发热激活物，作用于产致热原细胞，产生致热原，后者再作用于体温调节中枢，使其调定点上移，从而引起发热。一定程度的体温升高，能使机体代谢增强，促进抗体的形成，增强吞噬细胞的吞噬功能和肝脏的屏障解毒功能，从而提高机体的防御功能。但发热超过了一定程度或长期发热，可影响机体的代谢过程，引起多系统特别是中枢神经系统的功能紊乱。如果炎症病变十分严重，体温反而不升高，说明机体反应性差，抵抗力低下，是预后不良的征兆。

（二）白细胞增多

在急性炎症，尤其是细菌感染所致急性炎症时，末梢血白细胞计数可明显升高。在严重感染时，外周血液中常常出现幼稚的中性粒细胞比例增加的现象，即临床上所称的“核左移”。这反映了病人对感染的抵抗力较强和感染程度较重。在某些炎症性疾病过程中，例如伤寒、病毒性疾病（流感、病毒性肝炎和传染性非典型肺炎）、立克次体感染及某些自身免疫性疾病（如SLE）等，血中白细胞往往不增加，有时反而减少。支气管哮喘和寄生虫感染时，血中嗜酸性粒细胞计数增高。

（三）单核吞噬细胞系统细胞增生

单核吞噬细胞系统细胞增生是机体防御反应的一种表现。在炎症尤其是病原微生物引起的炎症过程中，单核吞噬细胞系统的细胞常有不同程度的增生。常表现为局部淋巴结、肝、脾肿大。骨髓、肝、脾、淋巴结中的巨噬细胞增生，吞噬消化能力增强。淋巴组织中的B、T淋巴细胞也发生增生，同时释放淋巴因子和分泌抗体的功能增强。

（四）实质器官的病变

炎症较严重时，由于病原微生物及其毒素的作用，以及局部血液循环障碍、发热等因素的影响，心、肝、肾等器官的实质细胞可发生不同程度的变性、坏死和器官功能障碍。

第五节　炎症的分类

一、依据病程经过分类

（一）超急性炎症

多由变态反应引起。暴发性经过，仅有数小时或几天的病程。炎症反应非常的剧烈、短时间内引起严重的组织与器官的损伤，甚至导致机体的死亡。如器官移植的超急排斥反应。

（二）急性炎症

起病急骤、症状明显、持续时间短、仅几天到一个月。以变质和渗出病变为主，炎细胞浸润以中性粒细胞为主。

（三）慢性炎症

发病缓慢，持续时间长，常为数月到数年，慢性炎症可开始即为慢性，可由急性转变而来，但多由毒力较弱的致炎因子持续作用引起。慢性炎症可以呈急性发作。常以增生性病变为主，其炎细胞浸润则以巨噬细胞、淋巴细胞和浆细胞为主。易形成肉芽肿性病变，常伴有瘢痕的形成。

（四）亚急性炎症

介于急性与慢性炎症之间。如亚急性重症肝炎、亚急性细菌性心内膜炎。

二、按局部基本病变分类

任何炎症局部都以一种病变为主,因此根据炎症时局部组织的主要病变将炎症分为变质性炎症、渗出性炎症、增生性炎症，但不是绝对的，即使同一致炎因子作用于同一患者身上，在不同的条件下和不同的阶段可以互相转化。

（一）变质性炎症

以组织、细胞的变性、坏死为主，而渗出、增生较轻微的炎症，称变质性炎症。常见于肾、肝、心、脑等实质性器官。如急性重型病毒性肝炎、白喉性心肌炎、阿米巴痢疾、乙型脑炎，此型炎症常可引起相应器官的损害、影响功能。

（二）渗出性炎症

以渗出为主的炎症称为渗出性炎症。变质次之，增生更次之。此类炎症最常见，且种类多。根据渗出物的不同，将渗出性炎症分为以下几种。

1. 浆液性炎症

常发生于疏松结缔组织、黏膜、浆膜、滑膜等处。常由于以下因素引起：物理性因素，烧伤、烫伤（皮肤水疱）；化学性因素，强酸、强碱；细菌毒素；蜂毒、蛇毒、免疫因素等。表现为局部明显充血、水肿，局部被覆上皮细胞变性、坏死，间质和渗出液内有炎细胞浸润，浆膜腔可形成积液。浆液性炎一般较轻，易于消退，不留痕迹。但有时因浆液渗出过多可导致严重后果，如胸腔和心包积液，可影响呼吸和心功能。

2. 纤维素性炎症

渗出物中含有大量纤维素为特征的渗出性炎症。常由于以下因素引起：大肠杆菌、牛恶性卡他热、鸡传染性支气管炎病毒、鸡传染性喉气管炎病毒、禽痘病毒、支原体感染等。病变常发生在黏膜、浆膜和肺等处，主要表现为以下症状。

（1）浮膜性炎。渗出的纤维素、白细胞和坏死的黏膜上皮等混合在一起，形成一种灰白色的膜状物，称为假膜。因此，黏膜的纤维素性炎又称假膜性炎。

在心包的纤维素性炎时，由于心脏的不断搏动，使心外膜上的纤维素形成无数绒毛状物，覆盖于心表面，因而又有“绒毛心”之称。

（2）固膜性炎。渗出的纤维素与坏死的黏膜组织牢固地结合在一起，不易剥离，剥离后黏膜组织便形成溃疡。这种炎症常发生于仔猪副伤寒、猪瘟、鸡新城疫等病禽畜的肠黏膜上。

3. 化脓性炎症

化脓是指炎区坏死组织被中性粒细胞或坏死组织释放的蛋白溶解酶溶解液化的过程。化脓性炎以中性粒细胞大量渗出，并有不同程度的组织坏死和脓液形成为特征。易发生于皮肤与内脏，多由葡萄球菌、链球菌、绿脓杆菌、棒状杆菌等化脓菌引起，主要表现为以下类型。

（1）脓肿。局限性化脓性炎症，主要特征为组织发生坏死溶解，形成充满脓液的腔称为脓肿。

（2）蜂窝织炎。疏松组织中弥漫性化脓性炎称为蜂窝织炎，常见于皮下、肌肉和阑尾。

（3）表面化脓和积脓。表面化脓是指浆膜或黏膜组织的化脓性炎，此时，中性粒细胞主要向黏膜表面渗出，深部组织没有明显的炎性细胞浸润，如化脓性尿道炎、化脓性支气管炎等。当渗出物在浆膜腔或胆囊、输卵管腔内蓄积，称为积脓。

4. 出血性炎症

渗出液中出现大量的红细胞，称为出血性炎症。血管壁损伤严重。

5. 卡他性炎症

卡他性炎症是发生在黏膜组织的一种较轻的渗出性炎症。其特点是除渗出液外，黏膜上皮细胞及其腺体分泌明显增加。

（三）增生性炎症

以组织、细胞的增生为主，而变质、渗出轻微的炎症称增生性炎。多属慢性炎症，少数为急性炎症。

1. 急性增生性炎症

如急性链球菌感染后的肾小球肾炎，伤寒病。

2. 慢性增生性炎症

在致炎因子致病性较轻并持续时间长，机体抵抗力强的情况下发生。

（1）非特异性慢性炎症。病灶内有成纤维细胞增生、有时小血管也增生，巨噬细胞、淋巴细胞和浆细胞浸润。局部组织的某些特殊成分，如炎症灶的被覆上皮、腺上皮及其他实质细胞也可发生明显增生。

（2）肉芽肿性炎症。

①感染性肉芽肿：生物病原引起，如结核杆菌、麻风杆菌、真菌等，肉芽肿的形态结构多具有一定的特异性。

②异物肉芽肿：由异物引起的肉芽肿性病变。

第六节 炎症的结局和生物学意义

炎症过程中，既有损伤又有抗损伤。致炎因子引起的损伤与机体抗损伤反应决定着炎症的发生、发展和结局。如损伤过程占优势，则炎症加重，并向全身扩散；如抗损伤反应占优势，则炎症逐渐趋向痊愈。若损伤因子持续存在，或机体的抵抗力较弱，则炎症转变为慢性。炎症的结局，可有以下 3 种情况。

一、痊愈

多数情况下，由于机体抵抗力较强，或经过适当治疗，病原微生物被消灭，炎症区坏死组织和渗出物被溶解、吸收，通过周围健康细胞的再生达到修复，最后完全恢复组织原来的结构和功能，称为痊愈。如炎症灶内坏死范围较广，或渗出的纤维素较多，不容易完全溶解、吸收，则由肉芽组织修复，留下瘢痕，不能完全恢复原有的结构和功能，称为不完全痊愈。如果瘢痕组织形成过多或发生在某些重要器官，可引起明显功能障碍。

二、迁延不愈或转为慢性

如果机体抵抗力低下或治疗不彻底，致炎因子在短期内不能清除，在机体内持续存在或反复作用，且不断损伤组织，造成炎症过程迁延不愈，使急性炎症转化为慢性炎症，病情可时轻时重。如慢性病毒性肝炎、慢性胆囊炎等。

三、蔓延播散

在病人抵抗力低下，或病原微生物毒力强、数量多的情况下，病原微生物可不断繁殖并直接沿组织间隙向周围组织、器官蔓延，或向全身播散。

（一）局部蔓延

炎症局部的病原微生物可经组织间隙或自然管道向周围组织和器官蔓延，或向全身扩散。如肺结核病，当机体抵抗力低下时，结核杆菌可沿组织间隙蔓延，使病灶扩大；亦可沿支气管播散，在肺的其他部位形成新的结核病灶。

（二）淋巴道播散

病原微生物经组织间隙侵入淋巴管，引起淋巴管炎，进而随淋巴液进入局部淋巴结，引起局部淋巴结炎。如上肢感染引起腋窝淋巴结炎，下肢感染引起腹股沟淋巴结炎。淋巴道的这些变化有时可限制感染的扩散，但感染严重时，病原体可通过淋巴入血，引起血道播散。

（三）血道播散

炎症灶内的病原微生物侵入血循环或其毒素被吸收入血，可引起菌血症、毒血症、败血症和脓毒败血症等。

1. 菌血症

炎症病灶的细菌经血管或淋巴管侵入血流，从血流中可查到细菌，但无全身中毒症状，称为菌血症。一些炎症性疾病的早期都有菌血症，如大叶性肺炎等。此时行血培养或瘀点涂片，可找到细菌。在菌血症阶段，肝、脾、淋巴结的吞噬细胞可组成一道防线，以清除病原体。

2. 毒血症

细菌的毒素或毒性产物被吸收入血，引起全身中毒症状，称为毒血症。临床上出现高热、寒战等中毒症状，常同时伴有心、肝、肾等实质细胞的变性或坏死，但血培养阴性，即找不到细菌。严重者可出现中毒性休克。

3. 败血症

侵入血液中的细菌大量生长繁殖，并产生毒素，引起全身中毒症状和病理变化，称为败血症。患者除有严重毒血症临床表现外，还常出现皮肤、黏膜的多发性出血斑点、脾肿大及全身淋巴结肿大等。此时血培养，常可找到细菌。

4. 脓毒败血症

由化脓菌引起的败血症进一步发展，细菌随血流到达全身，在肺、肾、肝、脑等处发生多发性脓肿，称为脓毒血症或脓毒败血症。这些脓肿通常较小，较均匀散布在器官中。镜下，脓肿的中央及尚存的毛细血管或小血管中常见到细菌菌落（栓子），说明脓肿是由栓塞于器官毛细血管的化脓菌所引起，故称为栓塞性脓肿或转移性脓肿。

第八章 发 热

第一节 发热的概念

一、发热的概念

发热是指由于致热原的作用使体温调定点上移而引起的调节性体温升高（超过0.5℃），称为发热。大部分哺乳动物和鸟类具有相对恒定的体温，是动物在长期进化过程中获得的较高级的调节功能，这对动物减少对环境的依赖性，增强环境的适应能力具有重要的意义。正常体温的维持有赖于机体的产热过程和散热过程的动态平衡，这一平衡是在体温调节中枢的调控下实现的。引起发热的原因很多，最常见的是感染（包括各种传染病），其次是结缔组织病（胶原病）、恶性肿瘤等。

二、发热的生物学意义

一般说来，中等程度的发热对机体是有利的，因为它能增强吞噬细胞的吞噬能力，加速抗体形成，提高白细胞酶的活性，加强肝脏的解毒机能等，以有利于机体消灭病原微生物。但当体温过高或持续发热时，则对机体不利，因为它可引起分解代谢加强，使营养物质消耗过多，加上消化障碍而摄入不足，以致抵抗力降低，若引起心肌变性而发生心脏衰弱时，则可进一步加重病情的发展。此时，就必须采取适当的降温措施。

第二节 发热的原因

根据致热原的性质，凡能引起机体发热的刺激物，一般都称为热原刺激物，或叫作致热原。根据致热原的性质，通常分为两大类。

一、传染性致热原

发热是各种传染病常见的症状之一，但在传染源中是什么物质具有致热作用，迄今尚未完全弄清，一般认为与下述因素有关。

（一）细菌性致热原

现已证明，某些革兰氏阴性菌（如副伤寒杆菌、大肠杆菌等）含有一种属于高分子脂多糖类物质的内毒素，其致热作用很强，按动物每千克从静脉注入 0.01μg，即可引起持续数小时的发热，故又称为细菌性致热原。这种致热原具有 3 个特性：一是注入动物体内后有呈时相性的体温升高和下降；二是连续注射后，动物可产生耐受性，对其发热反应逐渐减弱，或者不再引起发热反应；三是这种致热原具有很高的耐热性，一般的煮沸和高压灭菌不能破坏其活性（要在 160℃干热情况下，2h 方被破坏）。临床上输液有时引起的发热可能是制备药液的过程中污染了这种物质的结果。

（二）内生性致热原

近来人们从机体的炎性渗出物中亦提取出一种致热原，而从炎灶与外周血液的白细胞内提取出同种致热原，被称为内生性致热原。

致热原可能是一种球蛋白，而白细胞致热原可能是蛋白质与多糖的复合物质。这 2 种致热原与细菌性致热原有着完全不同的特性，它们不具耐热性，在 90℃加温 50min 可灭活，但机体对其不产生耐受性。但是，一般认为正常时白细胞（多形核白细胞和单核细胞）并不含有致热原，当细胞进行吞噬作用后，或者与细菌性致热原等发生接触时，白细胞才产生并释放致热原。

二、非传染性致热原

非传染性致热原是指与感染无关的各种致热刺激物。按其性质的不同，可分为以下几种。

（一）蛋白质性致热原

异体蛋白质经消化道以外的途径进入体内（如皮下注入牛奶），损伤组织的分解产物（蛋白胨、蛋白脲等）均可引起机体发热。

（二）药物性致热原

某些药物（如 α-二硝基酚、咖啡因、烟碱、苯乙胺等）可以引起机体发热。但各种化学物质所引起的发热的机理不完全一样。例如，α-二硝基酚是促进细胞氧化过程，并使高能化合物的形成发生障碍，故产热超过散热而使体温升高；咖啡因则主要是通过兴奋体温调节中枢和限制散热而使机体体温升高。

（三）激素性致热原

如肾上腺素能兴奋体温调节中枢，增强物质代谢，又可使外周小血管收缩，以致产热增加散热减少，因而体温升高。甲状腺素能激活氧化酶的活性，提高组织代谢过程，故使产热增加而体温升高。

（四）神经性致热原

中枢神经系统各部的损伤，如脑部损伤、脑出血、丘脑下部损伤、颈部脊髓损伤等均可引起发热。

第三节 发热机理

发热的主要机制为：外致热原（细菌外毒素、内毒素等）和某些体内产物（抗原抗体复合物、某些类固醇、尿酸结晶等）等发热激活物作用于机体免疫系统的一些细胞，如单核细胞、巨噬细胞、淋巴细胞等，产生内生性致热原，主要是一些炎性细胞因子，包括 IL-1、肿瘤坏死因子（TNF）、干扰素（IFN）等。这些内生性致热原作用于下丘脑的体温调节中枢，使体温调定点升高。然后机体出现骨骼肌收缩、寒战，产热增加，同时皮肤血管收缩，散热减少，出现发热。发热可以增强机体吞噬细胞的活动及肝脏的解毒功能。但严重发热可对器官和组织造成严重的损害，可引起脱水和电解质紊乱，可因心率快而诱发或加重心力衰竭，体温在 42℃以上可使一些酶的活力丧失，使大脑皮层产生不可逆的损害，最后导致昏迷，直至死亡。

第四节 发热的过程及热型

疾病过程中在不同时间测得的体温数值分别记录在体温单上，将各体温数值点连接起来成体温曲线，该曲线的不同形态（形状）称为热型。不同的病因所致发热的热型也常不同。临床上常见的热型有以下几种。

一、稽留热

稽留热是指体温恒定地维持在 39~40℃以上的高水平，达数天或数周，24h 内体温波动范围不超过 1℃。常见于急性猪瘟、犊牛副伤寒、牛恶性卡他热、马传染性胸膜肺炎、犬瘟热等。

二、弛张热

弛张热又称败血症热型。体温常在 39℃以上，波动幅度大，24h 内波动范围超过 2℃，但都在正常水平以上。常见于败血症、支气管炎等。

三、间歇热

体温骤升达高峰后持续数小时，又迅速降至正常水平，无热期（间歇期）可持续 1d 至数天，如此高热期与无热期反复交替出现。常见于牛焦虫病、马传染性贫血等。

四、波状热

体温逐渐上升达 39℃或以上，数天后又逐渐下降至正常水平，持续数天后又逐渐升高，如此反复多次。常见于布氏杆菌病。

五、回归热

体温急剧上升至39℃或以上，持续数天后又骤然下降至正常水平。高热期与无热期各持续若干天后规律性交替一次。可见于亚急性和慢性马传染性贫血。

六、不规则热

发热的体温曲线无一定规律，可见于结核病、风湿热、支气管肺炎、渗出性胸膜炎等。

不同的发热性疾病各具有相应的热型，根据热型的不同有助于发热病因的诊断和鉴别诊断。但必须注意：由于抗生素的广泛应用，及时控制了感染，或因解热药或糖皮质激素的应用，可使某些疾病的特征性热型变得不典型或呈不规则热型；热型也与个体反应的强弱有关，如老年人休克型肺炎时可仅有低热或无发热，而不具备肺炎的典型热型。

第五节　发热时机体的代谢及功能变化

一、物质代谢的改变

发热时由于体温升高，病畜精神沉郁、食欲减退，不仅从外界吸收营养物质减少，而且体内营养物质也被大量消耗，因此，物质代谢的变化是很大的。这主要是由于交感神经兴奋，肾上腺素和甲状腺素分泌增多，在糖代谢方面，表现为肝脏和肌肉的糖原分解加强，血糖升高，糖酵解也加强，故血液和组织内乳酸增多。

发热时脂肪代谢加强，表现为脂库中脂肪的大量丧失，因此病畜消瘦，但脂肪酸往往氧化不全，病畜可能出现酮血症和酮尿症。

随着糖和脂肪的消耗，蛋白质的分解也加强，这在传染性发热时尤为明显。主要表现为大量含氮物质蓄积在血液，并随尿排出。由于组织蛋白分解加强，以及消化机能障碍，使蛋白质的摄取和吸收减少，因而长期持续发热，可引起肌肉和实质器官的变性、萎缩，从而导致机体衰弱。

此外，发热，尤其是长期发热，因物质代谢加强，使参与酶系统组成的维生素消耗也增强，而摄入减少，常常发生维生素缺乏，特别是B族维生素和维生素C的缺乏。

二、生理机能的改变

发热期不仅神经系统的体温调节中枢的机能发生变化，而且神经系统的其他机能也发生变化。一般说，在发热初期，动物多兴奋不安，而在高热期，由于高温血液及有毒产物的影响，中枢神经常为抑制，故动物精神沉郁，甚至处于昏迷状态。在植物性神经方面，通常总是表现为交感神经兴奋占优势。

发热时，由于交感神经兴奋，常使心脏机能加强，心跳加快，长期发热易使心肌受损引起心力衰竭。呼吸系统常表现为呼吸加深加快或转为呼吸浅表，消化机能障碍，食欲不振或废绝，由于发热脱水而粪便干燥，甚至发生便秘，进而肠内容物发酵、腐败而引起自家中毒等。泌尿系统早期随机能增强而尿量增多，稍后，肾脏可能变性而泌尿减少，到退热期由于肾脏血液循环改善，大量盐类从肾脏排出，故又可出现尿量增多的现象。

第九章 黄疸

第一节 胆红素的正常代谢

一、胆红素的来源

80%~85% 的胆红素来自衰老的红细胞崩解。约 15% 是由在造血过程中尚未成熟的红细胞在骨髓中被破坏(骨髓内无效性红细胞生成)而形成的。少量来自含血红素蛋白，如肌红蛋白、过氧化物酶、细胞色素等的破坏分解。有人把这种不是由衰老红细胞分解而产生的胆红素称为“旁路性胆红素”。

二、未结合胆红素的形成

肝、脾、骨髓等单核吞噬细胞系统将衰老的和异常的红细胞吞噬，分解血红蛋白，生成和释放游离胆红素，这种胆红素是非结合性的（未与葡萄糖醛酸等结合）、脂溶性的，在水中溶解度很小，在血液中与血浆白蛋白结合。由于其结合很稳定，并且难溶于水，因此不能由肾脏排出。胆红素定性试验呈间接阳性反应。故称这种胆红素为未结合胆红素。

三、结合胆红素的形成

肝细胞对胆红素的处理，包括 3 个过程。

（一）摄取

未结合胆红素随血流至肝脏，很快就被肝细胞摄取，与肝细胞载体蛋白 Y 蛋白和 Z 蛋白结合(这 2 种载体蛋白，以 Y 蛋白为主，能够特异地结合包括胆红素在内的有机阴离子)被运送至滑面内质网。

（二）结合

Y 蛋白 - 胆红素和 Z 蛋白 - 胆红素在滑面内质网内，未结合胆红素通过微粒体的 UDP- 葡萄糖醛酸基转移酶作用，与葡萄糖醛酸结合，转变为结合胆红素。结合胆红素主要是胆红素双葡萄糖醛酸酯，另外有一部分结合胆红素为胆红素硫酸酯。这种胆红素的特点是水溶性大，能从肾脏排出，胆红素定性试验呈直接阳性反应。故称这种胆红素为结合胆红素。

（三）分泌

结合胆红素在肝细胞浆内，与胆汁酸盐一起，经胆汁分泌器（高尔基复合体在细胞分泌过程中有重要作用），被分泌入毛细胆管，随胆汁排出。由于毛细胆管内胆红素浓度很高，故胆红素由肝细胞内分泌入毛细胆管是一个较复杂的耗能过程。

四、胆红素在肠内的转化和肝肠循环

结合胆红素经胆道随胆汁排入肠内，被细胞还原为尿（粪）胆素元。绝大部分尿（粪）胆素元随粪便排出，小部分（约 1/10）被肠黏膜吸收经门静脉到达肝窦。到达肝窦的尿（粪）胆素元，大部分通过肝脏又重新随胆汁由胆道排出（肝肠循环），仅有小部分经体循环，通过肾脏排出。

在胆红素代谢过程中，任何一个环节发生了障碍，都将引起胆红素在血浆内含量升高，产生高胆红素血症。

第二节　黄疸的类型及发生机理

黄疸是由于体内胆红素形成过多，或排泄障碍造成血液中胆红素浓度增高，大量胆红素进入血液，将全身组织黄染。黄疸见于家畜多种疾病，指各种原因引起的以目黄、身黄、尿黄为特征的病征。

一、黄疸的分类及原因

（一）实质性黄疸

实质性黄疸也叫肝性黄疸，由于肝细胞、毛细胆管严重损伤而引起。多因败血症、传染病、中毒、霉菌毒素、长期营养不良等因素，造成肝细胞对胆色素的摄取、结合以及排泄发生障碍。

（二）溶血性黄疸

由致病因素引起循环血液内红细胞大量破坏而造成溶血性黄疸，也称肝前性黄疸。多由毒物中毒、血液寄生虫病、大面积烧伤、溶血性传染病等引起。

（三）阻塞性黄疸

阻塞性黄疸也称机械性黄疸和肝后性黄疸，是由于各种原因引起的胆道机械性堵塞，造成胆汁排出障碍，胆汁不能排入肠道而淤积于胆管、毛细胆管内，使毛细胆管内压升高，毛细胆管显著扩张，导致毛细胆管破裂，胆汁进入血液而发生黄疸。多由于胆道寄生虫、猪蛔虫、牛羊肝片吸虫、羊钩虫，结石、肿瘤或淋巴结肿大压迫胆管等原因引起。

病理变化除脂肪组织发黄外，皮肤、黏膜、结膜、关节滑液囊液、组织液、血管内膜、肌腱，甚至实质器官均染成不同程度的黄色，尤其关节滑液囊液、组织液、血管内膜和皮肤的黄染，在黄疸的诊断上和黄脂的鉴别上，具有重要的特征性意义。此外，黄疸肉放置时间越久越黄。

二、黄疸的类型及常见病

（一）实质性黄疸

急性实质性肝炎患病动物有长期饲喂霉败草料或误食化学毒物、有毒植物的生活史，或伴发于某些传染病、寄生虫病、胃肠病经过中；肝硬化多由慢性实质性肝炎或其他疾病，如马传染性贫血、反刍兽肝片吸虫病、猪囊虫病、慢性胆管炎等时，炎症逐渐蔓延至肝间质组织而发生；原发性肝癌患病动物有慢性肝炎、肝硬化的病史，或有长期饲喂含黄曲霉毒素的霉败饲料的生活史。鸭和猪多发。患病动物顽固性消化障碍、黄疸、腹水、肝区触诊疼痛。剖检可见肝癌有的为巨块型，可侵害大部分肝脏，有的为结节型，在病变肝脏可见到许多大小不等的癌结节，癌肿物呈灰白色或灰黄色，常杂有黄绿色的胆汁沉着，质地坚实。

（二）溶血性黄疸

血液原虫病，如伊氏锥虫病、马梨形虫病、牛梨形虫病、羊巴贝西虫病、牛泰勒虫病及羊泰勒虫病等，均可发生肝前性黄疸，血液中均可检出相应虫体；传染性溶血性疾病，如钩端螺旋体病、马传染性贫血等，均出现肝前性黄疸，并于相应病料内可检出相应的病原体，免疫诊断可获得相应的结果。免疫溶血病，如新生骡驹溶血病、新生马驹溶血病，均发生肝前性黄疸；犊牛水中毒，有大量饮水后立即发病的病史；中毒性疾病，如蓖麻子中毒、慢性铜中毒、慢性铅中毒等，均可发生溶血性黄疸。

（三）阻塞性黄疸

阻塞性黄疸疾病，动物较少见，临床诊断也比较困难，往往在死后剖检时才能发现，有时可见到胆总管结石、双侧肝管结石、胆总管癌、十二指肠乳头周围癌、急性梗阻性化脓性胆管炎、胆道蛔虫、急性胆囊炎及胆囊结石等，应予注意。

第十章 肿 瘤

肿瘤是一种人畜都能发生的疾病。家畜的肿瘤比人的肿瘤要少得多，但也普遍存在。近年来，我们在工作中遇到过的病例就有：马棘细胞癌、猪肾胚胎瘤（肾母细胞瘤）、骡恶性黑色素瘤、牛和猪的海绵状血管瘤、猪耳硬性纤维瘤和猪子宫平滑肌瘤与平滑肌肉瘤等。但在肿瘤的诊断、治疗以及病畜的肉尸的处理上，都需要进一步探讨。本章仅就家畜肿瘤的基础知识做一介绍。

一、肿瘤的概念

家畜的机体是由上皮组织、结缔组织、肌肉组织和神经组织所构成。在正常的情况下，这些组织细胞总是不断地新生、成长、衰老和死亡，进行着有规律的新陈代谢，以维持家畜的生命活动。而肿瘤则是上述组织在各种致病因素的作用下，发生的不随生理需要而无限制发展的细胞群。特别是一些恶性肿瘤，不能像正常组织那样分化为成熟型，而总是停留在低级的分化阶段上。细胞发育不成熟，而又无限度地增生，形成狂长现象。它能排挤和压迫周围的正常组织和器官，使之发生严重的损害，严重者造成死亡。家畜的肿瘤，常见于老龄动物。以长期或较长期被人饲养的家畜为多见。其中以狗最为常发，其次是马、牛、鸡等。猪、羊等经济动物，也能发现肿瘤。

二、肿瘤的生长特点

肿瘤通常都生在组织生长、增殖最旺盛的部位。如血管的外膜组织、皮肤的生发层、腺体的排泄管等处。肿瘤形成之后，肿瘤细胞就不断地分裂、繁殖，继续生长。肿瘤的生长方式基本上有 3 种，即膨胀性生长、浸润性生长和外生性生长。

（一）膨胀性生长

体内深部的良性肿瘤多呈膨胀性生长。肿瘤生长时不侵入周围组织，只是推开或挤压周围组织。因此多呈球形或近似球形。常有完整的纤维包膜，与周围组织分界清楚。除了生长在重要部位外，一般不呈现严重的影响。良性肿瘤多以这种方式生长。

（二）浸润性生长

肿瘤的生长像树根一样，能广泛地浸润到周围组织中。肿瘤的外形多不规则，没有由纤维组织形成的包膜，和周围组织常缺乏明显的界限，并紧密地联系在一起。恶性肿瘤多以这种方式生长。

（三）外生性生长

发生在皮肤和黏膜上的肿瘤，常向体表或体腔内生长，形成突起的肿物，其基部较细，成为柄或蒂。良性或恶性肿瘤都能以这种方式生长。良性肿瘤除了不断以膨胀性和外生性 2 种方式生长外，一般不会扩散。而恶性肿瘤，除了由发生部位连续不断地从组织间隙向周围组织和器官浸润以外，还可以通过不同的途径，扩散到淋巴结和体内其他脏器或组织里面去。这种现象叫转移。当肿瘤的晚期，畜体抵抗力较弱的时候，就可能发生转移。癌瘤的转移多取淋巴道的途径；肉瘤的转移多取血行的途径。还有一种方式是种植性转移。当内脏肿瘤，发展到该器官的最外一层即浆膜层后，瘤细胞脱落到其他浆膜上，就发展成转移瘤。手术切除后，或用其他方法治疗后，经过一段时间，在原来的部位又出现同样的肿瘤叫复发。良性肿瘤很少复发，恶性肿瘤常能复发。

三、肿瘤对机体的影响

一般来说，恶性肿瘤对机体的影响最为严重，良性肿瘤影响较小或没有影响。但根据发生部位及发展程度，也不完全如此，即使是良性肿瘤，如果发生在生命中枢等重要器官，如脑或脊髓，也能造成严重后果；而皮肤上的一些鳞状上皮癌，虽属恶性肿瘤，有的经过切除，也可取得良好效果。肿瘤对机体的影响，主要表现在以下几个方面。

（一）局部性影响

1. 压迫邻近器官

如脑内肿瘤可压迫脑组织，并使脑内压增高，引起脑水肿。胰头肿瘤可压迫胆总管导致阻塞性黄疸。

2. 阻塞脏器管腔

如食管肿瘤阻塞食管，引起吞咽困难。胃幽门部肿瘤阻塞幽门，造成胃食滞。

3. 破坏器官的结构和功能

主要见于恶性肿瘤。是由恶性肿瘤细胞浸润，破坏正常组织引起的。骨的恶性肿瘤可引起骨折。肝的恶性肿瘤，如破坏了大量肝组织，可能造成肝功能障碍。

4. 出血

多见于恶性肿瘤。不但肿瘤组织本身坏死时出血，瘤细胞还可能破坏原器官的血管，引起出血。

5. 感染

多见于恶性肿瘤。由于该器官组织遭到破坏及出血，以及肿瘤组织本身的坏死，易发生感染，感染后常有恶臭。

6. 疼痛

主要见于恶性肿瘤。恶性肿瘤，早期多无疼痛。比较明显的是肿瘤长大后，阻塞和压迫邻近器官造成的。到了晚期，恶性肿瘤侵害神经干，可引起严重的顽固性疼痛。

（二）全身性影响

1. 发热

肿瘤的代谢分解产物及坏死分解产物，被吸收后可引起发热。如有感染更容易发热。

2. 进行性消瘦

晚期的恶性肿瘤的患畜，呈进行性消瘦、贫血和衰竭，即恶病质。其发生原因，除由于出血、感染、重要器官功能受损以外，可能与肿瘤的某些有毒的分解产物对机体的作用有关。

四、良性肿瘤与恶性肿瘤

在医学及兽医学临床上，根据肿瘤的生长方式、生长速度、组织结构、肿瘤细胞的成熟与否及有无转移而分为良性肿瘤与恶性肿瘤。

良性肿瘤的特点是生长缓慢，绝大多数都是以膨胀性生长方式逐渐扩大，肿瘤的周围有一层纤维性的包膜，完整地包在外面，边界非常清楚，而且与周围组织无粘连，并有移动性，不发生转移。在组织结构上肿瘤细胞的形态比较成熟，非常接近正常组织。良性肿瘤一般没有明显的症状，偶因肿瘤生长较大，压迫所在脏器及邻近器官，才会出现受压症状，或影响肿瘤所在器官的功能。一般在手术切除之后，很少复发。

恶性肿瘤的特点是生长很快，多呈浸润性生长，能向周围正常组织和器官侵入。肿瘤周围没有包膜，或者虽有却不完整，与周围组织联系紧密，不易移动，能发生转移。在组织结构上，肿瘤细胞很不成熟，其大小不等，形态不一，染色的深浅也很不一致，排列非常紊乱。恶性肿瘤早期可出现低热、食欲不振、体重下降等症状，晚期可出现严重消瘦、贫血、发热等现象。

良性肿瘤与恶性肿瘤，虽有以上区别，但在许多情况下，二者之间并无截然的分界，在良性肿瘤中有的生长较快，接近恶性肿瘤；相反，有的恶性肿瘤生长较慢，为低度恶性，因而接近良性肿瘤。此外，有的良性肿瘤还可能转变为恶性肿瘤。

五、肿瘤的命名

肿瘤的命名，一般都是根据组织来源和部位，并能反映肿瘤的性质来确定的。

（一）良性肿瘤的命名

在发生肿瘤的组织名称之后，加上一个“瘤”字。如从纤维组织发生的良性肿瘤叫纤维瘤。从腺上皮发生的良性肿瘤叫腺瘤。从被覆上皮（皮肤、膀胱和肾盂黏膜等）发生的良性肿瘤，因向外呈乳头状突起，叫乳头状瘤。

（二）恶性肿瘤的命名

根据不同的组织来源而有不同的名称。

1. 癌

从上皮组织（分布在身体表面、各种管囊和空隙的壁面、感受器接受刺激的部分，多呈片状或膜状）发生的恶性肿瘤叫癌。在癌字的前面加上器官或组织的名称，如肝癌、胃癌、鳞状上皮癌等。

2. 肉瘤

从间叶组织来源的恶性肿瘤，如结缔组织、肌肉组织等发生的恶性肿瘤叫肉瘤。在“肉瘤”前面加上组织名称，如纤维肉瘤、脂肪肉瘤等。

3. 其他恶性肿瘤

神经组织的某些肿瘤和来自胚胎细胞的恶性肿瘤，用“母细胞瘤”来表示，如神经母细胞瘤、肾母细胞瘤和胶质母细胞瘤等。有些恶性肿瘤在良性肿瘤名称之前加上“恶性”二字来表示，如恶性黑色素瘤。有少数恶性肿瘤，仍沿用习惯名称，如白血病等。

六、肿瘤的病因

从大量的研究结果来看，许多因素都能引起肿瘤的发生。主要的有化学因素、物理因素和生物学因素。

（一）化学因素

实践证明，用化学物质长期地、反复地刺激动物的皮肤，能引起癌症。如用煤焦油长期反复地涂擦动物的皮肤，初期先发生炎症，随后继发肿瘤，屡试屡验。据统计，能引起癌症的天然或人工提取的化学刺激物，已有 1 000 多种。

（二）物理因素

许多实验证明，物理性刺激物能引起动物发生癌症。如应用 X 射线反复地照射家兔的背部，经过几个月之后，被照射部位都出现了肿瘤。

（三）生物学因素

目前已发现，某些病毒和黄曲霉毒素是生物学致癌物质。如将鸡的梭形细胞肉瘤和软骨肉瘤的细胞混悬液或没有细胞成分的滤过液，注射到健康鸡的胸中，几天以后，就可以引起和病鸡相似的肿瘤，因此认为这是由于肿瘤病毒的感染所引起的。有人认为有 30 多种动物肿瘤是由病毒引起的。有些事实证明，黄曲霉毒素也是癌症的病因之一。如用被黄曲霉污染的花生饲养的羊，可以发生肝癌和多种良性与恶性肿瘤。此外，激素分泌障碍、某些寄生虫病也可能是发生恶性肿瘤的病因。

七、肿瘤的分类

根据肿瘤的组织来源及性质，可以分为以下几类。

（一）上皮组织的良性肿瘤

上皮组织的良性肿瘤是由被覆上皮或腺上皮发生的。分为乳头状瘤和腺瘤。

1. 乳头状瘤

乳头状瘤是由鳞状上皮或移行上皮发生的。肿瘤向表面呈分枝的乳头状突起。瘤细胞的排列与原上皮细胞相似，被覆在表面。上皮下为间质。从鳞状上皮发生的乳头状瘤常见于皮肤、阴茎、鼻、鼻窦和喉。从移行上皮发生的乳头状瘤，以膀胱和肾盂多见。乳头细长呈绒毛状。乳头状瘤的大小，从豌豆粒大到直径 15~20cm 或以上。常能引起发炎、水肿和出血。虽然乳头状瘤为良性肿瘤，但由于其能造成生理机能障碍，甚者可危及生命，如胃肠道的乳头状瘤，可引起肠腔狭窄或阻塞。而膀胱乳头状瘤，可以发生顽固性出血，使机体陷入贫血。所以乳头状瘤虽属良性肿瘤，但能发生恶性的结果。

2. 腺瘤

腺瘤是由组织或器官内的腺上皮或腺体的导管上皮形成的。多形成管状腺腔，也有呈腺泡样或失去管腔的棍棒状。结构和原组织相似。在机能上也与相应的腺体相似。如来自黏膜的腺瘤，可以分泌黏液；来自分泌腺的腺瘤，可以分泌激素。与正常腺体不同的是腺泡大小不等，腺管与间质的比例不相适应。腺瘤没有排泄管。常呈扩张性生长，外形多为球形，有包膜。根据腺瘤组织的成分及生长速度，又可分为以下 3 种。

（1）单纯性腺瘤。在腺瘤中实质（腺泡）占主要成分，间质极少。如各黏膜（鼻、胃肠、子宫等）

的腺瘤以及各腺性器官（肝、甲状腺、乳腺等）内的腺瘤。

（2）纤维腺瘤。在腺瘤中实质少，间质丰富，如乳腺的腺瘤等。

（3）囊腺瘤。在腺瘤的囊泡中，堆积大量分泌物，使囊腔高度扩张，形成囊状。如卵巢囊腺瘤。如果由于腺上皮的高度增生，并向管腔内呈乳头状突起的称为乳头状囊腺瘤，不呈囊状的称为乳头状腺瘤。

（二）上皮组织的恶性肿瘤

由上皮组织发生的恶性肿瘤，都叫癌。癌瘤组织的结构为在结缔组织的间质中散在着大小不等、形态不一的细胞群（癌巢）。多数是在慢性刺激或慢性炎症的基础上发展而来。由于癌瘤组织的来源不同，又可以分为：

1. 鳞状上皮癌

鳞状上皮癌是家畜最多见的一种癌瘤。多发生在皮肤、口腔、食道、咽头、阴道或子宫等具有被覆鳞状上皮的组织。有时也能出现在非鳞状上皮的组织，如气管、胆囊、子宫体等。当上皮化生为鳞状上皮后，也就能发生鳞状上皮癌。癌的生长速度没有肉瘤快，体积也较肉瘤小，多呈灰白色，而且比较硬。发生在皮肤或黏膜的癌，容易发生坏死和溃疡，细菌感染后，有特殊的臭味。

2. 腺癌

腺癌是由各种腺上皮发生的恶性肿瘤，多发生于胃、肠、乳腺、甲状腺等处。分化好的腺癌，癌细胞形成许多大小不等、形状不规则的腺腔。分化差的腺癌，癌细胞形成小团或散在，很少形成腺腔。肉眼观察时，各种癌都比较相似，癌组织呈灰白色，质地致密而硬、粗糙，往往形成形态不整、境界不清的肿块。在有腔器官黏膜发生的癌，癌组织可呈结节状或巨块状，向管腔突出，也可以向表面隆起，中心形成大溃疡，有的癌在壁内弥漫浸润，使管壁增厚变硬。

（三）结缔组织的良性肿瘤

结缔组织在体内任何组织或器官中都有存在。因此，结缔组织肿瘤可出现在机体的任何部位。常见的有以下几种。

1. 纤维瘤

纤维瘤的基质是胶原纤维和结缔组织细胞。间质中有血管及神经纤维。纤维瘤多为结节状，呈圆形或椭圆形，边界清楚，坚韧，切面可看到纵横交错的纤维索。其中肿瘤的纤维成分多，细胞数目少，而且纤维素比较粗大，坚硬的叫硬性纤维瘤；而肿瘤的细胞成分多，纤维成分少，质地柔软的叫软性纤维瘤。纤维瘤常见于皮肤，特别是包皮、阴囊和黏膜。其他组织器官比较少见。

2. 脂肪瘤

脂肪瘤由脂肪组织所构成。不同于正常脂肪组织的是，脂肪被结缔组织区分为大小不同的小叶，而且脂肪细胞都比较大，但不均匀，成熟程度也不一致。脂肪瘤多发于脂肪组织比较丰富的部位，如皮下组织、大网膜、肠系膜以及腹膜下。呈圆形或椭圆形，质软，有薄的包膜。肠系膜与网膜上的脂肪瘤有较长的蒂与原组织相连。脂肪瘤的颜色随动物的种类而不同，可以是淡黄色（牛）、深黄色（马）或接近于白色（羊及猪）。脂肪瘤的生长常和机体的营养状况不一致。当机体消瘦时，脂肪组织不但不缩小，反而增长。以马、犬、牛较多发。脂肪瘤有时坏死，变为灰白色质地较硬的粉末状。

3. 黏液瘤

黏液瘤是由黏液组织形成的肿瘤。在黏液基质中含有星形、圆形或梭形的黏液细胞。质地柔软，呈胶冻样。肿瘤多为不规则的圆形，有包膜。黏液瘤常见于皮下组织、胃肠道黏膜下层及膀胱等处。

呈单发或多发。原发性的黏液瘤，并不多见。比较多见的是纤维瘤、软骨瘤或脂肪瘤等发生黏液性化生而成。因此，常见的黏液瘤多为黏液纤维瘤、黏液脂肪瘤和黏液软骨瘤。

4. 软骨瘤

软骨瘤是由软骨组织形成的肿瘤。与软骨不同的是，软骨囊大小不等，软骨细胞的分布不均匀，数目多少也不等，多见于具有软骨组织的部位（如关节软骨、骨膜、喉头气管及肺内）。另外，也可见于没有软骨组织的器官中（如扁桃体、乳腺、肾脏及睾丸）。软骨瘤是硬固的圆形结节，或不规则的增生物，界限明显，有包膜。发生在骨组织上的，多向外突出。软骨瘤的切面多为灰白色，半透明，被结缔组织分隔成小叶状。常继发黏液性化生，成为黏液软骨瘤。

5. 骨瘤

骨瘤是由骨组织形成的肿瘤。与正常骨组织相似。由致密骨组成的叫致密骨瘤，由海绵状骨构成的叫海绵状骨瘤。

（四）结缔组织的恶性肿瘤

结缔组织的恶性肿瘤就是肉瘤。这类肿瘤的切面，常呈均匀的淡灰红色，质柔软，近似鱼肉，所以称为肉瘤。肉瘤细胞的分化程度极不一致，有的分化程度极低，有的分化程度较高。分化程度低的肉瘤，甚至分辨不出是由何种组织发生的。这类肉瘤均按细胞形态分类，分为圆形细胞肉瘤、多形细胞肉瘤和梭形细胞肉瘤。分化程度较高的，能分辨出属于何种组织的，按组织特性分类，分为纤维肉瘤、脂肪肉瘤、黏液肉瘤、软骨肉瘤和骨肉瘤等。肉瘤的特征是：呈浸润性生长，生长迅速，对周围组织的破坏最重，切除后易再发；肉瘤组织中细胞多，间质少，易发生变性和坏死；肉瘤细胞的分化程度极不一致，分裂象较多，细胞核可见到各分裂期的图像。

（五）肌肉组织的肿瘤

肌肉组织的肿瘤比较少见，特别是原发性的更少。仅偶有转移性肿瘤。

1. 良性肿瘤

有纤维瘤、脂肪瘤、黏液纤维瘤、黏液瘤、平滑肌瘤、血管瘤及淋巴管瘤。

2. 恶性肿瘤

多由肉瘤或癌瘤转移而来。肉瘤有原发性圆形细胞肉瘤（马、鸡）、转移性淋巴肉瘤（牛、鸡）、恶性黑色素瘤（马）及梭形细胞肉瘤（鸡）等。

（六）神经组织的肿瘤

神经组织的肿瘤是由神经细胞、神经纤维、神经胶质及外周神经的鞘膜所构成。在家畜中还是比较常见的。虽然也有良性与恶性的不同，但都可以引起严重的后果，其特点是只限于局部性的破坏性生长。

1. 良性肿瘤

主要包括神经胶质瘤、神经瘤和神经节细胞瘤。

（1）神经胶质瘤。它是由脑髓及脊髓的神经胶质构成的。生长缓慢，能破坏与压迫髓质。肿瘤呈结节状，硬度或软或硬，切面呈灰白色。

（2）神经瘤。它是由新生的神经细胞和神经纤维构成的。呈圆形或卵圆形结节，坚硬，切面灰白色，有波纹状。

（3）神经节细胞瘤。它是由成熟的神经细胞构成的。生长缓慢，呈结节状，有时呈多数发生。

2. 恶性肿瘤

主要为神经胶质肉瘤，是由异型的各种不同形状和大小的神经胶质细胞所构成，很少发生转移，在脑髓内呈柔软的结节状。此外还有神经鞘瘤、神经肉瘤等。

八、肿瘤的诊断

肿瘤的诊断，需要通过了解病史、大体检查和组织学检查等来进行。

（一）了解病史

调查肿瘤发生的时间，检查肿瘤发生的部位，以分析肿瘤生长的快慢，为判断肿瘤属于良性还是恶性提供资料。

（二）大体检查

检查肿瘤的生长方式、形状、大小以及与周围组织的关系，也可以初步判断肿瘤的属性。

（三）组织学检查

组织学检查是确定肿瘤性质的主要方法。通过检查肿瘤的组织成分、组织细胞的大小、分裂程度，以进一步确定肿瘤的组织来源和类别，达到确诊的目的。肿瘤的组织学检查需要专门的设备和单位来进行。需要进行组织学检查的肿瘤组织，可先用 10% 的福尔马林固定 2~3 日，然后送请有条件的病理室协助诊断。

九、肿瘤的治疗

家畜肿瘤的治疗，特别是内部器官的肿瘤的治疗，目前由于诊断上的困难，尚无成熟的经验。对体表生长的肿瘤可进行手术治疗。根据肿瘤的种类、形态和体积的大小不同，分别采用摘除法、切除法、结扎法和烧烙法等。对浸润周围组织比较广泛的恶性肿瘤，一般不采用手术疗法，以免扩散、转移。但对于鳞状上皮癌经过手术切除后，常可取得良好的效果。

（一）摘除法

对于较小的肿瘤，可在肿瘤中央做皮肤切口，剥离肿瘤周围组织，再剥离肿瘤根部组织，将包膜与瘤体同时除去。对体积较大的肿瘤，可在肿瘤根部一定距离的皮肤上行环状切开，然后剥离肿瘤。

（二）切除法

对于根蒂很小、皮肤被瘤细胞侵害和发生溃烂的肿瘤，不便于剥离皮肤时，可于肿瘤根部连同皮肤一起切除。

（三）结扎法

对于根蒂较小的良性肿瘤，可用粗缝合线结扎，使瘤体断绝血液供应，逐渐枯萎而脱落。

（四）烧烙法

对恶性肿瘤的手术，为彻底清除肿瘤组织，可在手术切除后，补以烧烙。较小的及根蒂细的良性肿瘤，也可用烧烙法治疗。

第十一章　尸体剖检技术

第一节　动物尸体剖检原则及准备

一、动物尸体剖检遵循原则及注意事项

为了有序地进行尸体剖检工作以及防止因剖检而造成病原扩散和防止术者和在场人员遭受感染，应注意做好准备工作。

（一）剖检的时间

尸体剖检除特殊情况外，最好应在白天进行，因为人工光线不能正确地反映脏器固有色彩。剖检的尸体愈新鲜愈好，最好在畜禽死亡之后立即进行，夏季不超过 5h，冬季不超过 24h。死后放置较久则由于继发死后变化，可使病变模糊不清，失去剖检的价值和意义。

（二）剖检场地的选择

为了便于消毒和防止病原扩散，在有一定设备条件的室内进行剖检为好。但是在实际工作中，兽医工作者在野外进行剖检的机会较多。在此情况下，要选择一个比较偏僻的，离居民点、厩舍、水源、交通要道较远的干燥地方，挖一个 2m 深的深坑，坑边铺上苇席、干草或塑料布等垫物，把尸体放在上面进行剖检。剖检完后，把尸体连同铺垫物、污染物及被污染的表土一起推入坑中掩埋。事后对剖检场地进行彻底消毒。在没有掩埋条件的地方，可用焚烧的办法处理尸体及污染物。在畜禽养殖场点剖检，中小畜禽可放在瓷盘（盆）中剖检，大家畜可选一块平整坚硬（不易渗水）的地面进行，并都要远离健康畜禽。剖检完毕，清洗、消毒，尸体深埋或烧毁，严禁人食用或喂其他动物。

（三）尸体的运送

尸体搬动前，应用浸透消毒液的卫生材料将尸体天然孔及穿透创进行堵塞或包扎，尸体体表用消毒液喷洒消毒。运送尸体使用的车辆及其他工具，污染的表土及草料等，均应妥善进行消毒处理。对于国家规定禁止解剖的尸体（如炭疽、马传贫、破伤风等），除在特定条件下按规范程序进行外，原则上不允许解剖。当尸体被怀疑有上述疾病可能时，应按其对待。

对于突然死亡而有可能携带炭疽的尸体，可先从四肢末端掌部或跖部切开皮肤，采血做涂片检查，也可切开腹壁局部取脾脏组织进行检查；若确诊为炭疽，严禁解剖，以防形成难以消灭的芽孢。炭疽杆菌繁殖体抵抗力不强，易被常用消毒药杀死，煮沸立即死亡，夏季在腐败尸体中 1~4d 死亡；

但芽孢抵抗力特别强，121℃高压灭菌10min才死亡。因此，应将尸体与被污染的场地、器具进行严格的消毒和处理。

（四）剖检器械和药品的准备

经常使用的剖检器械有剥皮刀、解剖刀、外科刀、脑刀、肠剪、弓锯或板锯、有齿镊子、无齿镊子、大镊子、骨钳、金属卷尺、骨斧、磨刀石等。根据具体条件，如没有以上器械。也可用一般的刀、剪代替。剖检常用的消毒液有0.10%新洁尔灭溶液，0.05%洗必泰溶液或3%来苏尔溶液等。为了对病变组织做切片检查而使用的固定液有10%福尔马林溶液或95%酒精。为了预防剖检人员的自身感染，须备有3%碘酊、2%硼酸水、70%酒精和棉花、纱布等。

（五）剖检人员的自身准备

剖检人员根据条件，可穿工作服并外罩橡皮或塑料围裙，戴乳胶医用手套并外套线手套，穿胶靴，戴口罩、眼镜。条件不具备时，应在剖检过程中尽量保持个人的清洁，在手臂上涂抹凡士林油以保护皮肤、防止感染。剖检中如果术者手或其他部位不慎外伤，应立即消毒并包扎，然后再继续剖检。如有血液或渗出物等溅入眼或口内，应用2%硼酸水冲洗。

（六）剖检操作

在剖检过程中，应常用水及消毒液洗去剖检者手上和刀剪等器械上血液、脓汁和其他渗出物。采取脏器或检查病变时，注意不要将脓血或其他渗出物污染地面过宽，防止病变扩散。未经检查的脏器，不要用水冲洗，以免改变其原有色彩。可随时把需要送检的病料投入固定液内，备作病理学组织检查之用。

剖检完毕，应将器械、衣物等附着的脓血用清水洗净后，进行消毒。胶皮手套消毒后，用清水洗净、擦干，撒上滑石粉存放。金属器械，经消毒后擦干，以免生锈。剖检者的双手，先用肥皂水洗涤，再用消毒液冲洗，最后用消毒水冲洗。如有遗臭，可用2%高锰酸钾溶液浸洗，再用饱和山草酸溶液洗涤。待紫色褪去后，再用清水冲洗。

二、尸体几种变化

动物体死亡后，由于外界环境，微生物及体内酶的影响，尸体会出现一系列不同于生前的现象。

（一）尸冷

动物死亡后，尸体体温逐渐下降。其下降的快慢与尸体大小、自身状态及周围环境条件有密切关系。死后最初几小时，尸冷速度下降较快，以后速度逐渐变慢，通常在室温条件下平均每小时下降1℃。肥胖动物尸体因散热较难，其尸冷速度比瘦弱动物慢；冷天比热天尸冷快；通风良好温度低的环境尸冷发生较快。有些疾病，如患破伤风而死亡的动物尸体，在死后一段时间内体温反而出现一时性升高（可达42℃）。这是由于死后肌肉挛缩，体内产热的化学过程还在继续进行的缘故。

（二）尸僵

动物死后，最初由于神经系统麻痹，肌肉出现暂时的迟缓，经过很短一段时间，肌细胞内的蛋白质发生凝固，致使肌肉收缩而变得僵硬，引起尸体固定于一定的状态。这种现象称为尸僵。通常，动物尸僵在死后1.5~8.5h发生，从头部咬肌和眼睑开始，经10~24h达最高峰，其顺序是头部→胸背部→前肢→腰部→后肢。24~48h后，依同样顺序开始缓解。根据尸僵存在状态，可大致判定动物死亡的时间。判定尸僵，通常是根据推拉四肢关节的弯曲度为依据，已发生尸僵的尸体，口腔的开张及四肢的屈曲都很困难。尸僵出现的早晚，发展的程度以及持续时间的长短，是受外界环境和自身状态影响。较高的环境温度能加速尸僵的发生与缓解，强壮的动物尸僵明显，严重衰弱的动物尸僵发生缓慢且不明显。值得注意的是，心肌和一些平滑肌也不同程度地表现尸僵。当心肌尸僵因某些疾病而发生不完全时，可见心腔内存留多量血液。

（三）尸斑

动物死后，全身肌肉僵直收缩，当心脏和动脉收缩时其中的血液被排挤到静脉系统内。在血液凝固之前，由于受重力作用，血液向尸体的下部沉积，尤其是尸体下部的皮肤和皮下组织血管内血液沉积明显，而使局部呈现暗红色，在内脏特别是成对器官也出现类似现象。这些变化，外观上表现为瘀血区，指压褪色，称为尸斑。随着死后时间的延长，沉积的红细胞发生崩解，血红蛋白析出并外渗，结果使心内膜，大血管内膜及附近的组织被染成红色。这种现象称为血红蛋白浸润。死于某些中毒、败血病等疾病的尸体，由于死后血液凝固不全，溶血现象出现早而最易发生尸斑现象。

（四）血液凝固

动物死后，心搏停止，血液停止流动而发生凝固。在尸体的各大血管或心脏中经常可以看到暗红色的血凝块，表面光滑而有光泽，质度较软并富有弹性，游离在血管腔内。因此可与生前血栓相区别。血液凝固的快慢取决于死亡的原因，死于败血病、窒息、一氧化碳中毒等过程中的动物，一般血液凝固发生缓慢或不发生。生前发生心力衰竭的动物，心脏、血管内往往可以看到上层为淡红色，下层为暗红色的血凝块，外观上似鸡油样，这是由于动物死前心脏机能衰竭、血液停滞，红细胞比较重而发生沉降，血浆位于上部而形成。

（五）尸体腐败

动物死后，经一定时间，体内组织蛋白因受体内各种酶的作用及细菌的作用而分解，尸体发生腐败，参与腐败过程的细菌主要来自消化道，它可从外界进入尸体。在腐败过程中，体内复杂的化合物初步分解成简单的化合物并产生大量气体（氨、二氧化碳、硫化氢），在胃肠道最明显。因此气体充满整个胃肠道，尸体腹部高度臌气，腹围增大、肛门突出，严重时腹壁肌层或膈肌因高压而破裂。一些器官也可因腐败而产生大量气体。如肝脏因腐败而体积增大，肝包膜出现小气泡，肝切面呈现海绵状，切面可以挤出大量混有泡沫的血水。发生腐败的尸体，各器官的质度柔软，组织分解产生的硫化氢与血红蛋白分解产生的铁形成污绿色硫化氢，使腐败器官成污绿色（尸绿）。血液腐败可见血中形成大量气泡。腐败尸体因产生大量硫化氢气体而使尸体产生特殊臭味。

第二节　常见动物尸体剖检术式

一、牛的尸体剖检术式

剖检牛时，要先采出肠道，宜采用左侧卧位。虽然习惯上用右侧卧位，因为牛胃体积很大，占腹腔整个左侧和右侧的下部，大、小肠仅占腹腔右侧的上部。右侧卧位时肠在胃下，牵引胃时较省力，先摘除胃，然后摘出腹腔其他器官更容易些。以下叙述牛的尸体剖检采用左侧卧位，以便于腹腔器官的取出。首先对尸体进行剥皮将尸体仰卧，从下颌部沿腹正中线切开皮肤，至脐部后将切线分为 2 条，绕开乳房或生殖器，最后会合于尾根部。在四肢球节部做环状切开，再沿四肢内侧的正中线切开皮肤，切线与正中线垂直。头部剥皮可在口角后面和角根部做环状切开，剥下全身各部皮肤。在剥皮过程中应注意皮下组织、淋巴结等病理变化的检查。

（一）颅腔的打开及脑的采出

颅腔的剖开，先从牛第一颈椎部横切，取下头部。切除颅顶和枕骨髁部附着的肌肉后，在紧靠额骨颧突的后缘锯一横切线，再从两侧枕骨髁上缘，沿颅顶两侧，经颞骨鳞状部各锯一纵切线与横切线的外端相连接。锯开后，用骨凿插入锯口，揭出颅顶骨，即可暴露颅腔。脑的取出，颅腔剖开后，将颅腔内的神经血管剪断，取出大、小脑、延脑和垂体。

（二）口腔及颈部器官的采出

切开牛的咬肌，在下颌骨的第一臼齿前锯断左侧下颌支，再切开下颌支内面的肌肉和后缘的腮腺、下颌关节韧带及冠状突周围肌肉，取下左侧下颌支。用左手握住舌头，切断舌骨及周围组织，分离喉、气管和食管周围组织，取出口腔及颈部器官。

（三）胸腔器官的采出

胸腔的剖开，尸体取背卧位，除去胸廓两侧的肌肉，将两侧肋软骨与肋骨结合处锯断，切断胸骨与横膈、纵膈及心包囊的联系，取下胸骨及肋软骨，即可暴露胸腔。剖开胸腔后，应注意检查左侧胸腔的性状和液体数量，胸膜的色泽，有无充血、出血或粘连等。心脏的采出，在心包左侧中央作“十”字形切口，将食指和中指插主心包腔，提取心尖，检查心包液的量和性状。将左手拇指和食指分别插入左、右心室的切口内，提取心脏，切断心脏基部血管，取出心脏。肺的采出，先切断纵膈的背侧部，检查胸腔液的数量和性状，再切断纵膈的后部，切断胸腔前部的纵膈、气管、食管和前腔动脉，并在气管轮上切一小口，将食指和中指插入切口牵引气管，将肺脏取出。

（四）腹腔器官的采出

腹腔的剖开。先从牛右髂外角分别沿肋骨后缘至剑状软骨以及沿髂骨体至耻骨联合作 2 条切线，切开腹壁肌层和脂肪层，再将腹膜切一小口，用左手的食指和中指插入切口内，作“V”字形叉开，手指背面向腹腔内弯曲，使肠管与腹膜之间有一空隙，将刀尖夹于两指之间，刀刃向上，沿着上述切线切开腹壁，然后将成楔形的右腹壁向下翻开，即可露出腹腔。腹腔器官的采出。牛小肠的取出先循十二指肠的降部、真胃大弯及瘤胃左、右侧沟，分离取出大网膜。然后在右侧骨盆腔前缘找出盲肠，切断盲肠韧带，分离一段回肠，于距离盲肠 15cm 处做双重结扎，切断并取出小肠。结肠盘的取出，将牛直肠双重结扎并切断，向前分离到前肠系膜动脉，再将结肠的横部与升部、结肠盘的始端与末端，从十二指肠空肠曲、回盲部及胰腺分离，取出结肠盘。自结肠中央的钝端开始分离结肠盘，同时用剪刀分离构成肠盘的离心部和向心部。胃的取出，反刍家畜的 4 个胃可一同取出。为了便于胆管的检查，可先在十二指肠幽门部与十二指肠空肠曲两处做双重结扎并切断。然后将瘤胃向后牵引，结扎食管，并在前方切断。左手抓住背囊向外牵引，右手持刀自后向前顺次切断胃与背部的联系，切断脾膈韧带、胃与肝的联系，切断胃与横膈的联系，将胃取出，随后取出十二指肠、胰脾和肝脏。

（五）骨盆腔器官的取出

骨盆腔器官可在保持泌尿生殖器官的生理联系下，一同取出。如果是公畜先将阴囊切开，将睾丸、附睾、输精管等送回骨盆腔。以后分离阴茎，切断阴茎与海绵体肌的联系，锯开耻骨联合，分离各器官与骨盆腔周壁的联系，以及肾脏与腹壁的联系，即可将泌尿生殖器官一同取出。有时可以不剖开骨盆腔，以手执子宫、膀胱等器官，向前方牵引，尽可能在后部切断，以便于取出泌尿、生殖器官。为了保持泌尿器官间的相互联系，可将肾脏与输尿管、膀胱一同取出。

二、猪的尸体剖检术式

（一）剖检前的外部检查

检查四肢、眼结膜的颜色、皮肤等有无异常，下颌淋巴结是否有肿胀现象等。如亚急性猪丹毒时，或见到皮肤大小比较一致的方形、菱形或圆形疹块；急性猪瘟，皮肤多有密集的或散在的出血点（或瘀血点）；口蹄疫时四肢、口腔有水疱；猪疥螨病猪皮肤粗糙有皮屑、背毛脱落、皮肤潮红甚至出血有痂皮；猪链球菌病皮肤有突起的脓包，切开脓包流出淡黄色液体；附红细胞体病时眼结膜黄染。肛门附近有无粪便污染等。

（二）腹腔剖开与脏器检查

1. 腹腔剖开

尸体取背卧位，一般先切断肩胛骨内侧和髋关节周围的肌肉（仅以部分皮肤与躯体相连），将四肢向外侧摊开，以保持尸体仰卧位置。从剑状软骨后方沿腹壁正中线由前向后至耻骨联合切开腹壁，再从剑状软骨沿左右两侧肋骨后缘切开至腰椎横突。这样，腹壁被切成大小相等的两楔形，将其向两侧分开，腹腔脏器即可全部露出。剖开腹腔时，应结合进行皮下检查。看皮下有无出血点、黄染等。在切开皮肤时需要检查腹股沟浅淋巴结，看有无肿大、出血等异常现象。

2. 腹腔器官的采出

腹腔切开后，须先检查腹腔脏器的位置和有无异物等。腹腔器官的取出，有下面 2 种方法。

（1）胃肠全部取出。先将小肠移向左侧，以暴露直肠，在骨盆腔中单结扎。切断直肠，左手握住直肠断端，右手持刀，从向前腰背部分离割断肠系膜根部等各种联系，至膈时，在胃前单结扎剪断食管，取出全部胃肠道。

（2）胃肠道分别取出。

①在回盲韧带（将结肠圆锥体向右拉，盲肠向左拉，即可看到回盲韧带），游离缘双结扎，剪断回肠，在十二指肠道，双结扎剪断十二指肠。左手握住回断端，右手持刀，逐渐切割肠系膜至十二指结扎点，取出空肠和回肠。

②先仔细分离十二指肠、胰与结肠的交叉联系，再从前向后分离割断肠系膜根部和其他联系，最后分离并单结扎剪断直肠，取出盲肠、结肠和直肠。取出十二指肠，胃和胰。

3. 腹腔器官采出后的检查

取出腹腔的各器官后要逐一地细细检查，可按脾、肠、胃、肝、胆、肾、膀胱的次序检查。

（1）脾。注意脾的大小、重量、颜色、质地、表面和切面的状况。如败血性炭疽时，脾可能高度肿大，色黑红，柔软。急性猪瘟时脾发出血性梗死。

（2）肠。检查肠壁的薄厚，黏膜有无脱落、出血。肠淋巴结有无肿胀等。患猪副伤寒的猪肠黏膜表面覆盖糠麸样物质。

（3）胃。检查胃内容物的性状、颜色，剖去内容物看胃黏膜有无出血、脱落穿孔等现象。

（4）肝。检查肝的颜色、质地等。

（5）胆。看胆囊的外观是否肿大，滑破胆囊看胆汁的颜色是否正常。

（6）肾。2个肾先做比较，看大小是否一样有无肿胀。剖去肾包膜看肾脏表面有无出血点。然后将肾平放横切后观察肾盂、肾盏有无肿大、出血等。

（7）膀胱。看膀胱的弹性、膀胱内膜有无出血点等。

（三）胸腔剖开与各器官的检查

1. 胸腔剖开

先检查胸腔压力，然后从两侧最后肋骨的最高点至第一肋骨的中央做二锯线，锯开胸腔。用刀切断横膈附着部、心包、纵膈与胸骨间的联系，除去锯下的胸骨，胸腔即被打开。另一剖开胸腔的方法是用刀（或剪）切断两侧肋软骨与肋骨结合部，再把刀伸入胸腔划断脊柱左右两侧肋骨与胸椎连接部肌肉，按压两侧胸壁肋骨，折断肋骨与胸椎的连接，即可敞开胸腔。

2. 胸腔各器官的检查

（1）胸腔。打开胸腔后先看肾包膜有无粘连、是否有纤维状物渗出，传染性胸膜肺炎时有此症状。

（2）肺。看左右肺的大小、质地、颜色等。气喘病肺变为肉样，放在水中下沉，正常的肺放在水中是不下沉的。猪肺疫时肺脏表面因出血水肿呈大理石样外观。

（3）心脏。看心包膜有无出血点，切开心脏看二尖瓣、三尖瓣有无异常现象。猪丹毒溃疡性心内膜炎，增生，二尖瓣上有灰白色菜花赘生物，检查时应特别注意。

（四）颅腔剖开与检查

清除头部皮肤和肌肉，先在两侧眶上突后缘做一横锯线，从此锯线两端经额骨、顶骨侧面至枕嵴外缘作二平行的锯线，再从枕骨大孔两侧做一“V”字形锯线与二纵线相连。此时将头的鼻端向下立起，用槌敲击枕嵴，即可揭开颅顶，露出颅腔。看有无出血点、萎缩、坏死现象。

（五）口腔和颈部器官采出与检查

剥去颈部和下颌部皮肤后，用刀切断两下颌支内侧和舌连接的肌肉，左手指伸入下颌间隙，将舌牵出，剪断舌骨，将舌、咽喉、气管一并采出。看气管有无黏液、出血点等；扁桃体有无肿大、出血点等。

（六）尸体剖检注意事项

（1）在猪死亡以后，尸体剖检进行越快、准确诊断的机会越多。尸体剖检必须在死后变性不太严重时尽快进行。夏季须在死后4~8h完成，冬季不得超过18~24h。

（2）剖检中要做记录，将每项检查的各种异常现象详细记录下来，以便根据异常现象做出初步诊断。

（3）剖检过程中要注意个人的防护，剖检人员必须戴手套，防止手划伤感染。

（4）尸体剖检应在规定的解剖室进行，剖检后要进行尸体无害化处理，如抛到规定的火碱坑内。剖检完后所用的器具要用消毒液浸泡消毒。解剖台、解剖室地面等都要进行消毒处理，最后进行熏蒸消毒处理。防止病原扩散，以便下次使用。解剖人员剖检完后应换衣消毒，特别应注意鞋底的消毒。

三、禽的尸体剖检术式

（一）外部检查

剖检前，应先确定品种、性别和年龄，然后了解生前情况和病历。检查皮肤被毛，注意有无虱的寄生，检查鸡冠、肉髯和天然孔，注意其颜色、分泌物及污染物的状态，同时检查头部的疹性水疱、趾瘤，以及各关节肿胀情况，骨骼的软化和弯曲变化等。然后用固定针在两翼上缘，两脚趾部及喙部刺入以背卧式固定在木制的解剖台上。固定后，用消毒水将羽毛浸湿，从头至腹沿中线将皮肤剪开，四肢皮肤也剪开，剥离颈胸腹部皮肤，露出皮下组织以供检查。

（二）内部检查

1. 体腔剖开和内脏取出

剖检前最好用水或消毒液将羽毛浸湿。剖检时先从两口角处从前向后剪开颈部器官，或在两口角剪开后，一手拉住上颌及头部，一手拉住下颌适度用力撕开。重点检查气管的变化，从外部检查后剪开，使其前后拉直，将剪刀或镊子合住插入气管后撑开，观察有无黏液，量和性状如何，有无出血、粘连和异物阻塞等。然后将大腿与腹壁之间皮肤剪开，将大腿向两侧用力压至将股骨头露出，使尸体仰卧呈“T”字形放置，将腹壁皮肤横切切口，分别向头端和尾端掀剥皮肤，注意皮下肌肉有无出血、坏死和变色等。腹部龙骨末端横剪切口，沿切口从两侧分别向前沿胸阔最大处剪断肋骨，然后将游离的肌肉和胸骨向前掀开，胸腔和腹腔器官可露出。注意有无积水、渗出物或血液，同时观察各器官位置有无异常，气囊是否深浊、增厚，或表面是否被覆渗出物和增生物等。在内脏器官采出前，最好剪开或撕开腹部部分气囊或腹膜，将腹腔游离脏器向右前方拉出，进一步较全面地浏览。内脏器官的取出次序是心脏、肝脏、肌胃和腺胃、脾、肠、肺脏、子宫和输卵管、卵巢或睾丸、肾、神经、脑、骨髓。肺和肾要用手术刀柄钝性分离，脑的取出要将其头从环枕关节切离，将皮肤剥掉，用骨剪从枕骨大孔开始，环形剪取颅顶骨，剪断十二对脑神经。其他操作同中小动物。

2. 器官检查

内脏检查应在腺胃与食道之间剪断食管，再按顺序将腺胃、肌胃、肠管以及肝、脾、胰都取出。剪开腺胃，注意有无寄生虫，腺胃黏膜分泌物的多少、颜色、状态；腺胃乳头、乳头周围、腺胃与食管、腺胃与肌胃交界处有无出血、溃烂。脾脏位于肌胃左内侧面，呈圆形，注意其色泽、大小、硬度，有无出血等。肝脏分左右两叶，注意肝脏色泽、大小、质地，有无肿瘤、出血、坏死灶；注意胆囊的大小、色泽。肾脏贴附在腰椎两侧肾窝内，质脆不易采出可在原位检查。重点检查肾脏体积、颜色，有无出血、坏死，切面有无血液流出，有无白色尿酸盐沉积。心脏重点检查心冠、心内外膜、心肌有无出血点，心包内容物的多少、状态，心腔有无积血及积血颜色、黏稠度。肺脏检查其大小、色泽，有无坏死、结节及切面状态等。颈部器官检查应将鸡头朝向剖检者，剪开喙角打开口腔，将舌、食管、嗉囊剪开，注意嗉囊内容物颜色、状态、气味，食管黏膜性状。剪开喉头、气管、支气管，注意气管内有无渗出物及渗出物的多少等。周围神经重点检查坐骨神经，在 2 条大腿后部将该处肌肉剥离分离出坐骨神经白色带状或线状。

（三）剖检结果的描述、记录

尺量病变器官长度、宽度和厚度，以厘米为单位。用实物形容病变大小和形状，但不可悬殊太大，并用熟悉的实物。描述病变色泽时，若为混合色，次色在前，主色在后，如鲜红色、紫红色等；也可用实物形容色泽，如青石板色及大理石状等。描述弹性时，常用橡皮样、面团样、胶冻样表示。尸体剖检记录是动物死亡报告的主要依据，也是进行综合分析的原始材料。记录内容应全面、客观、详细地描述，包括病变组织的形态、大小、重量、位置、色彩、硬度、性质、切面结构变化等，并尽可能避免诊断术语或名词来代替描述病变。

四、兔的尸体剖检术式

当兔子死亡病因不明时，在一般检查和系统检查后应立即进行解剖检查，尸体剖检是准确诊断兔病的一个重要手段。通过对病死兔的剖检，根据病理变化特征、结合流行病等的特点和死前临床症状，做出基本的初步诊断。尽管病兔的病理变化很复杂，但是每一种病总有它自己所特有的病理变化，若碰到病变不明显，或缺乏特征性病变的病例，可多剖检几只兔子，这样就可能见到特征性病变，就可以准确地对疾病做出诊断，如果条件允许最好在剖检后进行实验室检测。发现病兔尽早剖检，剖检最好在病兔死亡前扑杀进行，一般死后超过 24h 就失去意义，需要采集病料的，最迟不得超过 6h。

（一）宰前准备

将死兔浸泡在水中，把被毛浸透，放在解剖盘中，沿腹中线切开，暴露内部器官，注意操作要轻，不要弄乱、弄破内脏器官，增加判断难度。但是也不是一成不变的，应结合当时的具体条件和检查的目的或要求灵活掌握。

（二）胸腔脏器检查

1. 肺脏检查

正常的肺是淡粉红色，呈海绵状，分左右两叶，由纵膈分开。检查时应该注意肺部有无炎症性的水肿、出血、化脓和结节等。如肺充血或肺变，尤其是大叶，可能是巴氏杆菌病；肺脓肿可能是支气管败血波氏杆菌病、巴氏杆菌病；肺瘀血、水肿，局部有出血斑点，可能是兔瘟。

2. 心脏检查

心脏上部为心房，壁薄，下部为心室，壁较厚，如心包积有棕褐色液体，心外膜附有纤维素性附着物可能是巴氏杆菌病。如胸腔积脓，肺和心包粘连并有纤维素性附着物，则可能是支气管败血波氏杆菌病、巴氏杆菌病、葡萄球菌病和绿脓假单孢菌病；心肌有宽 0.5~2mm、长 4~8mm 的灰白色条纹或灰白色病灶，多为泰泽氏病。

（三）腹腔脏器检查

1. 胃

病兔胃前接食道，后连十二指肠，横于腹腔前方，位于肝脏下方，为一蚕豆形的囊。健康种兔的胃经常充满食物，偶尔也可见到粪球或毛球。如胃浆膜、黏膜呈充血、出血，可能是巴氏杆菌病。如胃内有多量食物，黏膜、浆膜多处有出血和溃疡斑，又常因胃内容物太充满而造成胃破裂，则可怀疑为产气荚膜梭菌下痢病。

2. 肠

病兔发生腹泻病时，肠道有明显的变化，如发生产气荚膜梭菌下痢病时，盲肠肿大，肠壁松弛，浆膜多处有鲜红出血斑，大多数病例内容物呈黑色或褐色水样，并常有气体，黏膜有出血点或条状出血斑。若患大肠杆菌下痢病时，小肠肿大，充满半透明胶冻样液体，并伴有气泡，盲肠内粪便呈糊状。也有的兔排出的粪便像大白鼠粪便，两头尖，外面包有白色黏液。盲肠的浆膜和黏膜充血，严重者会出血。

3. 脾

病兔脾脏呈暗红色，长镰刀状，当感染兔瘟时肿大，呈暗紫色。若感染伪结核病，常可见脾脏肿大 5 倍以上，呈紫红色，有芝麻大的灰白色结节，呈现淡黄色或者灰白色硬的干酪样坏死，切开呈现坚硬的钙化物，为结核病。

4. 肾

病兔肾脏是卵圆形，在正常情况下呈深褐色，表面光滑。有病变的肾脏可见表面粗糙肿大，有点状出血或弥漫性出血等。肾脏肿大，皮质有出血点，或皮质瘀血，呈暗红色或暗褐色的花斑肾，为兔瘟。

5. 膀胱

膀胱是暂时贮存尿液的器官，无尿时为肉质袋状，在盆腔内，充盈尿液时可突出于腹腔。种兔每天尿量随饲料种类和饮水量不同而有变化。幼兔尿液较清，随生长和采食青饲料和谷粒饲料后则变为棕黄色或乳浊状，并有以磷酸铵镁和碳酸钙为主的沉淀。种兔患病时常见有膀胱积尿，如兔瘟、球虫病，产气荚膜梭菌病等。

6. 子宫

母兔的子宫位于腹腔内，一般与体壁颜色相似。若子宫肿大且含有白色黏液则表明可能感染了沙门氏杆菌病、巴氏杆菌病或李氏杆菌病等疾病，盆腔部的直肠和子宫浆膜有凝血块，可能是兔瘟。

（四）尸体剖检的注意事项

进行尸体剖检，尤其是剖检传染病尸体时，剖检者既要注意防止病原的扩散，又要预防自身被感染。

1. 剖检场所的选择

为了便于消毒，防止病原的扩散，应在实验室内进行剖检，剖检后尸体焚烧处理。

2. 剖检人员的防护

剖检时应穿着工作服，戴橡皮手套、穿胶靴，以防感染。剖检结束后，应将器械、衣物等用消毒液充分消毒，再用清水洗净。胶皮手套消毒后，要用清水冲洗、擦干、撒上滑石粉。金属器械消毒后要擦干，以免生锈。

3. 剖检器械和药品的准备

剖检最常用的器械有：解剖刀、镊子、剪刀、骨钳等，剖检时常用的消毒液有 0.1% 新洁尔灭溶液或 3.0% 来苏尔溶液。常用的固定液（固定病变组织用）是 10% 甲醛溶液或 95% 的酒精。此外，为了预防人员的受伤感染，还应准备 3.0% 碘酊、2.0% 硼酸水，75% 酒精和棉花、纱布等。剖检完毕，应彻底清洗消毒手臂、剖检器械物品和防护物品等，并妥善保存这些物品以备再用。

4. 剖检记录

尸体剖检的记录，是死亡报告的主要依据，也是进行综合分析研究的原始材料。记录的内容力求完整详细，要能如实地反映尸体的各种病理变化，因此，记录最好在检查病变过程中进行，不具备条件时，可在剖检结束后及时补记。对病变的形态、位置、性质变化等，要用通俗的语言客观描述并加以说明，切不要用诊断术语或名词来代替。在进行尸体剖检时应特别注意尸体的消毒和无菌操作，对特殊的病例应采集病料送实验室做进一步诊断。

第三节 病料的采取、保存、包装和送检

动物检疫工作中，很多传染病，根据临床症状和病理变化很难确诊。要想查明传染病的病原和毒型，迅速采取有效的控制、扑灭措施，就必须通过尸体剖检，采取典型病料进行实验室检查。因此，正确掌握病料的采取，保存和送检方法，对正确诊断家畜传染病具有重要意义。

一、病理组织材料的采取和送检

采取的病理材料，要取样全面而且具有代表性，能显示病变的发展过程而又没有动物死后变化的典型病变组织、器官。在同一块组织中，要同时具有病变的和正常的两方面，并应包含该器官的重要结构部分，如肾脏应包含皮质部、髓质部，胃肠应包括从黏膜到浆膜的完整组织，且能看到肠的淋巴滤泡，在较大而重要的病变处，可多取数块组织以代表病变各阶段的形态变化。切取病变组织时，注意勿使组织受挤压或损伤。切取的组织块厚度不应超过 5mm，面积在 1.5~3.0cm^2 以便弯曲、扭转或变形，对易变形的组织（如胃肠壁、胆囊壁等）可在切取后先平放在纸片上，再将纸片与组织一同放于固定液中，一般新鲜的组织块都有足够的蛋白性液体，可使纸片附着不易脱落。固定前的组织防止用水冲洗和沾水，以免改变其固有的微细结构。类似的组织块数量较多时，应分别固定，防止混淆，也可切成不同形态以利辨认，固定液要有足够的数量（相当于组织的 5~10 倍），固定组织的时间 12.0~24.0h，已固定的组织，可用浸湿固定液（10% 福尔林溶液或 95% 酒精）的脱脂棉或纱布包裹，置于玻璃瓶内封固，送检。

二、微生物检验病料的采取和送检

采取化验用的病料，越新鲜越好，否则会影响化验结果的准确性。采取病料的种类，可根据生前疾病的表现面定。急性败血性疾病而死亡的动物，经常采取心血、脾、肝、肾、淋巴结等材料供微生物学检验；生前有神经症状的疾病，可采取脑、脊髓或髓液；其他慢性疾病，可采取病变部分的材料，如坏死组织、脓肿部、局部淋巴结及渗出液等。采取材料时，应注意无菌操作，盛放病料的玻璃容器都要经过严格灭菌。无此条件时，也应尽力做到火焰或煮沸灭菌。送检的病料，应采取未与外物接触的部分。若在暴露的空气中或已用手接触过及污染的器官上采取材料时，可用烧红的金属片先在器官表面烧烙，再用灭菌刀剪切去表面烧烙过的部分，从深部取材料，迅速放于容器中，密闭盖好，外面用塑料纸包裹，最好装在冰瓶中送检。要送检的肠内容物，可将肠管两端结扎，剪下一段肠管直接送检；胃内容物可置于灭菌的玻璃瓶内送检；小动物可以把整个尸体包在塑料袋中送出；血液涂片和组织触片，可在空器皿中自然干燥后，置玻片之间，两端用火柴棒隔开，表面两张涂面向内，再用线扎紧，用厚纸包好寄送备检；血液、脓汁、渗出液，可分别置于灭菌的玻璃容器内密闭送检。

三、中毒病料的采取与送检

可疑中毒而致死的动物，可采取尿液、血液以及胃内容物或整个胃连同内容物与食槽内剩余的草料，分别放于清洁的容器内（勿使接触任何化学药品）封固，送检。在送检材料的同时，应附上详细的记录（包括临床表现、病例、尸体剖检记录、病料采取部位），提出检查目的以供检验单位诊断参考。

四、剖检采料时的注意事项

（1）剖检采料前应对病尸的来源、病史、症状、治疗经过及死前表现进行详细了解，仔细检查尸体的表现特征，注意天然孔、皮肤、黏膜有无异常变化，为剖检时采取病料提供依据。若疑为炭疽时不得剖检，可采耳静脉血涂片或剪耳尖一块涂片镜检。认真填写剖检记录。

（2）剖检时间越早越好，死后要立即剖检取料，夏季不超过 4h，以防尸体腐败影响检验结果。

（3）剖检地点有条件可在化制厂或急宰间的解剖室进行。无条件可在尸体掩埋地点进行，先在地上挖一深坑，坑旁铺上垫草，尸体可放在垫草上解剖。剖检取料后，彻底做好尸体毛、垫草、污物的掩埋和消毒工作，以防病原体扩散。

（4）采取病料必须用无菌手术，所有器械必须事先消毒，避免杂菌污染，影响检验结果。一件器械只能采取一种病料，如果再用此器械，必须经过消毒后才能采取另一种病料。采取的病料应分置于不同灭菌容器中，不能将多种病料放在一起。

（5）不同疫病要求采取不同病料，怀疑哪种病时，按哪种病的要求取材。如果弄不清是哪种疫病时，就应全面取材，或根据临床表现和病理变化有所侧重，也可选取病变器官送检。一般情况下，常采取心、血、脾、肝、肾、淋巴结等作为被检材料。

第四节　动物尸体剖检技术在兽医诊治中的作用

动物尸体剖检技术是运用病理解剖学的知识，通过检查尸体的病理变化，获得诊断疾病的依据。通过病理剖检可以为进一步诊断和研究提供方向，它具有方便快速、直接客观等特点，有的疾病通过病理剖检，根据典型病变，便可确诊。尸体剖检还常被用来验证诊断与治疗的正确性，尸体剖检对动物疾病的诊断意义重大。即使在兽医技术和基础理论快速发展的现代，仍没有任何手段能取代动物尸体剖检诊断技术所起的作用。

一、发现和确诊疾病，为防治措施提供依据

兽医病理解剖学是一门形态学科，通过尸体剖检肉眼观察和显微镜观察等方法，识别疾病时

机体组织、器官和细胞形态，通过对典型示病特征的病变，得出疾病的种类。因为各种组织、器官是动物的代谢、机能改变以及临床症状和体征的物质基础、形态结构和代谢机能存在内在联系。器官、组织和细胞的形态结构是其代谢和机能的基础，而后者的改变又能反过来促使形态结构发生改变。由于各种疾病可以造成不同的组织器官损伤，出现不同的病变；有些病原微生物对特定的组织、细胞具有亲嗜性，在一定部位的细胞内存活，损伤一定部位或组织的细胞，导致出现一定的特征性病变。例如，鸡患传染性法氏囊病时，导致法氏囊黏膜出血，胸肌、腿肌等出现毛刷样出血、排黄白色粪便。又如，鸡大肠杆菌的“三炎”、鸡内脏痛风的尿酸盐沉积、鸡肾型传支的“花斑肾”、鸡球虫病的肠道出血、猪瘟的出血性变化、猪磺胺类药物中毒在肾脏处结晶、羊产气荚膜梭菌的“软肾病”等病理变化，通过这些典型的病理变化可以确诊动物疾病。病理剖检诊断具有很强的直观性和实践性，同时也由于诊断快速、便于技术掌握、不受场所限制，器材简单易于开展工作，目前是兽医诊断的主要手段。通过对疾病的快速确诊，为疾病的防治提供依据。

二、为动物疾病的诊断和研究提供方向

动物疾病的种类很多，发生疾病时往往首先要进行流行病学调查、临床症状观察、病理剖检 3 项工作，初步估计疾病的种类，大体研究的方向。其中前两项工作受多种限制因素往往不能快速、正确做出判断，还需进行病理剖检观察病理变化，进行初步诊断。当出现典型病理变化即可确诊。如果没有示病特征病变，可以根据所见的病变，提出可能引起出现这些病变的疾病种类，排除其他疾病因素，缩小疾病原因的范围，为选取合适的实验室检测手段，进行确诊和进一步的研究提供大致方向。

三、检验和验证动物疾病临床诊断和治疗准确性

当前，许多动物疫病进行了疫苗免疫，动物免疫后会对实验室的检测结果造成一定的影响。特别是隐性感染不发病的现象，即使病原微生物存在，但是不能造成组织器官损伤，发生疾病。例如，在一个动物体内可能检测到多种病原，我们只有通过观察病变特征才能确定真正的疾病原因。通过动物尸体剖检可以使临床遇到的病例在死后得到最终确诊，从中所取得的经验是不能从书本中获得的，对提高临床医疗水平无疑是任何先进的手段都取代不了的。尸检也有助于医学流行病学、诊断技术、治疗技术的发展。尸体剖检技术也是动物疾病防治人员技术提高不可缺少的手段，一名技术全面、能够解决疾病控制生产难题的兽医工作者，必定经过尸检的良好训练，才可以分析和解决畜牧生产中遇到的动物疾病问题。

四、尸体剖检是发现新的动物疫病的重要手段

在医学科学技术快速发展的现代，尸体剖检仍然是发现新疾病的主要手段。新型疾病发生时往往没有成型的诊断试剂、诊断方法。往往是根据流行病学特点、出现的临床症状，如在 SARS 疾病发生时，最开始不知道病原的种类，但是发现它有不同于其他疾病的病理变化，发现这是一种新型疾病。如鸡的传染性法氏囊病，开始不知是什么疾病，但是发现腔上囊的肿大、出血等不同变化，

确定是一种新型疾病。根据人医 1996 年的文献统计：自 1950 年以来，通过尸检新发现的疾病变化包括了十大类别的 87 种，其中包括了病毒性肝炎和艾滋病。因此，病理诊断（包含尸检诊断）是发现新型疾病的重要手段。

五、为动物医疗纠纷医学鉴定提供技术支持

随着人们饲养宠物数量的增加，兽医知识的普及，广大群众维权意识的提高，诊断技术水平相对落后等原因，动物诊疗纠纷事件明显增多。尸体剖检在医疗纠纷鉴定中作用巨大，通过对死亡动物的剖检，在涉及已经死亡的医疗纠纷中，争论焦点往往是死亡与诊断和各项医护措施，可能存在的差错或事故是否有关。因此，解决这类纠纷的核心问题是死亡原因及是否与诊疗相关。尸检鉴定的主要目的就是进行死因鉴定。要查明原因，就必须以全面系统的病理学剖检和相关的辅助检验的结果为基础，再结合临床医学和调查研究的证据综合分析。死因的确定能为澄清事实、判断是否为医疗事故提供证据。通过病理诊断技术可以判明死因；给医学技术鉴定和司法裁决提供直接的证据；为医务人员诊疗护理实践提供反馈，总结经验教训，有利于提高医疗质量、诊疗水平，从而达到明确诊断，分清是非的目的。因此，高质量的病理学检验鉴定是科学、公正处理医疗纠纷的保障。总之，兽医病理剖检诊断技术在疾病诊断、医疗纠纷技术鉴定、科学研究等方面具有特殊的不可取代的作用。通过尸体剖检能够发现疾病原委，证实病变所在，找出诊疗中的经验教训，从而丰富临床医师的经验，提高动物疾病防治水平。

兽医药理学和病理学

第十二章　兽医药理学基础

第一节　兽药概述

一、兽药的概念

兽药是指用于预防、治疗、诊断动物疾病或者有目的地调节动物生理机能的物质，主要包括：血清制品、疫苗、诊断制品、微生态制品、中药材、中成药、化学药品、抗生素、生化药品、放射性药品及外用杀虫剂、消毒剂等（《兽药管理条例》定义）。

二、兽药的作用

（一）兽药的作用机理

1. 兽药与受体结合

兽药与受体（位于细胞膜或细胞质内的大分子蛋白质）特异性结合后，通过生物放大系统改变酶的活性或改变细胞膜的通透性来达到与内源性配体（如激素或神经递质）相似（激动药）或相反（拮抗药）的药理作用。

2. 兽药通过特异的化学结构发挥作用

兽药的化学结构与生物体内正常活性物质结构相似，通过竞争而发挥相似或相反的作用。如麻黄碱结构与肾上腺素相近，药理作用也相似，磺胺药结构与对氨基苯甲酸相似，故其有抗菌作用。

3. 其他

干扰细胞膜的功能，如局麻药普鲁卡因能通过抑制钠离子通道而阻断神经冲动的传导；干扰细胞的物质代谢，如磺胺药阻断细菌的叶酸代谢等；对酶的抑制或促进，如有机磷通过抑制胆碱酯酶活性，使乙酰胆碱含量升高而发挥作用；与体液中离子的相互作用，如二巯丙醇可与汞螯合而解毒；改变神经递质或激素的释放水平，如麻黄碱可促进肾上腺素能神经末稍释放去甲肾上腺素。

（二）兽药的不良反应

凡不符合用药目的并为动物带来不适或痛苦的反应统称为兽药不良反应。多数不良反应是兽药固有效应的延伸，在一般情况下是可以预知的，但不一定是可以避免的。少数较严重的不良反应是较难恢复的，称为药源性疾病。

1. 副反应

由于药理效应选择性低，涉及多个效应器官，当某个效应用作治疗目的时，其他效应就成为副反应（通常也称副作用）。例如，阿托品用于解除胃肠痉挛时，将会引起口干、便秘等副反应。副反应是在常用剂量下发生的，一般不太严重，但是难以避免。

2. 毒性反应

毒性反应是指在剂量过大或蓄积过多时发生的危害性反应，一般比较严重，但是不良反应可以预知也是应该避免发生的。急性毒性多损害循环、呼吸及神经系统功能，慢性毒性多损害肝、肾、骨髓、内分泌等功能。致癌、致死畸胎、致突变反应也属于慢性毒性范畴。增加剂量或延长疗程以达到治疗目的是有限度的，过量用药是有危险性的。

3. 后遗效应

后遗效应是指停药后血药浓度已降至阈浓度以下时残存的药理效应。例如，长期应用肾上腺皮质激素停药后肾上腺皮质功能低下，数月内难以恢复。

4. 变态反应

变态反应是免疫反应。非肽类药物作为半抗原与机体蛋白结合为抗原后，经过接触 10 日左右敏感化过程而发生的反应，也称过敏反应。常见于过敏体质的动物。反应性质与兽药原有效应无关，用药理拮抗药解救无效。反应严重度差异很大，与剂量也无关，从轻微的皮疹、发热甚至造成系统抑制，肝肾功能损害、休克等。可能只出现一种症状，也可能多种症状同时出现，停药后反应逐渐消失，再用时可能再发。致敏物质可能是兽药本身，可能是其代谢物，也可能是制剂中的杂质。临床用药前常做皮肤过敏试验，但仍有少数假阳性或假阴性反应，可见这是复杂的药物反应。

5. 特异质反应

少数特异体质动物对某些兽药反应特别敏感，反应性质也可能与正常动物不同，但与兽药固有药理作用基本一致，反应严重度与剂量成比例，药理拮抗药救治可能有效。这种反应是免疫反应，故不需预先敏化。

三、兽药制剂与处方

（一）兽药制剂的概念

为使用的安全有效和便于保存、运输，将来源于植物、动物、矿物、化学与生物合成的原料药在使用前加工制成一定包装或规格的药品，称为制剂。经加工后的制剂有各种形式，即称为剂型。常用的剂型有液体剂型、半固体剂型、固体剂型。

（二）处方的概念

兽医处方是由注册的执业兽医师在动物诊疗活动中为患病动物开具的作为患病动物用药凭证的医疗文书。兽医处方包括动物诊疗机构用药医嘱单。执业兽医师应当根据动物诊疗需要，按照诊疗规范、兽药说明书的适应证、药理作用、用法、用量、休药期、禁忌、不良反应及注意事项的要求，开具兽医处方。兽医处方是药房药剂人员审核、调配兽药的依据，是患病动物在诊疗过程中使用兽药品种、用法、用量的真实凭据，具有技术、经济和法律等多种功能。动物诊疗机构的处方不仅对动物有治疗、指导作用，而且对兽医日后的管理、研究、教学、调解、处罚或赔偿等也有着十分重要的作用。开具兽医处方应遵循兽医处方标准，认真填写兽医处方内容，按照普通处方、急诊处方及麻醉、精神和放射、毒性兽药的要求，分别使用对应的处方。兽医处方书写应当符合以下要求。

（1）患病动物一般情况、临床诊断要填写清晰、完整，并与病历记载相一致。

（2）每张兽医处方限一次诊疗结果用药。

（3）使用规范的中文书写，字迹清楚，不得涂改；如需修改，应当在修改处签名及注明修改日期。

（4）执业兽医师不得自行编制兽药缩写名或者代号；兽药名称、剂量、规格、用法、用量、休药期要准确规范，不得使用“遵医嘱”“自用”等含糊不清的字词。

（5）中兽药兽医处方的书写，可按“君、臣、佐、使”的顺序排列；中兽药调剂、煎煮的特殊要求注明在中兽药之后上方，并加括号，如布包、先煎、后下等；对中药材的产地、炮制如有特殊要求的，应在药名之前写明。

（6）按照兽药说明书中的常用剂量使用；有休药期的要标明休药期。

（7）兽药剂量与数量一律用阿拉伯数字书写。剂量应当使用公制单位；片剂、丸剂、散剂分别以片、丸、袋或者克为单位；溶液剂以升或者毫升为单位；软膏以支、盒为单位；注射剂以支、瓶为单位，并注明含量；饮片以剂或者副为单位。

（8）除特殊情况外，应当注明临床诊断结果。兽医处方后的空白处应当画一斜线，以示开具完毕。

（9）兽医处方用药一般不得超过 7 日用量；急诊处方一般不超过 3 日用量。

（10）执业兽医师署名。

（三）开具处方原则

在诊疗活动中，掌握正确的诊疗疾病的认识论和方法论，即正确的诊断思维，科学合理设计兽医临床处方或调剂处方，达到预防、保健、治疗的目的。在设计处方时还应遵循组方原则、剂量原则、配伍禁忌、剂型选择等几个方面的问题。

1. 组方原则

处方有单方和复方。从兽药与动物机体相互作用的关系出发，临床中复方的主治药物要突出，同时注意辅治药物的搭配。中兽药的复方很注意药味的相须与相使。把两味以上功效近似的药物一起配伍，以达到加强药效的目的，叫作相须；把主治药物与辅治药物一同伍用，达到互相增强作用的叫作相使。化药处方也同样重视合用兽药间的相加作用和协同作用。

2. 剂量原则

剂量可决定兽药与动物体组织相互作用的浓度，并可决定其作用的性质。处方中兽药的剂量一般指治疗量中的常用量。此量是大于最小有效量而低于极量之间的剂量。正确应用剂量还需考虑动物的品种、年龄、体重或机体状态等有关因素。兽药需用到极量时，执业兽医师在处方中要特别签字或说明。临床使用剧毒兽药时，使用剂量一定要按药典规定，并从严掌握。

3. 配伍禁忌

处方中的兽药能相互作用产生影响调剂和疗效的变化（可出现分离、浑浊、沉淀、潮解、液化、变色、变质、失效或产生有害物质等），则属于配伍禁忌。处方中的配伍禁忌要设法避免，避免的方法随兽药剂型而定，分次、分点、更换组方、改变使用次序等。中兽药处方组成药之间的“相恶”与“相反”是中兽药配伍中的拮抗作用。中兽药有“十八反”和“十九畏”之说。开写处方须遵循十八反、十九畏的配伍禁忌，科学使用中兽药，弘扬中兽医学。

4. 剂型选择

根据动物品种、年龄、体况等因素，选择能在动物体内产生良好药效的剂型，以利于药物在吸收、分布、生物转化（代谢）与排泄各方面发挥最大作用，去合理设计处方。兽药剂型有：内服剂型、注射剂型、气雾剂型、微囊剂型、缓释剂型和透皮剂型。

（四）影响兽药制剂的因素

兽药及其制剂是特殊的商品，对其最基本的要求是安全、有效、稳定（质量可控），而稳定性也是用药安全的有效保证。兽药在生产、运输、储存过程中若发生化学或生物因素所导致的降解，不仅使其药理活性降低，而且会产生毒副作用。产品不稳定将会给企业造成巨大经济损失。因此，兽药制剂的稳定性是制剂研究、开发与生产中的重要课题。

1. 处方

兽药制剂的处方组成比较复杂，除主要活性成分外，还加入了各种辅料，处方组成对制剂的稳定性影响较大。药液的 pH 值不仅影响药物的水解反应，而且影响药物的氧化反应。许多酯类、酰胺类药物的水解受 H^+ 或 OH^- 的催化，这种催化作用称为专属酸碱催化或特殊酸碱催化，其水解速度主要由溶液的 pH 值决定。当 pH 值很低时，主要是酸催化；当 pH 值较高时，主要是碱催化。常用的缓冲剂，如磷酸盐、醋酸盐、硼酸盐、枸橼酸盐及其相应的酸均为广义酸碱。介电常数对药物稳定性有影响，如果进攻离子与药物离子的电荷符号相同，采用介电常数低的溶剂，如甘油、乙醇、丙二醇等，能够降低药物的水解速度，如巴比妥钠注射液常用 60% 丙二醇作为溶剂。若进攻离子与药物离子的电荷符号相反（异号反应），采用介电常数低的溶剂不能达到提高稳定性的目的。相同电荷离子之间的反应（如药物离子带负电，受 OH^- 催化降解），加入盐（离子强度增大）会使反应速度增大；相反电荷离子之间的反应（如药物离子带负电，受 H^+ 催化降解），则离子强度增加，降解反应速度降低。药物是中性分子，则无影响。溶液中加入表面活性剂可能影响药物稳定性。一些易水解的药物加入表面活性剂可使稳定性提高，药物被增溶在胶束内部，形成了所谓的“屏障”。硬脂酸镁加乙酰水杨酸会水解。聚乙二醇作为基质会促进氢化可的松软膏中药物的降解。

2. 环境

温度升高，反应速度加快。根据 Van' t Hoff 规则，温度每升高 10℃，反应速度增加 2~4 倍，可粗略估计温度对反应速度的影响。Arrhenius 公式定量地描述温度与反应速度之间的指数关系，是兽药制剂稳定性预测的主要理论依据。光是辐射能，波长较短的紫外线更易激发药物的氧化反应，加速药物降解。兽药结构与光敏感性有一定关系，酚类和分子中有双键的药物，对光较敏感。空气中的氧是引起兽药制剂氧化的重要因素。对于易氧化的兽药，除去氧气是防止氧化的最根本措施。一般在溶液中和容器内通入惰性气体。另外，重要抗氧化措施是加入抗氧剂，常用的水溶性抗氧剂焦亚硫酸钠适用于偏酸性药液，亚硫酸钠适用于偏碱性药液，硫代硫酸钠只能用于碱性药液中，在偏酸性溶液中会析出硫的沉淀。常用的油溶性抗氧剂有叔丁基对羟基茴香醚（BHA）、二丁甲苯酚（BHT）、生育酚等。酒石酸、枸橼酸、磷酸等能显著增强抗氧剂的效果，通常称为协同剂。微量金属离子对自氧化反应有显著的催化作用。避免制剂中金属离子影响，可使用纯度较高的原辅料，操作过程中避免使用金属器具，加入金属螯合剂，如依地酸二钠、枸橼酸、酒石酸、二巯乙基甘氨酸等。湿度和水分对于固体兽药制剂稳定性的影响很大。减少其影响的措施主要是控制生产环境的相对湿度及物料的干燥程度，采用密封性能好的包装材料并控制贮存环境的相对湿度。包装材料的选用应考虑药物的稳定性，应以排除光、湿度、空气等因素为目的，同时也要注意包装材料与药物制剂的相互作用。塑料的主要问题是有透气性，可导致容器中的药物变质；有透湿性，导致药物吸湿降解；有吸着性，药液中物质可被塑料吸着。

3. 兽药制剂稳定化

改进剂型与生产工艺，制成固体剂型、微囊或包合物，采用直接压片或包衣工艺。制成稳定的衍生物，如易水解药物制成难溶性盐或难溶性酯，可以提高其稳定性。或者加入干燥剂及改善包装。

四、影响药效的因素

（一）兽药方面的因素

1. 剂型与剂量

兽药的剂型和生产工艺可影响药物的吸收，生物利用度有差异。在一定的范围内，剂量与疗效成正比。

2. 生物利用度

生物利用度是指兽药制剂被机体吸收利用的程度。制剂的生物利用度和药效的强度与吸收速率有关，临床上应根据病情的缓急选用不同的剂型。

3. 给药途径

内服简便、经济、安全，但吸收慢且不规则，影响因素多，存在首过效应，药物显效较慢，需较大的剂量，有的兽药有刺激性，故危急病例不宜内服给药。注射吸收快而完全，显效快，剂量准确，但不够简便，对注射剂要求高。静脉注射或静脉滴注显效快，用于急性病或补充体液，其中静脉滴注最安全。但速度不宜太快，以免影响心功能，同时注意灭菌和热原。肌内注射吸收速度取决于注射部位的毛细血管分布，一般吸收较快，显效也较快。刺激性强的兽药应作深层肌内注射，药量大时，宜分点注射。皮下注射吸收较慢。腹腔注射吸收速度与肌内注射相当，但有刺激性兽药不宜腹腔注射，以免引起腹膜炎。吸入给药通常用于脂溶性大、分子量小的药物，其易通过肺泡膜而吸收。有的兽药可制成气雾剂，其微小的液体或固体粒子，可在空气中悬浮较长时间而不沉降，常用于肺部疾病的治疗。局部用药较安全，局部药物浓度高，但有刺激性的兽药不宜局部应用，如皮肤给药、黏膜给药等。

4. 联合用药

为增强疗效，减少或消除不良反应，临床上经常采用合并给药。对羟基苯乙酮与灰黄霉素合用，前者可促进胆汁排出，有利于后者的吸收，起增效作用；苯巴比妥可诱导肝药酶可加快多西环素的代谢，减弱后者的作用，丙磺舒与青霉素，由肾小管同一机制分泌而排泄，前者可使后者排泄减慢，起增效作用。不同药物作用于同一受体或作用部位，药效为相加，如氯丙嗪和安乃近。不同药物作用于不同部位或受体，而产生相同药理效应，大于它们之和。不同药物同时作用于同一受体或部位，但作用相反，药效小于它们之和，如排钾利尿药螺内酯可使血钾下降，使心肌细胞对强心苷敏感性增强，易诱发心律失常。

5. 长期给药

消除慢的药物应注意避免长期给药，以免发生中毒，如磺胺类药物。在连续用药的情况下，病原菌易产生耐药性，如金黄色葡萄球菌、大肠杆菌、铜绿假单胞菌、痢疾杆菌等最易产生耐药性。

（二）动物方面的因素

1. 种属差异

畜禽的种属不同对同一药物的反应有很大差异。如牛、羊、鹿等反刍动物对麻醉药物水合氯醛比较敏感，而猪对其不敏感。家禽对某些药物较哺乳动物敏感，如家禽对有机磷类、氯化物较为敏感。

2. 生理差异

不同年龄、性别、怀孕、哺乳动物对同一药物反应不同。如雏禽对呋喃唑酮特别敏感，易致中毒，而孕畜和初生仔畜应用甲氧苄啶易引起叶酸摄取障碍，宜慎用。因此，临床选药时应加注意。

3. 病理因素

家畜的病理状态也会影响药物效应。如肾功能损害时，药物不能经肾排出而引起药物积蓄，引发毒性反应；肝功能不全时可引起药物半衰期延长或缩短；胃肠功能失调能明显改变药物的吸收和生物利用度。

（三）环境方面的因素

1. 患畜的饲养管理

对患病畜禽在饲喂、饮水、卫生、安静方面需加以护理，减少或停止使役，适当补充电解质或维生素等抗应激药物，以增强机体抵抗力，更有利于配合和发挥药物效应。

2. 环境的应激反应

环境温度、光照的改变、饲养密度的增加等都可导致环境应激，影响药物的效应。如鸡的慢性呼吸道疾病是在多种应激因素的作用下发生的，在该病的治疗中，除适当的药物治疗外，还应加强饲养管理，避免或减少应激，防止继发感染。因此，科学有效的使用兽药，结合畜禽的病情、体况、制订合适的给药方案，包括兽药品种、给药途径、剂量、剂型、间隔时间及疗程等，同时加强对患畜的饲养管理，以充分发挥药物的治疗作用。

五、兽药的保存和使用

（一）保存注意事项

1. 空气预防

因空气中的氧气可使许多具有还原性的药品氧化变质，甚至产生毒性。所以，有的药品需封闭储存。

2. 光线预防

因日光中的紫外线可使许多药品直接或间接发生化学变化，如氧化、还原、分解、聚合等，进而变质。所以，有的药品需避光储存。

3. 温度高低的预防

温度过高会加快药品的挥发速度，同时还会加速氧化和分解等化学反应，加快药品变质。温度过低，会使药品冻结、分层、析出结晶等。所以，储药室应安装空调设备，保持合适的储存温度。

4. 湿度大小的预防

如果湿度过大，药品会吸湿导致潮解、稀释、变形、发霉。如果湿度过低，含结晶水的药品会风化失去结晶水。所以，储药室应控制湿度。

5. 微生物或昆虫侵入兽药的预防

如果微生物或昆虫侵入兽药后，就会使兽药发生腐败、发霉、发酵与虫蛀。所以，储药室要保持卫生干净，做好消毒杀菌工作，防止微生物和昆虫的生长繁殖。

6. 失效期的预防

任何兽药都有它的保质期，如果储存时间超期，兽药就会变质。所以，兽药的采购量与使用量差距不能太大，要有计划地采购。

（二）使用注意事项

1. 合理用药

正确诊断畜禽疾病，合理使用药物，不滥用药物，特别是不滥用抗生素。一般合理使用兽药是指安全、有效、经济、适当这 4 个基本要素。世界卫生组织的合理用药标准是：开具处方的兽药应适宜；在适宜的时间，以养殖者能支付的价格保证兽药供应；正确的调剂处方；以准确的剂量、正确的用法和用药时间给予兽药；确保兽药质量安全有效。

2. 兽药使用反应

兽药在使用过程中，反应有以下 3 个方面：一是副作用，副作用是指在药物治疗剂量下出现与治疗目的无关的作用；二是毒性反应，兽药对机体造成损害，表现为引起机体生理、生化机能和结构的病理变化，它分为急性毒性和慢性毒性 2 种，急性毒性，即使用药物后立即发生毒性反应，慢性毒性，即使用药物后，经长期积累逐渐产生毒性反应；三是过敏反应，兽药在常用剂量或低于常用剂量时，所发生的特殊反应（特异反应和变态反应）。

3. 对症用药

由于兽药药理活性不同，经济价值也不同，养殖户承受能力也各有不同。所以，要根据养殖户经济条件和心理要求，正确处理对因用药与对症用药关系，急则治标，缓则治本。现代兽医学认为，对症用药的目的在于减轻畜禽的痛苦，控制病情发展，为治愈病畜禽赢得时间，创造条件。在某些重危急症如休克、惊厥、心力衰竭、高热、剧痛时，对症用药可能比对因用药更为迫切。

4. 禁止使用

合理规范用药，防止滥用、乱用、误用兽药；严禁使用多种兽药或固定剂量的配伍；严格执行休药期规定、兽药使用记录制度、不良反应报告制度；禁止使用假劣兽药及国家规定禁止使用的药品和其他化合物；禁止将兽用原料药直接添加到饲料及畜禽饮用水中或直接饲喂畜禽；禁止将人用药品用于畜禽；禁止在饲料和畜禽饮用水中添加激素类药品和国家规定的其他禁用药品等。

第二节　消毒防腐药

在畜牧业日益向集约化和规范化发展的今天，消毒防腐药在各种传染性疾病的防治上更显示其重要性。在畜牧生产现场实行定期环境消毒，使动物周围环境中的病原微生物数量减少至最低程度，以预防其侵入动物机体，从而可有效地控制各种传染病的发生和扩散。此外，目前消毒防腐药的使用日益广泛，已从单纯的环境消毒，发展到动物体表、空气、饮水和饲料等的消毒。随着大规模畜禽养殖业的发展，市场上不断出现一些高效、抗菌范围广、低毒、刺激性和腐蚀性较小的新型消毒防腐药。

近年来，消毒防腐药的正确使用已成为世界各国普遍关注的问题。过去曾被视为低毒或无毒的某些消毒药，近年来却发现在一定条件下（例如长期使用等），仍然具有相当强的毒副作用。从安全角度考虑，消毒防腐药在刺激性、腐蚀性、对环境的污染等方面的影响，不亚于其急性毒性。消毒防腐药的频繁使用，使得配制、操作等人员的健康问题和动物性食品中药物残留对消费者的安全问题，以及对保持环境卫生和维持生态平衡等问题已逐渐成为公众关心的问题。

一、影响消毒效果的因素

不同的病原微生物，对消毒剂的敏感性有很大的差异，例如病毒对碱和甲醛很敏感，而对酚类的抵抗力却很高。大多数的消毒剂对细菌有杀灭作用，但对细菌的芽孢和病毒作用很小，因此在消毒时，应考虑致病微生物的种类，选用对病原体敏感的消毒剂。一般来说，消毒剂的浓度越高，杀菌力也就越强，但随着消毒剂浓度增高，对活组织（畜体）的毒性也就相应地增大。故在进行饮水消毒时，应注意浓度问题。另外，有的消毒剂当超过一定浓度时，消毒作用反而减弱，如70%~75% 的酒精杀菌效果要比 95% 的酒精好。一般情况下，消毒剂的效力同消毒作用时间成正比，即消毒作用时间越长，其效果就越好。作用时间如果太短，往往达不到消毒的目的。密闭鸡舍带鸡消毒时，若使用挥发性消毒剂，应关闭风机 20~30min。消毒剂的杀菌效力与温度成正比，即温度增高，杀菌效力增强，因而夏季消毒作用比冬季要强。在使用甲醛熏蒸消毒时，要求鸡舍温度在 17℃以上，湿度在 70% 以上，才能达到消毒效果。当环境存在大量的有机物，如鸡粪、污垢、灰尘等，能阻碍消毒药与病原微生物直接接触，从而影响消毒剂效力的发挥。另一方面，由于这些有机物往往能中和并吸附部分药物，也使消毒作用减弱。因此在进行消毒之前，应首先对畜舍进行彻底清扫和冲洗，清除畜舍内的灰尘污物等，从而充分发挥消毒剂的有效作用。

二、常用化学消毒剂及使用方法

（一）甲醛

甲醛无论在气态或溶液状态下均能凝固蛋白质、溶解类脂，还能与氨基结合而使蛋白质变性，因此具有较强大的广谱杀菌作用，对细菌繁殖体、芽孢、真菌和病毒均有效。消毒方法常采用熏蒸消毒，适用于室内、器具的消毒，每立方米空间用甲醛溶液 20mL 加等量水，然后加热使甲醛变为气体熏蒸消毒，温度应不低于 15℃，相对湿度为 60%~80%，消毒时间为 8~10h，也可用 2% 水溶液，进行地面消毒，用量为 0.13mL/m^2。

（二）环氧乙烷

环氧乙烷是广谱、高效、穿透力强的消毒灭菌剂，但对消毒物品有轻微损害，常用环氧乙烷消毒浓度为 400~800mg/m^3，多用于大宗皮毛的熏蒸消毒。但环氧乙烷含量超过 3% 时易燃、易爆，对人有一定的毒性，一定要小心使用。

（三）过氧乙酸

过氧乙酸的消毒作用主要依靠其强大氧化能力杀灭病原微生物，对各种细菌繁殖体、芽孢、病毒等都有很强的杀灭效果，较低的浓度就能有效地抑制细菌、霉菌繁殖。用 0.50% 水溶液喷洒消毒畜舍、饲槽、车辆等。0.04%~0.20% 溶液用于塑料、玻璃、搪瓷和橡胶制品的短时间浸泡消毒，5.00% 溶液 2.5mL/m^3 喷雾消毒密闭的试验室、无菌间、仓库等，0.3% 溶液 30mL/m^3 喷雾，带鸡消毒鸡舍。

（四）含氯消毒剂

1. 漂白粉

主要为次氯酸钙（32%~36%）、氯化钙（29%）、氧化钙（10%~18%）、氢氧化钙（15%）的混合物。漂白粉溶于水中形成次氯酸，由于氧化作用和抑制细菌的巯基酶起消毒作用，对细菌、病毒、真菌等都有杀灭力。漂白粉含有效氧 25%~32%，一般按 25% 计算，若低于 15% 不能使用。

2. 二氯异氰脲酸钠

二氯异氰脲酸钠是广谱消毒剂，对细菌繁殖体、病毒、真菌孢子和细菌芽孢都有较强的杀灭作用，二氯异氰脲酸钠易溶于水，产生次氯酸起消毒作用。

（五）酚类

酚类消毒以复合酚使用最为广泛，呈酸性反应，具有很浓的来苏味，是新型广谱、中等效力的消毒剂，可杀灭细菌、霉菌和病毒，浓度为 0.35%~1.00% 的水溶液，主要用于畜舍、笼具、场地、车辆喷洒消毒，严重污染的环境可以适当加大浓度，增加喷洒次数。由于该品为有机酸，因此，禁止与碱性药物及其他消毒药物混用。

（六）烧碱

烧碱能溶解蛋白质，破坏病原体的酶系统和菌体结构，从而起到消毒作用，烧碱的消毒作用主要取决于氢氧离子浓度及溶液的温度，一般使用浓度为 2% 水溶液，烧碱对机体和用具等有腐蚀作用，使用时要小心。

（七）生石灰

以刚出窑的为上品，氧化钙与水混合时生成氢氧化钙（消石灰），该品对大多数繁殖体型病原微生物有较强的杀灭作用，但对炭疽芽孢无效，一般配成 10% 的石灰乳涂刷厩舍墙壁、畜栏及地面消毒等。

第三节 抗生素

抗生素是一种具有抑制或杀灭其他微生物作用的代谢产物。天然抗生素是指由微生物培养液中提取获得的产物。半合成抗生素是指通过对天然抗生素化学结构进行改造得到的产品。抗生素主要包含 β-内酰胺类（青霉素类、头孢菌素类）、氨基糖苷类、多肽类、大环内酯类、四环素类、林可胺类、常用抗菌中草药、化学合成抗菌药、抗真菌药和抗病毒药等。

一、β-内酰胺类抗生素

β-内酰胺类抗生素（β-lactams）系指化学结构中具有 β-内酰胺环的一大类抗生素，包括青霉素类、头孢菌素类和非典型的青霉稀类、单环内酰胺类和 β-内酰胺酶抑制剂，兽医临床最常用的是青霉素类与头孢菌素类。此类抗生素具有杀菌活性强、毒性低、适应证广及临床疗效好的优点。由于此类抗生素品种繁多,新品种占的比重很大,本章对 β-内酰胺类抗生素的作用特点进行了归纳,以便于养殖生产中应用这类药物时科学选择。

(一)β-内酰胺类抗生素概述

1929 年,青霉素被作为第一个 β-内酰胺类抗生素应用于临床。1945 年,头孢菌素 C 被发现。在青霉素及头孢菌素的结构中,均含有 β-内酰胺环,因此它们成为 β-内酰胺类抗生素的代表药物。20 世纪 60—70 年代,分别发展了以 6-氨基青霉烷酸(6-APA)及 7-氨基头孢烷酸(7-ACA)为母核的半合成青霉素类及头孢霉素类抗生素。此后,克拉维酸、硫霉素等相继被发现。在此基础上,分别发展了单环 β-丙酰胺类、氧青霉烷、氧青霉烯、碳青霉烯、碳头孢烯等一系列非典型 β-内酰胺类抗生素。

1. 青霉素类抗生素

由苄青霉素发展而来的一类抗生素,具有共同的 β-内酰胺结构,作用于繁殖期细菌的细胞壁,属杀菌性抗生素。具有高效低毒、选择性强、抗菌谱广、体内分布好的特点,故临床应用仍比较广泛。常用青霉素类抗生素有青霉素 G、青霉素 V、氨苄西林、阿莫西林、美洛西林、哌拉西林等。青霉素类药物兽医临床使用:一是由注射剂型向口服剂型发展,如阿莫西林可溶性粉等;二是向药物加 β-内酰胺酶抑制剂组成复方制剂发展,如氨苄西林-舒巴坦、阿莫西林-克拉维酸等。该类药物在实际使用中主要是抑制 β-内酰胺酶,提高抗菌活性。

2. 头孢菌素类抗生素

分子结构中含有头孢烯结构的合成半合成抗生素,分为头孢烯类和头霉烯类。与青霉素类结构的不同在于母核 7-ACA 取代了 6-APA,这种差异使头孢类抗生素可以耐青霉素酶。作用机理与青霉素类相似。第一代产品有头孢氨苄、头孢羟氨苄、头孢拉定等。第二代有头孢克洛、头孢呋辛酯等,其抗 G^+ 球菌活性比第一代低,但对多数 G^- 杆菌具有较强活性,尤其对流感嗜血杆菌、肠杆菌属和吲哚阳性变形杆菌的抗菌活性更强。第三代的头孢噻肟、头孢哌酮、头孢他啶、头孢曲松、头孢地嗪等,主要特点是对 G^- 杆菌的活性很强,对 G^+ 球菌活性比第一代低。作为畜禽专用第三代头孢菌素类抗生素——头孢噻呋,抗菌谱广,抗菌活性强,具有优良的体内过程,不易产生耐药性或交叉耐药性,其吸收迅速,生物利用度高,可用于大多数细菌感染引起的畜禽疾病的治疗,在兽医临床上具有广阔的应用前景。第四代有头孢匹罗、头孢吡肟,特点是增强了对 G^+ 球菌的活性,其特性与第三代的头孢地嗪相似。

3. 青霉稀类抗生素

这类药物属于新型的但是非典型 β-内酰胺类抗生素,包括青霉烯类和碳青霉烯类,特点是对 β-内酰胺酶稳定,并且抗菌谱广,对 G^+ 菌和 G^- 菌、需氧菌和厌氧菌均有较强活性。目前尚未在动物临床使用。

4. 单环内酰胺类抗生素

单环内酰胺类抗生素也称为单环菌类抗生素,特点是对 β-内酰胺酶稳定,是一类抗 G^- 杆菌的窄谱、非典型 β-内酰胺类抗生素,对铜绿假单胞菌的活性与头孢他啶相近。目前人医临床产品有氨曲南和卡卢莫南。其共同特点为对 G^- 需氧菌有很强的活性,对铜绿假单胞菌活性优于头孢噻肟和头孢哌酮,略低于头孢他啶;对 G^+ 需氧菌和厌氧菌几无作用;对 β-内酰胺酶稳定,对某些耐头孢菌素的 G^- 杆菌仍有效。

5. β-内酰胺酶抑制剂

青霉素和头孢菌素等 β-内酰胺类抗生素的发现与使用为人类抵抗细菌感染做出了贡献，但是在长期使用中，细菌逐渐对其产生耐药性，特别是 β-内酰胺酶，能够破坏抗生素中的内酰胺环结构，经常出现使用效果不理想的现象。尤其作为传统的优异抗生素青霉素更为明显。针对这种情况，人们开发出 β-内酰胺酶抑制剂，β-内酰胺酶抑制剂可以抑制 β-内酰胺酶活性，使 β-内酰胺类抗生素不被或少被其分解。目前临床常用的 β-内酰胺酶抑制剂均为青霉烷类，克拉维酸属氧青霉烷类，舒巴坦和他唑巴坦属青霉烷砜类，未上市的包括溴巴坦等。这些药物的直接抗菌活性很微弱，但酶抑制作用很强。

（二）β-内酰胺类抗生素的抗菌机制、影响抗菌作用因素及细菌耐药性

1. 抗菌作用机制

各种 β-内酰胺类抗生素的作用机制均相似，都能抑制胞壁黏肽合成酶，即青霉素结合蛋白（penicillin binding proteins，PBPs），从而阻碍细胞壁黏肽合成，使细菌胞壁缺损，菌体膨胀裂解。G^+ 与 G^- 菌的胞壁中，共同的成分是黏肽。G^+ 菌胞壁主要由黏肽构成，占胞壁的 65%~95%，药物通过容易。G^- 菌胞壁含黏肽 5%~10%，还含有脂多糖、脂蛋白成分，在胞壁还有一层外膜，上有数量不同的小孔，药物则以其分子大小、亲水性及所带电荷的不同，通过小孔和胞壁时难易不同。β-内酰胺类药物与适当的 PBPS 结合后，抑制其转肽酶活性，使新合成的线形黏肽难以掺入原有胞壁黏肽网络中，抑制了胞壁的合成。此时，胞壁中的脂磷壁酸被释放，失去对酰胺酶等的抑制，结果胞壁降解、破碎、溶解、细菌死亡。除此之外，对细菌的致死效应还包括触发细菌的自溶酶活性，缺乏自溶酶的突变株则表现出耐药性。哺乳动物细胞无细胞壁，不受 β-内酰胺类药物的影响，因而该类药具有对细菌的选择性杀菌作用，对宿主毒性小。β-内酰胺类抗生素对不同的细菌作用的大小，取决于抗生素通过外膜胞壁达到膜壁间隙的能力、对 β-内酰胺酶水解作用的稳定性和与具有黏肽生物合成功能有关的 PBPs 结合的能力。

2. 影响 β-内酰胺类抗菌作用素

革兰氏阳性菌与阴性菌的结构差异甚大，β-内酰胺类各药与母核相连接的侧链不同可影响其亲脂性或亲水性。有效药物必须要进入菌体作用于细胞膜上的靶位 PBPs。影响抗菌作用的主要因素：药物透过革兰氏阳性菌细胞壁或阴性菌脂蛋白外膜（即第一道穿透屏障）的难易；对 β-内酰胺酶（第二道酶水解屏障）的稳定性；对抗菌作用靶位 PBPs 的亲和性。根据这些因素，目前临床应用的 β-内酰胺类对革兰氏阳性与阴性菌的作用大致有 6 种类型。一类为青霉素及口服青霉素 V 易透过革兰氏阳性菌胞壁黏肽层，但它们不能透过革兰氏阴性菌糖蛋白磷脂外膜，因而属窄谱的仅对革兰氏阳性菌有效。二类包括有氨苄西林、羧苄西林及若干头孢菌素，能适度透过革兰氏阳性菌的胞壁黏肽层，对革兰氏阴性菌的外膜透过性则很好，因而是广谱抗菌药物。三类为青霉素等容易被革兰氏阳性菌的胞外 β-内酰胺酶即青霉素酶破坏灭活的青霉素类，对产酶菌往往表现明显的耐药性。四类为异噁唑类青霉素、头孢菌素一、二代及亚胺培南等对青霉素酶稳定，对革兰氏阳性的产酶菌有效，但对染色体突变而改变的 PBPs 结构，可使药物与 PBPs 的亲和力下降或消失，因而无效。五类包括酰脲类青霉素（阿洛西林与美洛西林等）、羧苄青霉素及头孢菌素一、二代，当胞膜外间隙的 β-内酰胺酶少量存在时有抗菌效果，大量酶存在时，则被破坏而无效。六类包括第三代头孢菌素、氨曲南、亚胺培南等对 β-内酰胺酶十分稳定，即使大量 β-内酰胺酶存在时仍然有效，但对因染色体突变而改变了的 PBPs 则无效，加用氨基糖苷类抗生素也仍然无效。

3. 细菌耐药机制

对 β-内酰胺类抗生素耐药的细菌的耐药机制涉及以下 4 个途径：一是细菌产生 β-内酰胺酶，产生 β-内酰胺酶使 β-内酰胺类抗生素开环失活，这是细菌对 β-内酰胺类抗生素产生耐药的主要原因；二是改变抗生素与 PBPs 的亲和力，改变参与细菌细胞壁合成的蛋白酶的分子结构，从而降低它们与 β-内酰胺类抗生素的亲和性，β-内酰胺类抗生素的抗菌活性是根据其与 PBPs 的亲和力强弱决定的，当 β-内酰胺类抗生素与 PBPs 结合后，便使 PBPs 丧失酶活性，使细菌细胞壁的形成部位破损而引起溶菌，反之，则成为耐药菌，PBPs 基因的变异，使 β-内酰胺类抗生素无法与之结合或结合能力降低，是形成耐药的根本原因；三是细菌外膜通透性改变，改变细胞膜和细胞壁的结构，使药物难以进入细菌体内，引起细菌内药物摄取量减少而使细菌体内药物浓度低下，如生物膜形成，使抗生素无法进入细菌体内；四是主动外排，细菌的能量依赖性主动转运机制，能将已经进入细菌体内的抗生素泵出体外，降低了抗生素吸收速率或改变了转运途径，也导致耐药性的产生。

（三）β-内酰胺类抗生素在兽医临床上的应用

β-内酰胺类抗生素可有效抑制或杀灭放线杆菌、炭疽杆菌、螺旋体、气肿疽梭状芽孢杆菌、溶血性梭状芽孢杆菌、破伤风梭状芽孢杆菌、棒状杆菌、丹毒杆菌、结节梭形菌、李氏杆菌、立克次体、多杀性巴氏杆菌、沙门氏菌属、葡萄球菌、链球菌、肺炎球菌等。因此，β-内酰胺类抗生素可用于由上述病原微生物所致的原发性或继发感染性疾病，如传染性的坏死性肝炎、肺炎、乳腺炎、子宫炎、关节炎、丹毒、呼吸道传染病、禽霍乱、出血性败血病、沙门氏菌病、渗出性皮炎、滑膜炎等。β-内酰胺类抗生素因其药物品种及性质的差异在兽医临床上的剂型主要以注射用粉针、注射用油针（长效制剂）、可溶性粉、软膏涂擦剂和喷雾剂等存在，尤以注射用粉针通过肌内注射、静脉滴注等最为常见。

1. 注射用青霉素钠（钾）

该品为白色结晶性无菌粉末，有引湿性，易溶于水，无臭，遇酸、碱、金属离子、氧化剂及还原剂可失活，水溶液在室温放置易失效。对大多数革兰氏阳性菌（链球菌、葡萄球菌）、某些革兰氏阴性杆菌（流感嗜血杆菌）、螺旋体及放线菌有抗菌活性。低浓度抑菌，高浓度杀菌，在细菌繁殖期起效。青霉素内服后在胃酸中大部分灭活，一般剂量达不到有效血药浓度。该品肌内注射后吸收迅速，15~30min 可到达血浆峰浓度，对多数敏感菌的有效血药浓度可维持 6~8h。吸收后广泛分布于组织、体液和体腔中，胸腹腔和关节腔中药物浓度约为血浓度的 50%；易透入有炎症的组织中，难以透过血脑屏障。该药品血浆蛋白结合率约为 60%，主要经肾脏代谢，其中 90% 通过肾小管分泌，排出迅速，故体内消除较快，尿中浓度也很高。主治畜禽菌血症、败血症、丹毒、肺炎、蜂窝组织炎、细菌性皮肤感染、急性乳腺炎、钩端螺旋体病、创伤感染、气性坏疽、炭疽、放线菌病、破伤风等。肌内注射或静脉滴注。每次量，每千克体重：马、牛 1 万 ~2 万 IU；羊、猪 2 万 ~3 万 IU；犬、猫 3 万 ~4 万 IU；禽 5 万 IU。每日 2~3 次，连用 2~3 日。临用前加灭菌注射用水适量溶解。

2. 注射用氨苄西林钠

该品为白色或类白色无菌粉末，无臭或微臭，味微苦，有引湿性。对大多数革兰氏阳性菌（包括球菌和杆菌）及大部分革兰氏阴性菌（大肠杆菌、沙门氏菌、变形杆菌、巴氏杆菌、痢疾杆菌、产气荚膜杆菌、流感杆菌等）均有效。能被青霉素酶破坏，对耐青霉素金黄色葡萄球菌无效。耐酸，口服吸收较好，单胃动物可吸收 30%~50%，体内分布广，约 2h 到达血药浓度。肌内注射后 0.5~1h 达血药浓度，血中有效抑菌浓度维持 5~6h。该品主要用于敏感菌引起的败血症、呼吸道、消化道及泌尿生殖道感染，如肺炎、气管炎、胸膜炎、白痢、霍乱、伤寒及肾炎、尿道炎等。肌内注射或静脉滴注。每次量，每千克体重：家畜 10~20mg。每日 2~3 次，连用 2~3 日。临用前加灭菌注射用水适量溶解。

3. 阿莫西林可溶性粉

该品为白色或类白色粉末。广谱半合成青霉素，穿透细胞壁的能力较强，对大多数革兰氏阳性菌（包括球菌和杆菌）及大部分革兰氏阴性菌（大肠杆菌、沙门氏菌、变形杆菌、巴氏杆菌、痢疾杆菌、产气荚膜杆菌、流感杆菌等）均有效，其杀菌作用比氨苄西林迅速而强大。口服吸收较好，单胃动物内服后 74%~92% 被吸收，不受食物影响。口服后，约 1h 达到血药浓度，血药浓度高于同剂量的氨苄西林 1.5~3 倍。在肝、肺、前列腺、肌肉、胆汁和腹水、胸腔积液、关节液等组织和体液中分布广泛，尿及胆汁中药物浓度较高。血清蛋白结合率约 17%。用于敏感菌引起的呼吸道、肠道、胆道、泌尿生殖道等感染。主治支气管炎、肺炎、胸膜炎、白痢、霍乱、伤寒及肾炎、输卵管炎、尿道炎等。混饲，每 50g 拌料 50~60kg。混饮，每 50g 溶于 90L 水中供畜禽自由饮用。

4. 硫酸头孢喹肟

硫酸头孢喹肟是头孢菌素类抗生素，通过抑制细胞壁的合成达到杀菌效果，具有广谱的抗菌活性，对青霉素酶与 β-内酰胺酶稳定。体外抑菌试验表明该品可抑制常见的革兰氏阳性和阴性的细菌，包括大肠埃希氏杆菌、枸橼酸杆菌、克雷伯菌、巴氏杆菌、变形杆菌、沙门氏菌、黏质沙雷菌、睡眠嗜血杆菌、化脓放线菌、芽孢杆菌属的细菌、棒状杆菌、金黄色葡萄球菌、链球菌、类杆菌、梭状芽孢杆菌、梭杆菌属的细菌、普雷沃菌、放线杆菌和猪丹毒杆菌。主要用于治疗大肠杆菌引起的奶牛乳腺炎，多杀性巴氏杆菌或胸膜肺炎放线杆菌引起的猪呼吸道疾病。肌内注射，一次量，每千克体重：牛 1mg，一日 1 次，连用 2 日；猪 2~3mg，一日 1 次，连用 3 日。

5. 头孢噻呋

头孢噻呋为半合成的第三代动物专用头孢菌素，主要通过作用于转肽酶而阻断细菌细胞壁的合成，呈现杀菌作用。与其他抗生素相比，该产品的独特之处是在感染组织中的含量比非感染组织高 2~4 倍，呈有目标的集中分布，发挥药物作用。它在动物体内可与蛋白质进行可逆性结合，形成杀菌力库存。其抗菌谱广，对各种革兰氏阴性菌（如大肠杆菌、沙门氏菌、铜绿假单胞菌）、革兰氏阳性菌（如葡萄球菌）及对能产生 β-内酰胺酶的细菌均有杀菌效应。该产品肌内和皮下注射后吸收迅速，血中和组织中药物浓度高，有效血药浓度维持时间长，消除缓慢，半衰期长。用于防治敏感菌所引起的牛、马、猪犬及一日龄雏鸡的疾患。肌内注射，一次量：每千克体重牛 1.1~2.2mg，马 2.2~4.4mg，一日 1 次，连用 3 日。皮下注射一次量：每千克体重犬 2.2mg，一日 1 次，连用 5~14 日；一日龄雏鸡每羽 0.08~0.20mg（颈部皮下）。

（四）β-内酰胺类抗生素临床应用注意事项

1. 注意配伍禁忌

（1）不宜与四环素类、酰胺醇类、大环内酯类等抑菌性药物合用。β-内酰胺类抗生素主要作用于繁殖期的细菌进而将其杀灭，酰胺醇类、四环素类、大环内酯类、磺胺类等广谱抑菌性抗生素主要抑制静止期细菌的蛋白质合成，抑制细菌生长。与 β-内酰胺类合用则消除 β-内酰胺类抗生素的作用位点，降低其疗效，尤其是四环素能促进黏肽对氨基酸的获取即促进细胞壁的合成，与 β-内酰胺类抗生素作用机理相反，故不宜合用。

（2）不宜与碱性药物如磺胺类钠盐和碳酸氢钠等合用。β-内酰胺类抗生素属于酸性药物，磺胺类药物如磺胺嘧啶钠针剂的水溶液属于碱性药物，当 pH 值 >8.5 时，碱性基团向 β - 内酰胺环进攻造成药效活性基团 β - 内酰胺环破裂而失活，故两者不宜合用。

（3）不宜与酸性较强的药物如盐酸山梗菜碱、山梨醇、三磷酸腺苷、甘露醇等注射液合用。否则，将难以保证临床效果。

（4）不宜与维生素 C 合用。维生素 C 在合成过程中一般加入抗氧化剂焦亚硫酸钠，它遇水发生反应生成亚硫酸氢钠，能促使 β - 内酰胺类抗生素中的 β - 内酰胺环催化分解，使药物药效降低，故不宜合用。另外，临床上常用葡萄糖溶剂作为青霉素、头孢菌素类的溶媒是错误的，因为葡萄糖溶液 pH 值为 8~10，在此范围内 β - 内酰胺环极不稳定，易开环失活，降低药效。

（5）青霉素类中青霉素 G 钠和青霉素 G 钾不宜与注射用辅酶 A、硫酸卡那霉素注射液，注射用细胞色素 C 合用，否则产生浑浊现象，生成沉淀，降低药效。

（6）氨基糖苷类如庆大霉素、卡那霉素，虽有协同作用，但注射时不宜在同一容器内混合注射，因为 β - 内酰胺环与氨基糖苷类的糖氨基交联使环断开，生成氨基酰胺化合物而失活，使用时分开注射效果较好。

2. 注意不良反应

（1）过敏反应。因 β - 内酰胺类抗生素及其产物具有引起不同抗原决定簇的特性，当其在体内与蛋白质或多肽结合并聚合，形成全抗原，易引起具有个体种属差异的过敏反应。

（2）当与代谢途径相同的药物要减少 β - 内酰胺类抗生素用量。有实验表明青霉素与阿司匹林合用其半衰期可从 40~45min 延长至 72min ± 36min。如果不减少用量便提高了它的不良反应率，临床使用时一定要注意。

（3）在治疗过程中注意防止二重感染，因长期连用易产生耐药性或霉菌感染。

（4）用该类药物时宜现配现用，因其水溶液极不稳定，易分解失效。β - 内酰胺类抗生素在医药、农业、养殖业、食品业及其他领域为人类做出了重要贡献，在兽医临床实践中发挥了重要作用，然而抗生素的滥用导致越来越多的细菌产生了耐药性，这些耐药菌可能通过食物或动物与人的接触，传播给人，养殖业全面禁用抗生素的呼声也越来越高。因此，科学、安全、高效地使用抗生素，预防和治疗动物疾病，提高畜牧业经济效益，控制和减少药物残留具有重要的战略意义。

二、氨基糖苷类抗生素

氨基苷类抗生素是由 2 个或 3 个氨基糖分子和 1 个非糖部分称苷元的氨基环醇通过醚键连接而成，分为天然和半合成两大类。

（一）氨基糖苷类抗生素分类

自 1944 年 Waksman 等报道了链霉菌产生的链霉素以来，已报道的天然和半合成氨基糖苷类抗生素的总数已超过 3 000 种，其中微生物产生的天然氨基糖苷类抗生素有近 200 种。这些抗生素按照其来源可分为 2 类。一是由链霉菌产生的抗生素：链霉素类包括链霉素与双氢链霉素；新霉素类包括新霉素、巴龙霉素、利维霉素（里杜霉素）；卡那霉素类包括卡那霉素、卡那霉素 B 以及半合成品地贝卡星（双去氧卡那霉素）和阿米卡星（丁胺卡那霉素）；核糖霉素（威他霉素）等。二是由小单孢菌产生的抗生素：庆大霉素；西索米星（西索霉素）及半合成品奈替米星（乙基西索米星）；小诺霉素（沙加霉素）等。按照抗菌特点、结构特点及发现与合成先后次序，可将氨基糖苷类抗生素划分为以下三代：第一代以卡那霉素为代表，包括链霉素、阿泊拉霉素、新霉素、巴龙霉素、核糖霉素、利维霉素等，以结构中含有完全羟基化的氨基糖与氨基环己醇相结合、不抗铜绿假单胞菌为共同特点。第二代以庆大霉素为代表，它们包括：小诺霉素、强壮霉素（阿司米星）、司他霉素等。结构中含有脱氧氨基糖及对铜绿假单胞菌有抑杀能力为第二代品种的共同特征。此类药物抗菌谱更广，对第一代品种无效的假单孢菌和部分耐药菌也有较强的抑杀作用。第三代以奈替米星为代表。目前应用的品种按结构分有 2 种类型：一类是 2- 羟基 -4- 氨基丁酰基（HAB）取代的产物，包括丁胺卡那霉素、阿贝卡星、1-N-（2- 羟基 -4- 脒基 / 胍基）卡那霉素 A、1-N-（2- 羟基 -4- 脒基 / 胍基）卡那霉素 B 及它们的脱氧衍生物等；另一类是 1- 氨基取代的半合成产品，如奈替米星、依替米星等。

（二）作用机理与特点

氨基糖苷类抗生素对于细菌的作用主要是抑制细菌蛋白质的合成，作用点在细胞 30S 核糖体亚单位的 16S rRNA 解码区的 A 部位。研究表明：此类药物可影响细菌蛋白质合成的全过程，妨碍初始复合物的合成，诱导细菌合成错误蛋白以及阻抑已合成蛋白的释放，从而导致细菌死亡。氨基糖苷类抗生素在敏感菌体内的积蓄是通过一系列复杂的步骤来完成的，包括需氧条件下的主动转运系统，故此类药物对厌氧菌无作用。该类抗生素水溶性好，性质稳定，呈碱性，在碱性环境中作用更强。脂溶性小，口服难吸收，可用于胃肠道杀菌。肌内注射吸收完全迅速，30~90min 达到峰浓度，一般不主张静脉给药。该类药物除链霉素外，与血浆蛋白结合率低，大多小于 10%，氨基糖苷类是高极性化合物，不易进入细胞，主要分布于细胞外液，不易通过血脑屏障。组织与细胞内药物浓度低，分布容积大致与细胞外液容积相当，肾皮质药物浓度可超过血药浓度 10~50 倍。肾皮质内药物蓄积浓度越高，对肾毒性越大。该类药物可进入内耳外淋巴液，浓度与用药量成正比，其 t1/2 较血浆 t1/2 长 5~6 倍。在体内 90% 不被代谢，t1/2 平均为 3h，肾功能减退时，t1/2 明显延长。在体内不被代谢，以原形从肾排泄，尿药浓度高，为血浆峰浓度的 25~100 倍。氨基糖苷类易产生耐药性，同类药间有交叉耐药性，其耐药性的生化机制最主要是因为细菌借助质粒产生钝化酶，钝化或分解抗生素，其次还包括：细菌细胞膜的通透性改变，致使抗生素不能进入细菌体内；细菌细胞内染色体发生变异，使抗生素的原始作用点发生改变，抗生素难以与之结合起作用。研究表明，细菌钝化酶主要通过 3 种不同的作用方式使抗生素失活：以乙酰辅酶 A 为辅基的乙酰转移酶使药物分子的氨基乙酰化；以 ATP 为辅基的磷酸转移酶使药物分子的羟基磷酸化；以 ATP 为辅基的核苷转移酶使药物分子羟基核苷化。迄今已分离出 9 种使氨基糖苷抗生素失活的钝化酶（5 种乙酰转移酶，1 种核苷转移酶和 3 种磷酸转移酶）。此外，氨基糖苷类抗药性的产生，有些还与染色质基因突变（细菌中 DNA 分子结构发生变化）有关。

（三）抗菌作用

氨基糖苷类抗生素对多数革兰氏阴性杆菌显示强力杀菌作用，对革兰氏阳性细菌也有作用。主要敏感菌为肠杆菌敏感菌株，如变形杆菌属、假单胞菌属及沙氏菌属革兰氏阴性杆菌。其中庆大霉素、妥布霉素、丁胺卡那霉素、核糖霉素及小诺霉素对铜绿假单胞菌具有抗菌效能。大观霉素对淋病奈瑟菌有良好的抗菌作用。丁胺卡那霉素对大肠埃希氏菌引起的畜禽全身性菌血症有良好的治疗作用，肌内注射吸收效果最佳，抗菌作用最明显。而后起之秀西索米星、奈替米星、异帕米星、阿司米星、依替米星除抗菌谱与庆大霉素类似外，对一些耐庆大霉素的菌株也可有抗菌作用。链霉素抗结核杆菌作用最强。一般来说，此类抗生素对链球菌、肝炎球菌、梭状芽孢杆菌属、立克次氏体、霉菌及病毒无效。

（四）临床常用药物

1. 链霉素

链霉素是从放线菌属的灰链丝菌的培养液中提取的，是一种碱性苷，与酸类结合成盐，兽医临床上常用的有硫酸链霉素。硫酸链霉素为白色或类白色粉末，无臭、味微苦、有吸湿性。水溶液中易失效，故分装成 1g（100 万 IU）或 2g（200 万 IU）的无菌粉末。链霉素属窄谱抗生素，主要对革兰氏阴性杆菌如大肠杆菌、产气杆菌、肺炎杆菌、痢疾杆菌、变形杆菌、布鲁氏菌、鼠疫杆菌等有抗菌作用，特别对结核杆菌作用较强，在低浓度时有抑菌作用，在高浓度时有杀菌作用。但对大多数革兰氏阳性菌不如青霉素，对梭菌、真菌、立克次氏体、病毒等无效。主要用于牛乳腺炎、牛出败、猪肺疫、禽霍乱、牛结核病等的治疗。临用前加灭菌注射用水适量使之溶解，肌内注射 1 次量，家畜每千克体重用 10mg，每日注射 2 次。由于链霉素对第 8 对脑神经的损害作用较大，易引起前庭功能损害及听神经受损，以致耳聋。对肾脏也可产生损害，还可发生过敏反应。所以在使用时应注意以下两方面。一是不宜与其他氨基糖苷类抗生素联合应用，以免增加毒性，使听神经损伤及肝、肾功能受损；二是如发生皮疹、耳聋等反应时应立即停止给药，并进行各种监测及采取解救措施。硫酸双氢链霉素是将链霉素中链霉糖部分的醛基氢化后所获得的另一种链霉素制剂。其抗菌作用、用法用量均同硫酸链霉素，但其毒性较硫酸链霉素大，主要损害耳蜗。一旦听觉丧失则不易恢复。人用药已淘汰，但作为兽药还在使用。

2. 新霉素

新霉素是从弗氏链霉菌的培养液中提取而得，为碱性物质，常用其硫酸盐，易溶于水，耐热。该品的抗菌范围与卡那霉素相似。因对肾脏、耳毒性较强，且能阻滞神经 - 肌肉接头，抑制呼吸，一般不作全身应用。可制成片剂、可溶性粉剂、软膏、眼膏及溶液等供内服及局部应用，内服很少吸收。用于治疗畜禽的葡萄球菌、痢疾杆菌、大肠杆菌、变形杆菌等感染。硫酸新霉素片，每片含 0.10g 或 0.25g，内服 1 次量（按每千克体重），马、牛 8~15mg，驹、犊 20~30mg，猪 15~25mg，羊 25~35mg，犬 10~25mg，分 2~4 次服用。硫酸新霉素可溶性粉，每 100.0g 含新霉素 32.5g（3 250 万 IU），混饮，鸡每千克饮水中加 35~70mg（效价），连用 3~5 日为 1 疗程。注意产蛋期禁用，宰前 5 日停止给药。0.5%~2.0% 硫酸新霉素溶液、软膏，搽患处，1 日 3 次。0.5% 硫酸新霉素滴眼液，滴入眼睑内，1 日 3 次。

3. 卡那霉素

卡那霉素由链丝菌的培养液中提取而得，常用其硫酸盐，为白色或类白色粉末，易溶于水。对大多数革兰氏阴性菌如大肠杆菌、产气杆菌、沙门氏杆菌、变形杆菌、多杀性巴氏杆菌等有较强的抗菌作用，对金黄色葡萄球菌和结核杆菌也有效。但链球菌、铜绿假单胞菌、梭状芽孢杆菌、猪丹毒杆菌等对该品多耐药。对病毒、真菌无效。主要用于新生驹败血症、驹肺炎、马支气管炎、气管炎、乳腺炎、泌尿道感染、肠道感染等，也可用于支原体引起的猪喘气病和萎缩性鼻炎的治疗。根据卡那霉素与硫酸成盐的分子比例不同，可将其分为单硫酸卡那霉素和硫酸卡那霉素，使用时的剂量均按所含卡那霉素的效价来计算。其具体用法、用量为，肌内注射，1 次量，家畜每千克体重 10~15mg，1 日注射 2 次。卡那霉素对肾脏和听神经均有毒害作用，所以应按兽医指导准确用药，不宜长期给药。

4. 庆大霉素

庆大霉素由绛红色放线菌科小单孢子属和棘状小单孢菌的发酵液中取得，为广谱抗生素，对革兰氏阳性和阴性细菌如大肠杆菌、金黄色葡萄球菌、铜绿假单胞菌等均有抗菌作用，尤其是抗铜绿假单胞菌的作用非常显著。主要用于犊白痢、猪下痢、马急性肠炎、马子宫内膜炎、乳腺炎、败血症等严重感染。庆大霉素为碱性化合物，常用其硫酸盐制成硫酸庆大霉素注射液使用，肌内注射1次量，家畜每千克体重1.0~1.5mg，每日注射2次。长期使用或超量使用，可引起肾毒症，肾功能不全者应慎用。

5. 庆大–小诺霉素

该品由生产小诺霉素的副产物研制而成，含小诺霉素及庆大霉素等成分。其硫酸盐易溶于水，且稳定性良好，故常制成硫酸庆大-小诺霉素注射液。该品对多种革兰氏阳性和阴性菌如大肠杆菌、沙门氏杆菌、巴氏杆菌、铜绿假单胞菌、变形杆菌等均有抗菌作用，对革兰氏阴性菌作用尤其强效。其抗菌活性高于庆大霉素，毒副反应低于同剂量的庆大霉素。主要用于敏感菌所致的畜禽疾病，对鸡支原体病也有疗效。用法、用量，肌内注射1次量，每千克体重，家畜1~2mg，鸡2~4mg，每日2次。注意长期或大量应用该品可引起肾毒症，肾功能不全的患病畜禽慎用。

6. 硫酸妥布霉素

该品抗菌谱广，主要对革兰氏阴性菌有效。特别是对铜绿假单胞菌有高效，其作用不仅比庆大霉素强2~8倍，也比多黏菌素强。对庆大霉素耐药的铜绿假单胞菌对该品敏感，对其他氨基糖苷类抗生素耐药的细菌对此药也敏感。但是很多链球菌对该品耐药。临床上用于对此药敏感菌引起的各种严重感染，也用于治疗革兰氏阳性菌与阴性菌引起的混合感染。但是不宜用于单纯的金黄色葡萄球菌感染，因为其他抗生素比该品疗效佳。与羧苄青霉素合用于铜绿假单胞菌感染，有协同作用。该品肌内注射，剂量按各种家畜1.0~1.5mg/kg体重，每日2次。

（五）毒性及不良反应

1. 耳毒性

由于药物在内耳蓄积，可使感觉毛细胞发生退行性和永久性改变。包括对前庭神经功能的损害，表现为眩晕、恶心、呕吐、眼球震颤和共济失调等，发生率依次为：新霉素 > 卡那霉素 > 链霉素 > 庆大霉素 > 妥布霉素 > 奈替米星；另一方面为对耳蜗神经的损害，表现为听力减退或耳聋。对听力损害的发生率依次为：新霉素 > 卡那霉素 > 阿米卡星 > 庆大霉素 > 妥布霉素 > 链霉素。

2. 肾毒性

由于主要经肾排泄，尿药浓度高，并在肾蓄积。可损害肾小管上皮细胞，表现为蛋白尿、管型尿、严重者可致氮质血症及无尿症。忌与肾毒性药物合用。常用剂量下，各药损害发生率依次为：新霉素 > 卡那霉素 > 妥布霉素 > 链霉素 > 奈替米星。

3. 神经肌肉阻滞作用

能与突触前膜上的钙结合部位结合，从而阻止乙酰胆碱释放。发生肌肉麻痹，呼吸暂停。可用钙剂或新斯的明等胆碱酯酶抑制剂治疗。

4. 过敏反应

偶尔引起皮疹、血管神经性水肿、发热等，也可引起过敏性休克，尤其是链霉素。一旦发生，应静脉注射钙剂及皮下或肌内注射肾上腺素或静脉滴注葡萄糖酸钙等抢救。

三、多肽类抗生素

多肽类抗生素是具有多肽结构特征的一类抗生素。包括多黏菌素类（多黏菌素B、多黏菌素E）、杆菌肽类（杆菌肽、短杆菌肽）和万古霉素。多肽类抗生素是从多粘杆菌属不同的细菌中分离出的一组抗生素，根据其化学结构的不同可分为多黏菌素A、多黏菌素B、多黏菌素C、多黏菌素D、多黏菌素E、多黏菌素K、多黏菌素M和P8种，其中仅多黏菌素B和多黏菌素E2种毒性较低，用于临床，其余数种均因毒性过大而不能在临床应用。多黏菌素B的商品为多黏菌素硫酸盐；多黏菌素E的商品有多黏菌素E甲烷磺酸盐、多黏菌素E硫酸盐。黏菌素是多黏菌素E的不同名称的同种约品。多黏菌素B及多黏菌素E具有相同的抗菌谱。大多数革兰氏阴性杆菌如铜绿假单胞菌、大肠杆菌、克莱布斯氏杆菌属、肠杆菌属对其非常敏感，对嗜血流感杆菌、百日咳杆菌、沙门氏菌属、志贺氏菌属有较好抗菌作用，对变形杆菌属、黏质塞拉蒂（原译沙雷）氏杆菌则相对耐药，奈瑟尔氏菌属、布鲁斯氏杆菌属对其不敏感。对革兰氏阳性菌无效。厌氧菌中除脆弱拟杆菌外，其他拟杆菌和梭形杆菌等均敏感。细菌对此类抗生素的耐药性产生较慢，偶可见到耐药的铜绿假单胞菌菌株。多黏菌素B与多黏菌素E存在完全的交叉耐药。

（一）抗菌机理

此类抗生素首先影响敏感细菌的外膜。药物的环形多肽部分的氨基与细菌外膜脂多糖的2价阳离子结合点产生静电相互作用，使外膜的完整性破坏，药物的脂肪酸部分得以穿透外膜，进而使胞浆膜的渗透性增加，导致胞浆内的磷酸、核苷等小分子外逸，引起细胞功能障碍导致死亡。由于革兰氏阳性菌外面有一层厚的细胞壁，阻止药物进入细菌体内，故此类抗生素对其无作用。

（二）临床应用

1. 多黏菌素B

该品为白色或淡黄色粉末易溶于水。对革兰氏阴性杆菌有较强的抗菌作用，对铜绿假单胞菌的作用尤为显著，是疗效显著、较少产生耐药性的抗菌药，对革兰氏阳性菌、抗酸菌、真菌、立克次氏体及病毒等均无效。主要用于控制革兰氏阴性杆菌特别是铜绿假单胞菌引起的各种感染。使用方法：片剂每片规格为12.5mg或5mg。内服日量：犊牛、仔猪2mg/kg体重，犬、猫6.6mg/kg体重均分3次内服。如与新霉素、杆菌肽等合用剂量减半；粉针剂每瓶50mg。肌内注射日量马、牛、羊、猪1~2mg/kg体重，分2次注射。

2. 多黏菌素E

该品为白色或微黄色细粉末易溶于水。主要对铜绿假单胞菌、大肠杆菌等大部分革兰氏阴性杆菌有抗菌作用。如与庆大霉素合用或交替应用，有协同作用。使用方法：片剂每片规格为12.5mg或25mg，有效期3年。内服日量：犊牛、仔猪，1.5~5.0mg/kg体重。家禽3~8mg/kg体重，1~2次内服。粉针剂：每瓶50mg，有效期3年。肌内注射量同多黏菌素B；注射液：2mL（25mg），肌内注射量同多黏菌素B；多黏菌素E（甲烷磺酸钠），肌内注射用量大、中家畜0.25~0.5mg/kg体重，小家畜0.5~1.0mg/kg体重。每日1次，连用，3~5日；硫酸黏杆菌素可溶性粉剂：为硫酸黏杆菌素与乳糖等配制而成，每克含硫酸黏杆菌素2g（6 000万IU）。用于治疗革兰氏阴性杆菌引起的肠道疾病。混饮：每升水加药（以黏菌素计）40~200mg（猪用），或20~60mg（鸡用）。

3. 杆菌肽

该品为白色或淡黄色粉末，有特异臭味，吸湿性强，易溶于水。水溶液呈中性在室温下很快变质，需低温保存并于 3 日内用完。该品主要对各种革兰氏阳性菌有杀菌作用对耐药性金黄色葡萄球菌、肠球菌、非溶血性链球菌，也有较强的抗菌作用，对少数革兰氏阴性菌、螺旋体、放线菌也有效。此药的抗菌作用不受脓、血、坏死组织或组织渗出液等影响。内服几乎不被吸收，因此一般认为畜、禽产品内没有药物残留问题。临床上常与链霉素、新霉素、多黏菌素 B 等合用，治疗各种家畜及幼畜的菌痢等肠道疾病。使用方法：片剂，每片 2.5 万 IU。有效期 2 年；杆菌肽锌，为杆菌肽的锌盐在室温与高温中比杆菌肽稳定，且减少其苦味，增加抗菌活性。每毫克含 40IU。预防按 26mg/L 水浓度。治疗按 53~106mg/L 水浓度混入饮水中，给禽饮用。可防治由 A 型产气荚膜梭菌引起的禽坏死性肠炎。

（三）不良反应

包括 3 个方面：神经系统毒性：当剂量偏大或因肾功能不良药物在体内积蓄时，可出现感觉异常、头痛、嗜睡、兴奋、共济失调、视力与言语障碍等，这些症状均为可逆性；肾脏毒性：全身给药剂量过大或时间过长可出现肾脏毒性，尤其是原已有肾脏疾患则更易产生。表现蛋白尿、管型尿、血尿及尿素氮上升，若及时停药一般可恢复；神经肌肉接头处阻滞：肾功能损害或用过肌肉松弛剂的病畜进行腹腔内或肌内注射多黏菌素类抗生素时，可能出现呼吸肌麻痹，停药后可逐渐恢复。

四、大环内酯类抗生素

大环内酯类是一类具有 14~16 元大环内酯结构的弱碱性抗生素。自 1952 年发现代表品种红霉素以来已连续有竹桃霉素、螺旋霉素、吉他霉素、罗红霉素、麦迪霉素、交沙霉素、克拉霉素及它们的衍生物问世，并出现动物专用品种如泰乐菌素、替米考星等。阿维菌素、伊维菌素也属大环内酯类，具有广谱杀寄生虫作用，并无抗菌活性。属十四碳大环的有红霉素、竹桃霉素、克拉霉素、罗红霉素、地红霉素、泰利霉素等。阿奇霉素属 15 元大环内酯类。16 元大环内酯类包括泰乐菌素、替米考星、麦迪霉素、螺旋霉素、吉他霉素、乙酰吉他霉素、交沙霉素、罗他霉素等。

（一）作用机理

1. 抗菌作用机制

大环内酯类抗生素主要是抑制细菌蛋白质合成。其机制为不可逆地结合到细菌核糖体 50S 亚基的靶位上，14 元大环内酯类阻断肽酰基 t-RNA 移位，而 16 元大环内酯类抑制肽酰基的转移反应，选择性抑制细菌蛋白质合成。林可霉素、克林霉素和氯霉素在细菌核糖体 50S 亚基上的结合点与大环内酯类相同或相近，故合用时可能发生拮抗作用，也易使细菌产生耐药。由于细菌核糖体为 70S，由 50S 和 30S 亚基构成，而哺乳动物核糖体为 80S，由 60S 和 40S 亚基构成，因此，对哺乳动物核糖体几无影响。

2. 耐药机制

细菌对大环内酯类抗生素产生耐药的方式主要有以下几种。

（1）产生灭活酶。包括酯酶、磷酸化酶、甲基化酶、葡萄糖酶、乙酰转移酶和核苷转移酶，使大环内酯类抗生素或水解或磷酸化或甲基化或乙酰化或核苷化而失活。

（2）靶位的结构改变。细菌可以针对大环内酯类抗生素产生耐药基因，由此合成一种甲基化酶，使核糖体的药物结合部位甲基化而产生耐药性。

（3）摄入减少。细菌可以使膜成分改变或出现新的成分，导致大环内酯类抗生素进入菌体内的量减少。

（4）外排增多。某些细菌可以通过基因编码产生外排泵，可以针对性地泵出大环内酯。

（二）大环内酯类抗生素的药代动力学

该类抗生素内服可吸收，体内分布广泛，胆汁中浓度很高，主要从胆汁排出。红霉素能广泛分布到各种组织和体液中，在肝内有相当量被灭活，主要经胆汁排泄，部分在肠道中重吸收，少量以原形经尿排泄，猪消除半衰期为 1.21h。吉他霉素内服吸收良好，2h 达血药峰浓度，广泛分布于主要脏器，在肝、肺、肾、肌肉中浓度较高，常超过血药浓度，主要经尿液排泄。鸡内服（300mg/kg 体重）吉他霉素，达峰时间 1.76h，峰浓度为 8.02μg/mL，消除较缓慢，消除半衰期为 11.84h，24h 后在脏器中无明显残留。猪停药 3 日后无组织残留。在大环内酯类抗生素中，吉他霉素在蛋和蛋黄中的残留量最低，时间最短。泰乐菌素内服可在肠道吸收，且吸收量大于红霉素和吉他霉素，能均匀分布于机体各个组织，排泄属中速型。鸡按 300mg/kg 体重内服，1h 后血浓度为 17.9μg/mL，24h 降至 1.5μg/mL。泰乐菌素以原形在尿和胆汁中排出。小动物的消除半衰期为 0.9h，猪的排泄速度比家禽快。

（三）动物常用大环内酯类抗生素

1. 泰乐菌素

泰乐菌素是一种广谱抗生素，对猪肺炎支原体、鸡毒支原体、牛支原体、山羊支原体、牛生殖道支原体、无乳支原体、关节炎支原体、猪鼻支原体、猪滑液囊支原体及滑液囊支原体等有特效；对葡萄球菌属、链球菌属、棒状杆菌属、猪丹毒杆菌、梭菌属等多种 G^+ 菌具有很强的抗菌作用；还对巴氏杆菌属、沙门氏菌属、大肠杆菌、志贺氏菌属、克雷伯氏菌属、脑膜炎球菌、牛莫拉氏菌、支气管败血波氏菌、分枝杆菌属、布鲁氏菌属、副鸡嗜血杆菌等部分 G^- 菌以及胎儿弯杆菌、结肠弯杆菌、痢疾蛇形螺旋体、鹅疏螺旋体等螺旋体、念珠菌属、毛癣菌属等真菌有很高的抗菌活性。近年来，随着国产泰乐菌素产量的不断增多，该抗生素在我国兽医临床上的应用也越来越普遍，主要用于防治畜禽呼吸道疾病。

（1）鸡毒支原体感染。该病是由鸡毒支原体引起的一种以慢性呼吸道感染为主要特征的鸡传染性病，也称为鸡慢性呼吸道病。它在鸡上表现为气管炎及气囊炎，在火鸡上则表现为气囊炎及鼻窦炎。有时可使雏鸡和小火鸡发生结膜炎。近 50 年来由于鸡只的高度集中，以及随之而来的饲养管理条件和环境条件的改变，鸡的这种呼吸道传染病的危害性越来越突出。目前，世界各国都有发生，虽病死率不高，但使鸡生长不良，产蛋减少，给养禽业造成重大损失。泰乐菌素是该病的特效治疗药物，特别是对临床症状轻微的鸡，效果尤为明显。用酒石酸泰乐菌素 500mg/L 饮水，连用 5~7 日，有良好疗效。肉鸡可用磷酸泰乐菌素 500~1 000mg/kg 饲料，1~5 日龄第一次使用，每日 1~2 次，然后在 3~5 周龄再使用 24~48h，可有效地防治该病。

（2）猪支原体肺炎。该病是由猪肺炎支原体引起的一种接触性传染病，又称猪地方流行性肺炎，习惯称猪气喘病。该病广泛流行于世界各地，欧、亚、美、非以及大洋洲等主要养猪国家和地区均有该病发生，给养猪业造成了严重的危害。泰乐菌素 10mg/kg 体重，肌内注射，每日 2 次，连用 5~7 日，疗效很好。

2. 替米考星

替米考星是一种以泰乐菌素为前体半合成的大环内酯类畜禽专用抗生素，由于其特殊的抗菌活性和药动学特征，该药已被批准临床用于牛、山羊、绵羊、奶牛、猪、鸡等动物感染性疾病的防治，特别是畜禽呼吸道疾病，如家畜放线杆菌性胸膜肺炎、巴氏杆菌病和鸡支原体病等的治疗。替米考星具有同泰乐菌素相似的广谱抗菌活性，对革兰氏阳性菌和某些革兰氏阴性菌、支原体、螺旋体等均有抑制作用，对胸膜肺炎放线杆菌、巴氏杆菌及支原体具有比泰乐菌素更强的抗菌活性。内服和皮下注射吸收快。临床上主要用于防治家畜肺炎（胸膜肺炎放线杆菌、巴氏杆菌、支原体等感染），家禽支原体病和泌乳动物乳腺炎等。

（1）牛。替米考星按 10mg/kg、20mg/kg、30mg/kg 单剂量皮下注射，治疗自然感染巴氏杆菌的犊牛肺炎，均能显著降低体温（24h 内），缓解临床症状、肺组织病变程度，降低肺中巴氏杆菌数量和死亡率。

（2）猪。替米考星一般是通过拌料给药进行猪肺炎的防治。替米考星按 200~400mg/kg 拌料，连用 15 日时对猪肺炎发病率及其严重程度有显著降低，能较好地预防细菌性肺炎（如放线杆菌或/和巴氏杆菌）。

（3）家禽。由于替米考星对家禽支原体具有较强的抗菌活性，已被用于治疗家禽支原体病，并取得较好的效果。替米考星和泰乐菌素治疗鸡败血支原体病疗效比较结果表明，替米考星（0.25g/L）与泰乐菌素（0.5g/L）疗效相近。兽医临床上将替米考星用于防治畜禽肺炎等疾病时，皮下注射 10~20mg/kg，一次即可取得良好疗效。在防治猪支原体肺炎时可采取 200~400mg/kg 拌料给药 15 日的方式，家禽常按 100~200mg/L 饮水连用 5 日，可防治支原体病，但不用于产蛋鸡。

3. 泰拉霉素

泰拉霉素是半合成的猪牛专用大环内酯类抗生素。主要用于胸膜肺炎放线杆菌、支原体、巴氏杆菌、副猪嗜血杆菌、支气管败血性博德特菌等引起的猪、牛呼吸系统疾病的防治。泰拉霉素是广谱抗菌药，对引起猪和牛呼吸系统疾病的病原菌，如溶血性曼氏杆菌、猪巴氏杆菌、睡眠嗜血杆菌、支原体、胸膜肺炎的放线杆菌、支气管败血性博德特菌、副猪嗜血杆菌等尤其敏感。经单剂量皮下或肌内注射给药后吸收迅速，有效血药浓度维持时间长，消除缓慢，在肺内可维持较高而且持久的药物浓度。按 2.5mg/kg 体重皮下注射泰拉霉素治疗人工感染牛传染性角膜结膜炎的有效选择。以 2.5mg/kg 体重单剂量肌内注射泰拉霉素治疗人工感染猪的放线杆菌胸膜肺炎时，与每日 3mg/kg 体重连续 3 日重复给予头孢噻呋的疗效，差异不显著，但效果优于连续 5 日按 5.0mg/kg 剂量给予恩诺沙星组，与恩诺沙星治疗组相比，泰拉霉素治疗组猪肺炎组织的相对重量和日增重不明显，但咳嗽、肺损伤伤痕症状却较轻。

目前，兽医临床上被批准泰拉霉素可单剂量胃肠外给药用于防治猪和牛的呼吸道疾病，在靶组织中有较高的活性浓度、对呼吸系统病病原菌药效迅速且持久、单次注射有效性强。

4. 酒石酸乙酰异戊酰泰乐菌素

酒石酸乙酰异戊酰泰乐菌素是兽用半合成大环内酯抗生素产品。用于治疗鸡支原体病和链球菌病，预防和治疗猪的猪喘气病、链球菌病。水溶性粉剂采用混饮给药，适用于鸡。对支原体、螺旋体、大部分革兰氏阳性菌（如金黄色葡萄球菌、化脓性链球菌、肺炎球菌、化脓性棒状杆菌等）和部分革兰氏阴性菌有较强的抗菌活性。尤其对支原体的抗菌活性特别大。

（1）对鸡毒支原体的预防与治疗。鸡毒支原体感染是造成鸡呼吸道疾病的最主要病因，虽然死亡率不高，但继发感染其他病原时，也会引起高死亡率，并使生长受阻，饲料转化率降低，造成较大的经济损失。实验表明，酒石酸乙酰异戊酰泰乐菌素经饲料（50~200mg/kg）或饮水（125~300mg/kg）

给药，对经人工气囊接种诱发的鸡毒支原体感染能明显地减少死亡、减轻气囊病变，减少失重和降低血清抗体的阳性率。鉴于我国鸡支原体感染有上升趋势，现有药物的敏感性降低，酒石酸乙酰异戊酰泰乐菌素作为一种新的敏感、高效的抗支原体药物，将为支原体病的防治提供一种新的选择。

（2）对猪支原体肺炎的治疗作用。猪支原体肺炎是由猪肺炎支原体引起的一种以肺损伤为主的地方流行性疾病。该病俗称“喘气病”，广泛存在于世界各地，是造成养猪业经济损失的最重要疾病之一。酒石酸乙酰异戊酰泰乐菌素拌料（25~75mg/kg）对自然发生的猪支原体肺炎有明显控制作用，能阻止猪支原体肺炎引起的发育障碍。

（3）控制猪回肠炎病。猪增生性肠病是以回肠的黏膜呈现腺瘤样增生为主要特征的肠道疾病，又称肠腺瘤复合征。该病的特点是在肠道出现单纯的增生性变化的基础上引发坏死性肠炎、局部性肠炎和增生性出血性肠炎的一群极为相似的病理变化过程。同许多发病下降的猪痢疾相比，已经成为主要的群体性健康问题。急性猪回肠炎病带有血性下痢和不确定的死亡率。慢性的猪回肠炎病则通常引起回肠和十二指肠变厚和溃疡以及间歇性下痢，通常发生在4~6周龄的断奶仔猪，导致生长率和饲料转换率下降。实验表明育肥猪发现该病1~2周后，饲料中酒石酸乙酰异戊酰泰乐菌素50mg/kg，连用7~10日，有明显的防病效果。对于急性病猪，用酒石酸乙酰异戊酰泰乐菌素20mg/kg饮水，同时在饲料中添加50mg/kg，可高效治疗回肠炎病。

（四）不良反应

1. 消化系统

红霉素及新一代大环内酯类抗生素主要表现为消化道症状和肝毒性。消化道症状的临床症状为腹痛、腹胀、恶心、呕吐及腹泻等。在日常剂量下，肝毒性较小，但酯化红霉素则有一定的肝毒性，故只宜短期少量应用。同类药物也有肝毒性反应，主要表现为胆汁淤积、肝功能异常等，一般停药后可恢复。

2. 变态反应

该品可引起药疹和药物热，偶可引起过敏和暂时性耳聋，以及皮炎等，甚至休克。这与过高的血药浓度有关，常发生于静脉给药或伴有肾功能减退和（或）肝功能损害者。

3. 心脏毒性

大环内酯类抗生素如红霉素、螺旋霉素及克拉霉素的心脏毒性主要表现为QT间期延长和尖端扭转型室性心动过速，来势凶险，临床上患病动物可出现昏迷和猝死，以红霉素诱发为多，这是大环内酯类抗生素的一种特殊类型的不良反应。其发生机制是延长心肌动作电位时间，诱发心脏浦肯野纤维的早期后除极。

五、四环素类抗生素

四环素类抗生素是由放线菌产生的一类广谱抗生素，包括金霉素、土霉素、四环素及半合成衍生物甲烯土霉素、多西环素、二甲氨基四环素等，其结构均含并四苯基本骨架。为抑菌性广谱抗生素，除革兰氏阳性、阴性细菌外，对立克次氏体、衣原体、支原体、螺旋体均有作用。具有抑菌作用并在极高浓度时有杀菌作用的一大类半合成广谱抗生素。

四环素类抗生素在酸性和碱性条件下均不稳定，四环素类药物中含有许多羟基、烯醇羟基及羰基，在中性条件下能与多种金属离子形成不溶性螯合物。与钙或镁离子形成不溶性的钙盐或镁盐，与铁离子形成红色络合物，与铝离子形成黄色络合物。在体内药物与钙离子形成的络合物呈黄色沉积在骨骼和牙齿上。

（一）抗菌机理

四环素类抗生素为广谱抑菌剂，高浓度时具杀菌作用。除了常见的革兰氏阳性菌、革兰氏阴性菌以及厌氧菌外，多数立克次体属、支原体属、衣原体属、非典型分枝杆菌属、螺旋体也对该品敏感。该品对革兰氏阳性菌的作用优于革兰氏阴性菌，但肠球菌属对其耐药。其他如放线菌属、炭疽杆菌、单核细胞增多性李斯特菌、梭状芽孢杆菌、奴卡菌属等对该品敏感。该品对淋病奈瑟菌具一定抗菌活性，但耐青霉素的淋球菌对四环素也耐药。该品对弧菌、鼠疫杆菌、布鲁菌属、弯曲杆菌、耶尔森菌等革兰氏阴性菌抗菌作用良好，对铜绿假单胞菌无抗菌活性，对部分厌氧菌属细菌具一定抗菌作用，但远不如甲硝唑、克林霉素和氯霉素，因此临床上并不选用。多年来由于四环素类的广泛应用，临床常见病原菌包括葡萄球菌等革兰氏阳性菌及肠杆菌属等革兰氏阴性杆菌对四环素多数耐药，并且，同类品种之间存在交叉耐药。该品作用机制在于药物能特异性地与细菌核糖体 30S 亚基的 A 位置结合，阻止氨基酰 -tRNA 在该位上的联结，从而抑制肽链的增长和影响细菌蛋白质的合成。

（二）临床应用

本类抗生素均为广谱抗生素，对大多数革兰氏阳性菌与阴性菌、螺旋体、放线菌、支原体、衣原体、立克次氏体和某些原虫（如阿米巴原虫、牛边缘无定形体、球虫等）都有抑制作用。

1. 土霉素

临床上适用于治疗幼畜副伤寒、牛布氏杆菌病、牛出血性败血症、炭疽、猪喘气病、猪肺疫、猪痢疾，犊牛、仔猪和雏鸡白痢，禽衣原体病等；也可局部应用治疗牛子宫炎，坏死杆菌病等；此外，对泰勒梨形虫病、无定形体（边虫）病、放线菌病、气肿疽、钩端螺旋体病等也有一定疗效。片剂内服日量：鸡 0.1~0.2g/ 只，兔 100~200mg/ 只。狐狸、水貂等经济动物，30~50mg/kg 体重，分 2~3 次内服。混饲浓度：猪 200~600mg/kg 饲料。混饮浓度：猪 110~280mg/L 水，禽 60~260mg/L 水。粉针剂肌内注射：鸡 25mg/kg 体重。肌内、静脉注射日量：羊、猪 7~15mg/kg 体重，牛 5~10mg/kg 体重，犬 10~20mg/kg 体重，兔 40mg/kg 体重，分 1~2 次注射。静脉注射时，可用注射用水、生理盐水或 5% 葡萄糖注射液等为溶媒，制成 0.5% 以下的注射液。肌内注射时，可用注射用盐酸土霉素溶媒（由 2% 盐酸普鲁卡因、5% 氯化镁组成）制成 5% 注射液。含土霉素 25% 的灭菌油制混悬液，专用以防治猪喘气病，于肩背部两侧肌内注射，0.15mL/kg 体重 / 次，每隔 3 日注射 1 次。复方长效盐酸土霉素注射液含盐酸土霉素分别为 10% 和 20%，都为琥珀色透明澄清液体，具有硫黄臭味。当肌内注射后，药效在 48h 内可达高峰，在体内可维持 4 日，对乳腺炎、猪丹毒、肺炎等疾病有效。肌内注射：猪 20mg/kg 体重，1 次即可，较严重的疾病，在第 1 次注射后 3~5 日再注射 1 次。对已感染无定形体（边虫）病的牛、羊，肌内注射土霉素 11mg/kg 体重，每日 1 次，连用 12 日，可有效地消除虫体。给患纤毛虫的猪肌内注射土霉素 15mg/kg 体重，1 日 2 次，连用 4 日，可完全消灭猪体内的纤毛虫。奶牛在妊娠期的前 5 个月，静脉注射 10g 土霉素，隔 12 日再用同量静脉注射 1 次，可抗御布氏杆菌的传染。

2. 金霉素

该药品抗菌谱、不良反应及临床用途等，均与土霉素相同。二者比较，金霉素对革兰氏阳性菌、耐药性金黄色葡萄球菌感染疗效较强，对胃肠黏膜和注射局部刺激性也较强，不可肌内注射。母牛产后子宫内膜炎、乳腺炎可局部用药。片剂（或胶囊剂）内服剂量同土霉素。家禽也可按200~500mg/kg饲料浓度混饲给药，一般不超过5日。以500mg/kg饲料浓度混饲，可消灭鸽体和鹦鹉内的鹦鹉热病原体。也可将金霉素塞入子宫内，羊、猪0.5g/次，牛1g/次，隔日1次，连用3~5次。

3. 四环素

该药品抗菌谱、不良反应及临床用途与土霉素等同。二药相比较，此药对革兰氏阴性杆菌作用较强，内服后吸收良好。因此，血药浓度较高，维持时间较长，对组织渗透率高。片剂（或胶囊剂）内服剂量同土霉素。牛用该药品可控制舌蝇危害。犬立克次氏体病，内服量66mg/kg体重/次，每日1次，连用14日，效果佳。兔内服100~200mg/只，治多种传染病和感染症。

4. 多西环素

该药品是一种广谱、高效、长效的半合成四环素类抗生素，抗菌谱与四环素相似，但抗菌作用较之强10倍，对耐四环素的细菌有效，用药后吸收更好，并可增进体内分布，能较多地扩散进入细菌细胞内，排泄较慢。临床上可用于治疗禽类慢性呼吸道疾病、大肠杆菌病、沙门氏菌病、巴氏杆菌病和鹦鹉热等。一般认为该药品毒性较小。片剂内服量：1日1次，禽10~20mg/kg体重；猪、羔羊、犊牛，2~5mg/kg体重；犬、猫，5~10mg/kg体重。混饲：禽100~200mg/kg饲料，猪150~250mg/kg饲料。混饮：禽50~100mg/L水，猪100~150mg/L水。粉针剂静脉注射用量：羊、猪1~3mg/kg体重，犬、猫2~4mg/kg体重，牛1~2mg/kg体重，每日1次。注射时以5%葡萄糖注射液制成0.1%浓度，缓缓注入，不可漏于皮下。

（三）不良反应

1. 耐药性

由于兽医临床上滥用该类药物，细菌对四环素类的耐药现象颇为严重，一些常见病原菌的耐药率很高，而由于化学结构相似还易产生交叉耐药。目前临床效果受到一定的影响。病原菌产生耐药性已引起广泛关注。如果在畜禽饲料中长期添加抗生素类促生长剂，可诱导某些菌群产生一定程度的耐药性。这种耐药性又可通过耐药因子（R-质粒）传递给其他敏感细菌。如大肠杆菌一旦对四环素类抗生素产生耐药性，会在很短的时间内将耐药性传递给沙门氏菌和布氏杆菌等。

2. 毒副作用

四环素类药物直接的毒性作用是由其刺激性、抑制蛋白合成以及骨趋向性引起。该类药物常用其盐酸盐，具有刺激性，口服引起胃肠反应，肌内注射可产生局部炎症；剂量过大或使用时间稍长时，极易引起动物消化机能失常，造成肠炎和腹泻。因为四环素类药物抗菌谱广，进入肠道后，敏感菌受到抑制，不敏感或耐药菌如真菌、大肠杆菌、变形杆菌、铜绿假单胞菌、产气荚膜梭菌趁机繁衍，致使肠道菌群紊乱，产生新的感染菌原，形成二重感染。为防止消化机能障碍的发生，成年草食动物及反刍动物均不宜口服给药。大剂量或长时间注射给药也能导致动物的消化机能失常。患畜二重感染时应先注意真菌的危害，必要时应用制霉菌素等治疗；长期大量口服或静脉给予大剂量四环素类药物时，可损害肝脏，引起脂肪变性甚至脂肪肝；四环素能沉积于婴幼儿的牙组织又能透过胎盘屏障，与金属离子形成的络合物被机体吸收后会导致骨骼生长停滞；另外长期大量使用四环素类药物还可能引起肠内合成B族维生素和维生素K的细菌受到抑制，从而引起维生素B_2及维生素K的缺乏，因而可引起舌炎、口角炎等维生素缺乏症。使用不当或滥用，往往会加重或加速毒性反应的发生，严重者可以致死。四环素过期、变质后可生成分解产物——差向四环素和脱水四环素。其结构和四环素类似，但服用后可引起恶心、呕吐、蛋白尿、酸中毒、糖尿、氨基酸尿、钙尿、低磷酸、低钾等症状。

3. 相互作用

四环素类药物与其他药物配伍可产生不良效果，应注意配伍禁忌。如不能与磺胺类药物的钠盐、青霉素、红霉素、氯化钙、葡萄糖酸钙、生物碱等药物合用。四环素类抗生素在临床上多为单独使用，以免增加药物毒性。四环素类药物长时间见光或在碱性环境中易被破坏而失效。该类抗生素与钙、镁、铁、铝等具有络合作用，生成难溶的络合物，使药效降低。所以，在治疗全身性感染时，应降低饲料中钙的含量或分别投药，以提高治疗效果。

六、林可胺类抗生素

林可胺类抗生素对大多数革兰氏阳性菌及某些厌氧的革兰氏阴性菌有效。林可胺类抗生素特点是对多种厌氧菌（包括破伤风杆菌、产气荚膜杆菌）有效，对某些梭状芽孢杆菌（厌氧菌）不敏感。主要用于厌氧菌引起的腹腔感染，也常用于敏感阳性菌所致的各种严重感染。主要包括林可霉素、氯林可霉素和吡利霉素。

（一）抗菌机理

林可霉素一般起抑菌作用，高浓度对敏感菌有杀灭作用。抗菌谱与红霉素基本相似，与红霉素一起使用呈现拮抗效应。对革兰氏阳性菌有强的抗菌能力，包括肺炎链球菌、化脓性链球菌、绿色链球菌、金黄色葡萄球菌、白喉杆菌等；对较多的厌氧菌有抗菌作用，包括拟杆菌属、梭杆菌、丙酸杆菌、真杆菌、双歧杆菌、消化链球菌、多数消化球菌、产气荚膜杆菌、破伤风杆菌以及某些放线菌等；对红霉素耐药的脆弱杆菌均对林可霉素敏感；对需氧病原体抗菌谱较窄；对革兰氏阴性菌、大多数的支原体无效，真菌和病毒均对其不敏感；肠球菌、艰难梭菌一般对其耐药。林可霉素与红霉素之间有交叉耐药性，一些革兰氏阳性细菌较易对其产生耐药菌株，厌氧菌对其产生耐药者比较少见。其耐药性出现较缓慢，产生耐药性的机制可能是细菌的50S核糖体亚基发生改变，在脆性杆菌发现有质粒介导的耐药基因。

（二）药动学

林可霉素内服吸收不完全，猪内服的生物利用度为20%~50%，血药浓度达峰时间约为1h。肌内注射吸收良好，0.5~2h可达血药峰浓度。可广泛分布于各种体液和组织中，包括骨骼，并可扩散进入胎盘。肝、肾组织的药物浓度最高，脑脊液即使在炎症时也达不到有效浓度。内服给药时，约50%的林可霉素在肝脏中代谢，代谢产物仍具有活性。原药及代谢物在胆汁、尿与乳汁中排出，在粪中可持续排出数日，以致敏感微生物受到抑制。

（三）临床应用

林可霉素在兽医临床上主要用于治疗革兰氏阳性菌特别是耐青霉素的革兰氏阳性菌所引起的各种感染，支原体引起的家禽慢性呼吸道病、猪喘气病，厌氧菌感染如鸡的坏死性肠炎等，也用于治疗猪密螺旋体痢疾、弓形体病和狗、猫的放线菌病。

1. 在猪上的应用

（1）防治猪气喘病。猪气喘病由猪肺炎支原体引起，临床上以体温不高、咳嗽、气喘和呼吸加快，可听到喘鸣声为主要特征。过去临床上多用土霉素、卡那霉素、泰乐菌素等进行治疗，但治疗不彻底，停药后容易复发。林可霉素治疗猪气喘病，具有疗效高、副作用小、毒性低及病灶吸收快等优点，是目前治疗该病较理想的药物，其原因可能是兽医临床上抗生素的长期滥用，耐药性的产生导致病原体对泰乐霉素、长效土霉素和硫酸卡那霉素的敏感程度降低，建议临床用量为 30mg/kg 体重。以 50mg/kg 体重林可霉素 5 日一疗程治疗猪气喘病可获得较为满意的结果。盐酸林可霉素 - 硫酸大观霉素复方预混剂（每 100g 预混剂含盐酸林可霉素和硫酸大观霉素各 22g）能有效地控制猪肺炎支原体与大肠杆菌混合感染的发生和发展，可显著降低 2 种病菌混合感染引起的死亡率。建议临床应用时，预混剂按 1.0kg/t 饲料添加，连用 7~10 日。

（2）防治猪痢疾。猪痢疾由密螺旋体引起，以黏液性、出血性、坏死性下痢为特征，主要危害断奶后的小猪，发病率高达 90% 以上，治疗不及时可引起不同程度的死亡。林可霉素用于治疗猪痢疾具有较好疗效，盐酸林可霉素按 15~20mg/kg 体重对感染痢疾猪进行一次肌内注射治疗。

（3）对猪其他疾病的防治。

① 防治仔猪黄痢：仔猪黄痢又称早发性大肠杆菌病，以腹泻、排黄色或黄白色稀粪为特征，主要危害初生仔猪，发病急、致死性高。林可霉素 1~2mL，地塞米松 1~2mL，维生素 C_2 1~3mL，一次分别肌内注射；同时给予口服补液盐（氯化钠 3.5g，氯化钾 1.5g，小苏打 2.5g，葡萄糖 20g），以温开水（40℃）1 000mL 溶解后，供仔猪自由饮水，按每千克体重 50~100mL/ 次；2 次 / 日，连用 2~3 日。

② 治疗仔猪白痢：仔猪白痢是仔猪生产中危害最大的常见病，用临床常用的抗生素治疗，效果不理想。以 2mL 林可霉素注射液、2mL 地塞米松注射液，混合一次对仔猪进行肌内注射，1 次 / 日，连用 2 日。林可霉素和地塞米松有抗菌、抗炎、抗过敏的作用，而仔猪白痢多与仔猪缺铁有关，注射补铁剂有辅助治疗作用。

③ 治疗猪支气管炎：猪支气管炎是由金黄色葡萄球菌、链球菌引起的一种呼吸道疾病，该病传染迅速，死亡率高。用盐酸林可霉素治疗猪支气管炎，具有杀菌力强、维持时间长、疗效显著、经济效益高等优点。对病猪肌内注射盐酸林可霉素 0.2mL/kg 体重，2 次 / 日，连用 3 日。

④ 防治猪链球菌病：猪链球菌病的症状和病变复杂多变，以仔猪损失最为严重，可致全窝仔猪死亡 50% 以上，甚至可达 100%。虽然用青霉素或者磺胺类药物有一定效果，但用药时间长，易产生耐药性，且造成药物残留。盐酸林可霉素具有明显的抗革兰氏阳性细菌的作用，具有优良的药物动力学特征，不良反应少。以 0.2mL/kg 体重进行肌内注射，2 次 / 日，连用 3 日。盐酸林可霉素以每千克体重 2 万 ~3 万 IU 进行肌内注射，病情轻者注射 1 次，重者注射 2~3 次。

2. 在鸡上的应用

林可霉素可用于治疗鸡的葡萄球菌病、坏死性肠炎、支原体和大肠杆菌混合感染等疾病。盐酸林可霉素可溶性粉剂水溶性好，可对鸡以饮水方式给药，使用方便。该药治疗人工感染的鸡葡萄球菌病可显著降低死亡率。每千克饮水添加 2~33mg 林可霉素，饮用 7 日，能有效地防治鸡坏死性肠炎。此外，盐酸林可霉素 - 硫酸大观霉素可治疗鸡支原体和大肠杆菌混合感染：以饮水给药，盐酸林可霉素 - 硫酸大观霉素可溶性粉（150g 含盐酸林可霉素 33.3g，硫酸大观霉素 66.7g），每日按 225mg/kg 饮水给药，现配现用，连用 5 日。

3. 在其他动物上的应用

（1）在马牛羊上的应用。应用林可霉素防治羊的腐蹄病、腿的其他障碍症、接触传染性无乳症。但是严重的胃肠道反应限制了林可霉素在羊上更广阔的应用，因为混饲给药可能会导致肠炎。林可霉素以 5mg/kg 体重肌内注射，可用于治疗和预防羔羊的非典型支原体肺炎。林可霉素还可以治疗马牛羊深部感染：在大家畜疾病的诊疗中，难以处治入侵肋骨、关节、脑膜和喉的深部感染。林可霉素具有穿透缺乏血管组织的能力，并且对于存留脓液有疗效。

（2）在犬猫上的应用。用林可霉素组合制剂（每 1mL 溶液含有盐酸林可霉素 100mg），可治疗对林可霉素敏感菌引起的关节炎、放线菌病、脓疡、脓疱性皮炎、败血病、扁桃腺炎、咽喉炎、乳腺炎、继发性细菌感染以及犬和猫的呼吸道感染。给药途径和剂量：肌内注射：犬猫 2mL/10kg，1~2 次 / 日。静脉注射：犬猫 2mL/10kg，1~2 次 / 日。治疗持续时间 3~7 日。

（四）不良反应

（1）林可霉素禁用于家兔、马、乳牛或其他反刍动物、豚鼠和仓鼠，因可发生严重的肠胃反应（腹泻等）或代谢紊乱，甚至死亡，可致乳牛发生酮病；马可能引起严重甚至是致死性的结肠炎。

（2）林可霉素用于犬和猫可出现胃肠炎（犬的症状是呕吐、稀便、偶见血痢）等不良反应，肌内注射在注射局部引发疼痛，快速静脉注射能引发血压升高和心肺功能停顿。猪用其进行药疗一段时间后也可能出现胃肠炎性障碍，大剂量对多数给药猪可出现皮肤红斑及肛门或阴道水肿。

（3）林可霉素可排入乳汁中对吮乳犬、猫有发生腹泻的可能。由于幼畜代谢药物的能力有限，该药不适用于幼畜。

（4）肌内注射给药有疼痛刺激，或吸收不良；静脉推注可引起静脉炎，应用时应特别注意；大剂量可能出现骨骼肌麻痹。

（5）休药期。肌内注射猪 2 日，内服猪 5 日，鸡 0 日，泌乳期奶牛、产蛋期鸡禁用。

七、常用抗菌中草药

常用抗菌中草药大多属于清热解毒药。具有抗菌消炎，清热泻火，解热凉血的功能。临床用于微生物所致的各种感染。优点是药源丰富，就地取材，副作用少，疗效良好。

（一）黄连

毛茛科植物黄连或其同属植物的根茎，主要成分为小檗碱（黄连素）。可治疗细菌性痢疾、急性胃肠炎、仔猪白痢、消化不良、腹泻等。内服 1 次量：牛、马 20~30g；猪、羊 5~10g，家禽 0.3~0.6g。硫酸黄连素针剂，肌内注射量：牛、马 0.15~0.4g；猪、羊 0.05~0.1g。

（二）大蒜

百合科植物大蒜鳞茎。主要成分是蒜辣素（大蒜素），对革兰氏阳性菌、阴性菌的大部分均有抑制作用，对真菌和某些原虫也有效。可治肠炎、下痢、仔猪白痢、仔猪副伤寒及食欲下降、杀瘤胃臌气等。大蒜泥，内服 1 次量：牛、马 50~100g；猪、羊 10~20g；禽 2~4g；兔 3~5g。大蒜酊（40%），内服 1 次量：牛、马 50~100mL；禽 2~4mL；兔 5~10mL。

（三）板蓝根

主要有十字花科植物菘蓝的干燥根。其叶称大青叶。大青叶加工后所得色素即称青黛。有效成分为板蓝根乙素。对多种革兰氏阳性菌、阴性菌及流感病毒等均有抑制作用。可治疗咽炎、支气管炎、肺炎、家畜流感、脑炎及其他全身感染。煎剂或散剂，内服 1 次量：牛、马 50~100mL；猪、羊 4~6mL。大青叶针，相当于生药 2g : 2mL，肌内注射：猪、羊 4~6mL。

（四）穿心莲

爵科植物穿心莲全草或叶。主要成分为内酯类（穿心莲内酯等）和黄酮类。用于畜禽肠道细菌感染及呼吸道、泌尿道和其他细菌及病毒感染。煎剂或散剂，内服 1 次量：牛、马 60~120g；猪、羊 30~60g；禽 1~2g；兔 1~2g。片剂，相当于生药 1g/ 片，内服一次量：同散剂。针剂，相当于生药 1g : 1mL。

（五）金银花

忍冬科植物忍冬的干燥花蕾，其茎称金银藤（忍冬藤）。藤和花的作用相似，但效力较差。主要成分为忍冬苷、肌醇等。常与板蓝根、黄芪配伍。煎剂或散剂，内服 1 次量：牛、马 15~60g；猪、羊 10~15g；家禽 0.5g。其藤量则加倍。

（六）连翘

木樨科植物连翘的干燥果实。有效成分为连翘酚等。对多数细菌及流感病毒均有抑制作用。可治呼吸道感染，常与金银花合用治感冒。煎剂或散剂，内服 1 次量：牛、马 25~60g；猪、羊 10~50g。

（七）马齿苋

为马齿苋科植物马齿苋的全草。主要含有儿茶酚胺、生物碱及多种维生素等。其乙醇液能抑制多种肠道杆菌。尚有利尿、止血、增强子宫收缩和肠蠕动，促进溃疡愈合作用。可治疗肠炎下痢、仔猪白痢等消化道感染。捣汁外用可治疮痈、肿毒、湿疹等。内服 1 次量：牛、马 30~120g，猪、羊 15~30g。鲜草用量加倍。

（八）鱼腥草

为三白草科植物蕺菜的干燥全草。具有强烈鱼腥味的挥发油，主要成分为鱼腥草素。对肺炎双球菌、金黄色葡萄球菌、溶血性链球菌等作用最显著。亦可提高机体免疫机能。用于治疗呼吸道感染，如咽炎、肺炎、支气管炎、异物性肺炎、肺脓肿等。煎剂或散剂，内服 1 次量：牛、马 30~120g；猪、羊 15~30g；禽 1~2g。

第四节　化学合成抗菌药

化学合成抗菌药是用化学合成方法制成的抗菌药物。主要包括磺胺类、喹诺酮类、喹噁啉类和硝基咪唑类等。

一、抗菌增效剂

抗菌增效剂是广谱抗菌药物，曾称为磺胺增效剂，因其能增强多种抗生素的疗效，故现在称为抗菌增效剂。常用的抗菌增效剂有三甲氧苄氨嘧啶（TMP）、二甲氧苄氨嘧啶（DVD）、二甲氧甲基苄氨嘧啶（OMP）。该类药物均为淡黄色或白色结晶性粉末，味微苦，难溶于水，但可溶于酸及有机溶媒。

（一）抗菌机制

该类药物能抑制二氢叶酸还原酶，使二氢叶酸不能还原为四氢叶酸，从而妨碍菌体核酸和蛋白质的合成。与磺胺类药物合用时，分别阻断微生物叶酸合成代谢中前后 2 个不同环节。

（二）常用制剂及用量

（1）复方新诺明，每片含 TMP 0.08g、磺胺甲噁唑（SMZ）0.4g。20~25mg/kg 体重，每 12~24h 用药 1 次。

（2）复方磺胺 -5- 甲氧嘧啶，含 TMP 0.1g、磺胺间甲氧嘧啶（SMD）0.4g。用量同上。

（3）增效磺胺 -6- 嘧啶，每片含 TMP 0.1g、磺胺间甲氧嘧啶（SMM）0.4g。用量同上。

（4）增效磺胺嘧啶，每片含 TMP5mg、磺胺嘧啶（SD）25mg。30mg/kg 体重，每日 2 次。

（5）增效磺胺嘧啶钠注射液，每支 10mL，含 TMP 0.2g、SD 1g。用量为 0.17~0.20mL/kg 体重，每 12~24h 用药 1 次。5 000mL 水加药 1mL。

（6）增效磺胺 -5- 甲氧嘧啶注射液，每支 10mL 含 TMP 0.2g、SMD 1g。用量同上。

（7）增效磺胺甲氧嗪钠注射液，每支 10mL 含 TMP 0.2g、磺胺甲氧哒嗪（SMP）1g。用量同上。

（8）增效磺胺钠注射液，每支 10mL，含 TMP 0.2g、磺胺二甲氧嘧啶（SDM）1g。0.17~0.20mL/kg 体重。5 000mL 水加药 1mL。

（9）TMP，每片 0.1g，针剂，每支 2mL，含量 0.1g。内服、注射 10mg/kg 体重，混饲用量为 0.02%~0.04%。

（10）DVD 与磺胺类药按 1 ∶ 5，如磺胺胍（SG）或 SMD、SMM 合用。用量为 20~25mg/kg 体重，每日 2 次。雏鸡每日用量是 1~5 日龄 10mg；6~10 日龄 15mg；10~17 日龄 20mg。混饲用量为 0.015%~0.020%。

（11）“复方敌菌净”，每片含 DVD 6mg、SMD 30mg。每次 30mg/kg 体重，每日 2 次，预防量 10~20mg/kg 体重，连服不超过 5 日。

（三）临床应用

该类药物对多数革兰氏阳性和阴性细菌有作用。与磺胺类药及抗生素并用时，具有明显的增效作用，可增加数倍至数十倍。该类药物极少单独使用，因细菌对该类药物易产生抗药性。抗菌增效剂大多属于苄胺嘧啶类化合物，配合四环素、庆大霉素等应用，也可产生协同作用，增强杀菌效力。同时，该类药物本身也有较强的抗菌作用。临床上常用 TMP 和磺胺类药物的复方制剂，如复方新诺明、增效磺胺甲氧嗪注射液等，治疗畜禽呼吸道、消化道、泌尿生殖道感染，以及全身性感染、败血症、急性乳腺炎、创伤和手术感染等。常用 DVD 与磺胺类药物按 1 ∶ 5 的比例并用，治疗兔和禽球虫病及霍乱、鸡白痢等。基于抗菌增效剂的增强作用和广泛的抗菌谱，皆可获得满意的治疗效果。DVD 内服吸收少，血中浓度最高时也仅为 TMP 的 20%，所以 DVD 与磺胺类药物或抗生素并用，多用于治疗肠道细菌感染，如鸡白痢、禽霍乱。DVD 与 OMP 还经常用于家禽球虫病的治疗。

（四）不良反应

该类药物毒性极低，TMP 对小白鼠的半数致死量（LD_{50}）为 2 500mg/kg 体重，而 DVD 的 LD_{50} 则大于 5 000mg/kg 体重。按治疗量长期使用，也不会出现不良反应。但大剂量使用时，可影响叶酸代谢和作用，可致白细胞减少和血小板减少，故长期使用时必须注意。

二、磺胺类药

磺胺类药是人工合成的应用最早的化学药品，由于抗菌谱广、价格低、化学性质稳定、使用方便，既可注射用又可内服。特别是高效、长久、广谱的磺胺药和增效剂合成以来，使磺胺类药在兽医临床上应用仅次于抗生素。但同时存在用量大、不良反应较多、细菌易产生耐药性等缺点。

（一）作用机理及范围

1. 作用机理

磺胺类药物抗菌作用的机理是通过抑制叶酸的合成而抑制细菌的生长繁殖。对磺胺药敏感的细菌不能直接利用环境中的叶酸，必须吸收利用细菌体外的对氨基苯甲基酸，在菌体二氢叶酸合成酶的参与下，与二氢喋啶一起合成二氢叶酸，再经过二氢叶酸还原酶的作用形成四氢叶酸，进一步与嘌呤、嘧啶等其他物质一起合成叶酸，磺胺药能与 PABA 竞争二氢叶酸合成酶，从而阻断敏感细菌叶酸的合成而发挥抑菌作用。抗菌增效剂的作用机理 TMP 和 DVD 与磺胺类药物合用时，可从 2 个不同环节同时阻断叶酸合成，而起双重阻断作用，抗菌作用可增强数倍至几十倍，并可减少耐药菌株的产生。

2. 作用范围

磺胺类药抗菌范围广，对大多数革兰氏阳性菌和革兰氏阴性菌均有抑制作用。对磺胺类药高度敏感的病原菌有：链球菌、肺炎球菌、沙门氏菌、化脓棒状杆菌、大肠杆菌等；次敏感菌有：葡萄球菌、变形杆菌、巴氏杆菌、产气荚膜梭菌、痢疾杆菌等。磺胺类药对某些放线菌、衣原体和某些原虫如球虫、阿米巴原虫、弓形虫也有较好的作用。磺胺类药对螺旋体、结核杆菌、立克次体等完全无效。磺胺类药在体外和体内的抑菌作用强度是一致的（少数例外）。当然，对感染的最后治愈还有赖于机体的防御机能。

（二）临床应用

1. 根据疾病性质选用不同类型的磺胺类药

（1）全身感染性疾病。如败血症，应选用肠道易吸收的药物，如复方新诺明、磺胺嘧啶等。

（2）肠道感染。如肠炎、腹泻病，应选用肠道不易吸收的药，如磺胺脒等。

（3）局部感染。如烧伤感染、化脓性创面感染等，应选用外用磺胺类药，如磺胺醋酰（SA）等。

（4）寄生虫感染。如球虫、住白细胞原虫感染，应用磺胺二甲嘧啶、磺胺喹噁啉。

2. 根据磺胺类药的性质确定用药时间和剂量

磺胺类药物的用量分为首次用量和维持用量，首次用量为正常用量的 2 倍，然后改为维持用量即正常用量。在使用时要求剂量准确、拌料均匀。疗程 3~5 日，不宜超过 7 日。因为长期大剂量使用易造成蓄积中毒。

3. 磺胺类药物的联合应用

（1）与小苏打（碳酸氢钠）合用。磺胺类药物在酸性环境中容易析出结晶，如果单纯使用磺胺药物，肾排泄时，容易析出胺结晶，堵塞输尿管，所以使用时应和小苏打合用，防止结晶出现。肾功能减退和全身酸中毒时应慎用或禁用磺胺类药物。

（2）与增效剂合用。磺胺类药物和增效剂（如 TMP）合用后抗菌作用比单纯使用时增加数倍。

（3）与维生素 K、B 族维生素合用。磺胺类药物在使用时影响维生素 K、B 族维生素的吸收，所以使用磺胺类药物时，饲料中应加入维生素 K、B 族维生素。

4. 配伍禁忌

磺胺注射液药物如磺胺嘧啶注射液不宜与酸性药物如维生素 C、青霉素、四环素、盐酸麻黄碱等合用，否则析出磺胺沉淀。遇普鲁卡因疗效减弱甚至失效，遇氧化钙、氯化铵会增加对泌尿系统毒性。

（三）不良反应

（1）严格掌握适应证，对病毒性疾病不宜选用磺胺类药。

（2）宜充分饮水，增加尿量。减少尿结晶损害肾脏，并加速药物排出。

（3）注射疫苗前后 3 日不得应用此类药物，因为磺胺类药物能够抑制抗原活性，使免疫效果下降。

（4）磺胺类药物在外用时，如关节脓肿，应彻底清除创面的脓汁、黏液及坏死组织。因为这些物质含有大量的氨苯甲酸而影响磺胺类药物疗效。

三、氟喹诺酮类

氟喹诺酮类药物因其抗菌谱广、抗菌活性强，已成为临床上常用的抗菌药物，但由于药物本身特性及不合理用药和滥用药物现象的存在，引起了一系列的不良反应。常见的有皮肤过敏及光敏反应、中枢神经系统反应、循环系统反应、消化系统反应、泌尿系统反应、呼吸系统反应、软骨毒性、肝脏毒性、生殖毒性、跟腱炎和局部刺激症状等，对动物及人类健康造成了一定危害。因此，医护人员及兽医工作者应熟练地掌握氟喹诺酮类药物的不良反应特征，避免其造成的伤害，从而保障人与动物的身体健康。

（一）作用机理

喹诺酮类药物主要抑制了 DNA 旋转酶（也称拓扑异构酶Ⅱ）A 亚单位，只有少数药物还作用于 B 亚基，从而破毁了它的活性。结果使脱氧核糖核酸、核糖核酸及蛋白质的合成受到干扰，使细胞不能再进行分裂，而起到杀菌作用。氟喹诺酮类药物对细菌产生的形态改变包括降低细胞分裂、丝状化及细胞的消散。

（二）临床应用

在美国，只有恩诺沙星和沙拉沙星被批准在动物上使用；在其他国家，马波沙星和单诺沙星也被批准在动物上使用。用恩诺沙星治疗猪大肠杆菌、禽大肠杆菌、其他禽细菌和分枝杆菌疾病的临床研究非常成功。单诺沙星在牛呼吸道疾病进行的广泛临床效应研究显示每日 1.25 mg/kg 的剂量连续 3~5 日，多种管理状态下是有效的。其他单诺沙星的药效研究显示对禽支原体疾病有潜力。肠道外给药的恩诺沙星和土霉素对治疗放线杆菌致猪胸膜肺炎都是有效的（以直肠体温和肺损伤为测定参数），就临床效果来看，互相没有显著差异。最终，沙拉沙星在美国是第一个被批准在食用动物上使用的氟喹诺酮类药物（家禽大肠杆菌疾病的治疗通过饮水）。在动物保健上已被提出的氟喹诺酮类药物其他应用未批准的包括深部感染、前列腺炎、中枢神经系统感染、骨和关节感染和对其他抗菌结构药物耐药的医院感染。

（三）药物特点

（1）抗菌谱广，抗菌活性强，尤其对 G- 杆菌的抗菌活性高，包括对许多耐药菌株如 MRSA（耐甲氧西林金黄色葡萄球菌）具有良好抗菌作用。

（2）耐药发生率低，目前已有质粒介导的耐药性发生。

（3）体内分布广，组织浓度高，可达有效抑菌或杀菌浓度。

（4）大多数系口服制剂，亦有注射剂，半衰期较长，用药次数少，使用方便。

（5）为全化学合成药，价格比疗效相当的抗生素低廉，性能稳定，不良反应较少。因而该类药在化学合成抗感染药物中发展最为迅速，已成为临床治疗细菌感染性疾病的主要化疗药物。

（6）喹诺酮类和其他抗菌药的作用点不同，它们以细菌的脱氧核糖核酸（DNA）为靶。细菌的双股 DNA 扭曲成为袢状或螺旋状（称为超螺旋），使 DNA 形成超螺旋的酶称为 DNA 回旋酶，喹诺酮类妨碍此种酶，进一步造成染色体的不可逆损害，而使细菌细胞不再分裂。它们对细菌显示选择性毒性。当前，一些细菌对许多抗生素的耐药性可因质粒传导而广泛传播。该类药物则不受质粒传导耐药性的影响，因此，该类药物与许多抗菌药物间无交叉耐药性。

（四）不良反应

1. 皮肤过敏反应及光敏反应

使用氟喹诺酮类药物后，皮肤过敏反应（包括红斑、瘙痒、风疹和皮疹）的发生率较低（$<1\%$），主要表现为皮疹、发热发红、瘙痒、脱屑，严重者可有重型药疹，过敏性休克。此反应多在用药后 3 日左右出现，多数在用药中自动消失，个别出血性皮疹或恶性皮炎，需及时停药治疗。药物引起的光敏反应包括光毒性反应和光变态反应。暴露在太阳下的皮肤区域，临床表现范围从中度的红斑到大疱疹，严重者可引起皮肤脱落糜烂。光毒性最强的喹诺酮类药物主要可诱导单纯态氧和原子团而引起严重的组织损伤。光敏反应主要受 6- 位取代基的影响，在此位置为氟取代的喹诺酮类药物，如氟诺沙星、洛美沙星和司帕沙星，常显示相对较高的光毒性；已观察到某些氟喹诺酮类药物存在光诱变性和光致癌性，并似乎随着光稳定性的增加而降低。连续服用氟喹诺酮类药物（>78 周）的动物长期暴露在紫外光下，可观察到皮肤瘤增长，动物除使用洛美沙星以外，几乎所有的皮肤瘤都是良性的。氟喹诺酮类药物光毒性强弱的顺序为克林沙星 > 洛美沙星、司氟沙星 > 曲伐沙星 > 依诺沙星 > 氧氟沙星、环丙沙星、莫西沙星、加替沙星。

2. 中枢神经系统不良反应

氟喹诺酮类药物治疗过程中对中枢神经系统的不良反应是一种常见的并发症，其 CNS 毒性的作用机理尚不明确。神经系统的不良反应总发生率为 11.8%，症状可见神志改变，抽搐、癫痫样发作、短暂性视力损伤、头痛头昏和睡眠紊乱等。动物表现为不安或神经症状，雏鸡急性中毒神经症状表现为尖叫、旋转、最后头颈及两肢强直、痉挛而死；猫、犬还能诱发癫痫。

3. 循环系统不良反应

这类反应虽然报道较少，但也应引起高度重视，使用后可使血小板减少，淋巴细胞和中性粒细胞减少，产生溶血性贫血和再生障碍性贫血等。主要症状为血压升高或下降，心动过速、心动过缓、循环衰竭、心房纤颤、心肌梗死，严重者可致心跳停止。

4. 消化系统不良反应

在动物生产上对消化系统的不良反应尤为重要，对革兰氏阴性菌极强的杀菌活性，可破坏胃肠道的菌群交互抑制，轻则影响饲料利用率，降低增重率，严重时可导致一系列严重胃肠道反应。

5. 泌尿系统不良反应

泌尿系统肾毒性反应少见，肾脏损害表现为尿素氮和血清肌酐值升高；大剂量应用可出现结晶尿、蛋白尿、血尿、血清肌酐和尿素氮增高等，严重时出现水肿及间质性肾炎，甚至继发肾功能衰竭。

6. 呼吸系统不良反应

这方面报道不多，主要有支气管痉挛、哮喘、呼吸困难等，其机理是由于氟喹诺酮类药物在光和氧的条件下可以产生单线态氧，单线态氧可以造成细胞膜的脂质过氧化损伤、细胞破裂，抑制细胞的抗氧化防御机制而引起肺损伤。

7. 软骨毒性

在多种动物实验中，氟喹诺酮类药物显示对未成熟关节软骨（骺关节复合物）的毒性作用，特别是氟喹诺酮类药物对新生或幼小动物骺增生板也有影响，而成年软骨关节无相应的反应。病理改变显示幼龄动物的关节软骨出现水疱、裂隙、侵蚀、软骨细胞聚集及关节非炎性渗出，从而影响软骨发育，使生长受到抑制。

8. 肝脏毒性

动物长期高剂量使用可有明显肝毒性，以静脉注射尤为严重，肝肿胀、胆汁淤积甚至肝细胞坏死。这类反应的顺序为环丙沙星 > 氧氟沙星 > 诺氟沙星，其他药物这方面反应报道较少。因此不能长期服用氟喹诺酮类药物，否则会引起肝脏损害。

9. 生殖毒性

不同氟喹诺酮类其生殖毒性有差异，培氟沙星 50mg/kg 给药 2 周后，鼠的精子畸变率增高，剂量再加大 10 倍，则引起睾丸萎缩。高剂量氟喹诺酮类对胎儿的毒性也较明显。因此，做治疗或紧急预防用时，疗程不宜超过 1 周，对幼畜和孕畜更要慎重。

10. 局部刺激症状

注射给药时，可出现静脉炎、局部组织水肿等反应，局部刺激的发生与注射速度和药物浓度有关，降低用药浓度及减慢给药速度，可减少其发生。

四、喹噁啉类

喹噁啉类药物主要是抑制菌体 DNA，对 G^- 菌的作用强于 G^+ 菌，是治疗猪密螺旋体痢疾的首选药，对仔猪黄痢、白痢、犊牛副伤寒、禽霍乱也有一定作用。

五、硝基咪唑类

硝基咪唑类有机化合物是一类具有硝基咪唑环结构的药物，包括甲硝唑、二甲硝咪唑、奥硝唑、替硝唑等。其中，甲硝唑水解为羟基甲硝唑，异丙硝唑水解为羟基异丙硝唑。硝基咪唑类药物具有抗菌作用，尤其具有很强的抗厌氧菌作用，同时还具有抗肿瘤、抗病毒和抗原虫活性。

（一）抗菌机理

硝基咪唑类药物具有抗原虫和抗菌活性，同时也具有很强的抗厌氧菌作用。药物进入易感的微生物细胞后，在无氧或少氧环境和较低的氧化还原电位下，其硝基易被电子传递蛋白还原成具有细胞毒作用的氨基，抑制细胞 DNA 的合成，并使已合成的 DNA 降价，破坏 DNA 的双螺旋结构或阻断其转录复制，从而使细胞死亡，发挥其迅速杀灭厌氧菌、有效控制感染的作用。甲硝唑除抗滴虫及阿米巴原虫外，还对脆弱拟杆菌、黑色素拟杆菌梭状杆菌属、产气荚膜梭状芽孢杆菌等有良好抗菌作用；甲硝唑内服吸收迅速，生物利用度为 60%~100%，在 1~2h 内达到峰浓度，在血中仅少量与血浆蛋白结合，消除半衰期为 4.5h。二甲硝咪唑不仅能抗大肠弧菌、多型性杆菌、链球菌、葡萄球菌和密螺旋体，且能抗组织滴虫、纤毛虫、阿米巴原虫等。添加该品于饲料中可用于防治禽类的组织滴虫病及六鞭虫病。

（二）临床应用

1. 抗菌作用

甲硝唑、替硝唑、奥硝唑分别是用于临床的第一、第二、第三代抗厌氧菌药物。1978 年 WHO 确定甲硝唑为基本及首选的抗厌氧菌感染用药。其后，一系列衍生药物不断开发出来，例如，1982 年替硝唑在瑞士上市，2001 年奥硝唑始在我国广泛用于抗厌氧菌的感染，1976 年塞克硝唑首先在墨西哥上市，虽未在我国广泛应用，但已有单位在研制开发各种剂型的塞克硝唑用于治疗由肺部、胸腹部幽门螺旋杆菌引起的消化道、妇科、骨髓、关节等外科、中枢神经系统、口腔科等厌氧菌感染。硝基咪唑类药物作为药物前体，在细胞内需被激活而有效。其抗菌作用机制是细菌的细胞胞浆中的硝基还原酶，使被动扩散而进入的药物获得较低的氧化还原电位，硝基被还原成经胺衍生物后再与 DNA 作用，引起细菌 DNA 螺旋链损伤、断裂、解旋，进而导致细菌死亡。

2. 抗结核作用

结核病是由结核分枝杆菌的感染而引起。许多 4- 硝基咪唑类化合物，对结核分枝杆菌等有很好的体内外抗菌活性，具有结核病治疗药物的开发前景。

3. 抗肿瘤作用

2（4、5）- 硝基咪唑类药物在抗肿瘤方面的作用主要用于放射增敏剂。用于临床研究的第一个放射增敏剂是 2- 硝基咪唑类药物米索硝唑，阻碍其应用的主要原因是其具有较大的神经毒性。

4. 抗原虫作用

该类药物具有抗多种厌氧的革兰氏阳性和革兰氏阴性细菌和原虫的活性，特别是溶组织内阿米巴、兰氏贾第鞭毛虫和阴道毛滴虫。硝基咪唑类抗原虫药物，在厌氧环境中其硝基被还原成毒性自由基（或氨基）才具有抗厌氧菌活性，对需氧菌或兼性需氧菌无抗菌活性，但对阴道毛滴虫和阿米巴大滋养体却能直接杀灭。体外实验表明，当甲硝唑浓度为 1~2μg/mL 时，6~20h 内溶组织内阿米巴虫的形态就会改变，72h 内可全部被杀灭。硝基咪唑类抗原虫药物通过阻止原虫的氧化还原反应及原虫的 DNA 合成，使原虫的氮链被破坏，虫体死亡。

（三）不良反应

硝基咪唑类药物具有致突变性和潜在的致癌性，被许多国家列为违禁药物。我国农业农村部规定甲硝唑等及其盐、酯及制剂不准以促进动物生长为目的在所有食品动物饲养过程中使用。

第五节　抗真菌药和抗病毒药

真菌感染可分为浅部感染和深部感染。浅部感染多由各种癣菌引起，主要侵犯皮肤、羽毛、指（趾）甲等部位，引起多种癣病，发病率高，但危害性小。深部感染常由白色念珠菌和新型隐球菌引起，主要侵犯内脏、骨骼和中枢神经系统，发病率虽低，但危害性大，甚至危及生命，如雏鸡曲霉菌性肺炎，可引起大量死亡。近年来，随着免疫抑制剂、肾上腺皮质激素和广谱抗生素等的大量应用，深部真菌病的发病率较以前增高，因此有效控制深部真菌病具有重要的临床意义，然而目前既高效又低毒的药物仍少。根据药物作用部位分浅表真菌药，一般局部应用，如制霉菌素，吡咯类中的克霉唑、益康唑、咪康唑等；深部真菌药一般要全身治疗，最有效者仍为两性霉素 B，但其毒性大，限制了它的应用；氟胞嘧啶毒性较低，但其抗真菌谱窄，且真菌易对其产生耐药性，故常与两性霉素 B 联合应用治疗严重深部真菌病；吡咯类抗真菌药近年来发展较为迅速，除口服制剂外，尚有注射用药，如氟康唑等，具有较广的抗真菌谱，临床较常用品种酮康唑等安全性高，但其抗真菌作用较两性霉素 B 明显为差。因此继续开发高效低毒的抗真菌药仍是今后努力的方向。近年来研制的两性霉素 B 脂质体既保留了高度抗菌活性，又降低了毒性，是一类有临床应用前途的抗真菌药新制剂。通常真菌药分为 3 类：抗生素类、咪唑类药物和其他类。

一、抗生素类

（一）灰黄霉素

该药抗真菌谱较窄，灰黄霉素对各种皮肤癣菌（表皮癣菌属、小孢子菌属及毛癣菌属）有强大的抑制作用，但对其他真菌和细菌无效。其抗真菌作用的机理是因其能与真菌细胞微管蛋白结合，破坏有丝分裂的纺锤体，从而抑制真菌细胞的有丝分裂。口服用于治疗各种癣病，不良反应较多，但不严重，主要表现为消化道和神经系统症状，现已少用。

（二）两性霉素 B

该药是多烯类抗深部真菌的抗生素，其分子结构中有一个氨基和一个羧基。具有二性的性质，该药对多种深部真菌有强大的抑制作用，其作用机制是与真菌细胞膜中的类固醇结合而增加膜的通透性，导致细胞内重要物质如氨基酸、核苷酸、电解质等外漏而死亡。细菌的细胞膜不含类固醇，故对该药不敏感。另外该药对浅部真菌无效。该品抗真菌作用在 pH 值为 6.0~7.5 最强。为治疗深部真菌病的首选药，对各种真菌性肺炎、心内膜炎、尿路感染及脑膜炎等疗效良好，治疗真菌性脑膜炎时，需加小剂量鞘内注射，局部用于眼、皮肤及黏膜的真菌感染。该药毒性较大，最常见和最严重的是肾损害。此外，静脉滴注时常有高热、呕吐等不良反应。静脉滴注过快可引起心律失常。两性霉素 B 不可配伍药物有：阿米卡星、钙剂、依地酸钙钠、羧苄西林、氯丙嗪、苯海拉明、多巴胺、庆大霉素、卡那霉素、利多卡因、间羟胺、甲基多巴、青霉素、多黏菌素 B、氯化钠、氯化钾、普鲁卡因、四环素、链霉素、维生素类。

（三）制霉菌素

属于多烯类抗生素，体内过程和抗真菌作用及作用机理与两性霉素 B 相似，但毒性更大。对深部真菌（白色念珠菌、新型隐球菌、荚膜组织胞浆菌等）有抑制作用，但比两性霉素 B 弱。该品内服几乎不吸收，临床主要内服给药，用于治疗胃肠道真菌感染。口服可引起胃肠道反应，由于毒性大，不宜做注射给药。

二、咪唑类药物

咪唑类药物为合成抗真菌药，具有抗菌谱广、毒性低的特点。

（一）克霉唑

对皮肤癣菌作用与灰黄霉素相似，对深部真菌作用不及两性霉素 B。因毒性大，目前仅局部用于治疗浅部真菌病和皮肤黏膜的念珠菌感染。

（二）咪康唑

为高效、安全、广谱抗真菌药，静脉给药用于治疗深部真菌病。但毒性较大，注射时可发生静脉炎与心律失常，故必须谨慎使用。局部应用可治疗皮肤等部位的浅表真菌感染，疗效优于克霉唑。

（三）酮康唑

口服吸收良好，体内分布广，对念珠菌和癣菌作用强。口服治疗多种浅部真菌病和深部真菌病。也可局部应用。不良反应较少，主要是胃肠道反应，偶有严重的肝毒性。因其必须在酸性溶液中吸收，故不能与抗酸药和 H2 受体阻断药合用。

（四）氟康唑

口服吸收快而完全，达 90%，1~2h 血药达峰，半衰期约 30（20~50）h。其在血浆中有较高的游离药物浓度，血浆蛋白结合率低（11%~12%）。生物利用度高达 90%。氟康唑在主要器官、组织、体液中具有较强的渗透能力，可透过血脑屏障。单剂量或多剂量给药，14d 时药物可进入所有体液、组织中。尿液及皮肤中药物浓度为血浆浓度的 10 倍；水泡皮肤中浓度为血浆的 2 倍；唾液、痰、水泡液、指甲中与血浆浓度接近；脑脊液中浓度低于血浆，为 0.5~0.9 倍。80% 药物以原形自尿排泄。抗真菌谱与酮康唑相似，主要用于念珠菌病和隐球菌病，尤适用于各种真菌引起的脑膜炎。不良反应较轻，有轻度消化系统反应和变态反应等。氟康唑高度选择抑制真菌的细胞色素 P450 酶，使真菌细胞损失正常的甾醇，破坏了真菌细胞的完整结构。对新型隐球菌、白色念珠菌及其他念珠菌、黄曲霉、烟曲霉、皮炎芽生菌、粗球孢子菌、荚膜组织胞浆菌等有抗菌作用。氟康唑对动物正常细菌或细胞色素 P450 酶作用甚微，尤其适用于深部真菌感染。

（五）伊曲康唑

该品是一种合成的广谱抗真菌药，为三氮唑衍生物，通过抑制细胞色素 P450 酶所依赖的麦角甾醇的合成而发挥抗菌作用。对皮肤癣菌、酵母菌、曲霉菌属、组织胞浆菌属、巴西副球孢子菌、申克孢子丝菌、着色真菌属、枝孢霉属、皮炎芽生菌以及各种其他的酵母菌和真菌感染有效。尤其适应于粒细胞缺乏患者怀疑真菌感染的经验治疗和不能耐受两性霉素 B 或两性霉素 B 治疗无效的曲霉菌病的治疗。伊曲康唑胶囊口服吸收良好，血药浓度达峰时间约 4h，血浆蛋白结合率高达 90%，采食后服用吸收较好，开始治疗 1 周后，在甲角质中就可以测到伊曲康唑，3 个月疗程结束后，其药物浓度仍至少存在 6 个月。该药同样可存在于皮肤中，汗液中也少量存在。伊曲康唑同时也集中地分布在易于受到真菌感染的部位。在肺、肾脏、肝脏、骨骼、胃和肌肉中的药物浓度比相应的血浆中浓度高 2~3 倍。该品经粪排泄的原形药为所用剂量的 3%~18%，经肾排泄的原形药则低于所用药剂量的 0.03%，大约 35% 以代谢物形式在 1 周内经尿排泄。

三、其他类

（一）特比萘芬

对皮肤癣菌有杀灭作用，对念珠菌呈抑菌作用。口服、外用均可，临床主要用于治疗浅部真菌感染。

（二）氟胞嘧啶

对隐球菌、念珠菌和拟酵母菌有较高的抗菌活性，作用机制为药物进入真菌细胞内，转换为氟尿嘧啶，替代尿嘧啶进入真菌 DNA 中，从而阻断 DNA 合成。临床用于治疗念珠菌和隐球菌感染。

常与两性霉素 B 合用。

四、抗真菌药物的选用

下列药物可降低抗真菌药的药效：巴比妥类可降低灰黄霉素药效；利福平可降低氟康唑的药效；利福平、异烟肼、苯妥英钠、H2 受体拮抗剂（抗酸和抗胆碱能药）及苯巴比妥可降低酮康唑的药效；利福平、异烟肼、苯巴比妥及卡马西平可降低伊曲康唑的药效；利福平、苯巴比妥可降低特比萘芬的药效。

五、免疫增强剂

病毒是最简单的微生物，分为 DNA 病毒和 RNA 病毒，不具有细胞结构，必须寄生在活细胞内才能增殖。增殖过程可分为吸附、穿入与脱壳、生物合成及组装、成熟与释放 4 个阶段。凡能阻止病毒增殖过程中任一环节的药物，均可起到防治病毒性疾病的作用。有效的抗病毒药应能深入宿主细胞，抑制病毒复制的同时不损害宿主细胞的功能。现有抗病毒药的选择性不高，多有较大的毒性，临床疗效也不是十分满意。寻找有效的抗病毒药，特别是能杀灭在病毒感染的潜伏期或急性期的病毒而又不损伤宿主细胞的药物仍然是十分艰巨的任务。在兽医领域，对于病毒病多数还是采用疫苗进行预防，不建议用抗病毒药物进行治疗，尤其对一些烈性病。另外，考虑食品安全，政策也不允许一些化学合成的抗病毒药物的使用，只是建议使用中药或一些免疫增强剂来增强机体抵抗力。一些中药如板蓝根、大青叶、金银花、地丁、溪黄草、黄芩、茵陈、虎杖等曾试用于流感病毒的治疗。现在还有新合成的扎那米韦以及帕那米韦用于治疗流感病毒，疗效确切，但价格不菲，很难应用于兽医领域。故对病毒病还是着重预防和使用免疫增强剂。随着免疫学的发展和相关学科的渗透，已出现了许多增强免疫功能的生物活性物质，对它们的分类不尽一致。按来源大体分为以下几类，微生物类：如乳酸菌、小棒状杆菌、酵母菌的细胞壁、灵芝菌丝体以及真菌中的一些菇类等；生物因子类：如胸腺因子、转移因子等；人工合成类：如左旋咪唑、脂质体等；微量因子类：如硒、维生素 E 和维生素 A 等；天然类：如蜂胶、中草药等；其中中草药是较大的一类，中药的许多复方、单味乃至有效成分都具有免疫增强作用。中医学也很早就已经使用促进免疫的方剂，如四君子汤、四物汤、补中益气汤、玉屏风散、小柴胡汤、仙方活命饮、当归散、黄连解毒汤、加减消毒饮和七补散等。现代医学研究表明，有免疫增强作用的中草药很多，多为扶正固本类，常用的有补气类：黄芪、人参、党参、灵芝、白术、茯苓、薏苡仁；补血类：当归、熟地、阿胶、白芍等；补阴类：天冬、麦冬、玄参、枸杞子、五味子、女贞子、冬虫夏草等；补阳类：补骨脂、淫羊藿、肉苁蓉、肉桂等。按免疫增强作用的靶点不同分为巨噬细胞功能增强剂：如卡介苗、短棒状杆菌苗、苯丁亮氨酸、植物血凝素和左旋咪唑；细胞免疫增强剂：如转移因子、胸腺素、免疫核糖核酸和云芝多糖等。按免疫增强剂作用的形式不同，可以分为贮存性免疫佐剂和中枢性免疫佐剂两大类。前者的作用是保护疫苗抗原，延长抗原在机体内的存留时间，从而形成持续的免疫刺激和高效的免疫反应；后者的作用是对免疫系统的活细胞呈现直接的刺激或激活作用。研究和开发有效的免疫增强剂，可保证和维持机体免疫系统的完整和正常功能，有效防治病毒传染病的发生，提高机体对其他疫苗的免疫接种发生更为有效的反应，保证畜禽的健康和改善及提高机体的生产性能和生产力，减少养殖业的经济损失等方面都有重要意义。

第六节　抗微生物药的合理应用

抗微生物药物主要是指抗生素和合成抗菌药。抗微生物药物能干扰病原微生物的细胞壁合成、损伤菌体的细胞膜、影响菌体的蛋白质和核酸的合成，从而能有效地抑制和杀灭病原微生物。所谓合理应用抗微生物药物系指在明确指征下选用适宜的抗微生物药物，并采用适宜的剂量和疗程，以达到杀灭致病微生物和控制感染的目的；同时采取各种相应的措施以增加畜禽的免疫力和防止各种不良反应的发生。抗微生物药在细菌性疾病发生过程中以及预防病毒性疾病流行中可能出现的混合或继发感染中被广泛采用，群体性用抗微生物药物进行疫病的预防和治疗已是畜禽防疫工作中的主要环节。尽管抗微生物药物存在许多弊端，但完全取代抗菌药物，非但不现实，而且也是不可能的。而关键问题是如何扬长避短，把盲目、不合理，甚至是滥用抗微生物药物的情况扭转过来，进行有目的的、合理的和科学的应用，以下是兽医临床合理使用抗微生物药物的要点。

一、明确用药指征，严格掌握适应证

正确和明确的诊断是合理使用抗微生物药物的先决条件，当发生疾病时应尽可能做病原学检验。分离和鉴定病原菌后，有条件的单位必须进行细菌药物敏感度测定实验，并保留细菌标本以供做血清杀菌活力（SBA）实验之用。在药敏结果未知晓前或病原菌未能分离而临床诊断相当明确者，可先进行经验治疗，选用药物时应结合其抗菌活性、药动学（吸收、分布、代谢、排泄、半衰期、生物利用度等）、药效学、不良反应、药源、价值与效益等而综合考虑。对暂时还没有条件进行药敏试验的生产单位，畜禽发生细菌性疾病时，治疗药物应尽量选用本场或本地区不常使用的药物，这不仅可达到治疗效果，而且为临床用药提供经验。

二、合理的剂量和疗程

抗微生物药物的药效有赖于药品在畜禽体内有效的血药浓度，在用药时要考虑到药物在体内的半衰期，选择合理的剂量和疗程，维持有效血药浓度，才能彻底杀灭病原菌。给药剂量应恰到好处，剂量过小或过大均无益。剂量过小，不仅起不到治疗作用，反而易使细菌产生抗药性；剂量过大，不仅造成浪费，还会造成严重的毒副作用。药物的最低抑菌浓度（MIC）可作为衡量最低有效浓度的粗略指标。临床用药，尤其对危重病例，为使血液浓度尽快达到稳态血药浓度（Css），常采用负荷剂量，即首次剂量加倍的方法。病原体在动物体内的生长繁殖有一定的过程，药物对病原菌的治疗也需要一定的时间，也就是所说的疗程。疗程过短病原菌只能被暂时抑制，一旦停药，受抑制的病原体又会重新生长繁殖，其后果是易使疾病复发或转为慢性。药物连续使用时间，必须达到1个疗程以上，不可使用1~2次就停药，或急于调换药物品种，因很多药物，需使用1个疗程后才显示出疗效。长期使用一种抗微生物药不但浪费药品，还可能产生耐药菌株或使机体产生耐药现象，尤其会产生毒副作用，如长期使用喹诺酮类药物会引起动物的肝肾功能异常，因此疗程也要适当。

三、选择适当的给药途径

常用的给药方法有拌料、饮水、注射及气雾给药等。给药途径的选择应根据药物本身的特性、剂型、患畜品种、病情及病畜禽的食欲和饮水状况而定。选择有益的给药途径可以达到事半功倍的效果，如呼吸道感染应用新霉素、链霉素时应采用气雾给药途径，因为这 2 种药内服吸收差。但是，如果是肠道感染，则必须内服，这就是同一种药物，给药途径不同，会产生大相径庭的效果的原因。当然，同类药物，给药途径不同，作用效果也会不一样，以青霉素类药物中的青霉素 G 和阿莫西林为例，青霉素 G 是从青霉菌培养液中提取的，在水中不稳定，极易被 β- 内酰胺酶和胃酸水解破坏，所以不应该用于混饮、混饲；阿莫西林为半合成制品，具有耐酸的优点，内服效果良好。饮水给药要考虑药物的溶解度和动物的饮水量，确保畜禽吃到足够剂量的药物。拌料给药时，一定按递增混合方法将药物与饲料充分混匀，尤其是安全范围小，剂量较小的药物，更应该与饲料混匀，以免动物采食药量过小起不到防治作用或过大而引起中毒。严重感染多用注射法给药，对于零星散养的家畜注射给药疗效也更为可靠。肌内注射药物，要注意药物的黏稠度。黏度大的药物，抽取的药液应适当超过规定的剂量，而且注射的速度要慢一些。

四、合理的联合用药，避免配伍禁忌

联合用药是指同时或短期内先后应用 2 种或 2 种以上药物（抗微生物药物不宜超过 3 种），目的在于增强抗微生物药物的疗效、减少或消除其不良反应、或防止细菌产生耐药性、或分别治疗不同症状与并发症。其意义在于发挥药物的协同抗菌作用以提高疗效，降低毒副作用，延缓或减少抗药性的产生，对混合感染或不能做细菌诊断的病例，联合用药可扩大抗菌范围。但是，如果滥用抗微生物药联合，可能产生的不良后果会增加不良反应的发生率，易出现二重感染、耐药菌株增多，不仅延误治疗，还浪费药品，故应权衡利弊，扬长避短。针对目前畜禽疾病复杂、混合感染增多的现状，联合用药是有效治疗手段之一，但在实际应用中，因药物配伍禁忌造成药效降低、疾病不能有效控制的事件时有发生。因此，药物联合应用时配伍禁忌的问题不容忽视。所谓配伍禁忌是在用 2 种以上药物治疗同一患病畜禽，可能存在药理作用相反，出现拮抗作用（如土霉素与青霉素的配伍），或者一种药物减低另一种药物的作用（如氯霉素与氟喹诺酮类药物同用），或者一种药物增加另外一种药物的毒性（如磺胺类药与氯化铵合用，氯化铵可使尿液酸化，增加磺胺对肾脏的毒害作用），或者 2 种药物发生化学变化，生成第三种物质（如青霉素与盐酸氯丙嗪、重金属相遇，则分解沉淀）等。联合用药的作用有无关、累加、协同与拮抗 4 种。无关：联合总作用不超过有联合中的强者；累加：联合总作用相当于两者疗效之和；协同：联合总作用超过两者疗效之和；拮抗：联合总作用小于两者疗效之和。抗微生物药可分为 4 种：A 繁殖期杀菌剂（青霉素类、头孢菌素类、杆菌肽）、B 静止杀菌剂（氨基苷类、多黏菌素、利福平）、C 快效抑菌剂（四环素、酰胺醇类、红霉素类、林可霉素类）和 D 慢效抑菌剂（磺胺类）。其中 A+B 协同；A+C 拮抗；A+D 一般不会有重大影响，有明显指征时如磺胺药与青霉素治脑部细菌感染，明显提高疗效；B+C 相加或增强，不拮抗；C+D 相加；B+D 无关或相加。联合用药获得良好疗效的同时，也会产生不良反应的加强和二重感染，滥用也会使耐药性增加。

五、杜绝滥用药物，严防耐药性产生

耐药性是微生物对抗微生物药物的相对抗性，微生物产生耐药性的机制比较复杂，主要有以下几方面：产生药物失活酶；药物靶位发生改变；建立靶旁路系统；改变代谢途径；膜通透性降低；外输泵外排等。细菌耐药最大的危害是通过食物链转给人类，使人类感染致病，同时延误疾病的正常治疗或使治疗失败，这方面应大力提倡使用中兽药和动物专用抗微生物药。中草药是天然的药物，其毒副作用总体上较少，中草药对动物的很多疾病有较好的防治效果，有农业农村部批准文号的市场上销售的中草药制剂（包括中草药提取物）可放心选用。

六、严格遵守休药期，防止残留发生

抗微生物药物及其代谢产物在禽产品中的残留问题，越来越被人们关注。动物性食品中残留的抗菌药被人体食入后，对消费者可以产生直接毒性作用，会对人体肠道菌群产生影响，如破坏肠道菌群的屏障作用，肠道菌群代谢活性、细菌数目和相对比例改变，其中危害最严重的是增加耐药菌和破坏肠道菌群的定植抗力。因此，应严格控制兽药在畜禽体内的残留。对于可吸收性抗微生物药物，都应规定停（休）药期。养殖场应自觉遵守国家对宰前停药期的规定，在停药期内患病急宰的动物不得作食用。任何药物只要按规定剂量、规定药方使用，并且按休药期规定的天数停药，所用药物在动物机体内的残存量是低于国家规定的最高残留限量的。或者说，只要有足够长的停药期，随着药物不断地从体内排出，肉品中的药物残留是不会超标的。传统的中草药具有很好的保健、增强机体免疫力的作用。因此，应积极使用中兽药代替抗生素和合成药物，这样可大大减少药物残留，尤其是那些用药时间长的药物。

第七节　抗寄生虫药

一、抗蠕虫药

抗蠕虫剂主要作用是驱除畜禽体内的寄生蠕虫，保证畜禽健康生长，同时降低环境中虫卵的污染，减少再次感染的机会，对其他健康动物起到预防作用。抗蠕虫剂对于蠕虫病的防治虽然具有重要作用，但长期使用会导致耐药虫株的出现和药物在动物体内的残留。此外，还会干扰动物对寄生虫的免疫力，一旦停止用药，极易导致重新感染。

蠕虫药应安全无毒，对蠕虫具有选择性毒性作用，对宿主则表现出良好的安全效果。驱虫药的安全性常以治疗指数或安全范围表示。指数越大，距离越宽，对动物的毒性就越小，越安全。一般抗蠕虫药物指数要大于 3，新药须在 5 以上。在自然状态下应用蠕虫药物必须达到高水平的驱虫活性。如果能驱除 95% 以上反刍动物肠道线虫，则属于高效；如果只达到 70% 驱虫效果，则属于低效。

理想的抗蠕虫剂是对成虫、幼虫及虫卵都具有抑制和杀灭作用。如果仅对成虫有效，则必须重复多次用药，这样才能驱除最初的幼虫及虫卵。然而对于后期虫体都具有 100% 的驱虫效率也不必要，虫体的完全驱除使宿主失去抗原刺激，不利于宿主产生良好的免疫力。

多数畜禽的蠕虫病均属混合感染，有时甚至多种类型的蠕虫混合感染，故对单一虫体有效的药物不能满足需要，希望投服 1 种驱虫药便可以驱虫，同时可以驱除动物体内多种寄生虫，以解决联合用药，多次用药的麻烦。然而在实践中寻找这样的广谱药物比较非常困难。适口性良好，用药经济的方法是将药物加到饮水或拌入饲料中喂服。若因适口性不佳而动物拒食或少饮，则明显影响驱虫效果。

（一）目前常用的抗蠕虫药

1. 苯丙咪唑类药物

苯丙咪唑类药物是一组广谱抗蠕虫药物，包括丙硫咪唑和甲苯哒唑等。

（1）丙硫咪唑。它是苯丙咪唑类药物中最好的驱虫药之一，又名阿苯哒唑、肠虫清，是一种广谱抗蠕虫药。对多种肠道线虫（蛔虫、蛲虫、钩虫、鞭虫、类圆线虫）及旋毛虫等均作用高效；对绦虫包括猪带绦虫、牛带绦虫、膜壳绦虫以及猪囊虫、包虫等也有效；对华支睾吸虫、肺吸虫等吸虫也有效。该品在体内迅速代谢成亚砜或砜，抑制虫体对葡萄糖的吸收，导致糖原耗竭，并抑制延胡索酸还原酶系统，阻碍 ATP 产生，使寄生虫不能生存和发育。丙硫咪唑口服吸收快而良好，血液半衰期约 10h，主要分布于肝、肾等器官。一般用量时，该药副反应很小，少数病例有口渴、嗜睡、腹痛等，多数可自行缓解，允许慎用。

（2）甲苯哒唑。它为新合成的广谱抗肠虫药，属苯丙咪唑类药物，是目前抗肠道蠕虫最佳药物之一。对猪带绦虫、牛带绦虫、蛔虫、钩虫、蛲虫、鞭虫的成虫和幼虫都有作用，并有杀卵作用；还可杀死旋毛虫的成虫及幼虫；对包虫也有一定疗效。该药可阻断肠线虫、绦虫及其在组织内幼虫对葡萄糖的摄入，使糖原耗尽，虫体存活及繁殖所需的 ATP 形成减少，最终虫体麻痹而被驱除。该药口服后因不溶解而吸收率很低，90% 以上以药物原形从粪便排出。一般无副作用，有时可引起蛔虫骚动和游走，服药后若有吐蛔现象，可能与药物作用缓慢有关。因可能有致畸作用，孕畜禁用，幼畜也不宜用。

2. 烟碱激动剂类药物

（1）左旋咪唑。它为四咪唑的左旋异构体，驱虫作用较四咪唑强而毒性较小，主要用于驱蛔虫、钩虫，对丝虫成虫、微丝蚴也有较强的杀虫作用。驱虫作用主要是抑制虫体的琥珀酸脱氢酶活性，影响虫体肌肉的氧代谢，导致虫体肌肉麻痹，随肠蠕动而被排出体外。副作用轻微而短暂。

（2）噻嘧啶及双羟萘酸噻嘧啶。它为广谱驱肠虫药，能抑制胆碱酯酶，对虫体的神经肌肉起阻滞作用，使其发生痉挛性麻痹，从而达到驱虫目的。该药对蛔虫、钩虫、蛲虫均有效。口服吸收很少，副作用小，但对肝、肾、心、肺有损害。复方噻嘧啶片为该药与酚咪啶的等量混合制剂，可提高对鞭虫感染的驱虫效果，尤其对蛔虫、钩虫、蛲虫、鞭虫的混合感染效果更好。

3. 吡喹酮类药物

吡喹酮属异喹啉吡嗪衍生物。该药对多种吸虫（日本血吸虫、曼氏、埃及、间插、梅氏血吸虫、肺吸虫、华支睾吸虫、姜片吸虫等）及绦虫（带绦虫、膜壳绦虫、裂头绦虫、棘球绦虫、囊虫等）均有良好疗效，是目前治疗各种吸虫及绦虫的首选药物。其杀虫机理是迅速损伤虫体表层，引起表皮肿胀、松弛、突起膨大、空泡形成、终至糜烂、溃破，使其失去免疫伪装，体表抗原暴露于宿主免疫系统而遭免疫攻击。在 Ca^{2+} 存在的情况下吡喹酮可使虫体肌肉痉挛、麻痹、吸附脱落作用，吡喹酮还能抑制成虫对葡萄糖的摄入，促使虫体内源性糖原分解，使虫体内糖原含量明显减少。该药在极低浓度下（0.001mg/mL）具有抑制雌虫卵的作用，使卵黄腺萎缩退化，在 0.5~1mg/mL 浓度时，血吸虫成虫接触药物 1min 内即挛缩、死亡。

4. 大环类酯类药物

大环类酯类主要包括阿维菌素类和莫西菌素。这类药物有强大的抗线虫和体外寄生虫的潜能。阿维菌素类药物（包括阿维菌素、伊维菌素、多拉菌素、埃普利霉素等）具有高效、低毒、抗虫谱广等特点，已在农牧业广泛使用。

5. 其他抗蠕虫药物

（1）三氯苯哒唑属于氯化硫代苯丙咪唑类药物，具有潜在的抗肝片吸虫各阶段虫体的能力。

（2）水杨酰苯胺（局部抗真菌药）和硝基苯酚对肝片吸虫、绦虫和吸血性线虫有选择毒性作用。

（3）槟榔与南瓜子合剂能有效地驱除猪带绦虫、牛带绦虫和阔节裂头绦虫。试验证明，槟榔对带绦虫的头节和未成熟节片有较强的麻醉作用，南瓜子则能麻痹瘫痪带绦虫的终段和后段节片。

（二）新型药剂和新技术

1. 缓释控释制剂技术

缓释控释制剂是目前兽药研究的热点领域，特别是兽用抗寄生虫药物缓释控释制剂的研究开发一直广受关注。缓释控释制剂是采用一定的制剂技术使药物能在较长时间内发挥药效从而达到延长药物作用时间、降低血药浓度的“峰谷”现象、提高药效和安全度的目的，目前主要通过降低药物的溶出速度和减慢药物的扩散来延长药物作用时间。近年来，兽用抗寄生虫药物缓释控释制剂研究得较多的是阿维菌素类药物的缓释控释制剂。阿维菌素类药物包括阿维菌素、伊维菌素、多拉菌素等，是目前世界上最优秀的广谱抗寄生虫类药物之一，其制剂研究比较活跃，出现了一些缓释控释制剂。缓释药弹也是一项有效的缓释控释技术，其原理是利用金属粉末、驱虫药物、黏合剂和润滑剂用强力冲压成一定大小的药丸。缓释药弹，比重大，能成功地使药弹长期滞留于反刍动物瘤胃中不被排出和反刍吐出，从而使该缓释药弹具有良好的驱逐胃肠道线虫和预防其再感染的效果。

2. 脂质体

脂质体是由磷脂分子构成的双分子层囊泡，又称人工生物膜。脂质体作为药物载体可以控制药物释放，提高药物靶向性以降低毒副作用，并减小药物剂量，提高药物疗效。由于脂质体剂型的诸多优点，近年来兽药领域也非常关注脂质体制剂的研究开发，国内科研人员研究了兽用抗寄生虫药物吡喹酮脂质体的制备方法、疗效、毒性和药动学等。

3. 透皮给药系统

透皮给药系统是指经皮肤给药，药物由皮肤吸收进入全身血液循环并达到有效血药浓度，促进药物的透皮吸收，提高透皮给药系统的用药效果。目前，兽药透皮给药系统主要采用透皮吸收促进剂如二甲基亚砜、氮酮等来促进药物的透皮吸收。研究得比较多的如浇泼剂、搽剂等剂型，国内近年来相继报道了阿维菌素、伊维菌素、倍硫磷等药物的浇泼剂和左旋咪唑擦剂的研制和临床应用情况。在这些抗寄生虫药物的透皮吸收制剂中，大多是利用主药加上透皮吸收促进剂（以氮酮为主）研制而成，在临床上收到了较好的效果，是 20 世纪 80 年代发展起来的一类新制剂。透皮给药可以避免口服给药可能发生的肝首过效应及胃肠灭活。还可降低个体差异维持恒定的血药浓度，延长药物作用时间和增强疗效，而且透皮给药使用方便、安全。

4. 其他新剂型和新技术

微囊与微球技术：它是利用天然的或合成的高分子材料为囊材，将固体或液体药物作囊心物包裹而成微型胶囊。在兽用抗寄生虫药物中应用，目前报道的主要有吡喹酮微囊和伊维菌素微球。各种新型疫苗的开发：对于寄生虫的疫苗防治除了减毒活疫苗和灭活疫苗外，核酸疫苗以其兼有重组抗原疫苗的安全性和减毒活疫苗诱导全身免疫应答的优点，成为新的研究热点。

二、抗原虫药

（一）地克珠利

属于苯乙腈的衍生物，为微黄色至灰棕色粉末，几乎无臭。不溶于水和有机溶剂，微溶于乙醇、乙醚，易溶于二甲亚砜。性质较稳定，可与其他饲料添加剂并用。该品具有干扰细胞核的分裂和线粒体呼吸代谢的功能，可作用于球虫生活史所有细胞内发育阶段的虫体，抗球虫谱广，对家禽和哺乳动物所有艾美尔球虫有效，并具有明显的杀球虫作用。对球虫的轻度及重度感染均有效，能使离子载体类抗球虫药物的效能改善，降低球虫对其他抗球虫药物的耐药性。肉用仔鸡使用该品可明显地控制临床型和亚临床型球虫感染，与其他抗球虫药物无交叉抗药性，可控制传统抗球虫药产生耐药性的球虫品种。常用剂型有粉剂和饮水剂，按纯品 1×10^{-5} 添加量拌于饲料，水中饲喂或饮用。该药易产生抗药性，故应采用穿梭用药方案或轮流用药方案。由于用药浓度极低，每吨饲料中仅用药 1g，故必须与饲料充分混匀。

（二）甲基三嗪酮

为广谱抗球虫药，对鸡、火鸡、鹅及鸽体内的所有球虫均有很高疗效。甲基三嗪酮可有效杀灭鸡的堆氏、布氏、巨型、和缓、毒害、脆弱艾美尔球虫；火鸡腺状、和缓、分散艾美尔球虫；鹅的截型艾美尔球虫；牛的阿拉巴艾美尔球虫；兔的无残、大型、中型、穿孔艾美尔球虫等。即使对现有市售抗球虫药有高度抗药性的虫株，甲基三嗪酮也有较好效果。同时该药对住肉孢子虫和弓形虫也有杀灭作用。光学与电子显微镜研究表明，该药对球虫的裂殖生殖和配子生殖均有作用，但对宿主动物的组织细胞却没有损伤。甲基三嗪酮具有干扰虫体细胞核的分裂和线粒体呼吸代谢的功能，能损害大配子体内的成囊小体，还能使所有细胞内发育阶段的虫体，由于内质网发生膨胀而产生严重的空泡变性，因此具有明显的杀球虫作用。该药可用于预防和治疗各种类型的球虫病，特别是严重感染的球虫病。该药不影响免疫力的形成，用药时间短，对球虫病治疗只需 2 日；安全性高，可耐受 10 倍推荐剂量；能与家禽生产中所有常用的饲料添加剂和药物配伍；对饲料和饮水的摄取无不良影响，对增重和饲料转化率无影响；显著降低死亡率，恢复快，生长迅速。饮水给药，按 5g/t 拌料给药，一般是 1 次给药连用 2 日，在后备母鸡采用混饲或饮水给药治疗，可以连续使用 3 日。治疗临床型球虫病及亚临床型球虫病均可采用 2.5g/t 拌料给药连用 2 日。甲基三嗪酮必须直接加入预先盛有水的供水箱中，可避免形成过多的泡沫。稀释后的溶液超过 48h 不宜饮用。稀释用水的 pH 值应不低于 8.5，如果饮水硬度极高，必须加入碳酸氢钠把水的 pH 值调到 8.5~11.0 的范围内。若药液浓度超过 2.5g/t，有时会析出结晶而影响药效，过高的浓度还会影响家禽的饮水量。肉鸡宰前应停药 8 日。

（三）马杜霉素

为白色或类白色结晶粉末，不溶于水，可溶于有机溶剂，稳定性好，室温放置 24 个月活性不变。该品是新一代抗鸡球虫聚醚类离子载体型抗生素。在球虫生活史的第 1 个无性生殖阶段，能选择性运输钾、钠等阳离子通过球虫细胞膜，使球虫的子孢子和新一代裂殖体细胞内离子失调，抑制球虫发育，导致细胞代谢紊乱以致死亡。对鸡的脆弱、巨型、毒害、堆型、布氏和早熟艾美尔球虫均有杀灭作用。因此，该品可用于预防和治疗鸡的球虫病。马杜霉素预混剂，即 1% 马杜霉素铵盐，按 5g/t 拌料给药，即每吨饲料中添加 500g 预混剂。必须彻底拌匀，方可饲喂，如按 9g/t 拌料给药，将会引起鸡生长抑制。该品不可与泰乐菌素、泰妙菌素等合用。产蛋期禁用，兔慎用。肉鸡上市前 5 日停止用药。

（四）莫能菌素

为淡黄色粉末，性质稳定，不溶于水，易溶于乙醇，在酸性介质中不稳定，在碱性介质中很稳定。该品为聚醚类广谱抗球虫药。对鸡的毒害、柔嫩、巨型、变位、堆型艾美尔球虫，羔羊及犊牛球虫病有良好效果，对兔的肠型球虫病也有很好的疗效。莫能菌素预混剂（含莫能菌素 20%），混饲给药，鸡按 90~110mg/kg，羔羊、犊牛 20~30mg/kg，兔 40mg/kg。该品对马属动物毒性大，应禁用。禁止与二甲硝咪唑、泰乐菌素、竹桃霉素并用，否则有中毒危险。搅拌配料时防止与皮肤、眼睛接触。牛屠宰前应停药 2 日。

（五）三氮脒

为黄色或黄色结晶粉末，无臭，味苦，易溶于水，难溶于氯仿、丙醇和乙醚。在阳光下变色，在低温下水溶液析出结晶，应遮光、密封保存。对锥虫、血孢子虫和鞭虫均有作用，对马巴贝斯虫、驽巴贝斯虫、牛双芽巴贝斯虫、牛巴贝斯虫、羊巴贝斯虫和牛瑟氏泰勒虫效果显著，对牛环形泰勒虫也有一定的效果，对马媾疫锥虫、水牛伊氏锥虫也有效果。用药后血中浓度高而持续期短，因此主要用于治疗，特别适用于对其他药物有耐药性的虫体。该品主要影响锥虫动基体 DNA 合成，从而阻断虫体代谢，抑制其生长和繁殖。粉针剂，1g/ 支，临用时用蒸馏水稀释成 1% 或 2% 溶液，进行深部肌肉多点注射。剂量为牛、马、骆驼 3.5mg/kg 体重，间隔 1 日，连用 1~3 次。治疗时间为 6~15 日，同时颈部皮下注射硫酸阿托品，效果较好。骆驼对该品敏感，不用为宜，马较敏感，忌大剂量使用。该品安全范围小，毒性较大，容易出现中毒，当出现流泪、流涎、肌肉震颤、心动过速等毒性反应时，注射阿托品可以解毒。肌内注射部位，随着剂量大小而呈现不同程度的肿胀，因此，一般要多点注射。牛、羊屠宰前的休药期为 28~35 日。

（六）咪唑苯脲

属于新型抗血孢子虫药，对牛、羊双芽巴贝斯虫、二联巴贝斯虫、阿根廷巴贝斯虫、分离巴贝斯虫、马巴贝斯虫、驽巴贝斯虫、犬巴贝斯虫、牛边缘无定形体等所致疾病，疗效显著，并有一定的预防作用。同时，对泰氏锥虫也有较强的效果。在用药期间，家畜有坚强的免疫力，并可消灭牛无定形体的带虫状态。给羊静脉注射（2mg/kg 体重）后，平均血药浓度为 10.8μg/mL，1h 内降至 1.9μg/mL；肌内注射（4.5mg/kg 体重）后，4h 内，平均血药浓度为 7.9μg/mL，血浆蛋白结合率为 20.7%~53.3%。排泄慢，肌内注射后 24h 内仅排出药量的 11%~17%，胆汁、乳汁也为排泄途径。1 次用药后牛有 14~70 日，犬有 42 日的预防效力。此药的确切作用方式尚不清楚，但可直接作用于虫体，引起核槽扩张，核崩解，胞浆形成空泡和减少核糖体。该品消除缓慢，因而血药浓度可维持较长时间，故有预防功效。该品无致突变性、致畸效应。粉剂，每瓶 0.2g，使用时配成 10% 溶液。皮下或肌内注射量，犊牛 1~2mg/kg 体重，马、犬 2~4mg/kg 体重，1 日 1 次，必要时可连续应用 2~3 日。该品的丙二酸盐多制成 10% 注射液，二盐酸盐多制成 4.5% 注射液应用。该品有一定毒性，治疗量可出现流涎、兴奋、轻微或中等程度疝痛，胃肠蠕动加快等不良反应。给牛应用5mg/kg体重，半数以上的牛可出现流涎、肌肉震颤、呼吸困难等反应，3h内可恢复正常；注射10mg/kg体重时，所有牛都会出现上述反应，6h内75%恢复，25%牛于12h后死亡。山羊的肌内注射致死量为6.75mg/kg体重。该品的二盐酸盐有局部刺激性，体内残留期长，屠宰前应停药28日。牛用1mg/kg体重时2月内不能屠宰食用，2mg/kg体重时3月内不能屠宰食用。用药期间患畜乳汁不可食用。口服则无上述情况，因肠道不吸收此药。该品不能用静脉注射，否则反应严重，甚至死亡。马较敏感，驴、骡更敏感，忌用高剂量。

三、杀虫药

杀虫药是指能杀灭动物体内寄生虫以及蜱、螨、虱、蚤、蚊、蝇等动物体外寄生虫的药物。体外寄生虫对动物危害很大，可引起贫血、生长发育受阻、饲料利用率降低，皮、毛质量受影响，更严重的是可传播动物某些血孢子虫病、锥虫病等。杀虫药不但对动物体内寄生虫以及蚊、蝇等有杀灭作用，对人或动物亦有一定毒性作用。因此，在选药、使用剂量以及是否污染环境等都应注意，否则可能引起中毒。有些杀虫剂，如有机氯残留，会引起人和动物体慢性中毒，造成公害，值得注意。杀虫药主要呈现局部作用，如剂量、浓度过大或时间过长，会引起动物体吸收中毒。此类药物一般对虫卵无效，间隔一定时间再次用药非常必要。

（一）伊维菌素

为白色结晶性粉末，无臭，无味。为新型大环内酯类抗生素，具有高效、低毒、广谱抗寄生虫的特性，对马、牛、猪、犬、猫及野生动物的消化道、呼吸道线虫、马盘尾丝虫的微丝蚴以及猪肾虫等均有良好的驱虫效果。对马胃蝇、牛皮蝇及羊鼻蝇的各期幼虫，牛、羊的疥螨、痒螨、血虱、腭虱，猪的疥螨、血虱以及动物体表寄生的蜱类等体外寄生虫均有较好的杀灭作用；对犬、猫钩口线虫的成虫及幼虫，犬丝虫的微丝蚴，狐毛首线虫，犬毛首线虫的成虫及幼虫，狮弓蛔虫，猫弓蛔虫，犬蛔虫及犬、猫、狐狸的耳痒螨和疥螨均有良好的驱杀作用；对兔疥螨、痒螨有高效杀灭作用。对野生动物的消化道线虫也有良好作用，该品可用于预防犬心丝虫病，但不可用于治疗。伊维菌素注射液，皮下注射，牛、羊每次200μg/kg体重，猪每次300μg/kg体重，犬每次200~400μg/kg体重。粉剂、片剂的用量与注射液相同。0.6%的伊维菌素预混剂，猪以300μg/kg体重，连续用药7日，可以杀灭猪的各种消化道线虫和体外疥螨。应用此药治疗动物体外寄生虫时应间隔7~10日，重复给药1次，以彻底杀死虫卵以及新孵出的幼虫。超剂量应用该品可出现中毒反应，并且无特效解毒药。肌内注射会产生严重的局部反应，马尤为显著，慎用，一般采用皮下注射或内服方法给药。泌乳动物泌乳期及母牛产前1个月内禁止使用。应用该品后各种动物的休药期是，牛35日，羊21日，猪18日，混饲给药后（每吨饲料中含300μg伊维菌素，连续用药7日）休药5日。

（二）多拉菌素

为大环内酯类驱虫药，该品为低毒、长效、广谱的驱虫药，1次用药，对猪体内的胃肠道线虫、肺虫、猪虱和猪疥螨等均有良好的杀灭作用。该药在体内保护期长达28日。多拉菌素无驱吸虫和绦虫作用。该药安全性高，生长育肥猪1次注射推荐剂量的10~25倍，无不良反应和副作用，以推荐剂量的5倍肌内注射，连用3日，也无不良反应和副作用。母猪以推荐剂量的5倍肌内注射，对发情、着床、胚胎发育、妊娠、分娩及仔猪存活率无不良影响。公猪以推荐剂量的5倍肌内注射，对射精量、精子活力、精子浓度及形态无不良影响。针剂有 50mL 和 100mL 2 种规格，1mL 含多拉菌素 10mg。猪用量为 300μg/kg 体重，即 33kg 体重用药 1mL。颈部肌内注射，注射部位对该药有很好的耐受性，注射后几乎无痛，注射部位仅有短暂性极轻微的组织变色，很快恢复。用药 28 日内的奶，人不得食用，宰前 28 日停药。

（三）溴氰菊酯

为黄褐色黏稠液体，对虫体有胃毒和触毒作用，但无内吸及熏蒸作用。具有高效、广谱、残效期长、低残留等优点。通常对蚊、家蝇、厩蝇、羊皮蝇，牛、羊各种虱、牛皮蝇、猪血虱均有较好效果，但对螨类作用稍差。该品 5~10mg/L 浓度药浴或喷淋即能全部杀死体外寄生虫，并能维持药效 7~28 日，同时对有机磷、有机氯耐药的虫体仍然有效。15~50mg/L 高浓度药液对蜱、痒螨、疥螨也有良效，禽羽虱需 100mg/L 药液喷雾才有效。该品对鱼剧毒，蜜蜂、家蚕对其敏感。溴氰菊酯对皮肤、呼吸道刺激性较强，用时应注意防护。该品对塑料制品有一定的腐蚀性，因此不能用塑料容器盛装，也不可接近火源。牛、羊、猪分别在用药后 3 日、7 日、21 日内不得屠宰供人食用。

（四）倍硫磷

为无色或淡黄色澄明油状液体，无臭。供农业用的为黄棕色液体，大蒜味，微溶于水，溶于多数有机溶剂，对光、热、碱均较稳定。制剂有 50% 乳剂。该品为广谱有机磷类杀虫剂，主要用于杀灭牛皮蝇的第一期幼虫和第二期幼虫，同时也用于杀灭家畜其他体外寄生的虱、蜱、蚤、蚊、蝇等。肌内注射量，牛：5~7mg/kg 体重，间隔 3 个月后再用药 1 次。内服，牛：1mg/kg 体重，每日 1 次，连用 6 日。背部泼淋时，可按 5~10mg/kg 体重计算用量，将药混溶于液体石蜡中制成 1%~2% 溶液外用。犊牛及泌乳牛禁用，肉牛屠宰前 35 日停止用药。外用喷洒，应间隔 14 日，连用 2~3 次。

（五）二嗪农

为高效、广谱、持续性长和残留低的杀虫剂和杀螨剂。该品为无色油状液体，难溶于水（与水能以 40mg/L 水混溶），溶解于乙醇等有机溶剂。二嗪农主要作用于抑制虫体的胆碱酯酶，是广谱、高效有机磷杀虫剂。该品对皮肤被毛附着力强，能保持长期的杀虫作用，1 次用药防止重复感染的保护期为 70 日左右。成年动物对其有极好的耐药性。该品具有很强的杀螨效力，除了猫、禽和蜜蜂外，所有的家畜都可以应用。对绵羊颚虱的效果也很好，用药后 3 日内可从尿和奶中迅速排出。剂型有二嗪农溶液，为二嗪农加乳化剂和溶剂制成的液体，含二嗪农 25%。喷淋，牛、羊为 6×10^{-4}g/mL，猪 2.5×10^{-4}g/mL。对于严重感染应重复用药，间隔时间为疥螨为 7~10 日，虱为 17 日。药浴，牛初次浸泡用 6.25×10^{-4}g/mL，补充药液用 1.5×10^{-3}g/mL，绵羊初次浸泡用 2.5×10^{-4}g/mL，补充药液用 7.52×10^{-4}g/mL，畜舍可用 2.5% 药液喷洒。药浴要保持药液浓度准确，务必浸泡 1min，要将全身浸泡 1 次。畜群均应进行处理，猪疥螨用刷子刷洗，可获得较好的治疗效果。宰前 14 日应停药，乳汁废弃时间为 3 日。该药对猫、禽和蜜蜂敏感，禁止使用。

（六）氯氰菊酯

为棕色至深红褐色黏稠液体，难溶于水，易溶于乙醇，在中性、酸性环境中稳定。顺式氯氰菊酯为该品的高效异构体，为白色或奶油色结晶或粉末。该品为广谱杀虫药，具有触杀和胃毒作用，主要用于驱杀各种体外寄生虫，尤其对有机磷杀虫药产生抗药性的虫体效果较好。10% 氯氰菊酯乳油常用于灭虱，用量为 0.006%。10% 顺式氯氰菊酯乳油，杀蝇、蚊每平方米用 20~30mL。含 2.5% 氯氰菊酯浇泼剂，由头顶部开始达颈部上端并沿背部中线浇注至臀部，每头剂量 5~15mL。该品专门用于防治羊的毛虱和硬蜱，药力可保持 84 日之久。用药后，肉、奶在 84 日之内不能食用。

（七）巴胺磷

为棕黄色液体，常用剂型为 40% 巴胺磷乳油。该品为广谱有机磷杀虫剂，主要用于杀灭绵羊体外寄生虫的螨、虱、蜱、蝇等。药浴或喷淋，羊用每吨水加 40% 乳油 500mL，药浴。宰前 14 日停止用药。

（八）双甲脒

为微黄色澄明液，属广谱杀螨剂，具有触杀、胃毒、内吸、熏蒸作用，对牛、羊、猪、兔的体外寄生虫，如疥螨、痒螨、蜱、虱等各阶段虫体均有极佳杀灭效果。但产生作用较慢，用药后 24h 才使虱、蜱等体外寄生虫解体，48h 使患螨部皮肤自行松动脱落，1 次用药能维持药效 6~8 个星期。该品对人及多数动物毒性极小，甚至对妊娠、哺乳动物使用也安全。使用方法为药浴、喷淋或涂擦，每升双甲脒乳油加水 250~333L（即浓度为 375~500mg/L）。为增强双甲脒的稳定性，最好在药浴中添加生石灰（含 80% 以上的氢氧化钙）至 0.5%。马属动物较敏感，家禽用高浓度会出现中毒反应，用时慎重，该品对鱼剧毒，应注意防止药液渗入鱼池，对蜜蜂安全无毒。但灭蜂螨时，由于蜂蜜等产品中残留药物超标，而应禁用。牛、羊、猪等动物用药的 1 日、7 日、21 日，其肉品不可供人食用，牛乳在用药后 2 日内人不得食用。

（九）左旋咪唑

为噻咪唑的左旋异构体，常用其盐酸盐或磷酸盐，盐酸左旋咪唑为白色或类白色针状结晶或结晶性粉末，无臭，味苦。该品在水中极易溶解，在乙醇中易溶，在氯仿中微溶，在丙酮中极微溶解。盐酸左旋咪唑，内服，一次量，牛、羊、猪每千克体重 7.5mg，犬、猫 10mg，禽每千克体重 25mg。盐酸左旋咪唑注射液，皮下、肌内注射，一次量，牛、羊、猪每千克体重 7.5mg，犬、猫每千克体重 10mg，禽 25mg。

第八节　作用于内脏系统的药物

一、消化系统药物

（一）抑酸药和止酸药

1. 常用的抑酸药物

（1）抗胆碱能药。

① 抗胆碱能药药理机制：阻断胃平滑肌上的胆碱能受体，能够抑制迷走神经，从而减少胃酸的分泌。由于抑制胃蠕动和延缓胃排空，当发生胃溃疡时不宜使用。常用药物和用法：阿托品 0.15mg，1~2 次 / 日内服；山莨菪碱每次 2~3mg，内服或肌内注射。

② H_2 受体阻滞剂药理机制：与组胺竞争胃壁细胞上 H_2 受体并与之结合，可减少对各种刺激如组胺、五肽促胃液素等所引起的胃酸分泌，从而抑制胃酸分泌。常用药物西咪替丁。

（2）抗酸药物。传统治疗消化性溃疡的药物原理是使酸碱中和，形成盐和水，从而提高胃液 pH 值，降低十二指肠酸负荷，减轻胃酸对十二指肠黏膜的刺激。抗酸剂种类较多：碳酸氢钠、氢氧化铝、氢氧化镁、三硅酸镁、碳酸钙等。此类药物在家禽临床应用较少。

2. 止酸药物

胃酸和胃蛋白酶干扰内、外源凝血系统，抑制血小板因子Ⅲ的活性及血小板聚集，并可破坏血凝块。抑制胃酸分泌，提高胃内 pH 值，能部分恢复血小板功能，使凝血反应得以进行，使胃蛋白酶失活，稳定已形成的血栓。因血小板的凝聚，在 pH 值 >6.0 时才能发挥作用，pH 值 <5.0 时则对新形成的凝血块会较迅速溶化而不易止血，有效的抑酸治疗使胃内pH值达到5以上，是促进凝血的有力措施。

pH 值对止血过程的影响：止血过程为高度 pH 值敏感性反应，酸性环境不利止血。pH 值 7.0：止血反应正常；pH 值 6.8 以下：止血反应异常；pH 值 6.0 以下：血小板解聚 CT 延长 4 倍以上；pH 值 5.4 以下：血小板聚集及凝血不能止常进行；pH 值 4.0 以下：纤维蛋白血栓溶解；pH 值 6 以上：止血反应尚能较慢进行，pH 值 6 以下则显著受阻，CT 为凝血时间。上消化道出血初期，由于血液的缓冲作用，在血管破损的局部 pH 值接近中性，有利止血，随着胃排空，局部酸度将逐渐升高，阻碍止血过程。所以，要抑制胃酸，治疗上消化道出血，必须使胃内 pH 值持续维持在 6 以上才能部分恢复血小板聚集功能，从而使凝血反应得以进行，使胃蛋白酶失活，稳定已形成的血栓，持续阻止胃酸分泌。治疗目标：一是胃内 pH 值 6 以上，二是持续维持。因为任何泌酸反跳都可能导致再出血发生而使治疗失败。

3. 上消化道出血的综合治疗措施

抑酸和抗酸治疗全身和局部止血药物：止血敏、维生素 K_3 等药物对肝硬化肝功能不全、凝血酶原时间延长、血小板减少或功能障碍者，可酌情使用维生素 K_3。

（二）胃肠动力药物

促动力药：能增强胃肠道收缩力和加速胃肠运转和减少通过时间的药物。抑制胃肠蠕动的药物：能解除平滑肌的痉挛，抑制胃肠运动。该类药物在家禽上使用，疗效不明确，副作用较多，临床应用还需要继续研究。

1. 促动力药

胃复安作用机制：作用于多巴胺 2 受体，阻止多巴胺对上消化道的抑制作用，直接或间接激动胆碱能受体，可增强胃收缩的张力和振幅，增强胃窦的蠕动，协调胃、十二指肠收缩；加快胃排空，治疗胃轻瘫，增强下食管括约肌压力。具有中枢和周围神经抗多巴胺双重作用。

用法：每 1 000 只禽口服 0.5~1g/ 次。

副作用：主要是中枢神经系统副作用，精神沉郁，采食下降，可增加泌乳素释放。

2. 其他促动力药

（1）吗丁啉。

用法：口服，每次 0.5~1g。

副作用：腹泻，副作用与剂量相关，减量或停药后消失。不通过血脑屏障，故神经系统副作用者罕见。

（2）红霉素和红霉素类似物。大环内酯类抗生素，通过与胃动素受体结合，刺激胃窦收缩，增进胃窦、十二指肠的协调作用。红霉素仅选择性作用于上消化道。

副作用：胃肠道反应和肝损害，长期应用可引起肠道菌群失调、继发霉菌感染等。

（3）拟胆碱能药。

氨甲酰甲基胆碱作用部位：毒蕈碱受体。

促动力效应：提高整体胃肠收缩幅度，无加速胃肠转运和协调作用，增加下食管括约肌静息压。

用法：0.5g，每 1 000 只口服用量。

副作用：提高副交感神经紧张性、肠痉挛、腹泻、唾液分泌、胃酸分泌、心动过速。

3. 抑制胃肠动力的药物

（1）抗胆碱药。胆碱能受体拮抗剂：阻滞 M 胆碱受体，能解除平滑肌的痉挛，抑制腺体的分泌和胃肠运动等。常用药物：阿托品、山莨菪碱、颠茄。副作用：较多皮肤潮红、心率加快、兴奋、烦躁。

（2）钙离子拮抗剂。选择性地减少慢通道的 Ca^{2+} 内流，通过降低细胞内 Ca^{2+} 的浓度而影响细胞功能。胃肠平滑肌的收缩也需钙离子，钙拮抗剂可减轻胃肠平滑肌收缩。常用药物：硝苯地平。

（三）胃肠黏膜保护剂

1. 硫糖铝

在酸性环境下，与胃黏液络合形成保护膜，与胃蛋白酶络合，抑制其蛋白水解活性；刺激局部前列腺素的合成；但不能杀灭细菌，不影响胃酸或胃蛋白酶的分泌。与溃疡面的亲和力是正常黏膜的 6 倍，形成保护屏障；促进胃和十二指肠黏膜合成 PGE2；增强表皮生长因子、碱性成纤维细胞生长因子的作用，使之聚集于溃疡区，促进溃疡愈合。

用法：每次 50g，主要不良反应为便秘。与布洛芬、吲哚美锌、氨茶碱、四环素合用，能降低上述药物的生物利用度。

2. 胶体铋

在酸性环境下，与蛋白质络合，形成一层保护膜；与胃蛋白酶结合使之失去活性；促进胃上皮分泌黏液和碳酸 5g/ 次。长期服用铋剂可引起神经毒性，用药后可引起粪便呈灰黑色。

3. 谷氨酰胺

药理作用：保护肠黏膜屏障，防止细菌、内毒素移位，增强胃肠功能，降低肠源性感染和失控性炎症反应。促进蛋白合成，防止肌肉过度分解，加快组织修复，提高机体免疫力，防止创面感染，促进创面愈合。促进肝脏合成还原形谷胱甘肽，增强机体抗氧化能力。日粮中添加 0.2%~0.4%。丁酸钠不太理想，600mg/kg。

4. 胃泌素受体阻断药

丙谷胺与胃泌素竞争胃泌素受体，抑制胃酸分泌；促进胃黏膜合成增强胃黏膜的碳酸氢根离子盐屏障，发挥抗溃疡病作用。

（四）微生态制剂

1. 药理作用

改善肠道菌群，发酵糖产生大量的有机酸，使肠腔内 pH 值下降，调节肠道正常蠕动，缓解便秘。用于治疗多种原因引起的肠菌群失调所致的急慢性肠炎、痢疾、腹泻、便秘等。

2. 我国批准的有益菌

乳酸杆菌、双歧杆菌、粪链球菌、枯草杆菌、肠球菌等。细菌素：乳酸菌产生的细菌素是一类具有活性的多肽或蛋白质物质，能调节肠内微生态平衡，改变肠内 pH 值，抑制肠道大肠杆菌、痢疾杆菌及沙门氏菌，并能控制腐败菌的生长繁殖，促进胃液分泌，增进食欲。

3. 益生菌中存在的问题

（1）益生素被认为是饲用抗生素的有效替代品，然而，与抗生素的促生长和改善饲料利用率的稳定效果相比，益生素的应用效果还不稳定。

（2）益生素产品本身的质量和使用效果与很多因素有关，益生素产品中的活菌制剂在生产、运输和贮藏过程中，其活性易受环境因素（温度、水分、酸碱度等）的影响。

（3）加工和贮藏过程中高温、饲料中添加的或在治疗过程中使用的抗生素均可使影响活菌的活性。

（4）在消化道内，益生素若不能有效抵抗胃酸、胆盐等的作用，就无法发挥功效。

（五）止泻药

止泻药物可通过减少肠道蠕动或保护肠道免受刺激而达到止泻之效。临床常用、地芬诺酯和蒙脱石散等药物。

1. 地芬诺酯

地芬诺酯是一类具有类似吗啡样肠道运动抑制药物，可作用于肠黏膜感受器，抑制肠道运动，促进肠道水分吸收。用法：口服，1 次 120~250mg。和阿托品连用增效。

2. 蒙脱石散

药物均匀地覆盖在整个肠腔表面，增强黏液屏障，保护肠细胞顶端和细胞间桥免受损坏。固定、清除多种病原菌和毒素。用于家禽病毒性腹泻。用法：250~750mg/kg。副作用：可能影响其他药物的吸收，必须合用时应在服用之前 1h 服用其他药物。

（六）酸化剂的作用

有机酸化剂在消化道内解离产生氢离子，有助于降低 pH 值，另一方面酸根阴离子是体内的中间代谢物，参与能量代谢供能。多数有机酸化剂具有良好的风味，故被广泛应用。

1. 柠檬酸

添加量为 1%~2%，可使日增重提高 2.9%，饲料效率改善 3.2%。

2. 延胡索酸

适宜添加量为 1.5%~2%，使日增重平均提高 9.7%，饲料效率改善 4.4%。肠道中大肠杆菌适宜生长环境的 pH 值为 6.0~8.0，葡萄球菌适宜生长环境的 pH 值为 6.8~7.5，梭状芽孢杆菌适宜生长环境的 pH 值为 6.0~7.5，而有益菌如乳酸杆菌等则适宜在酸性环境中生长繁殖。若消化道 pH 值降至 4.2，则上述有害微生物不易存活，而乳酸杆菌等则可生长。

二、血液循环系统药物

血液循环系统药物指能改变心血管和血液功能的药物。主要包括强心苷药、止血药、抗凝血药、补血药和血容量扩充剂等。

（一）强心苷

强心药的主要作用是增强心肌的收缩力，包括增强心肌的收缩速率及强度，以改善心脏的泵功能。目前临床上所用的强心药主要是通过增加心肌细胞内可利用的钙离子量来增强心肌收缩力的。根据作用的方式不同，主要分为以下几类。

1. 洋地黄苷类

洋地黄苷类已应用于临床 200 多年，目前仍为应用最广泛的强心药，又被称为强心苷类药物。洋地黄苷类除了有增强心肌收缩力的作用外，还有治疗室上性心律失常的效果。洋地黄苷类治疗充血性心力衰竭的确切作用机制尚不完全清楚，普遍认为是通过其抑制心肌细胞膜上 Na^{+}-K^{+}-ATP 酶，使心肌细胞内过多的 Na^+ 不能泵出到细胞外，致心肌细胞内 Na^+ 浓度升高。过多心肌细胞内的 Na^+ 又通过细胞膜上的 Na^+-Ca^{2+} 交换机制而被泵出细胞外，与此同时，将细胞外的 Ca^{2+} 摄入心肌细胞内，这就使细胞内可利用的 Ca^{2+} 浓度增加，于是心肌细胞的兴奋 - 收缩偶联作用增强，呈现出心肌收缩力增加。临床上常用的洋地黄苷类包括地高辛、西地兰，洋地黄毒苷及哇巴因。

2. 拟交感胺类

拟交感胺类强心药即为 β - 肾上腺素能受体兴奋剂。拟交感胺类通过兴奋心肌细胞的 β 受体，激活心肌细胞内腺苷酸环化酶。在腺苷酸环化酶作用下，心肌细胞内的二磷酸腺苷环化，并形成环磷酸腺苷，环磷酸腺苷可进一步激活细胞内的蛋白激酶，使心肌细胞外的 Ca^{2+} 进入心肌细胞内，从而增强心肌收缩力：临床上常用的拟交感胺类药物有多巴胺、多巴酚丁胺，此外还有异丙肾上腺素、对羟苯心安、吡丁醇及柳丁氨醇等。

3. 双吡啶衍生物

双吡啶衍生物是目前临床上除洋地黄苷类外唯一口服有效的强心药，它具有正性肌力及扩张外周血管的作用，曾被认为是一类有临床应用前途的药物。但目前有人认为此类药物的治疗效果尚不肯定。双吡啶衍生物类药物正性肌力的作用机制为其抑制心肌细胞膜上的磷酸二酯酶。磷酸二酯酶为心肌细胞内环磷酸腺苷的降解酶，由于其活性被抑制，使得心肌细胞内环磷酸腺苷的降解减少，细胞内环磷酸腺苷浓度增高，环磷酸腺苷激活细胞内的蛋白激酶，使 Ca^{2+} 进入心肌细胞内，使心肌收缩力增强。目前临床应用的双吡啶衍生物类主要为氨利酮和咪利酮。

4. 新合成的强心药

（1）匹罗昔酮。具有正性肌力及扩张外周血管的作用。其正性肌力作用类似于双吡啶衍生物，能抑制磷酸二酯酶的活性，从而减少心肌细胞内环磷酸腺苷的降解而发挥作用。已被临床上证明对急性充血性心力衰竭有改善血流动力学作用。

（2）异波帕明。具有正性肌力及利尿作用，且不影响心率和血压，被认为作用类似于多巴胺的药物。

（3）双氢吡啶衍生物。如 BAYk8644 被认为具有激活心肌细胞膜上慢钙通道的作用，可促使 Ca^{2+} 经慢钙通道进入心肌细胞内。

（4）硫马唑。为苯丙咪唑衍生物，具有正性肌力及扩张血管的作用。其正性肌力作用被认为与其提高心肌细胞内肌钙蛋白对 Ca^{2+} 的敏感性有关。

（二）止血药

止血药是能促进血液凝固和制止出血的药物，多用于防治各种出血。如外伤出血、手术切口或其他疾病（肝病、肺病）所致的出血等。它对小血管出血有效，对较大血管出血仅起辅助作用，还需用压迫包扎或手术处理才能止血。按止血药的作用机理可分为 4 类：作用于血管、血小板的止血药，如安络血、脑垂体后叶素等。主要适应于毛细血管损伤或通透性增加的出血；促进凝血因子活性的药物，如维生素 K、凝血质、止血敏等。适用于各种凝血因子过低引起的出血；抗纤维蛋白溶解的止血药，如 6- 氨基己酸（氨己酸）、对羧基苄胺（氨甲苯酸）、止血环酸（氨甲环酸）等。适用于纤维蛋白溶解症所致的出血；局部止血药，如明胶海绵、止血棉等。适用局部外伤出血及手术的止血。其中抗纤维蛋白溶解的止血药作用较为广泛，对动物机体止血机能的各个方面均有影响，故可广泛地用于治疗多种出血性疾病。另外，一些中草药，如牛西西、白及、三六、紫珠叶、茜草等，也有不同程度的止血作用。对出血性疾病的治疗首先要明确病因。选用止血药物时针对性要强，应结合病因和药物的作用机理来选药，才能达到止血的目的。常用的几种止血药如下。

1. 安络血

适应于血管 - 血小板性出血，如皮肤紫镶、牙出血、内脏出血。

2. 垂体后叶素

该药含 2 种不同的激素，即缩宫素（催产素）和加压素。前者能刺激子宫平滑肌收缩，压迫子宫肌层血管，起止血作用。后者能直接收缩小动脉及毛细血管，尤其对内脏血管，可降低门静脉压和肺循环压力，有利于血管破裂处血栓形成而止血。此外还能增加肾小管和集合管对水分的重吸收，具有抗利尿作用。

3. 维生素 K

维生素 K 是 4 种凝血蛋白在肝内合成必不可少的物质。动物体需要较少、新生儿却极易缺乏的维生素 K，是促进血液正常凝固及骨骼生长的重要维生素。维生素 K 分为两大类，一类是脂溶性维生素，即从绿色植物中提取的维生素 K_1 和肠道细菌（如大肠杆菌）合成的维生素 K_2。另一类是水溶性的维生素，由人工合成即维生素 K_3 和维生素 K_4。最重要的是维生素 K_1 和维生素 K_2。脂溶性维生素 K 吸收需要胆汁协助，水溶性维生素 K 吸收不需要胆汁。

4. 凝血质

别名凝血活素、血液凝固因子Ⅲ、凝血致活酶、凝血酶原激酶。性状为黄色或淡黄色软脂状块状物或粉末，溶于水形成胶体溶液。作为血液凝固因子Ⅲ，能促使血液中的凝血酶原变为凝血酶；凝血酶又促使纤维蛋白原变为纤维蛋白，而致血液凝固。主要用于外科局部止血，亦用于血友病、内脏出血等。

5. 止血敏

别名止血定、羟苯磺乙胺、酚磺乙胺。为白色结晶或结晶性粉末。味苦，有引湿性，遇光易变质。易溶于水、乙醇，微溶于丙酮，不溶于氯仿或乙醚。能增加血小板生成，增强其聚集及黏合力，促使凝血活性物质释放，缩短凝血时间，达到止血效果。还有增强毛细血管抵抗力，减少其通透性的功效。用于防治手术前后及血管因素出血。

6. 氨己酸（促凝血药）

其他名称为 6- 氨基己酸、氨基己酸、抗血纤溶酸。主要成分为 6- 氨基己酸，性状为注射液，片剂。用于纤溶性出血，如脑、肺、子宫、前列腺、肾上腺、甲状腺等外伤或手术出血。术中早期用药或术前用药，可减少手术中渗血，并减少输血量。

7. 氨甲苯酸

药物别名为止血芳酸。作用机制同氨己酸，且比之强。适用于肺、肝、胰、前列腺、甲状腺、肾上腺等手术时的异常出血，产科和产后出血及肺结核咳血、痰中带血、血尿，前列腺肥大出血、上消化道出血等。对慢性渗血效果较显著。

（三）抗凝血药

抗凝血药是能够制止或延缓血液凝固的药物，常简称抗凝剂。在输血或血样检验时为了防止血液在体外凝固须加入抗凝剂。当手术后或患有形成血栓倾向的疾病时，为防止血栓形成和扩大，也向体内注射抗凝剂。

1. 枸橼酸钠

该药在输血或化验室血样抗凝时，用作体外抗凝药。一般配制成 2.5%~4% 灭菌溶液在每 100mL 全血中加 10mL，即可避免血液凝固。采用静脉滴注输血时，其中所含枸橼酸钠并不引起血钙过低反应。因为枸橼酸钠在体内易氧化机体氧化速度已接近于其输入速率。但若输入过快或量太大机体来不及氧化可能导致中毒出现血钙过低。此时可静脉注射氯化钙解毒。兽医临床上有时也静脉注射高渗（10%）枸橼酸钠液（马、牛 100~150mL）治疗内出血。其作用原理可能是促进血小板破裂从而缩短凝血时间。若注射剂量过大可使血钙急剧下降，患畜战栗，严重时可抑制心肌活动而引起死亡应注意。注射液为含枸橼酸钠 2.5% 与氯化钠 0.085% 的灭菌水溶液，每支 10mL 含 0.25g。体外抗凝用量，每 100mL 血液中加此注射液 10mL。

2. 肝素钠

该药在体外或体内均有迅速地抗凝血作用。肝素能影响凝血过程的许多环节，主要表现为阻滞凝血酶原转变为凝血酶而抑制凝血酶，以至不能发挥促进纤维蛋白原转变为纤维蛋白；阻止血小板的凝集和崩解等作用。其主要用途是：作为体外抗凝剂，用于输血和血样保存；作为体内抗凝剂，防治血栓栓塞性疾病。也可用作体外循环、动物交叉循环时的抗凝剂。注射液：每支 1mL，125 万 IU。静脉滴注用量马、牛、骆驼、羊、猪 100~130IU/kg 体重，犬、猫 200IU/kg 体重，兔、貉、貂 250IU/kg 体重。以 5% 葡萄糖注射液或生理盐水稀释后滴注。在体外每 500mL 血液加入 1 000IU 肝素可在 4h 内制止血凝。血样保存每 1mL 血液含 10IU 肝素即可。

3. 藻酸双酯钠

该药为类似肝素样的从天然海藻中提取的多糖硫酸酯类药物。相当于肝素 1/3~2/3 的抗凝血作用。此外还有明显的扩张血管、改善微循环等多种作用。用于体内抗凝，防止血栓栓塞性疾病。针剂类每支 2mL 含 100mg。静脉滴注每 1~2mg/kg 体重。片剂类每片 50mg。口服：马、牛、骆驼 300~500mg/ 次；羊、猪、犬 30~50mg/ 次。

4. 草酸钠

草酸根离子能与血液中钙离子结合成不溶性的草酸钙，从而降低血液中钙离子浓度，阻止血液凝固。可用作实验室血样的抗凝剂。每 1mL 血液中加草酸钠 2mg 即可抗凝。实际应用时，每 100mL 血液中加入 2% 草酸钠溶液 10mL 即可。该药严禁用于输血或体内抗凝。若误服或注射该药均可导致强烈的毒性反应。解救中毒可用淡石灰水洗胃使误服的草酸钠生成不溶性的草酸钙，静脉注射氯化钙以补充体内钙的缺乏；大量输液以促进毒物排泄。

5. 依地酸二钠

该药是一种配合剂。静脉注射后可与血液中的钙离子结合成可溶性络合物并经肾排出，可降低血钙浓度。可用于治疗高血钙症也可用于治疗洋地黄等强心苷中毒所致的心律失常。静脉注射时宜溶于 5% 葡萄糖液中缓慢滴入。若用量过大可致血钙剧降甚至致死，使用须注意。该药也广泛用作实验室检查血样的抗凝剂，0.5~2mg 能使 5mL 血液不凝固，效果较其他抗凝剂优越。针剂，每支 5mL，含 1g。静脉注射用量，马、牛 6~9g。

6. 双香豆素

该药为口服抗凝药，在体外使用无效。与肝素相比，其作用特点是缓慢、持久。能抑制血中凝血酶原的合成，内服后经 1~2 日才能发挥作用，1 次用药后可维持 4 日左右。主要用于预防与治疗血管内栓塞、术后血栓性静脉炎等。片剂，每片 50mg。内服量犬、猫第一日 4mg/kg 体重，以后每日 2.5mg/kg 体重。1 日用量分 2~3 次内服。

（四）补血药

补血药是指凡能补血的，主要作用于血虚证的药物。其中补血包括补心血、补肝血、健脾生血、养血调经等。补血代表药物包括，阿胶、熟地黄、当归、白芍、何首乌、龙眼肉等。常用的补血药如下。

1. 阿胶

阿胶已有 2 500 余年的生产历史，为黑驴皮经过漂泡去毛后，加黄酒、冰糖等配料熬制而成。该品味甘、性平，有补血止血、滋阴润肺、调经安胎等作用。阿胶适用于血虚萎黄，眩晕心悸，心烦不眠，肺燥咳嗽等症。实验结果表明，阿胶能促进红细胞及血红蛋白的生成。用量一般 3~9g。

2. 熟地黄

味甘、性微温，功能滋补精血。《本草经疏》誉其为“补肾家之要药，益阴血之上品”。

现代研究证明：地黄有显著的强心作用，特别是对衰弱的心脏，其作用更明显。近来的研究还表明，地黄能防止细胞老化，增强神经的反射机能。这些研究提示，地黄不仅具有强壮功效，而且具有抗衰老作用。用量一般 9~15g。

3. 当归

味甘、辛、苦，性温，能补血活血、润肠通便。《本草备要》谓其“血虚能补，血枯能润”，对气血生化不足，或气血运行迟缓以及血虚肠燥便秘者，常服效佳。该品有抗贫血、抗维生素 E 缺乏及镇静、镇痛、降血脂等作用，还可增加冠状动脉血流量，对子宫有双向性调节作用。因此，是一味重要的保健中药，凡虚损不足、气血虚弱者，皆可常用。用量一般 3~9g。

4. 枸杞子

味甘、性平，功能滋补阴血、益血明目，为滋补肝肾之佳品。《食疗本草》谓之能“坚筋耐老，除风，补益筋骨，能去虚劳”。据药理研究，枸杞能降低血中胆固醇，有抗实验性动脉粥样硬化的作用，故可用其防治高脂血症、动脉硬化性高血压、冠心病等疾病。该品单用即有效，可每日取枸杞子 6~15g，开水浸泡代茶饮。

（五）血容量扩充剂

广义的血容量扩充剂，应包括全血、血浆和右旋糖酐等血浆代用品。

1. 全血

系采自同种健康动物的血液。新鲜全血具有补充血量，改善循环，增加心脏输出量，防治休克以及增加机体抗病力和解毒能力的作用。输血疗法的主要适应证为：大出血，出血性休克，亦可用于急性溶血性贫血和严重感染症。一般使用剂量：牛、马为 500~2 500mL；猪、羊为 200~500mL。

供血和受血动物必须同种（但马属动物可交互输血），因此，黄牛和水牛，山羊和绵羊间均不宜交互输血。为防止传染病和寄生虫病的传染，供血动物必须健康。为保证输血效果，宜采新鲜血液，并加 0.25%~0.4% 柠檬酸钠抗凝。为保证输血安全，必须先进行配血交义凝集试验（即在玻片上先置一滴生理盐水，再加少量供血和受血动物血液），无血细胞凝集反应时，还应先输入少量血液（牛、马 50~100mL，羊、猪 10~20mL），半小时内无严重反应者，始可输入全量。输血后 10 日，应避免再用同一动物的血源输血，否则，有可能出现过敏反应。近有资料证实，输入的红细胞寿命，动物较人（80d）明显为短（如奶牛为 1d，羊为 8d）。这不仅影响输血效果，而且对肾病患畜，其肾小管更易为血红蛋白堵塞而致无尿，用时慎重。

2. 血浆

系全血的液体部分，是经抗凝处理血液无菌操作分离而得的一种胶体溶液。含水分 92%，并溶有多种血浆蛋白和无机盐成分。注入静脉后，所含血浆蛋白能有效地保持血液循环中胶体渗透压而增加血容量。血浆主用于防治出血性休克、创伤性休克和衰竭症，特别对血浆过量丧失的大面积烧伤症病畜尤为适宜。其用量可参考全血。

由于血浆中不含红细胞，应用时不存在血型不合的问题，因此不需做配血交叉凝集试验，使用时比较安全。动物血浆与全血相同，亦无市售品，多以无菌操作法，采取健康屠宰动物全血（加0.25%~0.4% 枸橼酸钠），静置后，取上层清液即得，在 4℃下可保存 2 年。

3. 右旋糖酐

属高分子化合物的血浆代用品，是蔗糖发酵而得的脱水葡萄糖聚合物。临床上常用的有中分子右旋糖酐（平均分子量为 75 000，即右旋糖酐 75）和低分子右旋糖酐（平均分子量 40 000）2 类制剂。右旋糖酐的扩充血容量作用，是由于能增加血液胶体渗透压，甚至可使组织中水分进入血管内，所起的扩充血容量作用至少维持 12~24h。低分子右旋糖酐还可阻止血管内红细胞凝集，并有提高红细胞的稳定性，使之不易破裂，从而有降低血流黏滞性，达到改善微循环和防止弥散性血管内凝血的作用。中分子右旋糖酐（常用 6% 右旋糖酐氯化钠注射液和 6% 右旋糖酐葡萄糖注射液 2 种制剂）的排泄较慢，发挥扩充血容量作用较为持久，主作血浆代用品以扩充血容量。低分子右旋糖酐（10% 右旋糖酐氯化钠注射液）的排泄较快，扩充血容量时间较短，主用以改善微循环和发挥渗透性利尿作用。2 种制剂的剂量应视病情而定，一般牛、马用 1 000~3 000mL，猪、羊用 250~500mL。

右旋糖酐的用量不宜太大（绝不能超过 lg/kg 体重），静脉注射速度亦不宜太快，否则由于血容最过度扩张而导致心力衰竭，心脏功能不全和严重脱水病畜用时尤应慎重。低分子右旋糖酐经肾排泄时，可使肾小管内尿液黏滞度增加，少尿患畜更易引起肾小管阻塞，甚至引起急性尿闭式肾功能衰竭，用时慎重。严重肾病动物应禁用。

右旋糖酐，特别是低分子右旋糖酐能包裹血小板而影响凝血致活酶释放，因此大剂量应用后能显著延长血凝时间，反复应用中分子右旋糖酐（由于存在少量大分子右旋糖酐能在体内蓄积）甚至可引起出血现象。因此，血小板减少和出血性疾病患畜以不用为宜。个别家畜应用右旋糖酐后可出现过敏反应（荨麻疹、寒战等），可用抗组胺药治疗。

三、呼吸系统药物

作用于呼吸系统的药物包括：祛痰药、镇咳药及平喘药。合理地使用这些药物可以缓解呼吸系统疾病的喘息、咳嗽与呼吸衰竭等症状，有效地预防并发症的发生。

（一）祛痰药

能使痰液变稀易于排出的药物称祛痰药。能增加呼吸道分泌，稀释痰液或降低其黏稠度，使痰易于咳出，改善咳嗽和哮喘症状。因此，祛痰药还能起到镇咳、平喘作用。

1. 氯化铵

口服刺激胃黏膜的迷走神经末梢，反射性地增加呼吸道腺体分泌使痰液变稀而祛痰。很少单独使用，多配成复方制剂应用。服用大量时可产生酸中毒。溃疡病及肝肾功能不良者慎用。

2. 愈创木酚甘油醚

属恶心性祛痰药，有较弱的抗菌作用。单用或配成复方制剂用于慢性支气管炎、支气管扩张等。无明显的不良反应。

3. 溴己新

溴己新又名必消痰，可直接作用于支气管腺体，促使黏液分泌，使痰的黏稠度降低，痰液变稀而易于咳出，另外还有镇咳作用，适用于慢性支气管炎、哮喘及支气管扩张症痰液黏稠不易咳出患者。少数患者用药后可产生恶心、胃部不适，偶见血清氨基转移酶升高。溃疡病及肝功不良患者慎用。

（二）镇咳药

镇咳药是作用于咳嗽反射的中枢或外周部位，抑制咳嗽反射的药物。

1. 可待因

可待因又称甲基吗啡，是阿片所含的生物碱之一。镇咳作用强度约为吗啡的 1/4。可待因对咳嗽中枢有较高选择性，镇咳剂量不抑制呼吸，成瘾性比吗啡弱，是目前最有效的镇咳药。主要用于剧烈的刺激性干咳，也用于中等强度的疼痛，其镇痛作用强度为吗啡的 1/10~1/7。作用持续 4~6h，过量易产生兴奋、烦躁不安等中枢兴奋症状。久用也可成瘾，应控制使用。

2. 喷托维林

为人工合成的非成瘾性中枢性镇咳药，对咳嗽中枢有选择性抑制作用，其强度为可待因（codeine）的 1/3。并有局麻作用，能抑制呼吸道感受器及松弛支气管平滑肌，适用于上呼吸道感染引起的咳嗽。该药偶口干、恶心等不良反应。因有阿托品样作用，青光眼患者禁用。

3. 右美沙芬

右美沙芬又名右甲吗喃，为中枢性镇咳药，强度与可待因相等或略强。无镇痛作用，长期服用无成瘾性。治疗量不抑制呼吸，不良反应少见。中毒量时可有中枢抑制作用。

4. 苯佐那酯

苯佐那酯又名退嗽露为丁卡因的衍生物，有较强的局麻作用，能选择性地抑制肺牵张感受器，阻断肺 - 迷走神经反射，抑制咳嗽冲动的传导，而产生镇咳作用。镇咳强度略弱于可待因。该药不抑制呼吸反能增加每分钟通气量。用药后 20min 左右显效，可维持 3~4h。临床用于干咳、阵咳，也用于支气管镜等检查前预防咳嗽。不良反应有轻度的嗜睡、鼻塞等，偶见过敏性皮疹。

5. 苯丙哌林

为非成瘾性镇咳药，能抑制肺及胸膜牵张感受器引起的肺 - 迷走神经反射，对咳嗽中枢也有一定的直接抑制作用，且有平滑肌松弛作用，其镇咳作用比可待因强，且不抑制呼吸。口服后 10~20min 显效，作用可维持 4~7h，适用于刺激性干咳。不良反应有口干、困倦、腹部不适、皮疹等。

（三）平喘药

哮喘为一种慢性炎症性呼吸道疾病，主要病理表现为支气管高反应性或支气管痉挛，小气道阻塞，呼吸困难。主要病理变化为炎症细胞浸润、黏膜下组织水肿、血管通透性增加、平滑肌增生、上皮脱落，细胞浸润包括肥大细胞、嗜酸性粒细胞、巨噬细胞、淋巴细胞和中性粒细胞。平喘药是用于缓解、消除或预防支气管哮喘的药物。主要适应证为哮喘和喘息性的支气管炎。目前平喘药物可分为 6 类：肾上腺素受体激动药、茶碱类、M 胆碱受体阻断药、肾上腺皮质激素、肥大细胞膜稳定药；其他类。

1. 肾上腺素受体激动药

该类药物通过激动肾上腺素 β2 受体，激活腺苷酸环化酶而增加平滑肌细胞内 cAMP 浓度，使细胞内 Ca^{2+} 水平降低，从而松弛支气管平滑肌；肾上腺素还能激动 α 受体，使呼吸道黏膜血管收缩，减轻黏膜水肿，有利于改善气道阻塞；此类药还可激动肥大细胞膜上的 β 受体，抑制过敏介质释放，预防过敏性哮喘的发作；长期应用此类药物可使支气管平滑肌细胞膜上的 β2 受体数目减少，疗效减低，引起哮喘反跳，病情加重。故该类药物不宜长期连续应用，必要时可与其他平喘药交替使用。

（1）肾上腺素。肾上腺素对 α 和 β 受体均有强大的激动作用。平喘作用快而强，但可激动心脏 β1 受体引起心动过速，甚至心律失常，对血管 α 受体的激动作用可引起收缩压明显增高，加重心脏负担，故一般不常应用。主要用于控制哮喘急性发作，用法为皮下注射给药，数分钟内见效，维持时间为 1~2h。

（2）麻黄碱。麻黄碱作用与肾上腺素相似，但作用较弱，其特点是口服有效，作用缓慢、温和、持久。麻黄碱可兴奋中枢，引起失眠，故已少用，仅与其他药物配伍治疗轻症哮喘、喘息性气管炎和预防哮喘发作。

（3）沙丁胺醇。对 β2 受体作用强于 β1 受体，对 α 受体无作用，平喘作用与异丙肾上腺素（异丙肾上腺素）相似，兴奋心脏作用仅为异丙肾上腺素的 1/10。口服 0.5h 起效，2~3h 达最大效应，可维持 4~6h。该药对支气管扩张作用强而持久，对心血管系统影响很小，是目前较为安全常用的平喘药。常见的不良反应有恶心、多汗、肌肉震颤、心悸等。

（4）特布他林。特布他林在化学结构、体内过程以及药理学作用方面均与沙丁胺醇相似。该品既可口服，又可注射。皮下注射 5~15min 生效，0.5~1h 达血药高峰，持续 1.5~5h。重复用药易致蓄积作用。

2. 茶碱类

茶碱类药物包括茶碱与氨茶碱。

（1）药理作用。茶碱类具有较强的直接松弛气道平滑肌作用，但其作用强度不及 β 受体激动药，其作用机制为，抑制磷酸二酯酶的活性，使气道平滑肌细胞内 cAMP 的含量提高，气道平滑肌张力降低，气道扩张；促进内源性肾上腺素和去甲肾上腺素的释放，引起气道平滑肌松弛；阻断腺苷的作用，腺苷是哮喘发作时收缩气管介质之一，茶碱类是腺苷受体阻断药，可能对抗内源性腺苷诱发的支气管收缩。改善呼吸功能：能增加膈肌收缩力，还具有呼吸兴奋作用，使呼吸深度增强，但呼吸频率不增加。强心作用：增强心肌收缩力，增加心输出量，并能降低右心房压力，增加冠状动脉血流量；此外还有微弱的利尿作用，适用于心源性哮喘。

（2）体内过程。口服吸收迅速，生物利用度几乎达 100%，吸收后可分布到细胞内液与外液，90% 经肝药酶代谢转化，10% 以原形由尿排出。

（3）临床应用。主要用于支气管哮喘：急性哮喘病采用氨茶碱缓慢静脉注射，可缓解气道痉挛，改善通气功能，对慢性哮喘病例，茶碱类可用于预防发作和维持治疗。在哮喘持续状态，由于机体严重缺氧导致大量的肾上腺素释放，气道的 β 受体对肾上腺素的敏感性降低，使肾上腺素受体激动药的疗效下降。此时配伍用茶碱类药物，可使疗效提高；茶碱还能用于治疗慢性阻塞性肺疾病：长期应用可明显改善气促症状，并改善肺功能；可用于心源性哮喘的治疗。

（4）不良反应。茶碱类舒张平滑肌有效血浆浓度为 10~20 μg/mL。超过 20μg/mL 即可引起毒性反应，早期多见有恶心、呕吐、不安、失眠、易激动等，严重时可出现心律失常、精神失常、惊厥、昏迷，甚至出现呼吸、心跳停止而引起死亡，一旦发现毒性症状，应立即停药。茶碱类的生物利用度和消除速度个体差异较大，因此临床应定期监测血药浓度，及时调整用量以避免出现茶碱类中毒反应。

3. M 胆碱受体阻断药

异丙溴托铵为阿托品的异丙基衍生物，对呼吸道平滑肌具有较高的选择性。雾化吸入时，不易从气道吸收，口服也不易从消化道吸收，只在局部发挥舒张平滑肌作用，故没有阿托品样的全身性不良反应，也不影响痰液分泌。主要用于防治支气管哮喘和喘息性慢性支气管炎。

4. 糖皮质激素类

糖皮质激素是目前治疗哮喘最有效的药物。哮喘的主要病理机制是呼吸道炎症。糖皮质激素具有强大的抗炎和抗过敏作用。诱导磷脂酶 A_2 抑制蛋白的产生，抑制细胞膜磷脂释放花生四烯酸，从而使白三烯及前列腺素的合成减少，使小血管收缩，渗出减少，因而能降低气道反应性。糖皮质激素是哮喘持续状态或危重发作的重要抢救药物。近年应用吸入治疗方法，充分发挥了糖皮质激素对气道的抗炎作用，也避免了全身性不良反应。但近年来发现长期吸入糖皮质激素能使气道上皮基底膜变厚，平滑肌增生，不可逆地增加气道反应性。

四、泌尿生殖系统药物

（一）利尿药

利尿药是一类作用于肾脏，增加电解质和水的排泄，使尿量增多的药物。临床应用很广。常用利尿药按它们的利尿效能分为 3 类。一是高效能利尿药，主要作用于髓袢升支粗段，减少 Na^+ 的重吸收 15%~25%，利尿作用强大。有呋塞米、依他尼酸、布美他尼等；二是中效能利尿药，主要作用于髓袢升支粗段皮质部和远曲小管始段，减少 Na^+ 的重吸收 5%~10%，利尿作用中等，包括噻嗪类利尿药及氯噻酮、吲哒帕胺等；三是低效能利尿药，主要作用于远曲小管末段和集合管，减少 Na^+ 的重吸收 1%~3%，利尿作用弱于上述 2 类药物，包括螺内酯、氨苯蝶啶及阿米洛利等保钾利尿药和碳酸酐酶抑制剂乙酰唑胺。

1. 高效能利尿药

（1）呋塞米。

① 药理作用：呋塞米利尿作用快、强而短暂。利尿作用机制是抑制髓袢升支粗段髓质和皮质部的 K^+-Na^+-$2Cl^-$ 共同转运系统，减少 NaCl 的再吸收，降低肾对尿液的稀释和浓缩功能而发挥利尿作用。Na^+ 再吸收减少，使到达远曲小管尿液中的 Na^+ 浓度升高，因而促进 K^+-Na^+ 交换导致 K^+ 排出增加。Cl^- 的排出往往大于 Na^+，故可出现低氯性碱血症。除增加 Na^+、K^+、$2Cl^-$、H_2O 的排出外，还可增加 Mg^{2+}、Ca^{2+} 的排出。静脉注射呋塞米还可增加肾血流 30%，对受损的肾功能可产生保护作用。

② 应用：严重心、肝、肾性水肿时一般不作首选药，用于其他利尿药无效的严重水肿；对于急性肺水肿患畜，呋塞米除利尿降低血容量外，还能通过扩张血管，降低左心室舒张末期压、肺动脉压和肺动脉楔压能迅速缓解肺水肿症状。对脑水肿患畜，呋塞米的强大利尿作用，使血液浓缩，血浆渗透压增高，有助于消除脑水肿；急性少尿性肾功能衰竭早期，静脉注射呋塞米有较好的防治作用。由于利尿作用强大迅速，可使阻塞的肾小管得到冲洗，防止肾小管萎缩，坏死；同时能扩张肾血管，降低血管阻力，增加肾血流量，提高肾小球滤过率，使尿量增多。对其他药物无效的慢性肾功能衰竭，近年来用静脉滴注大剂量呋塞米治疗取得较好的疗效，可使尿量增加，水肿减轻；加速毒物排泄。配合输液可加速毒物随尿排出。常用于大部分以原形经肾排泄的长效巴比妥类、水杨酸类等药物中毒时的抢救；此外，可用于高钾血症、高钙血症等。

③不良反应：因过度利尿所引起的水和电解质紊乱，常表现为低血容量、低血钾、低血钠、低

氯性碱血症。其中低血钾症最为多见，应注意及时补充钾或保钾利尿药合用防治。长期应用也可引起低血镁；长期大剂量静脉给药，可引起耳鸣、听力下降或暂时性耳聋。这可能与药物引起内耳淋巴液电解质成分改变或耳蜗管内基膜上的毛细胞受损有关。应避免与氨基糖苷类抗生素等具有耳毒性的药合用；胃肠反应：常见有恶心、呕吐、上腹部不适及胃肠出血等，宜饲后使用；此外，由于利尿后血容量降低，使尿酸经近曲小管的再吸收增加，同时抑制尿酸排泄，可引起高尿酸血症，痛风畜禽应慎用。少数患畜可发生粒细胞减少、血小板减少、溶血性贫血、过敏性贫血、过敏性间质性肾炎等。

（2）布美他尼。该品与呋塞米均为磺胺类利尿药，具有速效、高效、短效和低毒性的特点。利尿作用强度为呋塞米的 40~60 倍。用于各种顽固性水肿及急性肺水肿等；对急、慢性肾功能衰竭尤为适宜；对用呋塞米无效的病例仍有效。不良反应类似呋塞米，但较小。

（3）依他尼酸。利尿作用、临床应用与呋塞米类似。但由于毒性较大，临床现已少用。但对磺胺类利尿药过敏者，可选用该品。

2. 中效能利尿药

包括噻嗪类和氯噻酮。噻嗪类利尿药是临床上常用的一类利尿药，该类药的产生是首先合成了噻嗪类，后来合成了一系列疗效高、副作用低的新衍生物，该类药物有氯噻嗪（氢氯噻嗪、双氢克尿噻）、氢氯噻嗪、氢氟噻嗪、苄氟噻嗪、环戊噻嗪（环戊甲噻嗪）等。该类药物作用相似，效能相同。其主要区别是作用开始时间，峰值时间和维持时间不同，其中以氢氯噻嗪最为常用。氯噻酮虽不属噻嗪类，但其药理作用等均与噻嗪类相似。

（1）药理作用。噻嗪类主要作用部位在髓袢升支皮质部，即在远曲小管近段抑制 Na^+ 的主动重吸收，使小管液中 Na^+ 量增加，相应地 $C1^-$ 的被动重吸收也减少，结果大量 Na^-、$C1^-$ 进入远曲小管远段和收集管中，由于管腔中离子浓度增加，渗透压升高，伴随 Na^+、$C1^-$ 的排出而带走大量水，故有明显利尿作用。由于 Na^+ 重吸收减少，远曲小管、收集管中 Na^+ 增加，促进 Na^+-K^+ 交换，K^+ 从尿排出也相应增多，此外，尿中排出较多的还有 Cl^-、Mg^{2+}。噻嗪类尚能轻度抑制碳酸酐酶的作用，但并无临床价值，因尿中 HCO_3^- 排出不明显，仍比 $C1^-$ 少，且新的衍生物对碳酸酐酶抑制作用更差，而利尿作用却增加。该品可明显减少多尿患畜的尿量。其作用机制可能是通过抑制磷酸二酯酶，增加远曲小管和集合管细胞内 cAMP 的含量，从而提高远曲小管及集合管对水的通透性，增加水的再吸收。同时由于排钠作用，降低血浆渗透压，减轻患畜的口渴感而使饮水量减少，从而使尿量减少。

（2）应用。噻嗪类与其他利尿药相比，具有作用较强（除速尿、利尿酸外），毒性较小，Na^+、$C1^-$ 排出大致相等而较少引起酸碱失衡等优点，当前广泛用于各种类型的轻、中度水肿及促进某些毒物的排出。全身水肿：其中以对心性水肿效果较好，对肝性水肿也有效，对肾性水肿则随肾功能减损程度而定，轻症效好，重症效差；局部组织水肿：经常用于减轻或消除临产时浮肿、乳房浮肿、胸腹部水肿、阴鞘水肿、术部水肿等。也可用于脑水肿、肺水肿；某些急性中毒：如食盐中毒、溴化物中毒、巴比妥类中毒等，可在补液同时内服噻嗪类，以加速毒物随尿排出。

常用的噻嗪类药物体内的区别：噻嗪类内服后迅速吸收，均在内服后 2h 内产生明显利尿作用。氯噻嗪约持续作用 12h，由于需用剂量较大，现已被作用更强的双氢氯噻嗪等所取代。双氢氯噻嗪内服后经 6~12h 达高峰血浓度，可维持 12~18h，脂溶性较高，在肾中含量最高，其次为肝脏，由近曲小管分泌，主要从尿中排出。环戊氯噻嗪内服后经 6~12h 达高峰血浓度，维持 24~36h，排泄较慢。噻嗪类有较强利尿作用，双氢氯噻嗪较氯噻嗪强 10 倍，故相对剂量为氯噻嗪的 10 倍；环戊氯噻嗪较氯噻嗪强 1 000 倍，需用剂量更小，是噻嗪类中排钠作用最强的。

（3）不良反应。不良反应一般少见，但双氢氯噻嗪能引起电解质紊乱，尤其在大量或长期应用时易引起低钾性碱血症，为防止低血钾可同服氯化钾，或在其发挥明显利尿作用后，及时补充氯化钾。环戊氯噻嗪具有显著排钠作用，减少 Na^+-K^+ 交换，故失钾不明显，甚至无失钾的副作用，故一般不补钾，但应注意低钠症的发生。低血钾易诱发或增加强心苷的毒性，故在强心苷配合双氢氯噻嗪应用时必须加服氯化钾。此外，噻嗪类利尿药可降低肾小球滤过率，故禁用于急性肾功能衰竭的患病畜禽。因该类药物促进远曲小管对 Ca^{2+} 的再吸收，久用偶致高血钙。并可出现皮疹、光敏性皮炎等变态反应。还可引起高尿酸血症，因利尿后血容量降低，使尿酸经近曲小管的再吸收增加，同时该品经近曲小管分泌排泄时，可竞争性抑制尿酸的排泄导致血中尿酸浓度升高。痛风畜禽慎用。

3. 低效能利尿药

（1）螺内酯。

①药理作用：螺内酯利尿作用缓慢、弱而持久。口服后 1 日左右开始显效，2~3 日达高峰，停药后可持续 2~3 日。该品化学结构与醛固酮相似，在远曲小管和集合管可与醛固酮竞争细胞内醛固酮受体，拮抗醛固酮的作用，减少 Na^+ 再吸收和 K^+ 的分泌，发挥排钠保钾作用，使 Na^+、Cl^- 和水的排出增加而利尿。此药的利尿作用依赖于醛固酮的存在，当体内醛固酮水平增高时，利尿作用显著。

②临床应用：主要用于伴有醛固酮水平增高的顽固性水肿，如肝硬化腹水、肾病综合征等。常与噻嗪类排钾利尿药合用。

③不良反应：久用可引起高血钾，肾功能不全时易发生，故肾功能不全及血钾偏高者禁用。还有性激素样不良反应，停药后可自行消失。

（2）氨苯蝶啶。

①药理作用：氨苯蝶啶利尿作用较螺内酯快、短而略强。口服后 1~2h 起效，4~6h 达峰值，持续 12~16h。其作用是直接阻滞远曲小管和集合管的 Na^+ 通道，减少 Na^+ 再吸收；同时，降低管腔内的负电位，使驱动 K^+ 分泌的动力减小，减少了 K^+ 分泌，产生保钾排钠的利尿作用。

②临床应用：该品常与中效或强效能利尿药合用治疗各种顽固性水肿或腹水。既可加强排 Na^+ 利尿效果，又可减少排 K^+ 的不良反应。因能促进尿酸排泄，故尤适用于痛风患畜的利尿。

③不良反应：久用可致高血钾，故肾功能不全或有高血钾倾向患畜禁用。偶有呕吐、腹泻、嗜睡、乏力、皮疹等。

（3）阿米洛利。该药作用机制、临床应用及不良反应均与氨苯蝶啶相似。其排钠保钾作用浓度为氨苯蝶啶的 5 倍，利尿作用可持续 22~24h。

4. 使用利尿药应注意的问题

利尿药经常用于水肿患畜，水肿只是一种症状，其实引起水肿的原因很多，肾病、心脏病、肝脏病、内分泌失调和营养不良都可引起水肿。因此，在使用利尿药的同时，必须根据不同的病因，从根本上着手治疗，如果单纯使用利尿药，虽然水肿暂时消除了，但病因未除，水肿仍会发生。

（1）心性水肿。轻、中度心性水肿除常规用强心苷外，一般首选噻嗪类利尿药中的环戊氯噻嗪，而双氢氯噻嗪脱 K^+ 较严重，为避免低血钾诱发强心苷对心脏产生毒性反应，必须同服氯化钾或中草药，必要时与保钾利尿药氨苯喋啶合用。如无效则改用髓袢利尿药速尿或利尿酸。至于汞撒剂虽对心性水肿疗效较好，但仅适用于顽固性病例。重度心性水肿除用强心苷外，可用噻嗪类，但一般选用速尿，必要时加用保钾利尿药或采用利尿开始后补钾的措施。

（2）肾性水肿。对急性肾炎所致水肿，选用中草药及高渗葡萄糖，一般不用利尿药。少尿明显时可先用氨茶碱等以增加肾小球滤过率，再用噻嗪类或速尿等，忌用汞剂。对慢性肾炎所致水肿，首选利尿中草药。也可选用噻嗪类，并应见尿补钾，如单用噻嗪类疗效差，可加用皮质激素、中草药，必要时合用保钾利尿药。急性肾功能衰竭时，一般应首选大剂量速尿。在大家畜急性肾功能衰竭早期可采用利尿合剂（其组成为氨茶碱 3g、维生素 3g、普鲁卡因 3g、10%~25% 葡萄糖溶液 2 000mL）静滴，每日 2 次。

（3）肝性水肿。首选中草药，加用一般剂量噻嗪类或速尿等。注意防止速尿等大剂量使用易致循环量缩减的水电解质紊乱及肝昏迷的严重恶果。

（4）脑水肿。首选甘露醇等脱水药，次选速尿等。

（5）肺水肿。急性心功能不全所致肺水肿，选用速尿以立即减轻左心负担，此时禁用甘露醇，以防增加血容量而加重心脏负担。肺充血等所致肺水肿，则可选用脱水剂（如甘露醇等）。

（6）乳房水肿、腹下水肿、阴鞘水肿。一般选用噻嗪类，无效时改用髓袢利尿药。

（7）某些急性中毒。如食盐、巴比妥类、溴化物等中毒时，一般配合输液选用噻嗪类或速尿、利尿酸。

（8）尿道上部结石。诊断确实后可选用大剂量速尿或利尿酸钠静滴。对于各种类型的顽固性水肿，可联合用药以取得较好疗效。作用部位相同的利尿药一般无协同作用，且能增加副作用；作用部位不同的利尿药合用可产生协同作用，并减少用量及副作用。

（9）临床组合用药。组合一：失钾药（双氢氯噻嗪、速尿、利尿酸）和供钾药（氯化钾及利尿中草药）或保钾药（氨苯喋啶等）联合应用。组合二：失氯药（汞撒剂、速尿、利尿酸）和供氯药（氯化铵、氯化钙）或碳酸酐酶抑制剂乙醚唑胺联合应用。组合三：主要失钠药（大多数利尿药均失钠）和主要失水药（脱水剂如甘露醇等）联合应用。组合四：噻嗪类和汞剂或速尿或利尿酸联合应用。

（二）脱水药

脱水药为一类在体内不易代谢或代谢较慢的低分子物质。静脉注射其高渗溶液入体内后，经渗透压作用，使组织水分入血浆，从而使组织脱水，并使颅内压下降，故又称降颅内压药。又因以原形经肾排出时，不被肾小管重吸收，从而随尿带出大量水分，有利尿作用，故也称渗透性利尿药。但它并不明显增加钠离子等排出。临床上一般不作全身水肿时利尿药，仅作脑水肿、脊髓外伤性水肿和其他组织水肿的脱水剂使用，以缓解症状，并不根治，所以还要根据导致水肿的病因作综合治疗。

1. 甘露醇

甘露醇呈白色结晶或晶粉，易溶于水，5% 为等渗溶液。临床用其 20% 的高渗溶液，内服不吸收，必须静脉注射给药。

（1）药理作用。该品静脉注射后，容易从毛细血管渗入组织，能迅速地提高血液渗透压，组织间液（水分）立即向血液内转移，使组织脱水，脑脊液压力下降，缓解症状。当以原形经肾排出时，肾小球滤过后，肾小管不再重吸收，尿中形成高渗而排出大量水。而且尚有扩张肾血管，增加肾血流量，提高肾小球滤过率等，故有较强的利尿作用外，尚可减轻肾缺氧、缺血，防治肾功能衰竭。

（2）应用。适用于脑水肿（如脑炎、脑外伤、脑组织缺氧、食盐中毒后期等所致的脑水肿）、脊髓外伤性水肿、肺水肿和其他组织水肿。亦可用于防治急性肾功能衰竭。适用于脑水肿（如脑炎、脑外伤、脑组织缺氧、食盐中毒后期等所致的脑水肿）、脊髓外伤性水肿、肺水肿和其他组织水肿。

亦可用于防治急性肾功能衰竭、青光眼，青光眼术前应用，或作为急性青光眼的应急治疗。

（3）不良反应。静脉给药过快可引起一过性头痛、眩晕、视力模糊。快速静脉给药，可因血容量突然增加，加重心脏负荷，故慢性心功能不全者禁用。颅内有活动性出血应禁用，以免因颅内压下降而加重出血。

2. 山梨醇

山梨醇为甘露醇的同分异构体，呈白色结晶性粉末，易溶水。其等渗液为 5.48%，临床用其 25% 的高渗溶液。该品的作用、应用和用量均与甘露醇相同，但作用较弱，价廉，故广泛应用，作甘露醇代用品。

（三）子宫兴奋药

子宫平滑肌兴奋药，能选择性地兴奋子宫平滑肌，由于药物种类不同、用药剂量不同，以及子宫生理状态的不同，可引起子宫节律性或强直性收缩，分别用于产前的催产、引产、产后止血或产后子宫复原，此外部分药物也用于流产。临床上常用的子宫兴奋药主要包括：垂体后叶素制剂（垂体后叶素、缩宫素、卡古缩宫素、卡贝缩宫素、去氨缩宫素），麦角制剂（麦角流浸膏、麦角新碱、甲麦角新碱），前列腺素（地诺前列素酮、硫前列酮、卡前列素氨丁三醇、吉美前列素、卡前列甲酯），其他（依沙吖啶）。重点介绍以下 4 种药物：缩宫素、垂体后叶素、麦角生物碱和前列腺素。

1. 缩宫素

（1）作用机制。一是兴奋子宫平滑肌，缩宫素能直接兴奋子宫平滑肌，增加强子宫收缩力和收缩频率，小剂量缩宫素（2~5IU）加强子宫（特别是妊娠末期子宫）的节律性收缩，其收缩性质与正常分娩相似，对子宫底部产生节律性收缩，对子宫颈则产生松弛作用，可促使胎儿顺利娩出，大剂量缩宫素（5~10IU）使子宫产生持续强直性收缩，不利于胎儿娩出，二是其他作用，缩宫素能使乳腺腺泡周围的肌上皮细胞（属平滑肌）收缩，促进排乳，大剂量还能短暂地松弛血管平滑肌，引起血压下降，并有抗利尿作用。

（2）临床应用。用于催产、引产、产后及流血后因宫缩无力或子宫收缩复位不良而引起的子宫出血。

（3）不良反应。缩宫素过量引起子宫高频率甚至持续性强直收缩，可致胎儿窒息或子宫破裂，因此用作催产或引产时，必须注意严格掌握剂量和禁忌证。

2. 垂体后叶素

垂体后叶素内含缩宫素及抗利尿激素 2 种成分。抗利尿激素在较大剂量时，可收缩血管，特别是收缩毛细血管及小动脉，升高血压，故又称升压素。临床上用于治疗尿崩症及肺出血。因加压素含量较多，现在产科已不用。不良反应有面色苍白、心悸、胸闷、恶心、腹痛及过敏反应等。

3. 麦角生物碱

（1）药理作用。麦角新碱和甲基麦角新碱的能选择性地兴奋子宫平滑肌，起效迅速，作用强而持久。与缩宫素不同，剂量稍大即引起包括子宫体和子宫颈在内的子宫平滑肌强直性收缩，妊娠后期子宫对其敏感性增强，因此，不宜用于催产和引产；麦角胺能直接作用于动、静脉血管使其收缩；大剂量还会损伤血管内皮细胞，长期服用可导致肢端干性坏疽。

（2）临床应用。麦角新碱和甲基麦角新碱主要用在产后或流产后预防和治疗由于子宫收缩无力或缩复不良造成的子宫出血，也用于子宫复旧不全，加速子宫复原。麦角胺可用于偏头痛的诊断和治疗。咖啡因与麦角胺合用有协同作用。

（3）不良反应。注射麦角新碱可引起恶心、呕吐及血压升高等，伴有妊娠毒血症的产妇应慎用。偶见过敏反应，严重者出现呼吸困难、血压下降。麦角流浸膏中含有麦角毒和毒角胺，长期应用可损害血管内皮细胞。麦角制剂禁用于催产及引产；血管硬化及冠心病患者忌用。

4. 前列腺素

作为子宫兴奋药应用的 PGS 类药物有：地诺前列酮（PGE2、前列腺素 E2）、地诺前列素（PGF2α、前列腺素 F2α）、硫前列酮和卡前列素（15-MePGF2α、15- 甲基前列腺素 F2α）等。PGS 收缩子宫，其中 PGE2 和 PGF2α 活性最强。可用于足月或过期妊娠引产，过期流产，28 周前的宫腔内死胎，及良性葡萄胎时排出宫腔内异物。不良反应：主要为恶心、呕吐、腹痛等胃肠兴奋现象。不宜用于支气管哮喘患畜和青光眼患畜。引产时的禁忌证和注意事项与缩宫素相同。

（四）性激素

性激素主要由性腺分泌，包括雌激素、孕激素、雄激素，它们都属甾体激素。随着畜牧行业和科技的进步与发展，人们总是努力改变自然界中一些生物基本规律，临床中常应用人工合成品的外源性激素来增加动物的繁殖率和繁殖速度，如利用外源性激素促使母牛卵巢和子宫恢复，缩短奶牛产犊间隔，来提高奶牛的繁殖力水平；利用外源激素处理产后母驼和未孕不带羔母驼，使其排卵和受孕，以求增加骆驼数量和质量，提高繁殖率，缩短繁殖周期增加经济效益；也有用外源激素增加排卵量、促进发情而便于控制生育时间或利用外源激素促进同期发情，便于同时配种或同期发情，为胚胎移植做基础等；总之，外源性激素在畜牧生产中应用愈来愈广泛，但如果运用不当，也会造成假发情和屡配不孕的现象发生，为了方便大家更好地合理使用这些外源性激素，这里对常用的一部分进行基本介绍如下。

1. 雌激素类药

雌激素的分泌受下丘脑 - 腺垂体 - 卵巢轴功能的调节，由促性腺激素释放激素来调节。在卵泡期时，促卵泡激素（FSH）与促黄体激素（LH）在血中浓度相继渐增，LH 与内膜细胞上的 LH 受体结合，通过环磷酸腺苷 - 蛋白激酶 A（cAMP-PKA）系统，使胆固醇转变为雄激素（主要为雄烯二酮），经弥散转运到颗粒细胞。后者在 FSH 和胰岛素样生长因子（IGF）及表皮生长因子（EGF）的作用下，迅速发育、分化，并产生芳香化酶，在该酶作用下，将内膜细胞产生并弥散转运来的雄激素转变为雌激素（主要为雌二醇，E2）。这种由内膜细胞和颗粒细胞分工协作、密切配合产生雌激素的过程，被称为雌激素分泌的双重细胞学说。雌激素、卵泡激素和促黄体激素是相互影响的。卵泡液中的雌激素可提高卵泡对 FSH 的敏感性，促进卵泡的发育与分化，使内膜细胞 LH 受体数量增加，从而合成雄激素及转变为雌激素的过程，这称为雌激素的局部正反馈效应。排卵前一日左右，血中雌激素浓度达到顶峰，在其作用下，下丘脑促性腺激素释放激素（GnRH）分泌增加，腺垂体 LH 和 FSH 尤其是 LH 分泌显著增加，形成 LH 高峰。这种高浓度雌激素促进 LH 大量分泌的作用，称为雌激素的中枢性正反馈效应。其机制是由于雌激素可在 α- 羟化酶作用下转变为儿茶酚雌激素。从而具有儿茶酚胺和雌激素两者的生物活性。既可提高 NE 递质的活性，促进 GnRH 的释放，使促性腺激素分泌增加；又可在下丘脑、腺垂体与雌激素竞争受体，减弱雌激素的负反馈抑制作用，提高腺垂体 GnRH 的敏感性。所以，高浓度雌激素可以引起 LH 大量分泌的正反馈效应。雌激素的分泌除了受上述激素的调节外，反过来对这些激素的分泌也产生调节作用。由此可以看出孕激素与雌激素的相互关系是二者既有拮抗作用又有协同作用。怀孕期间此 2 种激素在血中一起上升，雌激素可使子宫内膜增殖，在此基础上，孕激素使子宫内膜起分泌期变化，并为子宫内膜对孕卵的种植和初期的胚胎发育提供营养丰富的基地。到分娩前达高峰，分娩时子宫的强有力收缩，即可能与二者的协同作用有关。而对于促进输卵管的蠕动，孕激素的作用却是同雌激素相拮抗的。在功能性子宫出血的治疗中，雌激素与孕激素同时并用的效果，优于用单一激素。雌激素使子宫内膜再生和修复，达到止血。天然的雌激素有从卵巢卵泡液中提纯的雌激素称雌二醇；从孕畜尿中提出的称雌三醇。

雌激素主要作用有：促进未性成熟的雌畜禽的第二性征和性器官发育成熟，维持成年雌畜禽的发情周期，提高子宫平滑肌对缩宫素的敏感性；较大剂量雌激素可抑制促性腺激素分泌，抑制排卵，抑制乳汁分泌，并有对抗雄激素的作用；增加骨钙沉积和降低血中胆固醇。临床主要用于卵巢功能不全和促进发情、功能性子宫出血、退乳及乳房肿痛、以及老畜的骨质疏松症的治疗等。雌二醇苯甲酸酯：是由母畜卵巢卵泡内膜和颗粒细胞分泌的类固醇激素。白色结晶性粉末。无臭，难溶于水，易溶于油。临床用于促进母畜生殖器官发育，促使母畜发情、乳房发育及泌乳。用于子宫出血、回奶等。不宜大剂量长期使用。肌内注射一次量：马 10~20mg，牛 5~20mg，猪 3~10mg，羊 1~3mg，犬 0.2~2.0mg，猫 0.2~0.5mg。

2. 孕激素类药

（1）孕激素主要作用有。在发情后期促使子宫内膜由增生期转变为分泌期，有利于孕卵着床和胚胎发育；松弛子宫平滑肌，减弱子宫平滑肌对缩宫素的敏感性，有利于安胎；促进乳腺腺泡的生长发育；一定剂量的孕激素可抑制黄体生成素的分泌，抑制排卵，产生避孕作用。临床主要用于先兆流产和习惯性流产、功能性子宫出血、子宫内膜异位症、避孕等。天然孕激素为黄体酮（孕酮），人工合成品有甲羟孕酮（甲孕酮、安宫黄体酮）、甲地孕酮、炔诺酮等。黄体酮：该品为白色或微黄色结晶性粉末，不溶于水，溶于植物油和醇。其作用为在雌激素的基础上，进一步使子宫内膜腺体生长，内膜增厚，为受精卵的植入做好准备；同时也是维持正常妊娠所必需的物质，可使胎盘生长，子宫肌增生；能抑制子宫肌的兴奋性，并降低子宫对催产素的敏感性，使胎儿安全生长。临床上常用作保胎药，治疗先兆性流产。该药口服因有明显首过效应，在通过肝脏时能被酶破坏失活，故无疗效，常用的为黄体酮注射液：为无色或淡黄色澄明油状液体。肌内注射：马、牛 50~100mg，猪、羊 15~25mg，犬、猫 2~5mg，鸡 2~5mg，貂 1~2mg。

（2）注意事项。遇冷易析出结晶，可置热水中溶解使用。注射黄体酮保胎，只用于孕畜体内黄体酮不足所造成的先兆流产，对于胎儿畸形等胚胎发育不良所造成的先兆流产，一般没有什么意义。使用黄体酮对胎儿发育会产生一定的影响，因而孕畜不要随便使用，孕畜长时期应用，可使妊娠期延长，要在兽医指导下按一定剂量注射。动物屠宰前 21 日应停药。

3. 雄激素类药

天然雄激素是睾酮（睾丸素），人工合成品有甲睾酮（甲基睾丸素）、丙酸睾酮（丙酸睾丸素）等。主要作用有：促进雄性性器官和雄性性征的发育，大剂量使用能抑制垂体前叶促性腺激素的分泌，使卵巢分泌雌激素减少，并有抗雌激素作用；促进蛋白质合成（同化作用），抑制其分解，减轻氮质血症；刺激骨髓造血功能，促进红细胞生成；促进肾小管对钙、磷的吸收。临床主要用于：睾丸功能不全、功能性子宫出血、子宫肌瘤、卵巢癌、再生障碍性贫血及老畜骨质疏松症等。丙酸睾丸酮（丙酸睾丸素、丙睾）：该品为临床广泛应用的人工合成品。呈白色或淡黄色晶粉，不溶于水，能溶于油。该药的主要作用是促进雄性器官的发育和维持雄性特征，维持正常精子的发生和成熟，使机体表现雄性动物的行为，以及精囊腺和前列腺的分泌功能。此外有蛋白同化作用和抗雌激素作用，抑制母畜发情；促进蛋白质合成，提高骨髓造血机能，故能增长肌肉，增加体重。大剂量时，由于抑制脑垂体前叶促性腺激素的分泌，对精子生成尚有不利影响。临床用于公畜因睾丸机能不足所致的性欲缺乏、贫血。去势牛、马的役力早衰和病畜的骨折和创伤的愈合。与绒毛膜促性腺素合用，可治疗无解剖结构异常的隐睾症。催醒抱窝母鸡。治疗子宫功能性出血，母畜不正常发情。常用的为丙酸睾丸素针：5mg/ 支、10mg/ 支、25mg/ 支。肌内或皮下注射一次量：马、牛 100~300mg，猪、羊 100mg，犬 20~50mg，鸡 5mg。主要不良反应有：雄性性早熟、性功能亢进；雌性病畜雄性化倾向；胆汁淤积性黄疸；水钠滞留。孕畜、前列腺肿瘤患畜禁用。家畜屠宰前 21 日停药。针剂如析出结晶，可加温溶解后使用。心功能不全病。甲睾酮（甲基睾丸酮、甲基睾丸素）：该品为白色晶粉，不溶于水。该药的作用、应用均和丙酸睾丸酮相同，猪和肉食兽虽可口服该品，但口服效果不如肌内注射丙酸睾丸酮。常用的为甲睾酮片：5mg/ 片，内服量：犬 10mg，猫 5mg。每日一次。

（五）促性腺激素

促性腺激素可分为垂体前叶促性腺激素（包括促卵泡激素、促黄体激素）和非垂体促性腺激素（包括绒毛膜促性腺激素、孕马血清）2 类。

1. 垂体前叶促性腺激素

（1）促卵泡激素（卵泡刺激素、促滤泡素，FSH）。该品是从猪、羊脑垂体前叶中提取的促性腺激素，呈白色絮状结晶，属于糖蛋白。该药作用于卵泡，能刺激颗粒细胞和膜层的发育，促进整个卵巢卵泡的生长和发育，或导致多数卵泡生长和多发性排卵。一般与小剂量垂体促黄体素合用，可促进卵巢分泌雌激素而促使母畜发情。与较大剂量垂体促黄体素合用，则促进卵泡成熟和排卵。对公畜，在黄体素的协同下，可使睾丸的精原细胞发育成精母细胞，促进精子形成和提高公畜精子密度。临床治疗母畜卵巢卵泡停止发育或两侧交替发育；多卵泡症及持久黄体等卵巢疾病。亦可用因卵巢静止而发情不显的母畜以促进发情，提高同期发情率（同步性）。注意：用药时须检查卵巢，按情况用药，过量时可导致卵巢囊肿。临床中常用的为垂体促卵泡素粉针：100IU/ 支，200IU/ 支。肌内注射，马、驴 200~300IU，每日或隔日 1 次，2~5 次为一疗程；奶牛 100~150IU，每隔 2 日 1 次，2~3 次为一疗程；兔 6IU，每日 1 次，2 次为一疗程；犬、猫 25~300IU。临用时用生理盐水稀释后注射。根据卵巢情况决定用药剂量及次数，剂量过大常引起卵巢囊肿或超数排卵。

（2）垂体促黄体激素（黄体生成素，LH）。该品是从猪、羊脑下垂体前叶提取的糖蛋白。为白色或类白色的冻干状物或粉末，易溶于水。应密封在冷暗处保存。该品在促卵泡素作用的基础上，可促进母畜卵泡成熟和排卵，卵泡在排卵后形成黄体，分泌黄体酮，具有早期安胎作用。能促进公畜睾丸间质细胞发育，分泌雄性激素，提高公畜性欲，促进精子的形成，增加精液量。用于治疗成熟卵泡排卵障碍、卵巢囊肿、早期胚胎死亡或早期习惯性流产、母畜久配不孕及公畜性欲减退，精液量少、隐睾症等。肌内注射：马 200~300IU，牛 100~200IU，兔 25IU。临用时用生理盐水稀释后注射。治疗卵巢囊肿，剂量加倍。

（3）FSH 和 LH 分泌的相互调节。黄体生成素和促卵泡激素由垂体前叶分泌，二者的分泌受下丘脑促性腺激素释放激素和性激素及性器官分泌的多肽调节。促性腺激素释放激素与垂体前叶细胞膜上的受体相结合，调节垂体前叶嗜碱性细胞的合成和分泌 2 种激素。当促性腺激素释放激素与垂体嗜碱性细胞结合后，细胞膜上的受体可发生聚集，使细胞内游离钙离子增多、磷酸肌醇水解和蛋白激酶 C 磷酸化，导致垂体前叶嗜碱性细胞内合成和分泌促性腺激素增多。钙离子是促性腺激素释放激素作用的第二信使。细胞外的钙离子在促性腺激素释放激素促进垂体细胞分泌黄体生成素中起重要的作用，但是促性腺激素释放激素对其受体的下降调节和受体脱敏现象与钙离子没有关系。

在促性腺激素释放激素促进垂体前叶细胞合成促性腺激素的过程中，垂体前叶细胞上的促性腺激素释放激素受体起着关键的作用，雌激素可以增加促性腺激素释放激素受体的作用，而雄激素则起相反的作用。

2. 非垂体前叶促性腺激素

（1）绒促性素（绒毛膜促性腺激素，HCG）。对雌性动物促使黄体分泌孕酮，促使卵泡成熟及排卵；对雄性动物增加雄激素分泌，促使睾丸下降。临床用于治疗习惯性流产、黄体功能不全、无排卵性不孕症和隐睾症。不良反应有卵巢过度肥大、腹痛等，故不宜长期用药。作用与促黄体素相似，能促使成熟卵泡排卵和形成黄体。当排卵障碍时，可促进排卵受孕，提高受胎率。在卵泡未成熟时则不能促进排卵。大剂量可延长黄体的存在时间，并能短时间刺激卵巢，使其分泌雌激素，引起发情。该品是临床常用药物。配种季节用于母畜，促进排卵，提高受孕率，还用于治疗卵巢囊肿、习惯性流产等。常用的为粉针：每支 5 000IU、2 000IU、1 000IU、500IU。临用时用生理盐水或注射用水溶解。肌内注射，马、牛 1 000~5 000IU，猪 500~1 000IU，羊 100~500IU，犬 25~300IU。治疗习惯性流产，应在妊娠后期每周注射 1 次，性机能障碍、隐睾，每周注射 2 次、连用 4~6 周。

（2）孕马血清（PMSG）（孕马血清促性腺激素）。该品自怀孕 2~5 个月的马血液中分离而得的血清。含有孕马子宫内膜杯状细胞分泌的马促性腺激素，属糖蛋白。纯品为白色无定形粉末。该药以类似促卵泡素（FSH）的作用为主，亦有促黄体素（LH）的作用，故能促进母畜卵泡成熟、发情的排卵；促进公畜分泌雄激素，提高性欲等。临床用于母畜久不发情或发情不显，能促使其发情、排卵和受孕；卵巢机能不足的不孕症等。用于猪、羊引起超数排卵，促进多胎，增加产仔数；用于同期发情，常与绒促性激素合用或交替应用。皮下注或肌内注射量：犬 6~15mL。不宜多次应用，以免形成抗体，降低药效或发生过敏性休克。皮下肌内注射，马 15~25mL，牛 20~30mL，猪 10~12mL，羊 6~15mL。每日或隔日 1 次。注意：该品为蛋白质，不宜多次注射。直接使用孕马血清时，供血马必须健康。

第九节　作用于神经系统的药物

一、全身麻醉药与化学保定药

全麻药：一类能可逆性地抑制中枢神经系统功能的药物，表现为意识丧失、感觉及反射消失、骨骼肌松弛等，但仍能保持延髓生命中枢的功能。药物进入中枢神经系统细胞膜的脂质层内，药物分子与蛋白质分子的疏水部分相结合，扰乱了双层脂质分子排列，受体或离子通道的活动与功能发生改变，影响神经细胞去极化，阻断了神经冲动的传递，造成中枢神经系统广泛抑制，导致全身麻醉。

（一）非吸入性麻醉药

1. 巴比妥类药物

根据效用时间长短巴比妥类药物分为 4 类。长效类：巴比妥、苯巴比妥；中效类：戊巴比妥、异戊巴比妥；短效类：司可巴比妥；超短效类：硫喷妥钠。

用量上：小剂量镇静，中等剂量催眠，大剂量产生全麻和抗惊厥作用。种类上：巴比妥用于镇静，苯巴比妥用于抗惊厥，戊巴比妥、异戊巴比妥、司可巴比妥和硫喷妥钠用作全身麻醉。在临床上应用的巴比妥类药物主要有戊巴比妥和硫喷妥钠。戊巴比妥的药理作用及其应用：抑制脑干网状结构上行激活系统，有镇静、催眠和麻醉作用。对丘脑新皮层通路无抑制作用，故无镇痛作用。对呼吸和循环有显著抑制作用，注射时速度宜慢。可应用于全麻、复合麻醉；镇静、抗惊厥及中枢兴奋药中毒的解救。硫喷妥钠的药理作用及其应用：明显抑制呼吸中枢；肌松作用差，镇痛作用弱；抑制心脏和血管运动中枢。可应用于全麻、复合麻醉，抗惊厥。

2. 氯胺酮

氯胺酮的脂溶性比硫喷妥钠高，作用迅速，但持续时间短。该品根据使用剂量大小不同，可产生镇静、催眠到麻醉作用。作用机理及其应用：阻断痛觉冲动向丘脑和新皮层的传导，产生抑制作用，同时又兴奋脑干和边缘系统，引起感觉和意识分离，这种双重效应称为“分离麻醉”。可应用于基础麻醉、保定；驴骡不敏感；禽过度敏感。

3. 水合氯醛

水合氯醛是无色透明、白色结晶，味微苦，有特殊臭味，易潮解，在空气中徐徐挥发，易溶于水、醇、氯仿和乙醚。该品不耐高热，故宜密封避光保存于阴凉处。作用机理：局部作用，水合氯醛对局部有刺激作用，内服 5% 以上浓度的溶液时，能引起胃肠黏膜发生炎症，故常静脉给药，但静脉不可漏入皮下，否则发生组织坏死；吸收作用，水合氯醛被吸收后，对中枢神经系统产生抑制作用，其作用与巴比妥类相似，即，小剂量镇静，中等剂量催眠，大剂量产生麻醉和抗惊厥作用；降低体温，水合氯醛能抑制体温调节中枢，使体温下降，故用药后应注意动物的保暖，如与氯丙嗪并用，降低温作用更明显。

应用上分为 2 种。全身麻醉：对马效果好，牛敏感，猪能耐受。临床上主要作为马属动物的全麻，很少用于牛、羊、猪。镇静、催眠、解痉：马骡的疝痛、脑炎、动物的保定，破伤风，中枢兴奋药的中毒。

（二）吸入性麻醉药挥发性液体和气体

乙醚、氟烷等和氧化亚氮、环丙烷等经呼吸由肺吸收。吸入性麻醉药的作用与其脂溶性呈正相关，即脂溶性越高，麻醉作用越强。优点：易控制麻醉深度，安全性大。缺点：需要设备，有些麻醉药易燃易爆、刺激呼吸道。

1. 氟烷

临床最早广泛使用。作用与应用：诱导期短，麻醉起效快，苏醒快，麻醉作用强；肌松及镇痛作用较弱；松弛支气管平滑肌；无黏膜刺激性；对呼吸和循环抑制作用强，不主张单独使用，只用于浅麻醉或复合麻醉。可用于大小动物全身麻醉。

2. 麻醉乙醚

作用与应用：犬的全身麻醉。麻醉过程缓慢（3~10min 产生麻醉），刺激性大，呼吸道分泌物增多，但肌肉松弛作用好，较安全。

3. 氧化亚氮

古老的全麻药，毒性低，镇痛作用强，诱导和苏醒快，无刺激性和可燃性。用于诱导麻醉或与其他全麻药配伍，和静脉全麻药、麻醉性镇痛药、肌肉松弛药合用，组成复合麻醉药。

4. 恩氟烷

新的卤族麻醉药，强效吸入性麻醉药。诱导与苏醒皆迅速。肌松作用较强但仍需加用肌松药。

二、镇静药、安定药与抗惊厥药

镇静药主要作用于大脑皮层，对中枢有轻度抑制作用，使兴奋不安的动物安静下来，如溴化物。安定药主要作用于脑干，具有较强的中枢抑制作用，如氯丙嗪。抗惊厥药主要是对抗或缓解中枢神经系统病理性的过度兴奋，解除骨骼肌痉挛和防止痉挛发生。

镇静药、安定药和抗惊厥药的剂量加大，均不能引起全麻作用，而且会使中枢由过度抑制导致动物死亡或由抑制转为兴奋。但全麻药剂量减小可起到安定、镇静或抗惊厥作用。

（一）镇静药——溴化物

溴化物包括 KBr、NaBr、NH_4Br、$CaBr_2$。在临床上很少单独使用，而是配成合剂使用，如三溴合剂。作用与应用：溴化物对中枢神经系统的作用是溴离子的作用，溴离子主要能加强大脑皮质的抑制过程，呈现镇静和抗惊厥作用。

1. 镇静

主要用于马、牛、羊、猪的镇静。马、骡疝痛时可用安溴注射液（由镇静药溴化物和中枢兴奋药安钠咖配成）进行辅助治疗，可在一定程度上缓解胃肠痉挛，减轻腹痛。

2. 抗惊厥

如破伤风、癫痫、士的宁中毒。

3. 解救猪、禽的食盐中毒

以 $CaBr_2$ 最佳。因溴离子在体内的分布与氯离子相同，从肾脏排泄的速度与体内这 2 种离子的总量呈正相关。

（二）安定药

1. 氯丙嗪（冬眠灵）

（1）作用机理。对中枢神经系统的作用：安定催眠作用、对中枢抑制药的协同作用、镇吐作用、降低体温。对植物性神经系统的作用：阻断 α 受体→血压↓，阻断 M 受体→胃肠运动↓，腺体分泌↓。对内分泌系统的作用：氯丙嗪→丘脑下部→垂体前叶→性激素分泌↓，催乳素分泌↑（乳汁增加）。抗休克：扩血管，改善微循环。

（2）应用。保定药；对抗破伤风、脑炎、中枢兴奋药中毒引起的惊厥；可与水合氯醛、静松灵等配合使用，用于猪的全麻，或与局麻药配合用于牛、羊、猪的外科手术；减少应激反应。

2. 安定（地西泮）

可用作猪、牛的镇静和野生动物的化学保定。

（三）抗惊厥药

常用的有硫酸镁注射液、巴比妥类药物等。

1. 硫酸镁注射液的作用机理

镁离子是关键，浓度过低，神经、肌肉组织过度兴奋、激动；浓度升高，中枢神经抑制，镇静、抗惊厥，镁离子可阻断神经肌肉传导，有肌松作用。

2. 硫酸镁注射液的应用

抗惊厥，解痉。

3. 注意事项

注射速度宜慢，中毒时静脉注射钙剂。

三、中枢兴奋药

凡能提高中枢神经系统功能活动的药物皆称中枢兴奋药。通常中枢兴奋药的作用强度与药物剂量和病畜中枢神经的机能状态有关。一般来说，药物的剂量愈大，作用愈强，甚至引起中毒；当中枢神经受抑制时，药物的兴奋作用比较明显，但严重抑制或衰竭时，有时则无效果。中枢兴奋药对中枢神经系统各部位都有兴奋作用，但对各部位作用有主次、强弱之分。按药物作用特点，一般将中枢兴奋药分为大脑兴奋药、延脑兴奋药和脊髓兴奋药。从急救目的出发，临床上多选用对呼吸中枢有较高选择作用的药物，即延脑兴奋药，故多称呼吸兴奋药，这类药物虽对血管运动中枢也有一定程度的兴奋作用，但效果远不及拟肾上腺素药。在兽医临床上，中枢兴奋药常用于下列情况：各种危重疾病，如严重感染，创伤所致呼吸抑制或呼吸衰竭；中枢抑制药，如全身麻醉药、安定药、催眠镇静药过量中毒所引起的昏迷及中枢性呼吸抑制；新生仔畜窒息，即新生仔畜出生后仅有心跳而无呼吸或呼吸微弱者。

1. 苯甲酸钠咖啡因（安钠咖）

该品为咖啡因与苯甲酸钠的混合物，含无水咖啡因 47%~50%。该品为白色粉末，无臭，味苦，易溶于水。该品对中枢神经系统有广泛兴奋作用，首先兴奋大脑皮层，增强大脑皮层的兴奋过程，但并不减弱抑制过程，这与麻醉药减弱抑制过程而引起的兴奋有本质的不同。随着该品剂量的加大，对延脑也有兴奋作用，特别是当延脑机能处于抑制状态时，该品兴奋呼吸和改善循环的作用更为显著。此外，该品具有加强骨骼肌收缩力，强心利尿等作用。该品可作为家禽中毒及其他原因产生中枢神经系统抑制、呼吸及衰竭的兴奋药。但要注意该品液体遇鞣酸、碱类、酸类以及奎宁等有机物，会析出生物碱沉淀。安钠咖注射液每毫升含无水咖啡因 0.12g，苯甲酸钠 0.13g。家禽皮下注射，每只 0.1~0.2mL。

2. 巴比妥

该品是巴比妥酸衍生物，为白色结晶粉末，难溶于水，可溶于乙醚或乙醇，呈弱酸性，多制成易溶于水的巴比妥钠使用。巴比妥能抑制中枢神经系统，大剂量起催眠和抗惊厥作用，小剂量起镇静作用。家禽因中毒或其他原因引起的兴奋，可用该品来镇静。但要注意，巴比妥钠溶液遇溴化铵，会析出铵，游离出巴比妥；遇水合氯醛，则生成氯仿；遇酸类，会析出游离物；遇乙醇，则毒性加强。巴比妥片制剂是 0.1g/ 片或 0.3g/ 片。用于内服时，每千克体重用量为 0.03g。

3. 溴化物（溴化钠、溴化钾、溴化铵）

溴化物为无色透明的结晶或不透明白色颗粒状粉末，无臭，味咸而微苦，有吸湿性，易溶于水，须密封保存。溴化物对中枢神经系统有抑制作用，这种作用并不降低中枢系统的兴奋性，也不减弱其兴奋过程，而是加强大脑皮层的抑制过程，使受破坏的兴奋过程与抑制过程恢复平衡。当家禽因毒物或其他原因而引起中枢神经兴奋时，可用溴化物作镇静剂。但要注意溴化物溶液遇氧化剂、酸类，会游离出溴；遇生物碱类，则析出沉淀。

四、解热镇痛抗炎抗风湿药

解热、镇痛、抗风湿药是一类具有退高热、减轻局部钝痛，大多数还有抗炎和抗风湿作用的药物。本类药物化学结构上虽属不同类，但都具有抑制前列腺素合成的共同作用。通过作用于环氧酶而抑制前列腺素的合成和释放。由于抗炎作用特殊，与甾体类糖皮质激素不同，故称为非甾体类抗炎药。

（一）作用机理

解热镇痛药能抑制中枢神经系统内前列腺素（PG）生物合成过程中的 PG 合成酶，减少 PG 的生成、释放，使异常升高的体温调定点恢复至正常水平，散热增加，如体表血管扩张、出汗增多等，因而退热。本类药物只能使过高的体温下降到正常，而不使正常体温下降，与氯丙嗪等不同。

解热镇痛药主要作用于外周系统，抑制炎症局部 PG 的合成，阻止其增敏及致痛作用。本类药物对由炎症引起的持续性钝痛，如牙痛、头痛、神经痛、关节痛、肌肉痛等有良好的镇痛效果，而对创伤、内脏平滑肌痉挛等直接刺激感觉神经末梢引起的锐痛多无效。

本类药物能抑制前列腺素的合成，从而减轻炎症的红、肿、热、痛等反应，可明显地缓解风湿及类风湿性关节炎的症状。但本类药物仅有对症治疗作用，不能阻止疾病的发展及并发症的发生。

（二）分类

本类药物主要分为以下 4 类：以解热为主的苯胺类：对乙酰氨基酚、非那西汀等。以镇痛为主的吡唑酮类：氨基比林、安乃近、保泰松等。以抗风湿为主的水杨酸类：阿司匹林、水杨酸钠等。以抗炎为主的吲哚乙酸类：吲哚美辛、苄达明、萘普生、氟尼辛葡甲胺、美洛昔康、酮洛芬等。

（三）代表性药剂

1. 氨基比林

氨基比林又名匹拉米洞，为白色结晶或晶状粉末，无臭味微苦，溶于水，水溶液呈碱性，见光易变质，遇氧化剂易被氧化。内服吸收迅速，即时产生镇痛效果，半衰期为 1~4h。解热镇痛作用强而持久，比苯胺类强。与巴比妥类合用能增强镇痛作用，与巴比妥混合制成的注射剂称为复方氨基比林注射液；对急性风湿性关节炎的疗效与水杨酸类相似。广泛用于神经痛、肌肉痛、关节痛、急性风湿性关节炎、马骡疝痛。长期连续使用，可引起粒性白细胞减少症。

2. 阿司匹林

阿司匹林又名乙酰水杨酸，为白色结晶或结晶性粉末，无臭或微带醋酸臭，味微酸，在乙醇中易溶，在水中微溶，在氢氧化钠溶液或碳酸钠溶液中溶解，但同时分解，遇湿气即缓慢水解。内服后可在胃肠道吸收。犬、猫、马吸收快；牛、羊慢。呈全身分布，能进入关节腔、脑脊液、乳汁，能透过胎盘。主要在肝内代谢，也可在血浆、红细胞及组织中被水解为水杨酸和醋酸。经肾排泄，碱化尿液能加速其排泄。阿司匹林本身半衰期很短，仅几分钟，但生成的水杨酸半衰期长。不仅抑制环氧酶，而且还抑制血栓烷合成酶、肾素的生成。解热、镇痛效果较好，消炎和抗风湿作用强；可抑制抗体产生、抑制抗原 - 抗体结合反应；还可抑制炎性渗出，对急性风湿症有特效；较大剂量可抑制肾小管对尿酸重吸收而促进其排泄。常用于发热，风湿症，神经、肌肉、关节疼痛、软组织炎症和痛风症等的治疗。能抑制凝血酶原合成，连用若发生出血倾向，可用维生素 K 治疗；对消化道有刺激性，剂量较大可致食欲不振、恶心、呕吐乃至消化道出血，不宜空腹投药。长期使用可引发胃肠溃疡，胃炎、胃溃疡、出血、肾功能不全患畜慎用。与碳酸钙同服可减少对胃的刺激性。治疗痛风时，可同服等量碳酸氢钠，以防尿酸在肾小管沉积。为酚类衍生物，对猫毒性大。

3. 氟尼辛葡甲胺

氟尼辛葡甲胺为非甾体类抗炎药物，与其他 NSAIDs 相比，具有独特的化学结构。为白色或类白色粉末，溶于水和乙醇。马口服后吸收迅速，生物利用率可达 80%。约 30min 血药达峰，通常 2h 内见效，12~16h 作用最强，药效可持续 36h。与血浆蛋白结合率高（牛、狗、马分别超过 99%、92%、87%）。主要经肝脏随胆汁排泄。血中半衰期马为 1.6~4.2h、狗 3.7h、牛 3.1~8.1h。主要用于缓解马肌肉骨骼系统功能紊乱导致的炎症和疼痛，也可减轻由肾绞痛引起的内脏疼痛；可用于控制牛因呼吸系统疾病和内毒素血症引起的发热及控制内毒素血症引起的炎症；还可用于多种动物的其他适应证，如马、狗、牛、猪的腹泻、休克、关节炎、呼吸系统疾病、眼部手术及全身手术等。禁用于对本药有过敏史的马、牛；慎用于有潜在胃肠道溃疡、肾脏、肝脏或血液病患者；有致畸性，慎用于妊娠动物。

4. 酮洛芬

酮洛芬又名优洛芬 、优布芬，为苯丙酸类非甾体抗炎剂。米色或白色粉末，常温下不溶于水，易溶于乙醇。商业产品酮洛芬是 R 和 S2 种对映异构体的外消旋混合物。S 异构体比 R 异构体具更高的抗炎活性。口服给药后快速地几乎完全吸收，食物会减少口服吸收。马体静脉注射与肌内注射药时曲线下面积相对等值。药物可进入滑液，与血浆蛋白高度结合（人体达 99%，马体约 93%）。马服药 2h 内开始生效，并在 12h 后达到峰浓度。酮洛芬的共轭代谢产物和原形药物均由肾脏排出体外。马体内的消除半衰期约 1.5h。

功效与其他非甾体抗炎剂类似，具有解热、镇痛、抗炎活性。作用机理是抑制环氧合酶催化花生四烯酸合成前列腺素前体（环内过氧化物），从而抑制组织中前列腺素的合成。据称酮洛芬对脂氧酶也有抑制活性。S（+）对映异构体具有抗前列腺活性，并存在毒性，R（-）对映异构体还具有止痛作用。用于马减轻骨骼机能紊乱而发生的发炎和疼痛；可作为犬、猫及其他动物的抗炎剂 / 止痛剂。

对酮洛芬有过敏反应史者禁用，对有明显胃肠溃疡、出血或有显著肝、肾损伤的患者慎用；可掩盖一些感染症状（如炎症、高热）；与血浆蛋白高度结合，可能和其他与蛋白质高度结合的药物（包括华法林、保泰松等）发生取代或被取代而增加药物毒性；可抑制血小板聚集反应且能引发胃肠溃疡，当和其他能改变止血作用（如肝素）和 / 或引发胃肠糜烂的药物（如阿司匹林、氟尼辛、保泰松、皮质激素等）共用时，可增加出血或发生溃疡的可能性；丙磺舒可减少酮洛芬的肾清除率，也可减少它的蛋白质结合，而增加了毒性危险；酮洛芬可能会降低呋塞米的功效。

（四）使用方法及剂量

1. 阿司匹林

内服，一次量，0.1~0.2g/ 只，或 0.050%~0.1% 混饲。

2. 非那西汀

内服，一次量，0.1~0.2g/ 只，或 0.050%~0.1% 混饲。

3. 扑热息痛

内服或注射，一次量，0.1~0.2g/ 只，或 0.05%~0.1% 混饲。

4. 氨基比林

一次量，内服，0.1~0.2g/ 只，肌内或皮下注射，10~20mg/ 只，或 0.05%~0.1% 混饲。

5. 安乃近

一次量，内服，0.1~0.2g/ 只，肌内注射，50~100mg/ 只，或 0.05%~0.1% 混饲。

6. 消炎痛

内服，一次量，0.1~0.2g/ 只，或 0.05%~0.1% 混饲。

7. 炎痛净（消炎灵）

内服，一次量，0.1~0.2g/ 只，或 0.05%~0.1% 混饲。

第十节　肾上腺皮质激素

一、概述

肾上腺皮质激素系肾上腺皮质分泌的一种甾体激素，属类固醇化合物，又称皮质类固醇激素。根据其生理作用分为盐皮质激素和糖皮质激素。盐皮质激素临床上主要用于慢性肾上腺皮质功能减退症，纠正失水、失钠和钾潴留，以维持水和电解质的平衡。兽医临床上有实用价值的是糖皮质激素。天然的糖皮质激素只有可的松和氢化可的松类。目前，临床上已应用较少。而合成的糖皮质激素如泼尼松、地塞米松、氟轻松等作用强，副作用小，已广泛应用于兽医临床，统称皮质激素或类固醇。

（一）皮质激素的作用

这类药物的作用十分复杂，在生理范围内，具有调节糖、蛋白质，维持动物机体内部环境恒定等重要作用。在药理范围内，对许多器官、组织的功能产生明显的影响，具有抗炎、抗免疫、抗内毒素、抗休克等作用。

1. 抗炎

皮质激素对各种原因所致及各种类型的不同阶段的炎症，均有较强的抗炎作用。皮质激素能增高血管对儿茶酚胺的敏感性，抑制致炎活性物质的产生和激活，稳定溶酶体膜，抑制趋化因子和移动抑制因子对炎性细胞的作用，使机体对炎症的耐受性增加以及炎症的血管反应和细胞反应降低，使炎症区域的血管扩张，降低血管通透性，减少渗出，减弱或消除炎症局部的红、肿、热、痛症状，防止组织过度破坏。抑制结缔组织成纤维细胞增生和合成，从而抑制结缔组织增生，减少粘连和瘢痕组织的形成。

2. 抗免疫

对免疫过程的多个环节都有抑制作用。抑制巨噬细胞对抗原的吞噬和处理，影响抗体的生成；干扰淋巴细胞的识别，阻断免疫母细胞的增殖，加速淋巴细胞的破坏和解体，使淋巴细胞移行到血液外组织，减少血中淋巴细胞，减少抗体的生成；促使蛋白异化及抑制蛋白合成，影响抗体生成；消除免疫反应所致的炎症反应，抑制组织胺的形成与释放，抑制过敏反应和异体器官移植的排斥反应，减轻一些自体免疫性疾病的症状。

3. 抗内毒素

皮质激素能保持细胞膜的完整性和降低细胞膜的通透性，减少内源性致热原释放及抑制体温调节中枢对致热原的反应。对抗内毒素对机体的损害，减少细胞损伤，缓解毒血症症状，使高热下降，病情改善。

4. 抗休克

加强心肌收缩力，使心输出量增加；降低血管对某些缩血管药物的敏感性，改善微循环；稳定溶酶体膜，阻止溶酶体酶释放，减少心肌抑制因子形成；切断休克的恶性循环，降低外周血管阻力，增加回心血量。

（二）皮质激素的临床应用

这类药物在兽医临床上应用极广，常用于治疗或辅助治疗代谢性、炎症性和感染性、免疫性疾病及各种休克。主要适应证有以下几种。

1. 免疫性疾病

食物性、吸入抗原性、药物性、疫苗性和节肢动物叮咬等变态反应，风湿病、急性蹄叶炎、光过敏、过敏性皮炎、过敏性湿疹、荨麻疹、血清病、系统性红斑狼疮、自身免疫溶血性贫血、免疫缺陷综合征、异体器官移植的排斥反应等免疫性疾病。

2. 休克

中毒性休克、过敏性休克、创伤性休克、心源性休克、低血容量休克、蛇毒性休克等。

3. 代谢性疾病

牛酮血症、羊妊娠毒血症等。

4. 严重感染性疾病

炎性水肿、淋巴结炎、蜂窝织炎、自体中毒、各种败血症、中毒性肺炎、中毒性菌痢、腹膜炎、产后急性子宫炎等。

5. 局部性炎症

关节炎、腱鞘炎、黏液囊炎、乳腺炎、眼结膜、角膜、虹膜睫状体炎、周期性眼炎等。

6. 使母畜同期产仔

用地塞米松作为牛、羊、猪的引产药，但可能引起胎衣滞留率增加。

（三）皮质激素的不良反应

由于肾上腺皮质激素的保钠作用，常使病畜出现水肿和低血钾。由于蛋白质的分解加强，磷、钙的排出增加，血糖升高等病畜出现肌肉萎缩、骨质疏松、糖尿病等现象。由于负反馈作用，抑制肾上腺皮质机能，使氢化可的松的分泌减少或停止，使病畜表现发热，软弱无力，精神沉郁，食欲下降，重者呈现休克。由于粒细胞和网状内皮系统的杀菌能力降低，免疫过程受抑制，病畜对感染的易感性增高。长期应用可引起肝损害，并引起流产。

二、常用的药物

（一）醋酸可的松

针剂，肌内注射，马、牛 0.5~1.0g，猪 0.1~0.2g，羊 0.025~0.050g，犬 0.06~0.20g。每日分 2 次注射，连日或隔日注射，7~14 日为 1 个疗程。

（二）氢化可的松

针剂，肌内或静脉滴入，用生理盐水或 5% 葡萄糖注射液 500mL 稀释，马、牛 0.2~0.5g，猪、羊 0.02~0.08g。

（三）醋酸氢化可的松

片剂，内服。针剂，局部应用。乳房内注入，每个乳室 20~40mg。关节腔内注射马、牛 50~260mg，4~7 日注射 1 次。

（四）醋酸泼尼松

片剂，内服，1 日用量，牛 0.2~0.4g，猪、羊首次剂量 0.02~0.04g，维持剂量 0.005~0.010g。外用有 0.5%~1.0% 软膏、眼膏。

（五）氢化可的松

针剂，肌内或静脉缓慢滴入，用生理盐水或 5% 葡萄糖注射液 600mL 稀释。马、牛 0.05~0.15g，猪、羊 0.01~0.05g。关节注入，马、牛 20~80mg，1 日注入 1 次。

第十一节 解毒药物的作用与应用

解毒药是一类能直接对抗毒物或解除毒物所致毒性反应的药物。根据其作用特点，可分为非特异性和特异性 2 类，前者主要指催吐剂（硫酸铜等）、吸附药（活性炭等）、沉淀药（鞣酸等）、保护药（淀粉浆等）、导泻剂（硫酸钠等）及利尿剂（氢氯噻嗪等），通过防止毒物进一步吸收或促进其排出体外来减轻多种毒物的中毒，是一般性解毒药，对多种毒物或药物中毒均可应用，由于特异性差，故效率低，只作解毒时的辅助治疗药，以减轻中毒程度，对维持动物生命、争取抢救时机、促进痊愈过程有重要意义；后者是一类作用专一性较强的药物，如金属络合剂、胆碱酯酶复活剂、高铁血红蛋白还原剂、氰化物解毒剂等；还有可破坏毒物的药物，如高锰酸钾等氧化剂、硫代硫酸钠等还原剂、稀盐酸和碳酸氢钠等中和剂；能对抗中毒症状的药物，如药理拮抗剂、体液补充剂等。急性中毒的处理原则：去除毒物以减少毒物的吸收；促进毒物的排泄；对症治疗；应用特异解毒药，根据具体的中毒原因选用合适的解毒药。在兽医临床中发生中毒的原因一般是以下几种。有机磷酸酯类：这类药物动物中毒就是食用了含有杀虫剂，如敌敌畏、乐果、对硫磷、内吸磷、马拉硫磷、敌百虫等的食物造成中毒，这类中毒在兽医临床中是最常见；亚硝酸盐中毒：主要原因是大量饲喂含有亚硝酸盐的饲料，这些饲料中的硝酸盐经上述过程被细菌转化为亚硝酸盐；氰化物中毒：氰化物包括含氰苷的植物，如高粱嫩苗、马铃薯幼芽、南瓜藤等。这些植物所含的氰苷在体内可被体内的酶作用后生成氢氰酸，能引起动物中毒；有机氟农药中毒：这类农药主要用于果树方面的病虫害防治，一般也就是动物吃了果树叶子等原因引起的，相对于前 3 种较少发生；金属和类金属中毒：主要是动物饮用了工业污染的水源、食物而引起的中毒，这种更是较少发生。

一、有机磷酸酯类中毒的特异解毒药

（一）有机磷酸酯类中毒的机制

有机磷酸酯类结构相似，中毒机制基本相同。该类药物主要经皮肤、呼吸道、消化道 3 种途径进入机体，首先以共价键与胆碱酯酶的酯解部位结合，形成磷酰化胆碱酯酶，使胆碱酯酶失去活性，从而导致体内乙酰胆碱不能被水解而堆积，激动 M 和 N 胆碱受体引起一系列胆碱能神经功能亢进的中毒症状。磷酰化胆碱酯酶不易被解离，胆碱酯酶难以复活，若结合时间过长，可使已经磷酰化胆碱酯酶上的磷酰化基团的烷氧基断裂，生成更稳定的单烷氧基磷酰化胆碱酯酶，即“老化”；一旦老化发生，即使再用胆碱酯酶复活药，也不能恢复胆碱酯酶活性，须等待新生的胆碱酯酶出现，才能恢复水解乙酰胆碱的能力。

（二）有机磷酸酯类中毒的特异解毒药及应用

阿托品（拮抗剂）主要竞争性阻断M受体，使堆积的ACh不能作用于M受体，从而迅速缓解有机磷酸酯类中毒的M样症状（呕吐、呼吸困难、流涎、大小便失禁、缩瞳等）。大剂量可阻断N1受体，对中枢症状也有一定的疗效，但对N2受体无作用，故对肌震颤、肌无力等无效。主要应用于轻度中毒，可肌内注射，中、重度中毒应肌内或静脉注射，用量根据病情确定。阿托品应用原则是早期、足量、反复用药，当达到阿托品化后再减量维持。阿托品化的标准是瞳孔散大、颜面潮红、腺体分泌减少、轻度躁动不安及肺湿啰音明显减少或消失。同时应尽早应用胆碱酯酶复活药，防止阿托品过量中毒。

除阿托品外，其他M受体阻断药如山莨菪碱、东莨菪碱等也能对抗有机磷酸酯类毒物引起的M样症状，后者还能较好地减轻或消除毒物引起的烦躁不安、惊厥和呼吸中枢抑制。胆碱酯酶复活药有氯解磷定、碘解磷定、双复磷等，在胆碱酯酶发生“老化”之前使用，可使酶的活性恢复，主要是分子中含有季氨基和肟基2个不同的功能基团，季氨基可与磷酰化胆碱酯酶的阴离子部位以静电引力相结合，肟基可与磷酰化胆碱酯酶的磷酰基以共价键结合，形成肟类-磷酰化胆碱酯酶复合物，进而从磷酰肟化胆碱酯酶上脱落，游离出胆碱酯酶，恢复其水解乙酰胆碱的活性。这些药物中氯解磷定对不同有机磷酸酶类中毒的疗效不同，如对内吸磷、马拉硫磷和对硫磷中毒的疗效好，对敌百虫、敌敌畏中毒疗效稍差，对乐果中毒无效。酶的复活作用在神经肌肉接头处最明显，故能迅速解除N2样症状，消除肌束颤动，但对M样症状效果差。用于各种急性有机磷酸酯类中毒，因不能直接对抗M样症状故需与阿托品同时应用。氯解磷定应尽早给药，首剂足量、重复给药，疗程长至各种中毒症状消失，病情稳定48h后停药。可肌内注射或静脉给药；静脉注射：各种动物15~30mg/kg体重。碘解磷定在体内分解很快，作用仅维持1.5h左右，故在症状消失前应反复给药。应用该品对内吸磷、对硫磷急性中毒疗效较好，对敌百虫、敌敌畏疗效较差，对乐果中毒几乎无效。但如果该药剂量过大可抑制胆碱酯酶的活性，甚至抑制呼吸中枢，静脉注射太快可产生呕吐、心跳加快、运动失调等反应，药液漏于皮下有强烈刺激作用。双复磷的作用比氯解磷定强而持久，可通过血脑屏障，对中枢症状疗效较好，还兼有阿托品样作用，但毒性较大。肌内或静脉注射量，各种动物15~30mg/kg体重。

二、有机氟类农药中毒的特异解毒药

（一）有机氟类中毒的机制

有机氟类农药的典型代表是氟乙酰胺，主要机制是药物进入机体后在酰胺酶作用下形成毒性较强的氟乙酸，后者与辅酶A作用生成氟乙酰辅酶A，氟乙酰辅酶A再与草酰乙酸作用生成氟柠檬酸，抑制乌头酸酶，使柠檬酸的氧化减少，从而引起三羧酸循环和细胞能量代谢严重障碍；柠檬酸的大量堆积，亦可导致低钙血症，造成一系列中毒症状，主要有神经系统症状，对心脏也有明显的损伤。

（二）有机氟类农药中毒的特异解毒药及应用

乙酰胺（解氟灵），为有机氟农药中毒的有效解毒剂。在体内与氟乙酰胺争夺酰胺酶，使氟乙酰胺不能转变成氟乙酸，阻断了氟乙酰胺对三羧酸循环的影响恢复其正常生化代谢过程，解除中毒症状。该品主要用于解救氟乙酰胺的中毒，也可用作氟乙酸钠和氟硅酸钠中毒的解救。有机氟中毒的发展迅速，故应尽早使用足够剂量的该品，并配合使用氯丙嗪等镇静药以对抗中枢神经过度兴奋的症状，方可取得满意的疗效。一般在中毒早期应给足药量，首次剂量须达全日总量的一半。亦可用 50% 解氟灵 5mL 肌内注射，每 6~8h 一次，连用 5~7 日。制剂与用法：乙酸胺注射液为 2.5g/5mL。为无色澄明溶液。肌内注射量 0.1g/kg 体重。该品刺激性大，应加入 0.5% 普鲁卡因以止痛。

三、亚硝酸盐中毒的特异解毒药

（一）亚硝酸盐中毒的机制

亚硝酸盐对机体的毒性表现在 2 个方面，一是亚硝酸盐将血液中正常的血红蛋白氧化为三价铁成为高铁血红蛋白而失去携氧能力，使血液呈暗褐色或酱油色，引起组织缺氧，呈现发绀等中毒症状。二是亚硝酸盐可扩张血管，导致外周循环衰竭，血压下降。

（二）亚硝酸盐中毒的特异解毒药

亚甲蓝（甲烯蓝、美蓝），该药在体内借助酶的帮助而起着递氢体的作用，小剂量亚甲蓝进入体内，在还原形辅酶 I 脱氢酶（NADH）的碳化下，迅速被还原成还原型亚甲蓝，还原形亚甲蓝可将高铁血红蛋白还原为正常的低铁血红蛋白，使其恢复携氧能力，遇氧后还原型的还可变为氧化型的亚甲蓝再循环利用。但大剂量亚甲蓝可形成高铁血红蛋白症。另外高铁血红蛋白对氰离子（CN^-）具有极强的亲和力，故可用于治疗氰化物中毒。但疗效比亚硝酸钠略差，只宜用于轻度中毒。亚甲蓝注射液制剂含量为 1%。该品刺激性大，只宜静脉注射。静脉注射量亚硝酸盐中毒用 1~2mg/kg 体重。氰化物中毒用 2.5~10mg/kg 体重。甲苯胺蓝注射液，按 5mg/kg 体重静脉注射，用同亚甲蓝，但显效更快。维生素 C 也是一种递氢体，硝酸盐中毒有一定疗效。

四、氰化物中毒的特异解毒药

（一）氰化物中毒的机制

氰化物可在体内释放出氰离子（CN^-），CN^- 能与线粒体中细胞色素氧化酶的三价铁结合，生成氰化细胞色素氧化酶，使酶失活而让细胞不能利用血中的氧（血液呈鲜红色），产生细胞内窒息，严重阻碍有氧代谢的进行。同时，氰化物还可抑制呼吸中枢和血管运动中枢。严重中毒时，动物由兴奋转入抑制，最后衰竭死亡。对于氰化物中毒的解毒药如高铁血红蛋白形成剂（如亚硝酸钠、大剂量亚甲蓝）和供硫剂（如硫代硫酸钠）联合使用，因高铁血红蛋白对 CN^- 有很强的亲和力，不但可与血中游离的 CN^- 结合，而且可夺取氰化细胞色素氧化酶中的 CN^- 形成氰化高铁血红蛋白，使酶复活。同时，血中 CN^- 被清除后，可促使组织中的 CN^- 进入血液中被继续清除。由于生成的氰化高铁血红蛋白仍可解离出 CN^-，故需要供硫剂硫代硫酸钠，在转硫酶的催化下，使已经和高铁血红蛋白结合的 CN^- 及游离的 CN^- 结合为几乎无毒性的硫氰酸盐从尿排出，这样可迅速复活细胞色素氧化酶。

（二）氰化物中毒的特异解毒药及应用

高铁血红蛋白形成剂为亚硝酸钠、4- 二甲氨基苯酚，供硫剂为硫代硫酸钠。亚硝酸钠为氧化剂，可使血红蛋白氧化为高铁血红蛋白，解除氰化物中毒。使用时先将该品静脉注射给药，并在随后数分钟，再静脉注射硫代硫酸钠。注意事项为该品可扩张血管，使血压下降，剂量过大能产生过多的高铁血红蛋白而使组织缺氧。静脉注射一次量，马、牛 2g，猪、羊 0.1~0.2g，以灭菌注射用水溶解成 1% 溶液缓慢静脉注射。4- 二甲氨基苯酚：该品能使血红蛋白转变为高铁血红蛋白，再与细胞色素氧化酶竞争氰离子，形成氰化高铁血红蛋白，从而恢复酶的活性，解除中毒。其优点是抗氰效价高、起效快、肌内注射和静脉注射效果相同、稳定性好（注射剂可保存 8 个月）、不良反应小。肌内注射可见局部轻度胀痛，面部及指甲出现轻度发绀；静脉注射时有轻度直立性低血压。硫代硫酸钠（硫代硫酸钠、海波、次亚硫酸钠）：该品含有活泼的硫原子，在体内转硫酶的作用下，可与 CN^- 结合，形成无毒的硫氰酸盐从尿中排出，因此可用于氰化物中毒的解救。但其作用发生较慢，故应先用作用快的亚硝酸钠或亚甲蓝，然后应用该品，可显著提高疗效。但应注意，该品绝不可与亚硝酸钠混合使用。此外，该品能与砷、汞、铅、铋等结合生成低毒的硫化物；与碘生成无毒的碘化物从尿中排出体外，故也可作这些物质中毒时的解毒药，但疗效不及含巯基的解毒药。临用前以灭菌注射用水稀释成 5%~20% 溶液应用，静脉注射或肌内注射一次量（均以含水物计算）：马、牛 5~10g，猪、羊 1~3g，犬 1~2g。

五、金属与类金属中毒的特异解毒药

（一）金属与类金属中毒机制

金属和类金属对机体的毒性主要是它们能与组织细胞中含巯基的酶（如丙酮酸氧化酶、ATP 酶等）结合，抑制了酶的活性而引起中毒。另外它们中的大多数化合物在大量或高浓度时，能直接腐蚀组织，使组织坏死。

（二）金属与类金属中毒的特异解毒药及应用

金属和类金属中毒的解毒药，多数为络合剂，如二巯基丙醇、二巯基丙磺酸钠、二巯基丁二酸钠、依地酸钙钠、青霉胺以及硫代硫酸钠等。它们可与多种金属或类金属离子络合，形成低毒或无毒的、几乎不解离的、可溶性金属络合物，从尿排出而解毒。二巯基丙醇：该品含有 2 个活泼的巯基，与金属和类金属的亲和力较强，能与它们形成络合物从尿排出，尚可夺取已与酶结合的金属和类金属离子，使酶复活，达到解毒目的。但因络合物仍有一定的解离和易被氧化，使金属和类金属离子再度释放出来而重新产生中毒。同时，中毒愈久，酶的复活愈难，故必须及早、足量和反复用药，才可取得较好的效果。该品 10% 的油溶液。肌内注射量 2.5~5.0mg/kg 体重。在治疗开始的前两日内，应每 4h 用药一次，第 3 日起，可视病情每 6~12h 用药一次。若用量过大，可引起呕吐、震颤、抽搐、昏迷以至死亡。

基础免疫学

第十三章 基础免疫学

第一节 抗 原

一、抗原

（一）抗原的概念

抗原（antigen）是指能刺激机体产生抗体和效应性淋巴细胞，并能与之结合，引起特异性免疫反应的物质。抗原分子具有的抗原性（antigenicity）包括免疫原性和反应原性两方面的含义：免疫原性（immunogenicity）指抗原刺激机体产生抗体和致敏淋巴细胞的特性；反应原性（reactionogenicity）指抗原与相应的抗体或效应性淋巴细胞发生特异性结合的特性，又称免疫反应性（immunoreactivity）。

抗原物质又可称为免疫原（immunogen），但不具有免疫原性的半抗原不是免疫原。在某些情况下，抗原也可诱导相应的淋巴细胞克隆对其表现出特异性无应答状态，称为免疫耐受（immune tolerance）。有些抗原还可引起机体发生病理性免疫应答，如超敏反应（hypersensitivity）。这些抗原分别称为耐受原（tolerogen）和变应原（allergen）。

（二）影响免疫原性的因素

抗原物质是否具有免疫原性，一方面取决于抗原本身的性质，另一方面取决于接受抗原刺激的机体的反应性。影响抗原免疫原性的因素主要有 3 个。

1. 抗原分子的特性

（1）异源性（foreigness）又称异质性或异物性。某种物质的化学结构与宿主的自身成分相异或机体免疫细胞从未与该物质接触过，这种物质就称为异物。异源性是抗原物质的主要性质。免疫应答就其本质来说就是“识别异物”和“排斥异物”的应答。异物性物质包括以下几类。

①异种物质：异种动物间的组织、细胞及蛋白质均是良好的抗原。从生物进化过程来看，异种动物间的亲缘关系越远，生物种系差异越大，其组织成分的化学结构差异也越大，免疫原性越好。此类抗原称为异种抗原。

②同种异体物质：同种动物的不同个体之间因遗传基因不同，其某些组织成分的化学结构也存在差异，因此也具有一定的抗原性。如血型抗原、组织移植抗原。此类抗原称为同种异体抗原。

③自身抗原：动物自身组织成分通常情况下不具有免疫原性。可能在胚胎时期针对自身成分的免疫活性细胞已被清除或被抑制，形成了对自身成分的天然免疫耐受。

但在下列特殊情况下，自身成分也可具有免疫原性，成为自身抗原。

自身组织蛋白的结构发生改变。如在烧伤、感染及电离辐射等因素的作用下，自身成分的结构发生改变，可能对机体具有免疫原性。

机体的免疫识别功能紊乱，将自身组织视为异物。可导致自身免疫病。

某些隐蔽的自身组织成分，如眼球晶状体蛋白、精子蛋白及甲状腺蛋白等，由于存在解剖屏障，正常情况下与机体淋巴系统隔绝，但在某些病理情况下（如外伤或感染）会进入血液循环系统，被机体视为异物而引起自身免疫应答。

（2）理化特性。抗原均为有机物，但有机物并非均为抗原物质。成为抗原的有机物都具有以下理化特性。

① 分子大小：抗原物质的免疫原性与其分子大小有直接关系。蛋白质分子大多是良好的抗原。免疫原性好的物质的分子质量一般都在 10ku 以上，在一定范围内，分子质量越大，免疫原性越强；分子质量小于 5ku 的物质的免疫原性较弱；分子质量在 1ku 以下的物质为半抗原，没有免疫原性，但与大分子蛋白质载体结合后可获得免疫原性。大分子物质具有良好抗原性的原因有：相对分子量越大其表面的抗原表位越多，而淋巴细胞需要在一定数量的抗原表位刺激下才能被激活；大分子物质，特别是大分子胶体物质，其化学结构稳定，不易被破坏和清除，在体内停留的时间长，有利于持续刺激机体产生免疫应答。

② 化学组成和分子结构：一般蛋白质是良好的免疫原，糖蛋白、脂蛋白和多糖类、脂多糖都有免疫原性，但脂类和哺乳动物的细胞核成分如 DNA、组蛋白等难以诱导免疫应答。大分子物质不一定都具有抗原性。如明胶是蛋白质，分子量在 100ku 以上，但免疫原性很弱，因其成分为直链氨基酸，不稳定，易水解。而相同大小的分子如果化学组成、分子结构和空间构象不同，其免疫原性也有一定差异。一般而言，分子结构和空间构象越复杂的物质免疫原性越强。

③ 分子构象和易接近性：分子构象（conformation）是指抗原分子中一些特殊化学基团的三维结构。它决定了该抗原分子是否能与相应淋巴细胞表面的受体相互吻合，从而启动免疫应答。抗原分子的构象发生细微变化，就可能导致其抗原性发生改变。易接近性（accessibility）是指抗原分子的特殊化学基团与淋巴细胞表面相应受体相互接触的难易程度。如果用物理、化学的方法改变抗原的空间构象，其原有的免疫原性也随之消失。同一分子不同的光学异构体之间免疫原性也有差异。

物理状态：不同物理状态的抗原物质其免疫原性也有差异。一般来说，颗粒性抗原的免疫原性要比可溶性抗原强。可溶性抗原分子聚合后或吸附在颗粒表面（如氢氧化铝胶、脂质体等）可增强其免疫原性。

（3）对抗原加工和递呈的易感性。具有免疫原性的物质需经非消化道途径进入机体（包括注射、吸入、伤口等），被抗原递呈细胞加工和递呈并接触免疫活性细胞，才能成为良好抗原。如大分子胶体异物，口服后可被消化酶水解，破坏了抗原表位和载体的完整性，从而丧失其免疫原性。只有在肠壁通透性增高的情况下（如新生幼畜、烧伤等），抗原异物易通过肠壁，才具有免疫原性。

2. 宿主生物系统

（1）受体动物的基因型。不同种类的动物对同一种免疫原的应答有很大差别，同种动物的不同品系，甚至不同个体对一种免疫原应答也有很大差别，这与免疫应答记忆及其表达有密切关系，还与动物本身的发育及生理状况有关。因受体动物个体基因不同，故对同一抗原可有高、中、低不同程度的应答。如多糖抗原对人和小鼠具有免疫原性，而对豚鼠则无免疫原性。

（2）受体动物的状态。一般来说，青壮年动物比幼年动物和老年动物产生免疫应答的能力强；雌性动物比雄性动物产生抗体的能力强，但怀孕动物的免疫应答能力会受到显著抑制。

3. 免疫方法的影响

免疫抗原的剂量、接种途径、接种次数以及免疫佐剂的选择等都明显影响机体对抗原的应答。免疫动物所用抗原剂量要视不同动物和免疫原的种类而定。免疫原用量过大会引起免疫耐受而不发生免疫应答或引起动物死亡；用量过少则不能刺激产生应有的免疫应答。一般来说，颗粒性抗原如细菌、细胞等的用量较少，免疫原性较强；可溶性蛋白或者多糖抗原用量可适当增大，并要多次免疫或加佐剂，但免疫注射间隔要适当，次数不要太频。免疫途径以皮内免疫最佳，皮下免疫次之，肌内注射、腹腔注射和静脉注射效果差，口服易诱导免疫耐受。要选择好免疫佐剂，弗氏佐剂主要诱导 IgG 类抗体产生，明矾佐剂易诱导 IgE 类抗体产生。

（三）抗原表位

一种抗原物质能引起机体产生相应的抗体，该种抗体只能与相应的抗原相结合，这是由抗原的特异性决定的。抗原分子结构十分复杂，其中诱导免疫应答并与抗体或效应性淋巴细胞发生反应的并不是抗原分子的全部，即抗原分子的活性和特异性并不是由整个抗原分子决定的，决定其免疫活性的只是其中的一小部分抗原区域。

1. 表位的概念

抗原分子表面具有特殊立体结构和免疫活性的化学基团称为抗原决定簇（antigenic determinant）。抗原决定簇通常位于抗原分子表面，因而又称为抗原表位（epitope）。抗原表位决定了抗原的特异性，决定了抗原与抗体发生特异性结合的能力。抗原分子表面分布有不同的抗原表位亦具有不同的特性，而同一化学基团的不同异构体均可影响抗原的特异性。

2. 表位的大小

抗原表位的大小主要受免疫活性细胞膜表面受体和抗体分子的抗原结合点所限制。表位的环形结构容积一般不大于 $3nm^3$。蛋白质抗原的表位一般由 5~7 个氨基酸残基组成，多糖抗原一般由 5~6 个单糖残基组成，核酸抗原的表位由 5~8 个核酸残基组成。

3. 表位的数量

抗原分子表面抗原表位的数目称为抗原的抗原价（antigenic valence）。含有多个抗原表位的抗原称为多价抗原（multivalent antigen），大部分抗原都属于这类抗原。只有一个抗原表位的抗原称为单价抗原（monovalent antigen），如简单半抗原。只含有一种特异性表位的称为单特异性表位（monospecific epitope），含有 2 种以上特异性表位的称为多特异性表位（multispecific epitope）。抗原分子表面能与免疫活性细胞接近、对激发机体免疫应答起着决定作用的表位称为功能性表位，即抗原的功能价；隐藏于抗原分子内部的抗原表位称为隐蔽表位，即非功能价。后者可因理化因素的作用而暴露在分子表面成为功能性表位，或因蛋白酶降解及修饰（如磷酸化）产生新的表位。

4. 构象表位和顺序表位

抗原分子中由分子基团间特定的空间构象形成的表位称为构象表位（conformational epitope），又称不连续表位（discontinuous epitope），由位于伸展肽链上相距很远的几个残基或位于不同肽链上的几个残基因抗原分子内肽链盘绕折叠而在空间上彼此靠近构成。因此，其特异性依赖于抗原分子整体和局部的空间构象。抗原表位空间构象改变，其抗原性也随之改变。抗原分子中直接由分子基团的一级结构序列决定的表位称为顺序表位（sequential epitope），又称为连续表位（continuous epitope）。

5. B 细胞表位和 T 细胞表位

免疫应答过程中，B 细胞抗原受体（B cell receptor，BCR）和 T 细胞抗原受体（T cell receptor，TCR）所识别的表位具有不同特征，分别称为 B 细胞表位和 T 细胞表位（表 13-1）。

（1）B 细胞表位。抗原分子中被 BCR 和抗体所识别（直接接触或结合）的部位称为 B 细胞表位（B cell epitope）。蛋白质抗原中的 B 细胞表位一般由序列上不相连，但空间结构上互相连接的氨基酸构成。除此之外，B 细胞表位还可以由大分子中的糖苷、脂类及核苷酸等组成。B 细胞表位具有构象特异性，一般存在于天然抗原分子的表面，不经抗原递呈细胞（APC）的加工处理即可直接被 B 细胞识别。构成 B 细胞表位的氨基酸或多糖残基须形成严格的三维结构，才能保证与 BCR 或抗体分子高变区识别和接触。因此，B 细胞表位须位于抗原三维大分子表面的氨基酸长链或糖链弯曲折叠处。若蛋白质发生变性，其三维结构被破坏或折叠不正确，则失去其 B 细胞表位。位于蛋白质表面或呈延伸构象的天然状态的线性表位某些情况下也能直接被 BCR 或抗体识别。简单的连续多肽序列形成的 α 螺旋也可以作为一种 B 细胞构象型表位与抗体特异性结合。但绝大多数 B 细胞表位均为非线性表位。

（2）T 细胞表位。蛋白质分子中被 MHC 分子递呈并被 TCR 识别的肽段称为 T 细胞表位（T cell epitope）。一个肽段是否能成为 T 细胞表位与其在分子中的位置基本无关，而主要取决于其与宿主携带的 MHC 分子的亲和力。T 细胞表位一般含有 9~17 个氨基酸残基，由序列上相连的氨基酸组成，主要存在于抗原分子的疏水区，也称为线性表位或序列表位。T 细胞表位没有构象依赖性。将一个蛋白质分子进行变性处理，不会影响其 T 细胞表位。T 细胞只能识别加工过的表位，一般不识别天然抗原的构象型表位。某些 MHC 样分子或非 MHC 类分子，如 H-2Q、H2-T 和 CD1 等，也可结合简单多肽、多糖或脂类抗原，并直接递呈给 T 细胞。

表 13-1　B 细胞表位和 T 细胞表位的特点比较

特点	T 细胞表位	B 细胞表位
受体	TCR	BCR
性质	主要是线性短肽	天然多肽、多糖、脂多糖、有机化合物等
类型	线性	构象，线性
位置	分子任意部位	分子表面
大小	8~12 个氨基酸（$CD8^+T$）	5~15 个氨基酸
被识别条件	12~20 个氨基酸（$CD4^+T$）	5~7 个单糖或 5~7 个核苷酸
APC 处理	需要	不需要
MHC 限制性	有	无

6. 半抗原 – 载体

小分子的半抗原不具有免疫原性，不能诱导机体产生免疫应答，但当与大分子物质即载体连接后，就能诱导机体产生免疫应答，并能与相应的抗体结合，这种现象称为半抗原 - 载体现象。大多数天然抗原都可以看成是半抗原与载体的结合，半抗原实质上就是抗原表位，而其余的则为载体。

研究表明，半抗原结构的任何改变，如大小、形状、表面基团、立体构型和旋光性，都会导致产生的抗体的特异性发生改变。

半抗原和载体结合后首次免疫动物，可测得半抗原抗体（初次免疫反应），但当第二次免疫时，半抗原连接的载体只有与首次免疫所用载体相同时，才会有再次反应，这种现象称为载体效应（carrier effect）。在本质上，任何一个完全抗原均可看成是半抗原和载体的复合物。在免疫应答中，T 细胞识别载体，B 细胞识别半抗原。因此，载体在细胞免疫应答中起着重要作用。而体液免疫应答时，也必须先通过 T 细胞对载体的识别，从而促进 B 细胞对半抗原的反应。

（四）抗原的交叉性

自然界中存在着无数的抗原物质。不同抗原物质之间、不同种属的微生物间、微生物与其他抗原物质间，难免有相同或相似的抗原组成或结构，也可能存在共同的抗原表位，这种现象称为抗原的交叉性或类属性。而这些共有的抗原组成或表位就称为共同抗原（common antigen）或交叉反应抗原（cross reacting antigen）。种属相关的生物之间的共同抗原又称为“类属抗原”。如果 2 种微生物有共同抗原，它们除与各自相对应的抗体发生特异性反应外，还可与另一种抗体发生交叉反应（cross reaction）。一个表位的相应抗体可与构型相似的另一表位发生交叉反应，但由于 2 个表位之间并不能完全吻合，故其结合力相对较弱。

抗原的交叉性表现在以下 3 个方面。

（1）不同物种间存在共同的抗原组成。这种情况在自然界中普遍存在。例如，牛冠状病毒和鼠肝炎病毒具有相同的 gp190、gp52 和 gp26 抗原。

（2）不同抗原分子存在共同的抗原表位。A 群沙门菌有抗原表位 2，B 群沙门菌有抗原表位 4，D 群沙门菌有抗原表位 9，而抗原表位 12 是 A、B 和 D 共有的。

（3）不同表位之间有部分结构相同。蛋白质抗原的表位取决于多肽末端的氨基酸组成，尤其是末端氨基酸的羧基对特异性影响最大。如果末端氨基酸相似，既可出现交叉反应，而且交叉反应的强度与相似性呈正比。

（五）抗原的分类

1. 根据抗原性质

可分为完全抗原和不完全抗原（半抗原）。依据半抗原与相应的抗体结合后是否出现可见反应，又可分为简单半抗原和复合半抗原。

2. 根据与细胞的关系

分为外源性抗原和内源性抗原。外源性抗原（exogenous antigen）是存在于细胞间，自细胞外被单核巨噬细胞等抗原递呈细胞吞噬、捕获或与 B 细胞特异性结合后进入细胞内的抗原，包括所有自体外进入的微生物、疫苗、异种蛋白等，以及自身合成而又释放于细胞外的非自身物质。内源性抗原（endogenous antigen）是指自身细胞内合成的抗原，如胞内菌或病毒感染细胞所合成的细菌抗原或病毒抗原，肿瘤细胞合成的肿瘤抗原，自身隐蔽抗原，变性的自身成分等。

3. 根据抗原来源

分为异种抗原，同种异型抗原，自身抗原和异嗜性抗原。

异种抗原（heteroantigen）指来自与免疫动物不同种属动物的抗原物质；同种异型抗原（alloantigen）指与免疫动物同种而基因型不同的个体的抗原物质；自身抗原（autoantigen）是能引起自身免疫应答的自身组织成分；异嗜性抗原（heterophile antigen）与种属特异性无关，是存在于人、动物、植物和微生物之间的共同抗原，有广泛的交叉反应性。异嗜性抗原存在十分普遍，在疾病发生和传染病诊断上具有一定的意义。如溶血性链球菌的细胞壁脂多糖成分与肾小球基底膜及心肌组织有共同的抗原。链球菌反复感染后，可刺激机体产生抗肾抗体和抗心肌抗体，这是肾小球肾炎和心肌炎等自身免疫病的病因之一。

4. 根据对胸腺（T 细胞）的依赖性

在免疫应答过程中，依据是否有 T 细胞的参加，将抗原分为胸腺依赖性抗原和非胸腺依赖性抗原。这 2 种抗原在生物学性质上的区别主要是抗原表位的结构不同（表 13-2）。

胸腺依赖性抗原（thymus dependent antigen）简称 TD 抗原，这类抗原在刺激 B 细胞分化和产生抗体的过程中，需要巨噬细胞等抗原递呈细胞和辅助性 T 细胞（Th）的协助。绝大多数抗原属于 TD 抗原，如异种组织与细胞、血清蛋白、微生物及人工合成抗原等。它们均为蛋白质抗原，相对分子量大，表面表位多，但每种表位数量不同，且分布不均。此外，在 TD 抗原中既有可被 Th 细胞识别的载体表位，也有被 B 细胞识别的半抗原表位。TD 抗原主要是大分子蛋白质，刺激机体主要产生 IgG 类抗体，还可刺激机体产生细胞免疫应答和回忆应答。

非胸腺依赖性抗原（thymus independent antigen）简称 TI 抗原，这类抗原可直接刺激 B 细胞产生抗体，不需要 T 细胞的协助。仅少数抗原物质属于 TI 抗原，如大肠杆菌脂多糖（LPS）、肺炎球菌荚膜多糖（SSS）、聚合鞭毛素（POL）和聚乙烯吡咯烷酮（PVP）等。TI 抗原由同一构型重复排列的结构组成，有重复出现的同一抗原表位，降解缓慢，且无载体表位，故不能激活 Th 细胞，只能激活 B 细胞产生 IgM 类抗体，不易产生细胞免疫应答，也不引起回忆应答。

表 13-2　TD 抗原和 TI 抗原的比较

特性	TD 抗原	TI 抗原
化学特性	多为蛋白质	主要为多糖
结构特点	结构复杂	结构简单
	具有多种不同表位	具有相同的表位
	无重复的同一表位	重复出现同一表位
	有载体表位	无载体表位
诱导免疫应答时巨噬细胞的参与	需要	多数不需要
诱导免疫应答时对 T 细胞依赖性	有	无
免疫应答类型	体液和（或）细胞免疫	体液免疫
诱导 Ig 的类型	各类 Ig，主要是 IgG	IgM
免疫记忆	形成	不形成
诱导免疫耐受	难	易

5. 根据化学性质

天然抗原种类繁多，有数百万种。

依据化学性质可分为：蛋白质类，如血清蛋白（如白蛋白、球蛋白）、酶、细菌外毒素、病毒结构蛋白等；脂蛋白类，如血清 α，β 脂蛋白等；糖蛋白类，如血型物质、组织相容性抗原等；脂类，如结核杆菌的磷脂质和糖脂质等；多糖类，如肺炎球菌等的荚膜多糖等；脂多糖类，如革兰阴性菌的细胞壁等；核酸类，如核蛋白等。

（六）重要的抗原

1. 微生物抗原

各类细菌、真菌、病毒等都具有较强的抗原性，一般都能刺激机体产生抗体。各种微生物的组成成分比较复杂，每一种微生物都可能含有性质不同的各种蛋白质，及与其结合的多糖、脂类等。每一种成分都可能具有抗原性，刺激机体产生相应的抗体及效应淋巴细胞。

（1）细菌抗原。细菌虽然是一种单细胞生物，但其抗原结构却比较复杂，应把细菌看成是多种抗原成分组成的复合体。根据细菌各部分构造和组成成分的不同，可将细菌抗原（bacterial antigen）分为鞭毛抗原、菌体抗原、荚膜抗原和菌毛抗原。菌体抗原又称 O 抗原，主要指革兰阴性菌细胞壁抗原，其化学本质为脂多糖（LPS）。菌体抗原较耐热，不易被乙醇破坏，一般认为和毒力有关。鞭毛抗原又称 H 抗原。鞭毛由丝状体、钩状体和基体组成，其中丝状体占鞭毛的 90% 以上。因此，鞭毛抗原主要决定于丝状体，其化学本质是蛋白质。鞭毛抗原不耐热，易被乙醇破坏，与毒力无关。荚膜抗原又称 K 抗原。其化学成分为酸性多糖。带荚膜的细菌一般是有毒力的。许多革兰阴性菌和少数革兰阳性菌都具有菌毛抗原。

菌毛由菌毛素组成，有很强的抗原性。

（2）病毒抗原。病毒极小，只有通过电镜才能观察到。各种病毒结构不一，抗原成分也很复杂。一般有囊膜抗原、衣壳抗原、核蛋白抗原等。病毒表面抗原（viral antigen）简称 V 抗原。囊膜病毒的抗原特异性主要由囊膜上的纤突决定，故 V 抗原也称为囊膜抗原（envelope antigen）。病毒衣壳抗原（viral capsid antigen）简称 VC 抗原。无囊膜病毒的抗原特异性取决于病毒颗粒表面的衣壳蛋白。核蛋白抗原（nucleoprotein antigen）简称 NP 抗原。核衣壳指病毒的蛋白 - 核酸复合体。

（3）毒素抗原。很多细菌能产生外毒素，其成分为糖蛋白或蛋白质，具有很强的抗原性。毒素抗原（toxin antigen）可刺激机体产生抗体，即抗毒素。外毒素经甲醛或其他方法处理后，毒力减弱或完全丧失，但仍保持其免疫原性，称为类毒素（toxoid）。

（4）真菌抗原。真菌在自然界中广泛存在，但发病率很低，说明多数动物对真菌有高度抵抗力。在感染过程中，机体可产生体液免疫和细胞免疫。一般产生的抗体无保护作用，但抗体的存在可减少某些真菌的传染性，且抗体对真菌感染的诊断和预后推测有帮助。

（5）寄生虫抗原。在寄生虫与宿主的相互作用中，那些存在于寄生虫体表或分泌排泄物内的抗原与宿主免疫细胞直接接触，具有较强的免疫原性。寄生虫抗原易发生变异，导致免疫逃避。

（6）保护性抗原。微生物具有多种抗原成分，但只有一 2 种抗原成分刺激机体产生的抗体具有免疫保护作用。这些抗原称为保护性抗原或功能抗原。

（7）超抗原。有些细菌或病毒的产物具有强大的刺激 T 细胞活化的能力，只需极少量（1~10ng/mL）即可诱发极大的免疫效应，故被称为超抗原（superantigen，SAg）。超抗原分为外源性超抗原和内源性超抗原 2 类。外源性超抗原主要是某些细菌的毒素；内源性超抗原是由某些病毒基因编码的抗原。超抗原不同于一般抗原的特点主要表现在：具有强大的刺激能力；无须经过 APC 的处理，直接与抗原递呈细胞的 MHC Ⅱ类分子肽结合区以外的部位结合；以完整的蛋白质分子形式被递呈给 T 细胞；SAg-MHC Ⅱ类分子复合物仅与 TCR 的 β 链结合；激活多个 T 细胞克隆。此外，超抗原还与多种病理或生理效应有关。

2. 非微生物抗原

（1）ABO 血型抗原。它是一种糖蛋白分子，抗原表位于其多糖链上。

（2）动物血清与组织浸液。异种动物血清和组织浸液是良好的抗原，各种植物浸液也有良好的抗原性。

（3）酶类。酶是蛋白质，具有良好的抗原性。

（4）激素。生长激素、催乳素等蛋白质类激素具有良好的抗原性，能直接刺激机体产生抗体。一些小分子的脂溶性激素属于半抗原，用载体连接后可制成人工复合抗原，制备抗体后可用于免疫检测。

3. 人工抗原

人工抗原是指经过人工改造或人工构建的抗原，包括合成抗原和结合抗原。

4. 有丝分裂原

可以活化淋巴细胞的物质有两大类：特异性抗原和非特异性有丝分裂原。有丝分裂原是非特异的多克隆激活剂，能激活某一群淋巴细胞的所有克隆。免疫学上常用的有丝分裂原有刀豆素 A（ConA）、植物血凝素（PHA）、美洲商陆（PWM）、脂多糖（LPS）等。

（七）佐剂与免疫调节剂

1. 佐剂

（1）概念。一种物质先于抗原或与抗原混合后同时注入动物体内，能非特异性的改变或增强机体对该抗原的特异性免疫应答，发挥辅助作用，这类物质统称为免疫佐剂，简称佐剂（adjuvant）。

（2）种类。不溶性铝盐类胶体佐剂，如氢氧化铝、明胶等；油水佐剂，如弗氏完全佐剂和弗氏不完全佐剂；微生物及其代谢产物佐剂，如革兰阴性菌脂多糖；核酸及其类似物佐剂；细胞因子佐剂，如白细胞介素 1；免疫刺激复合物佐剂；蜂胶佐剂；脂质体；人工合成佐剂等。

（3）免疫生物学作用。增强抗原的免疫原性；增强机体对抗原刺激的反应性；改变抗体类型；引起或增强迟发型超敏反应。

（4）作用机制。佐剂增强免疫应答的机制尚未完全阐明，不同佐剂的作用也不尽相同。其作用主要包括：在接种部位形成抗原贮存库，使抗原缓慢释放，延长抗原在局部组织内的滞留时间，使抗原与免疫细胞较长时间接触并激发对抗原的应答；增加抗原表面积，提高抗原的免疫原性，辅助抗原暴露并将能刺激特异性免疫应答的抗原表位递呈给免疫细胞；促进局部炎症反应，增强吞噬细胞的活性，促进免疫细胞的增殖和分化，诱导细胞因子的分泌。

2. 免疫调节剂

广义的免疫调节剂包括具有正调节功能的免疫增强剂和具有负调节功能的免疫抑制剂。免疫增强剂（immune potentiator）是指一些单独使用即能使机体的免疫功能短暂增强的物质，有的可与抗原同时使用，有的佐剂本身也是免疫增强剂。免疫抑制剂（immune suppressant）是指在治疗剂量下，可产生明显抑制效应的物质。

二、免疫球蛋白与抗体

（一）概念

免疫球蛋白（immunoglobulin，简称 Ig）是指存在于人和动物血清、组织液、其他外分泌液中的一类具有相似结构的球蛋白。依据化学结构和抗原性差异可分为 IgG、IgM、IgA、IgE 和 IgD。

抗体（antibody，简称 Ab）是动物机体在受到抗原刺激后由 B 淋巴细胞转化为浆细胞产生的能与相应抗原发生特异性结合反应的免疫球蛋白。抗体的本质是免疫球蛋白，是机体对抗原物质产生免疫应答的重要产物，具有各种免疫功能。抗体介导的免疫称为体液免疫（humoral immunity）。有的抗体可与细胞结合，如 IgG 可与 T 淋巴细胞、B 淋巴细胞、K 细胞、巨噬细胞等结合，IgE 可与肥大细胞和嗜碱性粒细胞结合，这类抗体称为亲细胞性抗体。此外，在成熟的B细胞表面具有的抗原受体，其本质也是免疫球蛋白，称为膜表面免疫球蛋白（membrane surface immunoglobulin，简称mIg）。

抗体的化学本质是免疫球蛋白，但两者还是有区别的。抗体是免疫学名词，是抗原的对立面，也就是说抗体是有针对性的，如某种细菌或病毒的抗体。而免疫球蛋白并不都具有抗体活性。另一方面，抗体分子极具多样性，动物机体可针对各种各样的抗原产生相应的抗体，其特异性均不相同。而免疫球蛋白的多样性较差。

（二）免疫球蛋白的分子结构

1. 免疫球蛋白的单体分子结构

所有种类免疫球蛋白的单体分子结构都是相似的，均是由2条相同的重链和2条相同的轻链构成的“Y”字形分子。IgG、IgE、血清型IgA、IgD均以单体分子形式存在，IgM是5个单体分子构成的五聚体，分泌型IgA是2个单体构成的二聚体。

（1）重链。重链（heavy chain，简称H链）由420~440个氨基酸组成，2条重链之间由一对或一对以上的二硫键互相连接。重链从氨基端（N端）开始的最初的110个氨基酸的排列顺序及结构随抗体分子的特异性不同有所变化，这一区域称为重链的可变区（variable region，VH），其余的氨基酸比较稳定，称为稳（恒）定区（constant region，CH）。重链的可变区内，4个区域的氨基酸变异度最大，称为高（超）变区，其余的氨基酸变化较小，称为骨架区。

免疫球蛋白的重链有5种类型γ、μ、α、ε、δ。重链的类型决定了免疫球蛋白的类型，即IgG、IgM、IgA、IgE和IgD的重链分别为γ、μ、α、ε、δ。换句话说，同一种动物不同免疫球蛋白的差别是由重链所决定的。

（2）轻链。轻链（light chain，简称L链）由213~214个氨基酸组成。2条相同的轻链其羧基端（C端）靠二硫键分别与2条重链连接。轻链从氨基端开始最初的109个氨基酸（约占轻链的1/2）的排列顺序及结构随抗体分子的特异性变化而有差异，称为轻链的可变区（VL），与重链的可变区相对应，构成抗体分子的抗原结合部位。其余的氨基酸比较稳定，称为恒定区（CL）。在轻链可变区内部有3个高变区。其余的氨基酸变化较小，称为骨架区。

免疫球蛋白的轻链根据其结构和抗原性的不同可分为κ型和λ型。κ型和λ型轻链的差别主要表现在C区氨基酸的组成和结构的不同，因而抗原性不同，这也是轻链分型的依据。

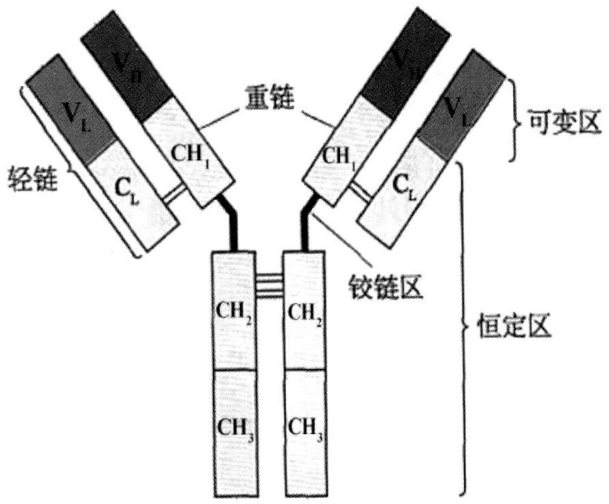

图13-1　抗体结构“Y”形图

（3）免疫球蛋白的功能区。免疫球蛋白的多肽链分子可折叠形成几个由链内二硫键连接成的球形结构，这些球形结构称为免疫球蛋白的功能区（domain）。IgG，IgA，IgD的重链有4个功能区，其中有一个功能区在可变区，其余的在恒定区，分别称为V_H，CH_1，CH_2，CH_3；IgM和IgE有5个功能区，即多了一个CH_4。轻链有2个功能区，即V_L和C_L，分别位于可变区和恒定区（图13-1）。免疫球蛋白的每一个功能区都是由约110个氨基酸组成。

V_H-C_H 是抗体分子结合抗原的所在部位。由重 B 链和轻链可变区内的高变区构成抗体分子的 B 抗原结合点（antigen-binding site），因为抗原结合点与抗原表位结构互补，所以高变区又称为抗体分子的互补决定区。

2. 免疫球蛋白的水解片段与生物学活性

应用木瓜蛋白酶将 IgG 抗体分子水解，可将其重链于链间二硫键近氨基端处切断，得到大小相近的 3 个片段，其中有 2 个相同的片段，可与抗原特异性结合，称为抗原结合片段（fragment antigen binding，Fab）；另一个片段可形成蛋白结晶，称为 Fc 片段（fragment crystallizable，Fc）。应用胃蛋白酶将 IgG 重链于链间二硫键近羧基端切断，可获得 2 个大小不同的片段，一个是具有双价抗体活性的 F（ab'）2 片段，小片段类似于 Fc，称为 pFc' 片段，后者无任何生物学活性。

（1）Fab 片段的组成与生物学活性。Fab 片段由一条完整的轻链和 N 端 1/2 重链组成。由 2 个轻链同源区 VL，CL 和 2 个重链同源区 VH，CH1 在可变区和稳定区各组成一个功能区。抗体结合抗原的活性就是由 Fab 所呈现的，由 VH 和 VL 所组成的抗原结合部位，除了结合抗原而外，还是决定抗体分子特异性的部位。

（2）Fc 片段的组成与生物学活性。Fc 片段由重链 C 端的 1/2 组成，包含 CH_2 和 CH_3 2 个功能区。该片段无抗原结合活性，但具有各类免疫球蛋白的抗原决定簇，并与抗体分子的其他生物学活性有密切关系：与免疫球蛋白选择性通过胎盘有关；与结合补体、活化补体有关：补体可与抗原抗体复合物结合，其结合位点位于抗体分子 Fc 片段的 CH_2 上；决定了免疫球蛋白分子的亲细胞性。与免疫球蛋白通过黏膜进入外分泌液有关；决定了各类免疫球蛋白的抗原特异性。此外，免疫球蛋白的 Fc 片段还与 Ig 的代谢以及抗原抗体复合物、抗原的清除有关。

3. 免疫球蛋白的特殊分子结构

（1）连接链。简称 J 链。IgM 由 5 个单体分子聚合而成，分泌型 IgA 由 2 个单体分子聚合而成，这些单体之间是靠 J 链连接起来的。J 链由分泌 IgM 和 IgA 的同一浆细胞合成，可能在 IgM，IgA 释放之前即与之结合。J 链通过二硫键与免疫球蛋白的 Fc 片段共价结合，起稳定多聚体的作用。

（2）分泌成分。分泌成分是分泌型 IgA 特有的一种结构。它由局部黏膜的上皮细胞合成，在 IgA 通过黏膜上皮细胞的过程中，与之结合形成分泌型二聚体。分泌成分可以促进上皮细胞从组织中吸收分泌型 IgA，并将其释放于胃肠道和呼吸道内。同时还可以防止 IgA 在消化道内被蛋白酶降解。

（3）糖类。免疫球蛋白含糖量相当高，特别是 IgM 和 IgA。糖类以共价键结合在 H 链的氨基酸上，大多数情况下通过 N- 糖苷键与多肽链中的天冬酰胺连在一起，少数可结合到丝氨酸上。糖类可能在 Ig 的分泌过程中起着重要作用，可使免疫球蛋白分子易溶并防止其分解。

（三）免疫球蛋白的分类与抗原性

1. 免疫球蛋白的种类

免疫球蛋白可分为类、亚类、型、亚型等。

（1）类（class）。免疫球蛋白类的区分依据其重链 C 区的理化特性及抗原性的差异。同种系所有个体内的免疫球蛋白可分为 IgG、IgM、IgA、IgE 和 IgD 五大类，重链分别为 γ、μ、α、ε、δ。

（2）亚类（subclass）。同一类免疫球蛋白又可根据其重链恒定区的微细结构、二硫键的位置与数目、抗原特性的不同分为不同亚类。如人的 IgG 有 IgG1、IgG2、IgG3、IgG4 4 个亚类；IgA 有 IgA1 和 IgA2；IgM 有 IgM1 和 IM2。

（3）型（type）。根据轻链恒定区的抗原性不同，各类免疫球蛋白的轻链分为 κ 和 λ 2 个型。

任何种类的免疫球蛋白均有两型轻链分子，如 IgG 的分子式为（γκ）2 或（γλ）2。

亚型（subtype）依据 λ 型轻链 N 端恒定区氨基酸排列顺序的差异可分为若干亚型。κ 型轻链无亚型。

此外，根据免疫球蛋白 V 区的一级结构特点，可进一步分为一些亚群。

2. 免疫球蛋白的抗原决定簇

免疫球蛋白分子的抗原决定簇分为同种型决定簇、同种异型决定簇和独特型决定簇 3 种类型。

（1）同种型决定簇。指同一种属动物所有个体都具有的抗原决定簇。即是说，在同种动物不同个体之间同时存在不同类型（类、亚类、型、亚型）的免疫球蛋白，不表现出抗原性，只在异种动物之间才表现出抗原性。将一种动物的抗体（免疫球蛋白）注射到另一种动物体内，可诱导产生对同种型决定簇的抗体。免疫球蛋白的同种型抗原决定簇主要存在于重链和轻链的 C 区。

（2）同种异型决定簇。虽然同种动物所有个体的免疫球蛋白具有相同的同种型决定簇，但一些基因仍存在多等位基因。这些等位基因编码微小的氨基酸差异，称为同种异型决定簇。因此，免疫球蛋白在同种动物不同个体之间也会呈现出抗原性。同种异型抗原决定簇存在于 IgG、IgA、IgE 的重链 C 区和 κ 型轻链的 C。同种异型抗原决定簇是免疫球蛋白稳定的遗传标志。

（3）独特型决定簇。又称为个体基因型。抗体分子的特异性由免疫球蛋白的重链和轻链可变区决定。因此，在一个个体内针对不同抗原分子的抗体之间的差别表现在免疫球蛋白的可变区。这种差别就决定了抗体分子在机体内具有抗原性，所以由抗体分子重链和轻链可变区的构型可产生独特型决定簇。可变区内单个的抗原决定簇称为独特位。有时独特位就是抗原结合点，有时还包括抗原结合点以外的可变区序列。每种抗体都有多个独特位，单个独特位的总和称为抗体的独特型。独特型在异种、同种异体乃至同一个体内均可刺激产生相应的抗体，这种抗体称为抗独特型抗体。

（四）抗体的分类

1. IgG

IgG 是人、动物血清和细胞外液中含量最高的抗体分子，占血清免疫球蛋白总量的 75%~80%，是体液免疫的主要效应分子，多以单体形式存在。它也是唯一可以通过人和兔胎盘的抗体，在新生儿抗感染过程中起着十分重要的作用。

IgG 是自然感染或人工主动免疫后机体所产生的主要抗体，也是血清学诊断和疫苗免疫后监测的主要抗体。IgG 在动物体内含量高，持续时间长；可发挥抗菌、抗病毒和中和毒素等免疫学作用；能调理、凝集和沉淀抗原。肿瘤特异性抗原的 IgG 抗体的 Fc 片段可与巨噬细胞、NK 细胞等表面的 Fc 受体结合，发挥抗体依赖性细胞介导的细胞毒作用（antibody dependent cell-mediated cytotoxicity，ADCC），杀伤肿瘤细胞。此外，IgG 还可以引起Ⅱ型和Ⅲ型超敏反应及自身免疫病。

2. IgM

IgM 是初次体液免疫应答过程中机体最早产生的抗体。其含量仅占血清免疫球蛋白的 10% 左右，有单体和五聚体 2 种形式，前者以膜结合型表达于 B 细胞表面（mIgM），构成 B 细胞抗原受体；后者分布于血液中。五聚体是由 5 个单体借 J 链连接而成，是所有免疫球蛋白中分子质量最大的，又称为巨球蛋白。

IgM 在体内产生最早，但持续时间短，因此不是机体抗感染免疫的主力，但由于它是机体初次接触抗原物质时最早产生的抗体，因此在抗感染免疫的早期起着十分重要的作用。可通过检测 IgM

抗体进行疫病的血清学早期诊断。

IgM 具有抗菌、抗病毒、中和毒素等免疫活性。五聚体 IgM 含有 10 个 Fab 片段，是一种高效能的抗体；同时，具有 5 个 Fc 片段，比 IgG 更容易激活补体，故其杀菌、溶菌、促进吞噬、调理作用及凝集作用均比 IgG 高 500~1 000 倍。IgM 也有抗肿瘤作用，在补体的参与下同样可介导对肿瘤细胞的破坏作用。此外，IgM 可引起Ⅱ型和Ⅲ型变态反应及自身免疫病，造成机体损伤。

3. IgA

IgA 以单体和二聚体 2 种分子形式存在。单体存在于血清中，称为血清型 IgA，占血清免疫球蛋白的 10%~20%；二聚体为分泌型 IgA，由呼吸道、消化道、泌尿生殖道等部位黏膜中的浆细胞产生。主要存在于呼吸道、消化道、泌尿生殖道的外分泌液中及初乳、唾液和泪液中，脑脊液、羊水、腹水、胸膜液中也含有 IgA。分泌型 IgA 是机体黏膜免疫的一道屏障。在疫苗接种时，经滴鼻、点眼、饮水及喷雾途径免疫，均可产生分泌型 IgA 而建立起有效的黏膜免疫。

4. IgE

IgE 以单体分子形式存在，其 ε 链比 IgG 链多一个功能区（CH4），此区是与细胞结合的部位。IgE 的产生部位与分泌型 IgA 相似，血清中含量甚微。IgE 是一种亲细胞性抗体，其 Fc 片段易与肥大细胞、碱性粒细胞和血管内皮细胞结合。结合在肥大细胞和碱性粒细胞上的 IgE 与抗原结合后，能引起这些细胞脱粒，释放组胺等活性介质，从而引起Ⅰ型过敏反应。

IgE 在抗寄生虫感染中具有重要作用。如蠕虫感染的自愈现象就与 IgE 抗体诱导过敏反应有关。

5. IgD

IgD 在血清中的含量极低，而且极不稳定，容易被蛋白酶降解。IgD 作为成熟 B 细胞膜上的抗原特异性受体是 B 细胞的重要表面标志，与免疫记忆有关。

（五）抗体的制备

1. 多克隆抗体

采用传统的免疫方法，将抗原物质经不同途径注入动物体内，经数次免疫后采取动物血液，分离出血清，由此获得的抗血清即为多克隆抗体（polyclonal antibody，PcAb），简称多抗。一般的抗原分子多含有多种抗原表位，进入机体后可激活许多淋巴细胞克隆产生针对各个抗原表位的抗体，因此获得的抗血清是一种多克隆的混合抗体，具有高度的异质性。

多克隆抗体可用于抗原的鉴别、定位、分析和提纯，及疾病诊断、检疫和治疗。但因其特异性不高，易发生交叉反应，故使用受到限制。

2. 单克隆抗体

单克隆抗体（monoclonal antibody，McAb）是指由一个 B 细胞克隆分化增殖的子代细胞（浆细胞）产生的针对单一抗原表位的抗体。这种抗体的重链、轻链及其 V 区独特型的特异性、亲和力、生物学性状及分子结构均完全相同。

体外淋巴细胞杂交瘤技术将产生特异性抗体的 B 细胞与骨髓瘤细胞融合，形成 B 细胞杂交瘤细胞系，这种杂交瘤细胞既具有骨髓瘤细胞无限繁殖的特性，又具有 B 细胞合成分泌特异性抗体的能力。由克隆化的 B 细胞杂交瘤所产生的抗体即为单克隆抗体，简称为单抗。

与多克隆抗体相比，单克隆抗体具有无可比拟的优越性，其结构均一、纯度高、特异性强、亲和力稳定、重复性强、效价高、成本低并可大量生产。

（1）单克隆抗体的生产。哺乳动物细胞内的 DNA 合成有 2 条途径：从头合成和补救合成。

前者利用磷酸核糖焦磷酸和尿嘧啶，可被氨基蝶呤（aminopterin，A）阻断；后者则在次黄嘌呤鸟嘌呤磷酸核糖转化酶（HGPRT）存在的情况下利用次黄嘌呤（hypoxanthine，H）和胸腺嘧啶（thymidine，T）完成 DNA 的合成。在细胞培养基中加入 H、A、T 即为 HAT 选择培养基。在该培养基中，未融合的骨髓瘤细胞因其内源性的从头合成途径被氨基蝶呤阻断，而又缺乏 HGPRT 不能利用补救途径合成 DNA，从而死亡；未融合的 B 细胞因不能在体外培养而在 2 周内死亡；只有融合细胞从脾脏获得了 HGRPT，故可以在 HAT 选择培养基上存活和增殖。

用抗原反复免疫小鼠，刺激机体产生特异性 B 细胞；用免疫小鼠的脾脏（含有 B 细胞）与小鼠骨髓瘤细胞（SP2/0 或 NS-1）在聚乙二醇（PEG）作用下进行细胞融合；通过 HAT 选择培养基筛选获得杂交瘤细胞；经有限稀释法或软琼脂法的克隆化过程获得仅能合成和分泌一种同源抗体的杂交瘤细胞；将此杂交瘤细胞注入小鼠腹腔收集腹水，或体外培养杂交瘤细胞，收集培养液，即可以获得特异性单克隆抗体。

（2）单克隆抗体的应用。

①利于血清学检测方法的标准化：单克隆抗体用于血清学检测，可提高方法的特异性、重复性、稳定性和敏感性，避免了多克隆抗体引起的交叉反应，便于血清学技术的标准化和商品化。应用单克隆抗体取代多克隆抗体，可用于传染病的鉴别诊断及病原分型。

②用于免疫治疗：将药物或毒素与制备的肿瘤细胞特异性抗原的单克隆抗体连接，可制成免疫毒素，又称为生物导弹，用于肿瘤的临床治疗，还可用于制备抗独特型抗体疫苗。

③用于免疫学基础研究：通过对单抗抗体结构和氨基酸序列的分型与比较，可细化对抗体结构的认识；可对淋巴细胞表面标志以及组织细胞相容性抗原进行分析、分群和命名等。

④用于蛋白纯化：将单克隆抗体与琼脂糖等偶联制成亲和层析柱，可从混合组分中提取某种特异性组分。

第二节　免疫应答与免疫学检测新技术

一、免疫系统

（一）概述

免疫是动物机体的一种特异性生理反应，通过识别和排出抗原性异物维持体内外环境的稳定。动物机体的免疫功能是由组织器官中各种淋巴细胞、单核细胞和其他免疫细胞及其产物（如抗体、细胞因子和补体等免疫相关分子）的相互作用完成的。这些具有免疫作用的细胞及其相关组织和器官构成了机体的免疫系统。因此，免疫系统是动物机体执行免疫功能的组织机构，是产生免疫应答的物质基础。

免疫系统包括免疫器官、免疫细胞和免疫相关分子三大类。免疫器官可分为中枢免疫器官和外周免疫器官。免疫细胞主要是淋巴细胞、单核巨噬细胞和其他免疫细胞。免疫相关分子由抗体、细胞因子和补体 3 部分组成。免疫细胞和免疫相关分子可通过循环系统（血液循环和淋巴循环）分布于体内几乎所有的部位，持续地进行免疫应答。各种免疫细胞和免疫相关分子既相互协作、又相互制约，使免疫应答既能有效发挥又能在适度范围内进行。

除此之外，还有一些组织细胞也具有免疫功能。它们以独特的方式进行识别、结合和排出异物，如黏膜免疫系统和红细胞免疫系统。

（二）免疫器官

机体执行免疫功能的组织结构称为免疫器官，它们是淋巴细胞和其他免疫细胞发生、分化成熟、定居和增殖以及产生免疫应答的场所。根据其功能的不同可分为中枢免疫器官和外周免疫器官。

1. 中枢免疫器官

中枢免疫器官又称初级免疫器官，是淋巴细胞等免疫细胞发生、分化和成熟的场所，包括骨髓、胸腺、法氏囊。

（1）骨髓。骨髓是动物机体最重要的造血器官。出生后所有的血细胞均来源于骨髓。同时骨髓也是各种免疫细胞发生和分化的场所。骨髓中存在的多能干细胞可分化成髓样干细胞和淋巴干细胞，前者进一步分化成红细胞系、单核细胞系、粒细胞系和巨核细胞系等；后者则发育成各种淋巴细胞的前体细胞。淋巴干细胞中的一部分在骨髓中分化为 T 细胞的前体细胞，经血液循环进入胸腺，被诱导分化为成熟的淋巴细胞，这类细胞被称为胸腺依赖性淋巴细胞，简称 T 细胞，它们是参与细胞免疫的主要成分。还有一部分淋巴干细胞分化为 B 细胞的前体细胞。在鸟类，这些前体细胞经血液循环进入法氏囊，被诱导发育为成熟的囊依赖性淋巴细胞，简称 B 细胞。B 细胞是参与体液免疫的主要成分。在哺乳动物体内，这些前体细胞则在骨髓内进一步分化发育为成熟的 B 细胞，因此骨髓也是参与体液免疫的重要部位。抗原再次刺激动物后，外周免疫器官对该抗原快速应答，但产生抗体的时间持续短；而在骨髓内可缓慢、持久地产生抗体。所以骨髓是血清抗体的主要来源，也是再次免疫应答发生的主要场所。

（2）胸腺。胸腺是 T 细胞分化成熟的免疫中枢器官。骨髓中的前体 T 细胞经血液循环进入胸腺，在浅皮质层的上皮细胞即胸腺哺育细胞诱导下增殖和分化，随后进入深皮质层继续增殖，通过选择性分化，绝大部分胸腺细胞死亡，只有少数继续分化发育为成熟的胸腺细胞，并向髓质迁移。进入髓质的胸腺细胞再进一步分化成熟，成为具有不同功能的 T 细胞。

（3）法氏囊。又称腔上囊，为禽类所特有的淋巴器官，是诱导 B 细胞分化和成熟的场所。来自骨髓的淋巴干细胞在法氏囊诱导分化为成熟的 B 细胞，然后经淋巴和血液循环迁移到外周淋巴器官，参与体液免疫。

2. 外周免疫器官

外周免疫器官又称次级或二级免疫器官，是成熟的 T 细胞和 B 细胞栖居、增殖和对抗原刺激产生免疫应答的场所。主要包括脾脏、淋巴结和存在于消化道、呼吸道和泌尿生殖道的淋巴小结等。

（1）脾脏。脾脏内部的实质分为红髓和白髓两部分。红髓的主要功能是生成红细胞和贮存红细胞，还可以捕获抗原。白髓是产生免疫应答的部位。禽类的脾脏较小，白髓与红髓分界不明显，主要参与免疫功能，贮血作用很小。

（2）淋巴结。遍布于淋巴循环系统的各个部位，具有捕获体外进入血液 - 淋巴液的抗原的功能。淋巴结内部由网状组织构成支架，其内充满淋巴细胞、巨噬细胞和树突状细胞。

（3）哈德氏腺。它是存在于禽类眼窝内的腺体之一，又称为瞬膜腺。它可分泌泪液润滑瞬膜，还能在抗原刺激下产生免疫应答，分泌特异性抗体。分泌的抗体可通过泪液进入呼吸道黏膜，成为口腔、上呼吸道的抗体来源之一。

（4）其他淋巴组织。主要包括散布于全身的淋巴组织，特别是黏膜部位的淋巴组织，又称淋巴小结。虽然这些淋巴组织在形态学方面不具备完整的淋巴结结构，但它们却构成了机体重要的黏膜免疫系统。

（三）免疫细胞

所有直接或间接参与免疫应答的细胞统称为免疫细胞。根据其在免疫应答中的功能及其作用机理，免疫细胞主要包括淋巴细胞和辅助细胞两大类。

1. 淋巴细胞

在体内分布广、数量多，除中枢神经系统外的所有组织中均存在淋巴细胞。受抗原物质刺激后能分化、增殖并产生特异性免疫应答的细胞称为免疫活性细胞，主要指 T 细胞和 B 细胞。除此之外，还包括自然杀伤性细胞（NK 细胞）、杀伤性细胞（K 细胞）等。

（1）T 细胞和 B 细胞。T 细胞和 B 细胞均来源于骨髓的多功能造血干细胞。多功能造血干细胞中的淋巴干细胞分化为前体 T 细胞和前体 B 细胞，前体 T 细胞进入胸腺发育为成熟的 T 细胞，称胸腺依赖性淋巴细胞，又称 T 淋巴细胞。成熟的 T 淋巴细胞在正常情况下是静止细胞，一旦被抗原刺激后就会活化，进一步增殖，最后分化为效应性 T 细胞，具备细胞免疫的功能，能够杀伤或清除抗原物。前体 B 细胞在哺乳动物的骨髓或鸟类的腔上囊中分化发育为成熟的 B 细胞，又称为骨髓依赖性淋巴细胞或囊依赖性淋巴细胞，简称 B 细胞。B 细胞接受抗原刺激后，活化、增殖和分化，最后成为浆细胞。浆细胞产生特异性抗体，形成机体的体液免疫。

（2）K 细胞和 NK 细胞。K 细胞和 NK 细胞是一类既无 T 细胞表面标志又无 B 细胞表面标志的淋巴细胞，又称裸细胞。K 细胞的表面具有 IgG 的 Fc 受体，当靶细胞与相应的 IgG 抗体结合，K 细胞可与结合在靶细胞上的 IgG 的 Fc 片段结合，从而被活化，释放溶细胞因子，裂解靶细胞，这种作用称为抗体依赖性介导的细胞毒作用（ADCC）。NK 细胞是一群既不依赖抗体也不需要抗原刺激和致敏就能杀伤靶细胞的淋巴细胞。NK 细胞表面存在着识别靶细胞表面分子的受体结构，通过此受体直接与靶细胞结合，发挥杀伤作用。

2. 辅助细胞

单核巨噬细胞和树突状细胞在免疫应答过程中起着重要的辅佐作用，故称免疫辅佐细胞。这类细胞能够捕获和处理抗原，并能把抗原递呈给免疫活性细胞，故又称为抗原递呈细胞。

（1）单核巨噬细胞。单核巨噬细胞包括血液中的单核细胞和组织中的巨噬细胞。单核细胞表面具有多种受体。具有吞噬和杀伤作用、抗原加工和递呈、合成和分泌各种活性因子等免疫学功能。

（2）树突状细胞。简称 D 细胞。成熟的树突状细胞主要分布在脾脏和淋巴结中，结缔组织也有广泛分布。树突状细胞包括朗罕式细胞、间质树突状细胞、并指状树突状细胞、循环树突状细胞及滤泡树突状细胞。

3. 其他免疫细胞

胞浆中含有颗粒的白细胞统称为粒细胞。根据胞浆颗粒的染色特性又分为嗜中性粒细胞、嗜酸性粒细胞和嗜碱性粒细胞。

（四）黏膜免疫系统和红细胞免疫系统

1. 黏膜免疫系统

黏膜免疫系统（MIS）是指由消化道、呼吸道和泌尿生殖道黏膜相关的淋巴组织所组成的免疫系统。MIS 是受黏膜表面的抗原物质刺激而形成的局部免疫应答。参与的主要成分有：与黏膜相关的免疫球蛋白；能下调全身性免疫应答的效应性 T 细胞；黏膜定向细胞运输系统，它可以使黏膜滤泡中诱发的细胞迁移至广泛的黏膜上皮下淋巴组织中。MIS既是机体整个免疫系统的重要组成部分，同时又是具有独特功能的一个独立免疫体系。

2. 红细胞免疫系统

红细胞免疫系统是指红细胞通过表面存在的一些受体和活性分子吸附并运输抗原抗体复合物以及其他方面参与的免疫系统。该系统只参与抗原物质的清除，并不能直接清除抗原物质。

（五）细胞因子

细胞因子是指由免疫细胞（如单核巨噬细胞、T细胞、B细胞、NK细胞等）和某些非免疫细胞（如血管内皮细胞、表皮细胞、成纤维细胞等）合成和分泌的一类高活性、多功能的蛋白质多肽分子。细胞因子多属于小分子多肽或糖蛋白，作为细胞间的信号传递分子，主要介导和调节免疫应答及炎症反应，刺激造血功能并参与组织修复等。

1. 种类与来源

已鉴定的细胞因子将近百种，功能十分复杂。根据作用的靶细胞的不同，细胞因子可分为巨噬细胞、中性粒细胞、淋巴细胞因子以及其他细胞因子。根据主要生物学活性可分为4类：具有抗病毒活性的细胞因子；具有免疫调节活性的细胞因子；具有炎症介导活性的细胞因子；具有造血生长活性的细胞因子。产生细胞因子的细胞也可以分为2类：激活的免疫细胞和基质细胞。

2. 共同特性

每种细胞因子都有各自独特的分子结构、理化特性及生物学功能。但也具有以下共同特点：均为低相对分子质量的分泌型蛋白，绝大多数为糖蛋白；一种细胞因子可由不同类型的细胞产生，且细胞因子的合成具有局限性，并以自分泌或旁分泌的形式发挥效应，一般无前体状态的贮存；产量非常低，却具有极高的生物学活性。

3. 主要生物学活性

细胞因子的生物学作用极其广泛而复杂，不同细胞因子的功能既有特殊性，又有重叠性、协同性与拮抗性。细胞因子的生物学功能主要表现在：参与免疫应答与免疫调节；刺激造血多能干细胞和多种祖细胞的增殖与分化；与激素、神经肽、神经递质共同构成细胞间信号分子系统。

4. 应用

大多数细胞因子是免疫应答的产物，在动物和人体内可发挥免疫学效应，最终通过上调免疫细胞对抗原物质的免疫应答，介导炎症反应而清除抗原物质。抗原刺激和病原微生物感染均可诱导体内产生细胞因子。因此，细胞因子与疾病的发生、发展有着密切的关系，在疾病的诊断、治疗、预防等方面有着广泛的应用。

二、免疫应答

（一）概述

免疫应答（immune response）是指动物机体免疫系统受到抗原物质刺激后，免疫细胞对抗原分子的识别并产生一系列复杂的免疫连锁反应和表现出特定的生物学效应的过程。广义的免疫应答还包括非特异性的免疫应答因素，如炎症与吞噬反应、补体系统等。

动物机体的外周免疫器官及淋巴组织是免疫应答产生的部位，其中淋巴结和脾脏是免疫应答的主要场所。抗原进入机体后，一般先通过淋巴循环进入引流区的淋巴结，进入血液的抗原则在脾脏滞留，并被淋巴结髓窦和脾脏移行区中的抗原递呈细胞所摄取、加工，再表达于其细胞表面。与此同时，血液循环中的成熟 T 细胞和 B 细胞经淋巴组织的毛细血管后静脉进入淋巴器官，与抗原递呈细胞上表达的抗原接触后，滞留于该淋巴器官内并被活化、增殖和分化为效应细胞。参与机体免疫应答的核心细胞是 T 淋巴细胞、B 淋巴细胞，巨噬细胞和树突状细胞等是免疫应答的辅助细胞，也是免疫应答不可缺少的。

免疫应答的表现形式为体液免疫和细胞免疫，分别是由 B 淋巴细胞、T 淋巴细胞介导。免疫应答具有三大特点：特异性，即针对某种特异性抗原物质；免疫期，从数月至数年甚至终身，与抗原性质、刺激强度、免疫次数和机体反应性有关；免疫记忆。

通过免疫应答，动物机体可建立对抗原物质（如病原微生物）的特异性抵抗力，即免疫力，这是后天获得的，因此又称获得性免疫。

（二）免疫应答的基本过程

免疫应答除了由单核 / 巨噬细胞系统和淋巴细胞系统协同完成外，过程中还有很多细胞因子发挥辅助效应。免疫应答是一个连续的过程，可人为的划分为 3 个阶段：即致敏阶段；反应阶段；效应阶段。

1. 致敏阶段

致敏阶段又称感应阶段，是抗原物质进入体内，抗原递呈细胞对其识别、捕获、加工处理以及抗原特异性淋巴细胞（T 细胞和 B 细胞）对抗原的识别阶段。

2. 反应阶段

反应阶段又称增殖与分化阶段，是抗原特异性淋巴细胞识别抗原后活化，进行增殖与分化，以及产生效应性淋巴细胞和效应分子的过程。T 淋巴细胞增殖分化为淋巴母细胞，最终成为效应淋巴细胞，并产生多种细胞因子；B 淋巴细胞增殖分化为浆细胞，合成并分泌抗体。一部分 T 淋巴细胞、B 淋巴细胞分化为记忆细胞（Tm 和 Bm）。这个阶段有多种细胞间的协作和多种细胞因子的参加。作为抗原递呈细胞的 B 细胞在递呈抗原的同时自身也活化。经 TI 抗原刺激活化最终分化产生的浆细胞只产生 IgM 抗体，不产生 IgG 抗体，不形成记忆细胞，因此无免疫记忆。TD 抗原刺激产生的浆细胞最初几代分泌 IgM 抗体，以后分化的浆细胞可产生 IgG 以及 IgA 和 IgE 抗体。

3. 效应阶段

由活化的效应性细胞 - 细胞毒性 T 细胞（CTL）与迟发型变态反应性 T 细胞（TDTH）和效应分子 - 抗体与细胞因子发挥细胞免疫效应和体液免疫效应的过程。这些效应细胞和效应分子共同作用清除抗原物质。

（三）抗原加工与递呈

抗原递呈细胞对抗原的加工和递呈是免疫应答必需的过程，递呈的分子基础是抗原递呈细胞表达的主要组织相容性复合体（MHC）Ⅰ类和Ⅱ类分子。

抗原递呈细胞（antigen presenting cell，APC）是一类能摄取和处理抗原，并把抗原信息传递给淋巴细胞使淋巴细胞活化的细胞。可把抗原递呈细胞分为 2 类：一类是带有 MHC Ⅰ类分子的细胞，另一类是带有 MHC Ⅱ类分子的细胞。

表达 MHC Ⅰ类分子的抗原递呈细胞包括所有的有核细胞。病毒感染细胞、肿瘤细胞、胞内菌感染的细胞、衰老细胞、移植物的同种异体细胞可作为内源性抗原的递呈细胞将内源性抗原递呈给 CTL。表达 MHC Ⅱ类分子的抗原递呈细胞包括巨噬细胞（MΦ）、树突状细胞（DC）、B 淋巴细胞等，这些细胞又被称为专业的抗原递呈细胞。皮肤中的成纤维细胞、脑组织的小胶质细胞、胸腺上皮细胞、甲状腺细胞、血管内皮细胞、胰腺 β 细胞等则被称为非专业的抗原递呈细胞。

抗原递呈细胞通过吞噬、吞饮作用或细胞内噬作用内化抗原物质，或消化降解细胞内的抗原蛋白为抗原肽的过程称为抗原加工。降解产生的抗原肽在抗原递呈细胞内与 MHC 分子结合形成抗原肽 -MHC 复合物，然后被运送到 APC 膜表面进行展示，以供免疫细胞识别。

抗原的加工递呈过程分为外源性抗原递呈途径和内源性抗原递呈途径。

外源性抗原经内化形成吞噬体，吞噬体与溶酶体融合形成吞噬溶酶体或称为内体。在内体的酸性环境中，抗原被水解成抗原肽。同时，在粗面内质网中新合成的 MHC Ⅱ类分子被转运到内体与产生的抗原肽结合，形成抗原肽 -MHC Ⅱ类分子复合物。然后被高尔基复合体运送至抗原递呈细胞的表面供 TH 细胞识别。B 细胞可非特异性的吞饮抗原物质，也可借助其抗原受体特异性地结合抗原，然后细胞膜将抗原和受体卷入细胞内，抗原载体部分在 B 细胞内被加工处理后，以 MHC Ⅱ类分子复合物的形式，运送到 B 细胞表面，外露的载体部分可供 TH 细胞的 TCR 识别。

凡是细胞内表达的或存在于细胞内的抗原称为内源性抗原，如肿瘤细胞、病毒感染细胞表达的病毒抗原、胞内寄生菌（虫）表达的抗原、基因工程细胞内表达的抗原，直接注射到细胞内（如通过脂质体技术）的可溶性蛋白质。内源性抗原是经胞质内途径加工和递呈的。内源性抗原在有核细胞内被蛋白酶体酶解成肽段，然后被抗原加工转运体从细胞质转运到粗面内质网，与粗面内质网中新合成的 MHC Ⅰ类分子结合，所形成的抗原肽 -MHC Ⅰ类分子复合物被高尔基体运送至细胞表面供细胞毒性 T 细胞识别。

对外源性和内源性抗原的识别分别由 2 类不同的 T 细胞执行。识别外源性抗原的细胞为 $CD4^+$ 的 TH 细胞，识别内源性抗原的细胞为 $CD8^+$ 的细胞毒性 T 细胞。T 细胞识别抗原的分子基础是其抗原受体（TCR）和抗原递呈细胞的 MHC 分子。TCR 不能识别游离的、未经抗原递呈细胞处理的抗原物质，只能识别经抗原递呈细胞处理并与 MHC Ⅰ类或Ⅱ类分子结合了的抗原肽，而且 T 细胞只能识别线性表位。B 细胞识别抗原的物质基础是其膜表面抗原受体（BCR）中的膜免疫球蛋白（mIg）。B 细胞通过不同的机制识别 TI 和 TD 抗原。

（四）细胞免疫

指特异性的细胞免疫，也就是机体通过致敏阶段和反应阶段，T 细胞分化为效应 T 淋巴细胞（CTL、TDTH）并产生细胞因子，从而发挥免疫效应。

细胞毒性 T 细胞（CTL）是特异性细胞免疫的很重要的一类效应细胞，为 $CD8^+$ 的 T 细胞亚群，在动物机体内是以非活化的前体形式存在的。其 TCR 识别由 APC（病毒感染细胞、肿瘤细胞、胞内菌感染细胞等靶细胞）递呈而来的内源性抗原，并与抗原肽特异性结合，在活化的 TH 细胞产生的白细胞介素的作用下，活化、增殖并分化成具有杀伤能力的效应性 CTL。CTL 具有溶解活性，在对已发生改变的自身细胞（如病毒感染细胞和肿瘤细胞）的识别与清除和移植物排斥反应中起着关键作用。CTL 与靶细胞的相互作用受到 MHC Ⅰ类分子的限制，即 CTL 在识别靶细胞抗原的同时，要识别靶细胞上的 MHC Ⅰ类分子，它只能杀伤携带有与自身相同的 MHC Ⅰ类分子的靶细胞。

TDTH 细胞是接触到某些抗原时分泌细胞因子诱导产生局部炎症反应的细胞亚群。TDTH 细胞在体内也是以非活化的前体形式存在，其表面抗原受体与靶细胞的抗原特异性结合，通过释放多种可溶性的细胞因子或淋巴因子而发挥其免疫效应作用，主要引起以局部的单核细胞浸润为主的炎症反应，即迟发型变态反应。

（五）体液免疫

由 B 细胞介导的免疫应答称为体液免疫应答。而体液免疫效应是由 B 细胞通过对抗原的识别、活化、增殖，最后分化为浆细胞并分泌抗体来实现的。因此，抗体是介导体液免疫效应的免疫分子。机体产生大量针对外源性病原体抗原物质的特异性抗体，最终通过抗体介导的各种途径和相应机制从动物体内清除外来病原体。

动物机体初次接触抗原引起的抗体产生过程称为初次应答。抗原首次进入机体后，B 细胞克隆被选择性活化，随之增殖与分化，形成一群浆细胞克隆，产生并分泌特异性抗体。初次应答具有潜伏期；最早产生的抗体为 IgM，其含量可在几天内达到高峰，然后开始下降；初次应答产生的抗体总量较低，维持时间较短。

动物机体第二次接触相同的抗原时体内产生抗体的过程称为再次应答。再次应答潜伏期显著缩短；抗体含量高，维持时间长；且产生的抗体大部分为 IgG，IgM 很少。抗原刺激机体产生的抗体经一定时间后在体内逐渐消失，此时若机体再次接触相同的抗原物质，可使已消失的抗体快速回升，称为抗体的回忆应答。

抗体作为机体体液免疫的重要分子，在体内可发挥多种免疫功能。由抗体介导的免疫效应在大多数情况下对机体是有利的，但有时也会造成机体的免疫损伤。

抗体的免疫学功能体现在以下几个方面。

1. 中和作用

体内针对细菌毒素和病毒的抗体，可对相应的毒素和病毒产生中和效应。毒素抗体与相应的毒素结合后可改变毒素分子的构型，使其失去毒性作用；另一方面毒素与相应的抗体结合形成复合物容易被单核 / 巨噬细胞吞噬。病毒抗体通过与病毒表面抗原结合抑制了病毒侵染细胞的能力或使其失去对细胞的感染性，从而发挥中和作用。

2. 免疫溶解

一些革兰阴性菌和某些原虫与体内相应的抗体结合后，可活化补体，最终导致菌体或者虫体溶解。

3. 免疫调理作用

一些毒力较强的细菌，特别是有荚膜的细菌，与相应的抗体结合后容易被单核 / 巨噬细胞吞噬，活化补体后形成的细菌 - 抗体 - 补体复合物更容易被吞噬。

4. 局部黏膜免疫作用

由黏膜固有层中的浆细胞产生的分泌型 IgA 是机体抵抗从呼吸道、消化道及泌尿生殖道侵入的病原微生物的主要力量。分泌型 IgA 可阻止病原微生物吸附黏膜上皮细胞。

5. 抗体依赖性细胞介导的细胞毒作用

一些效应性淋巴细胞表面具有抗体分子 Fc 片段的受体，当抗体分子与相应的靶细胞结合后，效应细胞可借助于 Fc 受体与抗体分子的 Fc 片段结合，发挥其细胞毒作用，杀伤靶细胞。

6. 抑制病原微生物生长

细菌与其抗体结合后一般不会影响菌体的生长和代谢，仅表现为凝集和制动现象。只有霉形体和钩端螺旋体的抗体可抑制霉形体和钩端螺旋体的生长。

三、免疫耐受

一定的条件下，免疫活性细胞接触抗原物质后导致的一种特异性免疫无应答或低应答性，即免疫耐受。根据免疫耐受形成的特点，可分为天然耐受和获得耐受；根据免疫耐受的程度，又可分为完全耐受和不完全耐受。免疫耐受是后天形成的。

（一）形成机制

免疫耐受的形成机制非常复杂，其发生可能涉及免疫应答过程中的任何一个调节系统，是当今免疫学研究的前沿领域。随着基础免疫学研究的迅猛发展以及转基因技术的应用，对免疫耐受的形成机制提出各种观点和学说，并有相应的实验数据，但迄今尚未形成一个完整的理论体系。免疫耐受的形成涉及多种机制的参与，包括免疫细胞的相互作用、免疫细胞的分子识别、信号传递、基因表达等不同层次的调节。免疫耐受包括中枢免疫耐受和外周免疫耐受。

1. 中枢免疫耐受

在免疫系统发育的最初阶段，B 细胞和 T 细胞分别在骨髓和胸腺中被诱导产生免疫耐受性，这个阶段所涉及的针对自身抗原的抗原 - 受体识别的各种机制，被称为中枢免疫耐受机制。中枢免疫耐受机制通过胸腺的阴性选择清除，也称为克隆缺失。该学说认为，在胚胎期由于细胞高度分化，产生 10^5~10^7 个具有免疫活性的淋巴细胞克隆，每一克隆细胞都具有特异性、能与相应抗原决定簇起反应的受体。这些细胞处于未成熟阶段，当接触相应抗原时，淋巴细胞克隆即被消灭或抑制成为“禁忌细胞”。因而成年后缺少同这些抗原起反应的细胞克隆，形成终身免疫耐受。机体在出生后，剩下的是未曾与自身成分在胚胎期相遇的、反应性增高的淋巴细胞克隆。这些细胞一旦遇到外来抗原侵入就会启动正常的免疫应答。

中枢免疫耐受可在多个水平被调节。首先，只有那些能够被胸腺抗原递呈细胞呈递的自身抗原才可以影响中枢免疫耐受。所以，影响自身抗原递呈的分子对免疫耐受起关键作用。其次，当 T 前体细胞遇到这类自身抗原时会凋亡或者具有调节能力。

2. 外周免疫耐受

近年来的研究证实，外周成熟淋巴细胞中存在着自身反应性 T 细胞，但处于功能失活状态，谓之外周耐受。外周免疫耐受的作用是抑制及限制从胸腺中逃逸出来的成熟的自身反应性 T 淋巴细胞的活性。维持外周免疫耐受包括克隆清除、克隆无能、免疫忽视、Treg 细胞的免疫抑制、耐受型 DCs 等多种机制。

（1）免疫不识别。对自身抗原免疫不识别是免疫耐受的一种被动形式。由于某些组织的特殊解剖结构，免疫系统不能接触该组织的抗原，称为隐蔽抗原，如中枢神经系统、甲状腺、精子及晶状体等组织中的抗原均为隐蔽抗原。正常情况下，它们不会暴露于免疫活性细胞。但在病理或外伤情况下，这些抗原进入血液就会引起免疫应答。如果自身抗原数量太少，携带自身抗原的组织 MHC 分子太少或缺乏，没有足够数量的自身反应性 T 细胞，抑或 APC 缺乏共刺激分子均可使自身反应性 T 细胞处于失活状态。

（2）克隆无能。该学说指的是外周淋巴组织中成熟 T 细胞和 B 细胞受抗原刺激时呈无能反应，导致机体不完全耐受。T 细胞激活需要双信号的刺激，第一信号是由特异抗原与自身 MHC Ⅰ类或 MHC Ⅱ 类分子的复合物激发，第二信号是由协同刺激因子激发。缺乏其中的任一信号，将导致 T

细胞克隆无能反应，表现为特异性 T 细胞免疫耐受。B 细胞表面有许多识别抗原的特异性受体。适量的抗原与这些受体相结合，引起 B 细胞抗原受体的有限交联、移位，可激活 B 细胞产生免疫应答。但若大剂量抗原与 B 细胞结合，则引起抗原受体封闭，导致耐受胸腺依赖抗原（自然界大多数抗原属于此类）即 TD 抗原激发免疫应答需要辅助性 T 细胞（Th 细胞）和巨噬细胞的参与。若缺乏这些细胞的作用，免疫活性细胞单独不能做出有效应答。

（3）$CD4^{+}CD25^{+}$ 调节 T 细胞（Treg）。Treg 是一类功能和表型独特的免疫调节性 T 细胞。主要为天然 $CD4^{+}CD25^{+}$Foxp3+ 细胞，属于免疫抑制表型，具有负调节作用。经细胞间的直接接触，抑制 $CD4^{+}$ 和 $CD8^{+}$T 细胞的免疫应答。天然 $CD4^{+}CD25^{+}$Foxp3+Treg 细胞主要通过 4 种方式介导外周耐受：第一，通过抑制性细胞因子介导外周耐受，天然 Treg 细胞能通过分泌 IL-10、IL-35、TGF-β 等抑制性细胞因子而使细胞失活，维持耐受；第二，通过细胞毒作用介导外周耐受，能够通过分泌颗粒酶介导细胞毒效应的除了 NK 细胞和 CTL 细胞外，活化的人 Treg 细胞也可通过颗粒酶 B 和穿孔素依赖的途径杀伤靶细胞；还可以通过肿瘤坏死因子相关的凋亡诱导配体 - 死亡受体 5（TRAIL-DR5）途径诱导靶细胞凋亡；第三，通过打破微环境介导外周耐受，Treg 细胞高度表达 CD25，可通过与微环境中的 IL-2 结合而介导靶细胞凋亡；第四，通过表达 GRAIL 介导外周耐受。

（4）基质细胞网络与外周耐受的建立。胸腺基质提供了独特的微环境，利用其对自身抗原的有限反应性来促进成熟的 $CD4^{+}$ 和 $CD8^{+}$T 细胞表达多种 TCR。胸腺皮质上皮细胞是专职的 APC，它能够促进发育中的胸腺细胞的阳性选择，而 mTECs 和胸腺树突状细胞则诱导对自身抗原的中枢耐受。最新研究表明，胸腺皮质上皮细胞表达一套独特的蛋白酶，这类酶涉及 pMHC 的产生，最终可能表达一套独特的 pMHC。

（5）耐受型 DCs（TolDCs）与外周耐受。树突状细胞是一类专职的抗原递呈细胞，其功能不仅是激活适应性免疫反应所必需的，而且越来越多的证据表明它还与免疫耐受的建立和维持有关。能引起免疫反应的称为免疫原性 DC 细胞，可以调节免疫反应的称为 TolDC。TolDC 在诱导外周免疫耐受过程中发挥重要作用。它诱导抗原特异的免疫耐受往往是递呈抗原伴随着共刺激分子不足，以及细胞因子产生偏向，从而导致 T 细胞沉默、清除、免疫偏移和（或）诱导 Treg 细胞。

3. 独特型网络作用

独特型网络系统在耐受性的形成和自身耐受的维持上也起着重要作用。每个 T、B 细胞克隆均具有独特型。B 细胞表面及其分泌的免疫球蛋白的独特型结构本身具有自身免疫原性，可被相应的细胞克隆识别而产生抗独特型抗体，对原先的免疫应答可起负调节作用。同样原理，抗独特型抗体可进一步诱导抗 - 抗独特型等一系列连锁反应，对免疫应答起“自限”作用。

（二）影响免疫耐受形成的因素

免疫耐受性的产生与其他免疫应答的产生是有共性的，即均须抗原的诱导，经过一定的潜伏期，并具有特异性和免疫记忆性。然而，抗原物质进入机体后，是引起正相的免疫应答还是导致免疫耐受取决于多方面因素，主要与抗原物质和机体有关。

1. 抗原因素

（1）抗原种类。抗原同诱发耐受动物的亲缘关系越远，分子结构越复杂，分子量越大，其免疫原性越强；反之，则越容易诱发免疫耐受，其致耐受性越强。易被吞噬细胞迅速摄取的抗原常诱发免疫应答，而缓慢或不易被吞噬细胞摄取的抗原则多为致耐原。

（2）抗原性质。抗原的理化性状与免疫耐受的建立也密切相关。单体蛋白易诱导耐受；与机体遗传背景相近的抗原易诱导耐受；分子量小的抗原易诱导耐受；可溶性抗原较颗粒抗原易引起免疫耐受。

（3）抗原剂量。诱导机体产生免疫耐受的抗原剂量随抗原种类的不同而不同。强免疫原性抗原大量注入时能引起耐受，再继续注入少量抗原，可延长耐受性；非聚合性抗原初次注入少量引起免疫耐受，继续注入大量抗原使耐受性增强；TI 抗原高剂量容易诱导耐受，而 TD 抗原低剂量和高剂量均可引起耐受。此外，机体产生耐受所需的抗原剂量随参与的效应细胞类型的不同而不同。T 细胞所需抗原为 B 细胞的百分之一至万分之一，而且发生快（24h 达到高峰），持续时间长（数月）；B 细胞形成耐受发生缓慢（1~2 周），持续时间短（数周）。小剂量抗原引起 T 细胞耐受，而大剂量抗原则引起 T 细胞和 B 细胞都耐受。抗原剂量越大诱导的耐受越完全、持久。致耐受所需抗原量与动物的种属、品系及个体年龄均有关。个体年龄增大，抗原需要量相应增大。

（4）抗原注射途径。口服或静脉注射最易诱发免疫耐受，腹腔注射次之，皮下注射和肌内注射最难。静脉注射的部位不同也可能导致不同的结果，如 IgG 或白蛋白注入门静脉能致耐受，注入周围静脉则引起免疫应答。有些半抗原经皮内注射，能与组织蛋白结合，产生抗体及迟发型变态反应，但经口服或经肠系膜静脉注入则产生耐受性。

（5）抗原在体内的持续时间。免疫耐受的维持需要有抗原的持续刺激，一旦抗原在体内消失，已建立起来的免疫耐受则逐渐消退。因此，单次注射缓慢分解的抗原（如 D- 氨基酸聚合体）诱导的耐受，比注射快速分解的抗原诱导的耐受持续时间长。机体对自身抗原的耐受性则因自身抗原的持续存在而终身保持。

2. 机体因素

（1）年龄。胚胎期与新生期机体极易诱导终生或长期的免疫耐受，而成年期则较难，原因主要与免疫系统的成熟度有关。免疫应答功能成熟的个体不易产生免疫耐受。如欲诱发免疫耐受，常需大剂量抗原并联合应用其他免疫抑制措施。

（2）动物种属和品系。多种动物通过抗原诱导都可以建立免疫耐受，但建立难易程度不同。大鼠和小鼠较易建立，在胚胎期和出生后都可诱导成功；而家兔、有蹄类和灵长类则通常在胚胎期才能诱导建立耐受性。同一种属不同品系对建立耐受性的敏感程度也有很大差异。

（3）免疫抑制的联合应用。单独使用抗原一般不易诱发成年机体的耐受性。常需要联合应用其他免疫抑制措施，使机体免疫功能暂时处于抑制状态，有利于诱导耐受性。

（三）免疫耐受的临床意义

免疫耐受与防治排斥反应和自身免疫疾病密切相关。开展此项目研究在医疗理论上和医学实践中都具有重要意义。

1. 建立或维持免疫耐受的意义

建立和维持免疫耐受性可用于防治超敏性疾病、自身免疫性疾病以及移植物的排斥反应。根据免疫耐受发生机制的多样性，对Ⅰ型变态反应患者诱导免疫耐受的可能途径是通过 B 克隆清除或主动抑制。处理的方法有注射表面高密度多聚耐受原、变性蛋白抗原或脱敏疗法等。自身免疫病的发生至今认为主要与自身耐受的破坏有关，去除导致耐受破坏的因素有利于防治自身免疫病。免疫抑制疗法上的进步有利于延长移植物的存活，但非特异抑制所带来的副作用仍有待解决。

2. 终止免疫耐受的意义

终止免疫耐受可用于肿瘤治疗或慢性病毒等的感染研究。在某些感染性疾病以及肿瘤生长过程中，设法解除免疫耐受、激发免疫应答将有利于对病原体的清除及肿瘤的控制。在麻风及慢性黏膜皮肤念珠菌病患者中，若体内出现良好的细胞免疫应答，虽然抗体生成低下或甚至缺乏，临床预后仍良好，并常伴随有效的防御性免疫。反之，如果细胞免疫水平低下，抗体效价虽高，但预后较差，多呈进行性感染。这种分离耐受现象对感染性疾病的预后有重要影响。乙型肝炎病毒携带者伴有极轻微的肝炎病变，可能与新生期发生感染而使机体对病毒产生部分耐受性有关。在对肿瘤患者的免疫治疗中，解除患者的免疫耐受状态也是一项有意义的措施。有报道将协同刺激因子 B7 的基因转染黑色素瘤细胞，再用这种转染细胞进行防治黑色素瘤的实验性研究获得可喜的成功，为这一领域的研究开拓了新的途径。

四、变态反应

（一）概述

变态反应（allerge）又称过敏反应或超敏反应，指初次应答后，免疫系统对再次进入机体的同种抗原做出过于强烈或不适当的、可导致生理功能紊乱或组织损伤的异常免疫反应。引起变态反应的物质称为变应原（allergen）或过敏原（anaphylactogen），其中包括完全抗原（如微生物、寄生虫、异种血清等）、半抗原（如青霉素、磺胺等）或小分子化学物质等。变应原通过消化道、呼吸道、皮肤、黏膜等途径进入体内导致变态反应的发生。

变态反应的发生过程可分为 2 个阶段：第一阶段为致敏阶段，当机体初次接触变应原后，免疫活性细胞增殖分化为致敏淋巴细胞或浆细胞，产生相应抗体（主要是 IgE，其次是 IgG、IgM）的过程，该过程一般需要 2 ~ 3 周；第二阶段为反应 / 效应阶段（发敏阶段），当机体再次接触同一抗原时，机体被激发产生变态反应。

变态反应的发生取决于 2 方面因素：机体的自身免疫机能状态；抗原性质及其进入机体的途径等，前者为主要因素。变态反应发生的个体差异较为明显，这与正常免疫反应不同。某些机体接触微量的变应原便可发生强烈的变态反应。

（二）变态反应的分类及发生机制

1963 年，Gell 和 Coombs 根据变态反应的发生机制和临床特点将变态反应分为 4 个型：Ⅰ型变态反应（速发型超敏反应 / 过敏反应）、Ⅱ型变态反应（细胞毒型变态反应）、Ⅲ型变态反应（免疫复合物型变态反应）和Ⅳ型变态反应（迟发型变态反应 /T 细胞介导型变态反应）。前 3 种类型的变态反应是由抗体介导的，发生速度快。Ⅳ型由 T 细胞介导，与抗体无关，反应发生慢。

1. Ⅰ型变态反应（速发型超敏反应 / 过敏反应）

本型是临床上最为常见的一种变态反应。由 IgE 介导，肥大细胞和嗜碱性粒细胞参与，发生快，恢复快，一般无组织损伤，有明显的个体差异和遗传背景。属于此类反应的有过敏性休克、支气管哮喘、枯草热、荨麻疹以及食物、药物、花粉和虫蜇性过敏等。

变应原 / 过敏原第一次进入机体，刺激机体产生具有亲细胞性的 IgE 抗体，IgE 的 Fc 片段与皮肤、呼吸道和消化道黏膜组织中的肥大细胞、血液中的嗜碱性粒细胞上的 Fc 受体结合，其 Fab 片段暴露于外，使机体呈致敏状态，此为致敏阶段。

当处于致敏状态的机体再次接触同种过敏原时，过敏原与吸附在细胞表面上的 IgE 发生特异性结合，一个过敏原分子可与 2 个 IgE 结合，使靶细胞表面的 IgE 相互连接，形成“搭桥状”，改变了细胞膜的稳定性，进而激活了细胞内的酶系统，使肥大细胞和嗜碱性粒细胞脱颗粒，释放出一系列生物活性物质，如组织胺、5-羟色胺、缓激肽、前列腺素等，这些活性物质作用于相应的效应器官，可引起平滑肌收缩、毛细血管扩张、血管通透性增强等反应。若反应发生在皮肤，则引起荨麻疹、皮肤红肿等；发生在胃肠道，则引起腹痛、腹泻等；发生在呼吸道，则引起支气管痉挛、呼吸困难、哮喘等；若全身受到影响，则血压下降，引起过敏性休克，甚至死亡。

2. Ⅱ型变态反应（细胞毒型变态反应）

本型是由 IgG 或 IgM 抗体与细胞表面的抗原结合，在补体、吞噬细胞及 NK 细胞等参与下，引起的以细胞裂解死亡为主的病理损伤。特点是不释放介质、反应快、主要病变在血细胞、抗体为 IgG 或 IgM。属于此类反应的有输血反应、新生儿溶血症、自身免疫溶血性贫血、药物过敏性血细胞减少症、特异性血小板减少性紫癜等多种类型。

其变应原可以是受侵害细胞本身的表面抗原如血型抗原，也可以是吸附在细胞表面的相应抗原，如药物半抗原、荚膜多糖、细菌内毒素脂多糖等。变应原进入机体，刺激机体产生 IgG 或 IgM 抗体，当 IgG 或 IgM 与细胞上的相应抗原或吸附于细胞表面的相应抗原、半抗原发生特异性反应时，在补体、巨噬细胞或 K 细胞参与下，使靶细胞损伤或溶解。

3. Ⅲ型变态反应（免疫复合物型变态反应）

本型变态反应由未被清除的抗原抗体复合物沉积于血管等基底膜引起。也常被称为血管炎型变态反应。反应中产生的抗体不需要固定在细胞上，而是游离于血循环或体液中，随时可以与抗原结合，形成免疫复合物。属于此类反应的有 Arthus 反应、血清病、链球菌感染后的肾小球肾炎、过敏性肺炎、类风湿性关节炎、心肌炎等。

抗原进入机体后，机体会产生相应的抗体（IgG、IgM 或 IgA），抗原与抗体结合形成抗原-抗体复合物，即免疫复合物，这是一种正常的生理性防御机能。但是当抗原再次进入机体时，由于抗原与抗体的比例不同，形成免疫复合物的分子大小也不相同。当抗原量明显多于抗体时，形成的免疫复合物可随尿液排出。当抗原量与抗体量适当时，免疫复合物易在血液中被吞噬细胞吞噬清除。这 2 种情况对机体都没有损害。但是，当抗原量略多于抗体时，形成的免疫复合物既不能被吞噬细胞吞噬，又不能通过肾小球滤过随尿液排出体外，而是较长时间在血液中循环，有的则通过毛细血管壁外渗，沉积于血管壁、肾小球的基底膜，关节滑膜等处，激活补体系统，吸引中性粒细胞聚集，释放溶酶体酶，引起局部细胞溶解坏死；有的可使嗜碱性粒细胞和血小板释放组胺等血管活性物质，使血管通透性增加，引起局部浸润、水肿。若血小板聚集则可形成微血栓，引起局部缺血或出血。

另外，当免疫复合物不是在血液循环中，而是沉积于抗原进入部位附近时，会发生局部的 Arthus 反应。例如，将马血清注射家兔。当给家兔再次注射马血清时，兔体会出现局部红肿、出血及坏死。

4. Ⅳ型变态反应（迟发型变态反应/T 细胞介导型变态反应）

本型是效应 T 细胞与相应抗原作用后引起的以单个核细胞浸润和组织细胞损伤为主要特征的炎症反应，是细胞免疫的一种异常反应。无抗体和补体参与，反应慢，持续时间长。属于此类反应的有由胞内寄生菌、真菌、病毒、寄生虫等引起的传染性变态反应、接触性皮炎、移植排斥反应等。

抗原进入机体后，经抗原递呈细胞（APC）加工处理成抗原肽，抗原肽使 T 细胞活化，活化的 T 细胞在细胞因子的作用下增殖分化为效应 T 细胞和静止的记忆 T 细胞。当抗原物质再次进入机体时，效应 T 细胞不但可以直接杀伤靶细胞，还释放出趋化因子、细胞因子、细胞毒素等介质，招募巨噬细胞发挥效应作用。

五、抗感染免疫

抗感染免疫是机体抵抗病原体感染的能力。可分为抗细菌免疫、抗病毒免疫、抗真菌免疫、抗寄生虫免疫等。抗感染免疫包括先天性免疫和获得性免疫两大类。

（一）先天性非特异性免疫

先天性免疫是机体在种系发育进化过程中逐渐建立起来的一系列天然防御功能。可传给下一代。其作用并非针对某一种病原体故称非特异性免疫。由屏障结构、吞噬细胞、自然杀伤细胞及正常体液和组织免疫成分构成。

1. 屏障结构

（1）皮肤黏膜的体表屏障。

①机械阻挡作用：健康完整的皮肤和黏膜、呼吸道及消化道表面定向运动的纤毛等都能阻挡或排除微生物。

②局部分泌液的杀菌作用：皮肤汗腺分泌的乳酸、皮脂腺分泌的不饱和脂肪酸、胃酸等都有杀菌作用。

③正常菌群的拮抗作用：正常菌群对病原微生物有一定的拮抗作用。如口腔中的唾液链球菌产生的过氧化氢能抑制脑膜炎双球菌，肠道乳酸菌产生的细菌素和酸性物质能抑制致病性大肠杆菌和金黄色葡萄球菌等病原菌的生长。同时，它们还可以刺激机体产生自然抗体，对一定病原菌有抑制作用。

体表屏障对大多数病原微生物有一定的阻挡作用。但少数病原如羊布氏杆菌和钩端螺旋体等，可突破此屏障，侵入机体引起感染。

（2）淋巴结的内部屏障。病原微生物突破机体的防御屏障，进入机体后将随着组织液及淋巴液到达淋巴结，淋巴结内的树突状细胞可将其捕获固定，继而被吞噬细胞吞噬消灭，阻止它们向组织深部扩散、蔓延。

（3）血脑、血胎的深部屏障。血脑屏障是防止中枢神经系统发生感染的重要防卫结构。由脑内的毛细血管壁及包于其外的神经胶质细胞构成，有阻止病原微生物和毒素等侵入脑组织的作用。新生动物因血脑屏障功能不健全，易发生神经系统感染，如小儿麻痹症、禽脑脊髓炎等。

血胎屏障是保护胎儿免受感染的一种防卫结构。正常情况下，它不妨碍母子间的物质交换，但可阻止某些药物、病原微生物、毒素等通过血胎屏障进入胎儿体内，从而保证了胎儿在子宫内的正常发育。孕早期因胎盘屏障功能不健全，易发生胎儿宫内感染，导致胎儿损害。

2. 吞噬细胞

机体内广泛存在着各种吞噬细胞，主要包括两大类。一类是小吞噬细胞，即血液中的嗜中性粒细胞和嗜酸性粒细胞。另一类是大吞噬细胞，主要包括游走及固定类型的巨噬细胞和血液及淋巴管中的单核细胞，即单核 - 巨噬细胞系统。巨噬细胞不仅吞噬病原微生物，而且能消除炎症部位的中性粒细胞残骸，有助于细胞的修复。

当病原微生物通过皮肤或黏膜进入体内后，吞噬细胞受趋化因子作用，向抗原处聚集，并通过吞噬或吞饮方式将病原微生物或异物摄入细胞内。对细菌等较大异物，直接伸出伪足将其吞入细胞内，形成吞噬体；对病毒等较小的异物，则胞膜内陷，闭合形成吞饮小体。然后，吞噬体或吞饮小体向胞浆内的溶酶体靠近，形成吞噬溶酶体。溶酶体内的溶菌酶、过氧化氢酶等能直接杀死细菌，水解蛋白酶等将其进一步消化分解，最后将不能消化的残渣排出细胞外。

被吞噬细胞吞噬后，大多数细菌可被完全彻底地消化或杀灭称为完全吞噬。一些兼性细胞内寄生菌（如结核杆菌、布氏杆菌等），虽可被吞噬，但不能被杀灭，称为不完全吞噬。不完全吞噬对微生物起了一定的保护和扩散作用，从而降低了药物及体液杀菌因素的杀菌作用。

3. NK 细胞

NK 细胞是机体重要的免疫细胞，不仅与抗肿瘤、抗病毒感染和免疫调节有关，而且在某些情况下参与超敏反应和自身免疫性疾病的发生。NK 细胞确切的来源还不十分清楚，一般认为直接从骨髓中衍生，其发育成熟依赖于骨髓的微环境。其杀伤效应主要通过其分泌的杀伤介质（如穿孔素、IFN-γ）介导。在病毒感染早期，NK 细胞通过自然杀伤控制感染；产生特异性抗体后，NK 细胞通过 ADCC 杀伤靶细胞。同时，NK 细胞在抗寄生虫感染和胞内病原感染方面也发挥着重要作用。

4. 组织和体液中的抗微生物物质

在健康动物的血液、组织液、淋巴液中，含有多种抗微生物物质，如补体、干扰素、溶菌酶、防御素等。这些物质可直接或间接杀灭或裂解病原体。它们配合特异性抗体、吞噬细胞及其他免疫因子时能发挥较大的免疫防护作用。

（1）补体。补体是正常人和动物血清中含有的非特异性杀菌物质，是一组具有酶原活性的蛋白质，由巨噬细胞、肠道上皮细胞以及肝脾等细胞产生。补体激活后可产生多种免疫学效应，发挥杀菌、溶菌、灭活病毒和溶解靶细胞等功能，在抗体和吞噬细胞的参与下，发挥的抗感染作用更大。

（2）干扰素。干扰素是宿主细胞经病毒感染或受干扰素诱生剂作用后，由巨噬细胞、内皮细胞、淋巴细胞和体细胞产生的一种具有广泛生物学效应的低分子糖蛋白，能抑制多种病毒的生长和繁殖。这种抗病毒蛋白通过干扰病毒 mRNA 的翻译抑制新病毒的合成，使细胞获得抗病毒的能力。干扰素是广谱抗病毒物质，其保护作用具有种属特异性。此外，它还有抑制体内寄生虫的增殖、动物肿瘤细胞的分裂和活化单核巨噬细胞。

（3）溶菌酶。溶菌酶是一种低分子、不耐热的碱性蛋白质，广泛存在于分泌液、组织液、乳汁、唾液及吞噬细胞溶酶体颗粒中。溶菌酶能水解革兰阳性菌细胞壁中的肽聚糖，破坏细胞壁，使菌体发生低渗性裂解，从而杀伤细菌。由于革兰阴性菌细胞壁肽聚糖外面还有一层脂多糖和脂蛋白，因而不受溶菌酶影响。

（4）防御素。亦称抗菌肽或肽抗生素，是一种广泛分布于动物体内的小分子多肽。主要作用于病原微生物细胞膜，使病原微生物不易对其产生抗性。具有广谱性。

（二）获得性特异性免疫

特异性免疫又称获得性免疫或适应性免疫，是经后天感染（病愈或无症状的感染）或人工预防接种（菌苗、疫苗、类毒素、免疫球蛋白等）而使机体获得的抵抗感染的能力。一般在微生物等抗原物质刺激后才形成，并能与该抗原发生特异性反应。包括体液免疫和细胞免疫，主要由淋巴细胞完成。

1. 体液免疫的抗感染作用

体液免疫的抗感染作用主要是通过抗体来实现的。抗体在动物体内可发挥中和作用、对病原体的生长抑制作用、局部黏膜免疫作用、免疫溶解作用、免疫调理作用和抗体依赖性细胞介导的细胞毒作用（ADCC）。

2. 细胞免疫的抗感染作用

参与特异性细胞免疫的效应性 T 细胞主要是迟发型变态反应 T 细胞（TDTH）和细胞毒性 T 细胞（CTL）。TDTH 细胞激活后，能释放多种细胞因子，使巨噬细胞被吸引、聚集、激活，最终发挥清除细胞内寄生菌的作用；CTL 能直接杀伤被微生物寄生的靶细胞。

特异性细胞免疫对某些慢性细菌感染，如结核、麻风等，病毒性感染和寄生虫病均有重要的防御作用。

（三）抗细菌感染的免疫

细菌种类繁多，结构、致病作用和生物学特性也各异。机体抵抗胞外菌感染的免疫以体液免疫为主；对胞内菌如布氏杆菌、结核杆菌等的免疫防御以细胞免疫为主。

1. 抗细胞外细菌感染的免疫

机体对抗胞外细菌感染的免疫主要以体液免疫为主。包括溶菌或杀菌作用，未被吞噬的细菌通常被体液中的杀菌因子杀灭。血清杀菌活性主要由抗体、补体和溶菌酶介导。如调理吞噬作用，对有荚膜的细菌，抗体直接作用于荚膜抗原，使其失去抗吞噬能力，易被吞噬细胞所吞噬和消化；中和作用，细菌外毒素和有致病作用的酶均可被相应抗体（抗毒素）中和而失去活性。

2. 抗细胞内细菌感染的免疫

对胞内细菌感染的免疫主要依赖细胞免疫。胞内细菌感染多为慢性感染，如结核杆菌、布氏杆菌、李氏杆菌等引起的感染。感染时，细菌可经呼吸道或消化道侵入，先被中性粒细胞吞噬，但不能被杀灭。感染灶一经建立，细菌就会繁殖并扩散，传播给其他巨噬细胞，还可经淋巴管或血流扩散至全身，直至机体产生特异性免疫，T 细胞被致敏活化，释出淋巴因子，使大量巨噬细胞活化发挥功能，胞内菌被活化的巨噬细胞杀死，感染被控制。

（四）抗病毒感染的免疫

抗病毒感染的免疫分为非特异性和特异性 2 种。前者主要为干扰素。很多类型的细胞在被病毒感染后几小时内就能产生干扰素，几天内达到较高浓度，在初次免疫应答尚未形成之前发挥抗病毒作用；后者包括以中和抗体为主的体液免疫和以 T 细胞中心的细胞免疫。

1. 体液免疫

抗体是病毒体液免疫的主要因素，在机体抗病毒感染免疫中起重要作用的是 IgG、IgM 和 IgA。分泌型 IgA 可防止病毒的局部入侵；IgG、IgM 可阻断已入侵的病毒通过血液循环扩散。

中和作用：抗体通过与病毒表面抗原结合阻止病毒吸附和穿入宿主细胞，保护细胞免受病毒感染。而对于进入细胞内的病毒，抗体则很难发挥其中和作用。中和抗体对于初次感染的机体恢复作用不大，但对防止病毒再次感染起着重要作用。

抗体依赖的细胞毒作用：抗体除中和病毒外，还可以通过抗体依赖细胞介导的细胞毒作用（ADCC）杀伤带病毒抗原的靶细胞。

免疫溶解作用：带有病毒抗原的靶细胞与抗体结合可激活补体，引起感染细胞的溶解。抗体和补体的共同作用可使有囊膜的病毒裂解。

2. 细胞免疫

由于中和抗体不能进入感染细胞，所以细胞内病毒的消灭主要依靠细胞免疫，细胞免疫在抗病毒感染中起着极为重要的作用。细胞免疫主要通过以下机制参与抗病毒感染：被抗原致敏的细胞毒性 T 细胞能特异性识别病毒和感染细胞表面的病毒抗原，杀伤病毒或裂解感染细胞；致敏 T 细胞释放淋巴因子，或直接破坏病毒，或增强巨噬细胞吞噬、破坏病毒的活力；K 细胞的 ADCC 作用；在干扰素的激活作用下，NK 细胞识别和破坏异常细胞。

（五）抗寄生虫感染的免疫

寄生虫的结构、组成和生活史比微生物复杂得多，大部分寄生虫在长期进化过程中获得了逃避宿主免疫应答的机制。机体抵抗寄生虫感染的免疫同抵抗其他病原体一样，也表现为体液免疫和细胞免疫。

1. 对原虫的免疫

原虫是单细胞动物，其免疫原性取决于侵入宿主组织的程度。机体抵抗原虫的非特异性免疫机制尚不清楚，动物的遗传性状可能决定了其对原虫的抵抗力。大多数寄生虫具有完全的抗原性，既能刺激机体针对细胞外寄生虫产生体液免疫又能针对细胞内寄生虫产生细胞免疫。

2. 对蠕虫的免疫

蠕虫是多细胞动物，既可能在不同的发育阶段有共同抗原，也可能有某一阶段的特异性抗原。一般寄生蠕虫很少引起宿主强烈的免疫应答。机体对蠕虫的非特异性免疫防御机制与宿主年龄、品种和性别有关，同时也与宿主内其他寄生虫的产生有关。

蠕虫在宿主内以 2 种形式存在：一种以幼虫形成存在于组织中，另一种以成虫形式寄生于胃肠道和呼吸道。参与抗蠕虫感染的免疫球蛋白主要是 IgE。细胞免疫通常对高度适应的寄生蠕虫不引起强烈的排斥反应，致敏 T 淋巴细胞以 2 种机制来抑制蠕虫的活性：通过迟发型变态反应将单核细胞吸引到幼虫侵袭的部位，诱发局部炎症反应；通过细胞毒性淋巴细胞作用杀伤幼虫。

六、免疫学技术概述

免疫学技术是指利用免疫反应的特异性建立各种检测与分析技术以及与建立这些技术相关的各种制备方法。凡是与抗原、抗体、免疫细胞、细胞因子等有关的技术都可称为免疫学技术。该技术已广泛用于人、动物、植物和微生物等生物科学的各个领域，成为生物科学研究不可缺少的工具。

免疫学技术包括以下 3 种：用于抗原或抗体检测的体外免疫反应技术，或称免疫检测技术，这类技术一般都需要血清进行试验，又称为免疫血清学反应或免疫血清学技术；用于研究机体细胞免疫功能与状态的细胞免疫技术；用于建立免疫检测方法的免疫制备技术，如抗体或抗原的纯化技术、抗体的标记技术等。

（一）免疫血清学技术

抗原与相应的抗体在体内和体外均能发生特异性结合反应。抗体主要来自血清，因此在体外进行的抗原抗体反应称为血清学反应或免疫血清学技术。该检测技术建立于抗原抗体的特异性反应基础之上。近年来，各种免疫血清学新方法、新技术层出不穷，应用范围日益扩大，已深入到生物学科的各个研究领域。

1. 免疫血清学技术的类型

免疫血清学技术按抗原抗体反应性质不同可分为凝集性反应，包括凝集试验和沉淀试验；抗体标记技术，包括荧光抗体、酶标抗体、放射性同位素标记抗体、化学发光标记抗体技术等；有补体参与的反应，包括补体结合试验、免疫黏附血凝试验等；病毒中和试验等已普遍应用的技术；免疫复合物散射反应，如激光散射免疫测定；电免疫反应，如免疫传感器技术；免疫转印以及建立在抗原抗体反应基础上的免疫蛋白芯片技术等新技术。

2. 免疫血清学反应的一般特点

（1）特异性与交叉性。血清学反应具有高度特异性，如抗猪瘟病毒的抗体只能与猪瘟病毒结合，而不能与口蹄疫病毒结合。这是血清学试验用于分析各种抗原和进行疾病诊断的基础。

但若 2 种天然抗原之间含有部分共同抗原时，则发生交叉反应。例如，鼠伤寒沙门菌的血清能凝集肠炎沙门菌，反之亦然。一般血缘越近，交叉反应程度也越高。除相互交叉反应外，也有表现为单向交叉的，单向交叉在选择疫苗用菌（毒）株时有重要意义。

交叉反应是区分血清型和亚型的重要依据，2 个菌（毒）株间交叉反应程度通常以相关系数（R）表示，$R=\sqrt{r1 \cdot r2}\times 100\%$。其中：$r1$= 异源血清效价 1/ 同源血清效价 1；$r2$= 异源血清效价 2/ 同源血清效价 2。

通常，以 R 值的大小判定型和亚型，$R>80\%$ 时为同一亚型；R 在 25% 和 80% 之间为同型的不同亚型；$R<25\%$ 时为不同的型。这一标准视具体对象不同有差异。

在亚型鉴定时，不仅要注意 R 值，还应重视 $r1$ 和 $r2$ 的值。如 $r1$ 显著高于 $r2$ 时则为单向交叉。应选用 $r1$ 的毒株作为疫苗菌（毒）株，以扩大应用范围。

（2）抗原与抗体结合机理。抗原和抗体的结合为弱能量的非共价键结合，其结合力决定于抗体的抗原结合位点与抗原表位之间形成的非共价键的数量、性质和距离，由此可分为高亲和力、中亲和力和低亲和力抗体。抗原与抗体的结合是分子表面的结合，这一过程受物理、化学、热力学的法则所制约，结合的温度应在 0~40℃，pH 值在 4~9。如温度超过 60℃或 pH 值降到 3 以下，则抗原抗体复合物又可重新解离。利用抗原抗体既能特异性地结合，又能在一定条件下重新分离这一特性，可进行免疫亲和层析，以制备免疫纯的抗原或抗体。

抗原与抗体在适宜的条件下就能发生结合反应。但对于常规的血清学反应，如凝集反应、沉淀反应、补体结合反应等，只有在抗原与抗体呈适当比例时，结合反应才出现凝集、沉淀等可见的反应结果，最适比例时反应最明显。因抗原过多或抗体过多而出现抑制可见反应的现象，称为带现象。凝集反应时，抗原为大的颗粒性抗原，容易因抗体过多而出现前带现象，因而需将抗体作递进稀释，而固定抗原浓度；相反，沉淀反应的抗原为可溶性抗原，因抗原过量而出现后带现象，可通过稀释抗原避免抗原过剩。为了克服带现象，在进行血清学反应时，需将抗原和抗体作适当稀释，通常是固定一种成分而稀释另一种成分。为了选择抗原和抗体的最适用量，也可同时递进稀释抗原和抗体，用综合变量法进行方阵测定。

一些免疫检测技术，如标记抗体技术，通常用于检测微量的抗原或抗体，反应中容易出现抗体或抗原过量，但因其检测的灵敏度高，只要有小的单一复合物存在即可被检测出来，因此不受带现象的限制。但在这些试验中，为了获得更好的特异性和灵敏性，也需要用综合方阵变量法滴定抗原和抗体的最适用量。

血清学反应存在 2 个阶段，其间无严格的界限。第一阶段为抗原与抗体的特异性结合阶段，反应快，几秒钟至几分钟即可，但无可见反应。第二阶段为抗原与抗体反应的可见阶段，表现为凝集、沉淀、补体结合等反应，反应进行较慢，需几分钟、几十分钟或更长，实际上是单一复合物凝聚形成大复合物的过程。第二阶段反应受电解质、温度、pH 值等的影响，如果参加反应的抗原是简单半抗原，或抗原抗体比例不合适，则不出现反应。标记抗体技术中，检测的不是抗原抗体的可见反应，而是标记分子，因此严格地说也不存在第二阶段反应，试验通常要用 30~60min，主要是使第一阶段反应更充分。

（3）免疫血清学反应的影响因素。影响免疫血清学反应的因素主要有电解质、温度、酸碱度等。

①电解质：特异性的抗原和抗体具有对应的极性基（羧基、氨基等），它们互相吸附后，其电荷和极性被中和因而失去亲水性，变为憎水系统。此时易受电解质的作用失去电荷而互相凝聚，发生凝集或沉淀反应。因此，需要在适当浓度的电解质参与下，才出现可见反应。故血清学反应一般用生理盐水作稀释液，标记抗体技术中，用磷酸盐缓冲生理盐水（PBS）作稀释液。但用禽类血清时，需用 8%~10% 的高渗氯化钠溶液，否则不出现反应，或反应微弱。

②温度：将抗原抗体保持在一定温度下一定时间，可促使 2 个阶段的反应。较高温度可以增加抗原和抗体接触的机会，加速反应的出现。抗原抗体反应通常在 37℃进行，也可以在室温下进行；56℃水浴则反应更快。有的抗原或抗体在低温长时间结合反应更充分，如有的补体结合反应在冰箱中低温结合效果更好。

③酸碱度：血清学反应常用 pH 值为 6~8。过高或过低的 pH 值可使抗原抗体复合物重新解离。如 pH 值降至抗原或抗体的等电点时，可引起非特异性的酸凝集，出现假阳性。

（二）免疫制备技术的种类

免疫制备技术是指制备与免疫检测有关制剂的各种技术，包括抗原制备、抗体制备、抗体纯化及抗体标记等技术。

免疫制备技术是免疫检测技术的第一步。正是由于免疫制备技术的发展，才使得免疫检测技术日新月异，层出不穷。因此，免疫制备技术是免疫技术不可缺少的一部分。

在免疫制备技术中，最为主要的是单克隆抗体制备技术。

（三）免疫学技术的应用

免疫学技术已广泛应用于生物科学的各个领域。

1. 动物疫病诊断

用免疫血清学方法对动物传染病、寄生虫病等进行诊断，是免疫学技术最突出的应用。应用免疫血清学技术可以检测病原微生物抗原或抗体。其中，酶标抗体技术简便、快速，又具有高度的敏感性、特异性和可重复性，已成为动物多种传染病的常规诊断方法。

2. 动植物生理活动研究

动物、植物体中存在一些活性物质，如激素、维生素等，它们在体内含量极微少，但在调节机体的生理活动中起着重要作用。因此，可通过分析测定这些生物活性物质的含量及变化来研究机体的各种生理功能，如生长、生殖等。由于这些物质含量极低，用常规检测方法不能准确测出。目前，放射免疫测定和酶免疫技术已能精确测出 ng（10^{-9}g）及 pg（10^{-12}g）级水平的物质，成为测定动物、植物以及昆虫体内微量激素及其他活性物质、植物生理和生物防治的重要技术手段。

3. 物种及微生物鉴定

各种生物之间的差异都可表现在抗原性的不同。物种种源越远，抗原性差异越大。因此，可用区分抗原性的血清学反应进行物种鉴定与物种的分类等工作。

4. 动植物性状的免疫标记

分析动物、植物一些优良（如高产、优质、抗逆性等）的特异性抗原，然后用血清学方法进行标记、选择育种，是一个很有前途的方向，它比分子遗传标记选择育种简便。

5. 生物制品研究

免疫学技术是研究与开发生物制品（如疫苗、诊断制品、免疫增强剂等）必不可少的支撑技术。疫苗研究中需用血清学技术和细胞免疫技术作为免疫效力的评价手段。在研究一些免疫增强药物，尤其是研究抗肿瘤药物时，需用细胞免疫技术分析测定它们对机体细胞免疫功能的增强作用。

6. 动物疫病致病机理研究

动物传染病的病原在机体特定部位感染，并在特定组织细胞内增殖，引起致病。采用免疫荧光抗体染色或免疫酶组化染色技术，可在细胞水平上确定病毒等病原微生物的感染细胞，还可用免疫电镜技术等，在亚细胞水平上进行抗原的定位。免疫学技术还可用于研究自身免疫病和变态反应性疾病的发病机理。

7. 分子生物学研究

在基因工程研究中，目的基因的分离、表达产物的特异性检测与定量分析，以及表达产物的纯化等均涉及免疫学技术。如可用抗体免疫沉淀分离目的基因的 mRNA，酶标抗体核酸探针（地高辛核酸探针）检测筛选基因克隆，免疫转印技术分析表达产物的特异性和相对分子质量，ELISA 或 RIA 分析表达量，免疫亲和层析纯化表达产物，免疫方法分析表达产物的免疫原性。

（四）常见的免疫检测技术

1. 免疫标记技术

免疫标记技术是指用荧光素、酶、放射性同位素、SPA、生物素 - 亲和素、胶体金等作为示踪物，将抗体或抗原标记后进行抗原抗体反应，并借助于荧光显微镜、放线测定仪、酶标检测仪等精密仪器，对实验结果直接镜检观察或进行自动化测定。可以在细胞、亚细胞或分子水平上，对抗原抗体反应进行定性和定位研究；或应用各种液相和固相免疫分析方法，对体液中的半抗原、抗原或抗体进行定性和定量测定。免疫标记技术在敏感性、特异性、精确性及应用范围等方面远远超过一般的血清学方法。

根据试验中所用标记物和检测方法的不同，免疫标记技术分为免疫荧光技术、免疫酶技术、放射免疫技术、SPA 免疫检测技术、生物素 - 亲和素免疫检测技术和胶体金免疫检测技术等。

（1）免疫荧光技术（immunofluorescence technique，IFT）。实践中使用更多的是免疫荧光标记抗体技术，简称荧光抗体技术（fluorescent antibody，FAT），即将具有荧光特性的材料连接到提纯的抗体分子上制成荧光抗体，荧光抗体同时保持着特异性结合抗原的能力。通过荧光显微镜观察与荧光抗体结合的抗原，即可对待检的抗原进行定性和定位测定。常用的荧光材料是异硫氰酸荧光素（FITC），一个 IgG 分子最多能标记 15~20 个荧光素分子。

①直接法：荧光素直接标记在抗体分子上，用于组织中细菌和病毒抗原的检测。此法的优点是简单、特异，缺点是检测不同的抗原需分别制备相配对的荧光抗体，且敏感性低于间接法。

②间接法：用荧光素标记抗球蛋白抗体，即标记抗抗体。标记的抗抗体可以与已结合的抗原抗体复合物中的抗体结合，形成抗原 - 抗体 - 标记抗抗体复合物，并显示特异性荧光。此法的优点是敏感性高于直接法，而且只需制备一种荧光素标记的抗球蛋白抗体就可以用于检测同种动物的多种抗原抗体系统。

亦可用荧光素标记葡萄球菌 A 蛋白（SPA）代替标记抗抗体。这样可以不受第一抗体来源的种属限制，但敏感性低于标记抗抗体法。

③补体法：补体法是间接法的一种改良。该方法利用补体结合试验的原理，在抗原抗体反应时加入补体（多用豚鼠补体），再用荧光素标记的抗补体抗体进行示踪。检测过程分为两步：首先将已知的阳性抗体和补体加在待测抗原标本片上；然后滴加荧光素标记的抗补体抗体。此法的主要优点是只需制备一种荧光素标记的抗补体抗体，即可用于检测能固定补体的各种抗原抗体系统，不受抗体来源的动物种属限制，敏感性也高。但缺点是容易出现非特异性荧光信号，操作过程较复杂。

（2）免疫酶技术（immuno-enzymatic technique）。免疫酶技术是将抗原抗体反应的特异性和酶的高效催化作用相结合建立的一种非放射性标记免疫检测技术。主要原理是将特定的酶连接于抗体分子上制成酶标抗体，与抗原特异性结合后，利用酶对底物的高效催化作用显色，从而对抗原进行定性、定位、定量检测。常用的酶有辣根过氧化物酶、碱性磷酸酶等。包括免疫酶沉淀技术、免疫酶定位技术、免疫酶测定技术、酶联免疫吸附试验等。

酶联免疫吸附试验（enzyme linked immunosorbent assay，ELISA）。它是将抗原或抗体吸附于固相载体，在载体上进行免疫酶反应，底物显色后用肉眼或酶联免疫测定仪判定结果的一种方法。该方法特异性高，敏感性强，可进行大批量样本检测，应用广泛。最常用的固相载体为聚苯乙烯微量滴定板。包括间接法、双抗体夹心法、竞争法、双夹心法、Dot-ELISA 等。

（3）放射免疫测定（radio immune assay，RIA）。将放射性同位素作为标记物的检测方法。包括液相放射免疫测定和固相放射免疫测定。

2. 病毒中和试验

病毒抗原与相应中和抗体结合后，可使病毒失去吸附细胞的能力或抑制病毒的进入和脱衣壳过程，使病毒失去感染性。病毒中和试验（virus neutralization test，VNT）是以病毒对宿主细胞、鸡胚或动物的毒力为基础建立的用于检测血清抗体中和病毒的能力，或测定抗体中和效价的方法。可用于病毒种及型的鉴定及病毒抗原的特异性分析等。毒素和抗毒素亦可进行中和试验，方法与病毒中和试验基本相同。

3. 免疫检测新技术

（1）葡萄球菌蛋白 A 免疫检测技术。葡萄球菌蛋白 A（Staphylococal protein A，SPA）是金黄色葡萄球菌细胞壁的表面蛋白质，具有能与多种动物 IgG 的 Fc 片段结合的特性。因此成为免疫检测技术中的一种极为有用的试剂。

（2）生物素 - 亲和素免疫检测技术。利用生物素和亲和素既可以标记抗原或抗体，又可以被标记物标记的特性以及两者之间结合的专一性，建立生物素 - 亲和素系统来显示抗原抗体特异性反应的各种免疫检测技术。

（3）免疫胶体金检测技术。免疫胶体金标记技术是以胶体金颗粒为示踪标记物或显色剂，应用于抗原抗体反应的一种新型免疫标记技术。广泛应用于光镜、电镜、免疫转印、体外诊断试剂制造等领域。

（4）免疫电镜技术。免疫电镜技术（immune electron microscopy，IEM）是将抗原抗体反应的特异性与电镜的高分辨力相结合的检测技术。可利用标记抗体，在电镜下直接观察抗原在细胞内的定位情况；也可利用特异性抗体捕获并浓缩病毒，经复染后在电镜下观察病毒粒子的形态特征，用于病毒病的诊断。

（5）免疫转印技术。又称蛋白质印迹或 western blot，是一种将蛋白质凝胶电泳、膜转移电泳与抗原抗体反应相结合的免疫分析技术。具有适用性广、敏感性高、特异性强、重复性好等优点。

可检测出 0.01ng 的蛋白质样品。用于病毒蛋白和基因表达重组蛋白多肽分析，也是检测蛋白质特性、表达与分布的一种最常用方法。已广泛用于病毒抗原、抗体的分析鉴定，病毒性疾病的诊断、流行病学调查和病毒性免疫复合物的分析等。

（6）PCR-ELISA。PCR-ELISA 是 PCR 技术与 ELISA 相结合的一种抗原检测技术，又称为免疫 PCR。该技术具有由 PCR 的指数级扩增效率带来的极高灵敏度和高特异性的抗原检测系统，主要用于检测体内激素、肿瘤及病毒或细菌等的微量抗原。

（7）化学发光免疫测定。把化学发光与免疫测定法结合起来建立的一种免疫测定技术。用于各种抗原、半抗原、抗体、激素、酶、脂肪酸、维生素和药物等的检测分析。此项技术克服了放射免疫分析及免疫酶标记技术的缺点，是一种无放射性污染而又具有高灵敏度和高特异性的免疫检测技术。

化学发光与放射免疫法是公认的肿瘤标志物和各种激素最精确和最成熟的检测方法，特别是在癌症筛查与诊断中起着非常重要的作用。化学发光免疫测定对肿瘤标志物的检测不但可以应用于体外早期辅助诊断和术后监测，还可以用于寻找新的肿瘤标志物。除此之外，还被广泛用于糖尿病、高血压、心脏病、性病等的评价；农兽药残留、生物毒素、违禁添加物等的检测。20 世纪 90 年代以来，化学发光免疫测定技术发展更为成熟，在生命科学、临床诊断、食品检测、药物检测、环境监测等领域得到了广泛应用。

（8）免疫传感器。将高灵敏度的传感技术与特异性免疫反应结合起来，用来检测抗原抗体反应的生物传感器称作免疫传感器。具有高度特异性、敏感性和稳定性等特点。已逐渐应用于食品、临床医学和环境检测等领域。如免疫传感器可以用来检测食品中黄曲霉毒素、肉毒毒素、金黄色葡萄球菌等。

（9）免疫核糖核酸探针技术。为避免同位素探针半衰期短、操作不安全、废物难以处理的弊端，把免疫学方法引入核酸杂交技术，开拓了免疫核糖核酸探针新技术，使分子杂交水平踏上了一个新的台阶。可用于病原微生物的细胞内定位检测。

（10）生物芯片。生物芯片技术通过微加工技术和微电子技术，将成千上万与生命相关的信息集成在硅、玻璃、塑料等材料制成的芯片上，可对基因、细胞、蛋白质、抗原以及其他生物组分进行准确、快速、大信息量的分析和检测。分为 DNA 芯片、RNA 芯片、蛋白质芯片等。目前被广泛用于基因测序、疾病诊断、药物筛选、新药开发、食品检测、环境保护和检测等领域。

基础微生物学

第十四章　细菌学

第一节　细菌的基本性状

一、细菌的形态

细菌的形态比较简单。根据细菌的外形，大致有球状、杆状和螺旋状 3 种基本类型，相应地把细菌分为球菌、杆菌和螺旋菌。细菌以二等分分裂的繁殖方式进行增殖，有些细菌分裂后彼此分离，单个存在；有些细菌分裂后彼此仍有原浆带相连，形成一定的排列方式。正常情况下，各种细菌的外形和排列方式相对稳定并具有一定的特征，可作为细菌菌种鉴定的依据。

（一）球菌

多数球菌呈正球形或近似球形。根据其分裂方向及分裂后的排列情况，可分为双球菌、链球菌、葡萄球菌、单球菌（如尿素小球菌）、四联球菌（四联微球菌）和八叠球菌（尿素八叠球菌）等。

1. 双球菌

向一个平面分裂，分裂后 2 个球菌成对排列。如肺炎双球菌、脑膜炎双球菌、淋病双球菌等。

2. 链球菌

向一个平面连续进行多次分裂，分裂后 3 个以上的球菌排列成链状。如引起猪脑膜炎、关节炎的猪链球菌。

3. 葡萄球菌

细胞无定向分裂，分裂后多个球菌不规则排列在一起，犹如一串葡萄。如金黄色葡萄球菌。

（二）杆菌

形态一般呈圆柱形，也有近似卵圆形，其大小、长短、粗细都有显著差异。菌体多数平直，少数微弯曲；两端多数为钝圆，少数平截。杆菌只有一个分裂方向，分裂面与菌体长轴相垂直（横分裂）。

按照分裂和排列方式，可分为以下几种。

1. 单杆菌

分裂后彼此分离，单独存在，无特殊排列。多数杆菌为此排列。

2. 双杆菌

在一直线上分裂，分裂后两两相连，成对存在，如肺炎杆菌。

3. 链杆菌

在一平面上连续分裂，菌端相连呈链状，如炭疽杆菌。

4. 球杆菌

菌体短小、两端钝圆、近似球状，如布氏杆菌、大肠杆菌等。

5. 分枝杆菌

菌体有侧枝或分枝，如结核分枝杆菌。

6. 棒状杆菌

菌体的一端较另一端膨大，整个菌体呈棒状，如化脓棒状杆菌。

（三）螺旋菌

菌体呈弯曲状，两端圆或尖突。根据弯曲程度和弯曲数，可分为弧菌和螺菌。螺旋只有一个弯曲、不满一圈，菌体呈弧形或逗点状的为弧菌，如霍乱弧菌。有 2 个以上的弯曲，菌体呈螺旋状的为螺菌，如鼠咬热螺菌。

正常情况下，细菌的外形和排列方式是相对稳定的。但当环境条件不良或菌龄较长时，菌体形态往往会发生改变，称为衰老型或退化型。当细菌的衰老型或退化型再重新处于正常的培养环境时，一般可恢复正常的形态。但有些细菌在适宜的环境条件下形态也很不一致，这种现象称多型性，如嗜血杆菌等。

二、细菌的大小

细菌的个体微小，需经染色后在光学显微镜下放大几百倍到上千倍才能看见，通常以微米（μm）作为测量细菌大小的单位。

球菌通常以直径表示，一般为 0.5~2μm。杆菌通常以长和宽表示，一般较大的杆菌长 3~8μm，宽 1~1.2μm；中等大小的杆菌长 2~3μm，宽 0.5~1μm；小杆菌长 0.7~1.5μm，宽 0.2~0.4μm。螺旋状菌以长和宽表示，长度为两端的直线距离，一般长为 2~20μm，宽 0.2~1.2μm。

细菌的大小因细菌种类不同而异。即使是同一种细菌，其大小也受菌龄、生长环境等因素的影响，实际测量时还受到制片方法、染色方法及使用不同显微镜的影响。一般情况下，细菌的大小以生长在适宜温度和培养基中的幼龄（对数期）培养物为标准，此时，各种细菌的大小是相对稳定的。

三、细菌的结构

细菌的结构包括基本结构和特殊结构（图 14-1）。

基本结构指各种细菌都具有的细胞结构，包括细胞壁、细胞膜、细胞质和核质等。特殊结构指某些细菌在生长的特定阶段形成的荚膜、S 层、鞭毛、芽孢和菌毛等结构，是细菌分类鉴定的重要依据。

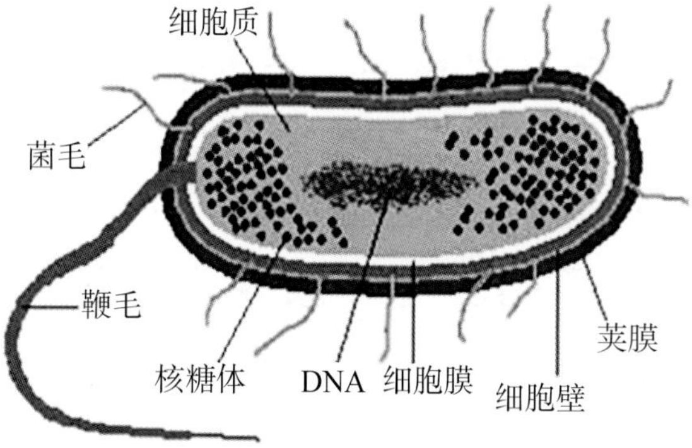

图 14-1　细菌细胞结构

（一）细胞壁

细胞壁是位于细胞最外层的、贴近细胞膜的一层无色、透明、坚韧而具有一定弹性的膜结构，可承受细胞内强大的渗透压不被破坏。细胞壁一般不易着色，个别大型菌可以在光学显微镜下观察到。

细胞壁一般是由糖类、蛋白质和脂类镶嵌排列组成，主要成分是肽聚糖，又称黏肽或糖肽。不同细菌的细胞壁的结构和成分有所不同。通过革兰染色法染色可将细菌分为革兰阳性和革兰阴性两大类。革兰阳性菌呈紫色，革兰阴性菌可被染成红色。

细胞壁维持了菌体固有的外形，保护细菌抵抗低渗环境，参与细胞内外的物质交换，与细菌的致病性、免疫原性、对药物的敏感性及染色特性有关。

（二）细胞膜

细胞膜又称细胞质膜或细胞浆膜，是细胞壁与细胞质之间的一层柔软、富有弹性并具有半透性的薄膜。其主要成分是磷脂和蛋白质，也有极少数的碳水化合物和其他物质。细胞膜由磷脂双分子层构成骨架，蛋白质镶嵌在双分子层中或结合在表面，可选择性地吸收和运输物质，是能量转换的重要场所，具有传递信息的功能，还可参与细胞壁的生物合成。

（三）细胞质

细胞质通常是指细菌细胞膜内包围的、除核质以外的所有物质，是一种无色、透明、黏稠的胶体状物质，主要成分是水、蛋白质、核糖核酸、脂类、多糖及少量的无机盐等。细胞质中含有多种酶系统，是细菌合成蛋白质与核酸的场所，也是细菌细胞进行物质代谢的场所。

细胞质中还包含有多种重要的结构，比如核糖体、质粒、间体以及其他包含物等。

（四）核质

细菌属于原核微生物，没有典型的核结构，无核膜、核仁，只有核质，也称拟核或核体。核质是一个共价闭合、环状的双链超螺旋 DNA 分子，不与蛋白质结合，包含了细菌的遗传基因，控制细菌的遗传和变异。

（五）荚膜

某些细菌，如猪链球菌、巴氏杆菌等，可在细胞壁外产生一层松散、透明的黏液性物质，包围整个菌体，叫荚膜。多个细菌的荚膜融合形成大的胶状物，内含多个细菌时，称为菌胶团。有些细菌菌体周围有一层很疏松、与周围物质界限不明显、易与菌体脱离的黏液性物质，称为黏液层。

荚膜可保护细菌抵抗吞噬细胞的吞噬和噬菌体的攻击，保护细胞壁免受溶菌酶、补体等杀菌物质的损伤。荚膜具有抗原性，并有种和型的特异性，可用于细菌鉴定。

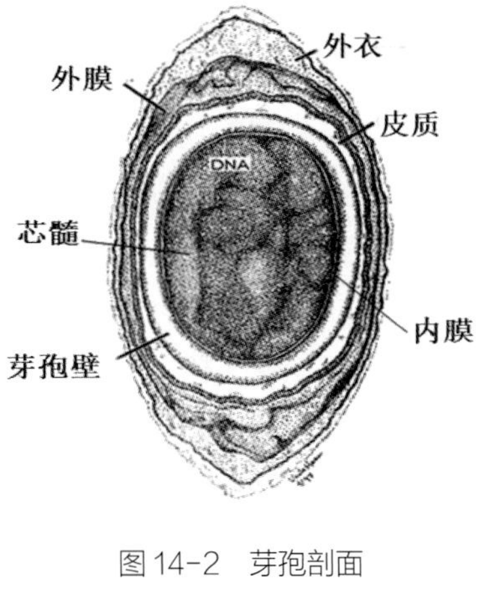

图 14-2　芽孢剖面

（六）鞭毛

细菌菌体表面长有一种细长呈螺旋弯曲的丝状物，称为鞭毛。根据鞭毛的数量和在菌体上着生的位置，可将有鞭毛的细菌分为单毛菌、丛毛菌和周毛菌等。鞭毛具有特殊的抗原性，称为鞭毛抗原或 H 抗原，可用于细菌的鉴定。与细菌的致病性也有关系。

（七）菌毛

大多数革兰阴性菌和少数革兰阳性菌的菌体上生长着一种比鞭毛多、直、细而短的丝状物，称为菌毛或纤毛。菌毛可分为普通菌毛和性菌毛。普通菌毛主要起吸附作用，与细菌的致病性有关。性菌毛可传递质粒或转移基因。

（八）芽孢

某些革兰阳性菌在一定的环境条件下，可在菌体内形成一个圆形或卵圆形的休眠体，称芽孢或内芽孢。未形成芽孢的菌体称为繁殖体或营养体；带芽孢的菌体叫芽孢体。芽孢成熟后，菌体崩解，芽孢离开菌体单独存在，则称游离芽孢（图 14-2）。

不同细菌的芽孢的形状、大小及在菌体中的位置不同，具有种的特征，有鉴别意义。如炭疽杆菌为中央芽孢，破伤风梭菌为顶端芽孢，肉毒梭菌为近端芽孢。

一个细菌只能形成一个芽孢，一个芽孢经过发芽也只能形成一个菌体。芽孢是细菌生长发育过程中保存生命的一种休眠状态的结构，不是其繁殖器官。芽孢对外界不良环境的抵抗力比繁殖体强，特别能耐高温、干燥、渗透压、化学药品和辐射的作用。

第二节　细菌的生长与繁殖

一、细菌的代谢

形成细菌细胞的代谢过程可分为物质摄取、生物合成、聚合作用及组装 4 个步骤。

（一）物质摄取

细菌的物质吸收过程涉及细胞的能量提供及十余种前体代谢物质。物质吸收的第一步是从周围环境获得营养。细菌生长繁殖所必需的主要营养物质包括碳源物质、氮源物质、无机盐类和生长因子 4 类。能作为细菌碳源物质的种类极为广泛，有简单的无机含碳化合物，又有复杂的有机碳化合物。细菌利用碳源物质的能力因种类不同而有差异。能被细菌作为氮源加以利用的物质有蛋白质和它们的降解产物（如胨、肽、氨基酸等）、铵盐、硝酸盐、亚硝酸盐以及分子态氮等。多数致病性细菌因缺乏利用无机氮合成有机氮的能力，只能利用含氮有机化合物作为营养物质才能生长。少数致病菌能利用硝酸盐和铵盐。一般细菌生长所需要的无机盐类有硫酸盐、磷酸盐、氯化物以及含有钠、钾、镁、铁等金属元素化合物和微量元素。细菌生长所必需的生长因子可由酵母浸膏、血清或腹水等供给，主要是 B 族维生素化合物。根据化学结构与生理作用，可将生长因子分为 3 类：氨基酸、核苷酸或碱基和维生素。

革兰阳性或阴性菌的细胞膜是一层双脂膜，具有高度的选择通透性，革兰阴性菌的外膜蛋白等在物质吸收过程中也发挥重要作用。物质主要通过单纯扩散、促进扩散、主动输送及基团转位等方式进出细菌细胞。

（二）生物合成

吸收的各种前体代谢物通过代谢途径的网络，合成多种氨基酸、核苷酸、糖、脂肪酸及其他合成大分子所需物质。在此过程中还需要碳的前体、还原的烟酰胺腺嘌呤二核苷酸磷酸盐（NADPH）、ATP、氨基氮以及硫。上述物质的合成与其他生物相似，但细菌不能自身合成，必须从环境中获得。不同种类的细菌对营养的需要有所不同，合成途径也不同。可作为细菌实验室诊断的重要指标。

（三）聚合作用

细菌 DNA 的聚合作用称为复制。其 DNA 复制的方式是半保留复制，复制的频率因细菌细胞的生长率而异。

细菌的转录有 2 个特点：一个特点是由同一个 RNA 聚合酶催化合成细菌的 mRNA、tRNA 及 rRNA，该酶还可像真核生物那样利用活化的 ATP、GTP、CTP 及 UTP，在有模板时催化合成 DNA 互补链。另一个特点是，细菌 mRNA 不需要通过核膜转运到细胞质，不需要聚 A 帽状结构，也不要特异的转运方式，在 mRNA 合成早期可以直接与核糖体蛋白结合形成多聚体。

细菌的复制、转录和翻译过程和真核细胞基本一致，但存在一些差别。细菌 mRNA 的翻译与 DNA 的转录不仅同时进行，而且两者的速率相等，这决定了细菌的高效合成过程。

（四）组装

细菌细胞结构的组装有 2 种方式：自我组装及指导组装。自我组装可在体外试管内完成，鞭毛及核糖体即采用此种方式。细菌表面膜结构则是只能依赖指导组装来完成。

二、细菌的繁殖

细菌繁殖以二等分分裂法进行无性繁殖，一个细菌分裂成 2 个大小基本相等的细菌。杆菌常常是沿着细胞横轴方向分裂，不发生纵向分裂。但也有些细菌隔膜沿着纵轴方向分裂。某些细菌细胞即使已经分裂，但子细胞的细胞壁和母细胞的细胞壁却不断开，因而在排列上出现链状。球菌可因菌种不同出现单向、双向、三向或不规则的分裂，偶有纵轴分裂。

（一）细菌个体的生长繁殖

一个菌体分裂为 2 个菌体所需的时间称为世代时间。大肠杆菌及许多其他病原菌在适宜的条件下，分裂一次仅需 20min，而细菌染色体 DNA 的复制约需 40min。分枝杆菌等繁殖较慢，18~24h 才分裂一次。

细菌菌体经过分裂繁殖，在固体培养基上形成肉眼可见细菌集落，称为菌落。细菌计数用菌落形成单位 CFU 表示。

（二）细菌群体的生长繁殖

将细菌接种在液体培养基并置于适宜的温度下，定时取样检查活菌数，可发现其生长过程具有规律性。以时间为横坐标，以活菌数的对数为纵坐标，可得出细菌的生长曲线。细菌生长繁殖包括 4 个时期，即迟缓期、对数期、稳定期和衰亡期（图 14-3）。

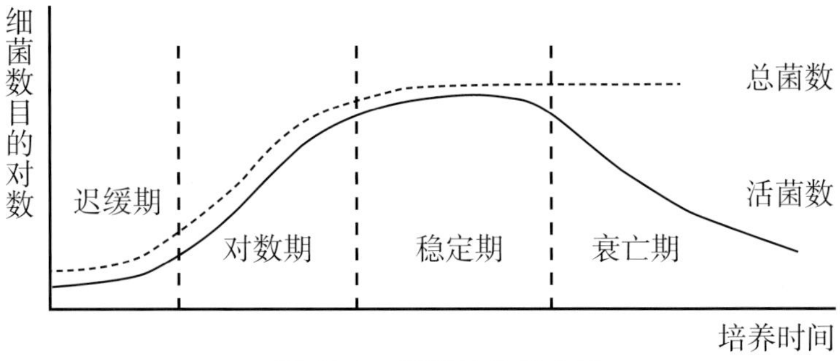

图 14-3　细菌的生长曲线

1. 迟缓期

它是细菌来到新环境的一个适应过程。此时，菌体增大，代谢活跃，合成并积累所需酶系统。细菌数并不增加。一般需要 1~4h。

2. 对数期

细菌生长迅速，活菌数以几何级数增长，达到顶峰。该时期的病原菌致病力最强，形态、染色特性及生理活性均较典型，对抗菌药物等的作用较为敏感。大肠杆菌的对数期可持续 6~10h。

3. 稳定期

此时，因营养消耗、代谢产物的蓄积等细菌的繁殖速度下降，死亡数逐步上升。新繁殖的活菌数与死菌数大致平衡。该时期细菌的形态及生理性状常有改变，革兰阳性菌可被染成阴性。毒素等代谢产物大多此时产生。大肠杆菌的稳定期约持续 8h。

4. 衰亡期

细菌开始大量死亡，死菌数超过活菌数。如不移植到新的培养基，最终可全部死亡。此期细菌的菌体变形或自溶，染色不典型，难以进行鉴定。

细菌的生长曲线对细菌生长规律的研究及实践有重要的参考价值。

三、细菌的培养

人工培养细菌需要提供充足的营养、最适酸碱度、温度和气体环境。不同的细菌对培养条件的要求各不相同。少数细菌人工培养较困难。

（一）培养基

培养基是人工配制的含有细菌生长繁殖必需的营养物质的基质。

按营养组成的差异，可分为基础培养基和营养培养基。基础培养基含多数细菌生长繁殖所需的基本营养成分，常用新鲜牛肉浸膏，加入适量的蛋白胨、NaCl、磷酸盐，调节 pH 值至 7.2~7.6 即成。在基础培养基中添加葡萄糖、血液或者血清等，即为营养培养基。最常用的营养培养基是血琼脂平板，在营养琼脂中加入 5% 的新鲜血液配制而成。

根据状态不同，培养基可分为液体培养基、固体培养基和半固体培养基三大类。液体培养基可用于扩增细菌及细菌的纯培养。在液体培养基中加入 1%~2% 的琼脂，加热、溶解、冷却后即成固体培养基，可用于细菌的分离纯化、菌落观察、生物活性检测等，有试管斜面和平板 2 种。在液体培养基中加入 0.5% 琼脂即成半固体培养基，可进行穿刺试验和细菌的动力观察等。

按照功能差异可将培养基分为鉴别培养基、选择培养基和厌氧培养基。鉴别培养基是针对特定菌种设计的，依据细菌特定产物，在培养基中加入一定作用的底物或（和）显色指示剂，通过颜色辨别即能鉴别菌种，如三糖铁培养基和麦康凯培养基。在培养基中加入对不同细菌具有抑制或者促进作用的化学物质即制成选择培养基。选择培养基可用于多种细菌混合样本中特定细菌的分离。如麦康凯培养基、SS 培养基、伊红美蓝培养基等。麦康凯培养基中含有胆盐，能够抑制革兰阳性菌的生长。厌氧培养基专用于厌氧菌培养。培养基中加入了还原剂如巯基乙酸钠等，或用液体石蜡或凡士林封住培养基表面以隔绝空气，有的还需放入无氧气培养箱维持无氧环境。疱肉培养基是常用的厌氧培养基之一，其中含不饱和脂肪酸和谷胱甘肽的肉渣起到了还原剂的作用。

（二）氧气

根据对氧的要求，细菌分为需氧菌、厌氧菌及兼性菌。需氧菌行需氧呼吸，必须在有一定浓度的游离氧的条件下才能生长繁殖。厌氧菌行厌氧呼吸，必须在无游离氧或氧浓度极低的条件下才能存活。其原因是，有氧代谢过程中产生的过氧化氢、超氧阴离子和羟自由基等对细菌有毒性，厌氧菌缺乏部分或全部降解这些产物的酶，如过氧化氢酶、过氧化物酶、超氧化物歧化酶等，会因过氧化氢或超氧阴离子的毒性作用死亡。兼性菌既可行厌氧呼吸，又可行需氧呼吸，在无氧条件比有氧环境生长更好者为兼性厌氧菌。

（三）温度

不同细菌有各自的可生长温度范围及最适温度。可分为 3 类：嗜冷菌，生长的温度范围为 5~30℃，最适生长温度为 10~20℃；嗜温菌，生长温度范围为 10~45℃，最适生长温度 20~40℃；嗜热菌，生长温度范围为 25~95℃，最适生长温度 50~60℃。病原菌均为嗜温菌。某些嗜冷菌对鱼类等变温动物有致病性。

（四）酸碱度

每种细菌均有一个可适应的 pH 值范围及最适生长 pH 值。虽然大多数细菌在 pH 值 6~8 可以生长，但多数病原菌的最适生长 pH 值为 7.2~7.6，个别偏酸，如鼻疽伯氏菌的最适生长 pH 值为 6.4~6.6；或偏碱，如霍乱弧菌的最适生长 pH 值为 8。

第三节　细菌的遗传与变异

一、细菌的变异现象

细菌的变异分为遗传性变异和非遗传性变异。遗传性变异是指细菌的基因结构发生了改变，如基因突变或基因转移与重组等，又称为基因型变异。非遗传性变异是指细菌在一定的环境条件影响下产生的变异，其基因结构未改变，称为表型变异。

常见的变异现象有细菌形态结构的变异、毒力变异、耐药性变异、菌落变异等。

（一）形态结构的变异

细菌的基本结构在一定条件下可以发生改变。一些特殊结构，如荚膜、芽孢、鞭毛等也可发生变异。如肺炎链球菌在机体内或在含有血清的培养基中初分离时可形成荚膜，致病性强；经传代培养后，荚膜逐渐消失，致病性也随之减弱。

（二）毒力变异

细菌的毒力变异包括毒力的增强和减弱，可在自然情况下或经人工诱变产生。一般来说，将病原菌通过易感动物可使其毒力增强；通过非易感动物、或经物理或化学因素处理、或敲除毒力基因等可使其毒力减弱。

（三）耐药性变异

细菌对某种抗菌药物由敏感变成耐受的变异称耐药性变异。可经质粒转入获得，或长期生长于低浓度的抗菌药物环境下产生。

（四）菌落变异

细菌菌落主要有光滑（smooth，S）型和粗糙（rough，R）型 2 种。在一定条件下菌落可由 S 型变为 R 型，也可以由 R 型变为 S 型（表 14-1）。

表 14-1 光滑型与粗糙型菌落的比较

性状	光滑型（S 型）	粗糙型（R 型）
菌落形状	光滑、湿润、边缘整齐	粗糙、枯干、边缘不整齐
菌体形态	正常、一致	异常、不一致
表面抗原	有特异性表面多糖抗原	特异性表面多糖抗原丢失
毒力	强	弱或完全丧失
对噬菌体的敏感性	敏感	不敏感
生化反应性	强	弱
在生理盐水或 0.2% 的台盼蓝中的悬浮	均匀悬浮	凝集
肉汤中的培养特性	均匀浑浊	颗粒状生长、易于沉淀
对正常血清杀菌作用的敏感性	不敏感	敏感
对吞噬作用的抵抗力	较强	较弱
荚膜形成	可形成	不形成

（五）代谢变异

代谢变异指细菌丧失了在其代谢过程中合成某种营养成分的特性，成为所谓营养缺陷型。营养缺陷型细菌的生长有赖于人为提供某种营养成分，在自然界中无法生存，可以用作基因工程载体菌。

（六）抗原性变异

细菌的各种抗原成分在环境条件影响下，会发生结构或者性质的改变，或在某些条件下，因决定细菌抗原结构的基因发生突变，丧失了形成原有抗原结构的能力，最终导致细菌抗原性发生变异。

二、细菌遗传的物质基础

细菌的遗传物质是 DNA，DNA 靠其构成的特定基因来传递遗传信息。细菌的基因组是指细菌染色体和染色体以外的遗传物质所携带的基因的总称。染色体外的遗传物质是指质粒 DNA 和转位因子等。

（一）染色体

作为原核微生物，细菌没有完整的核结构，其核体的功能与真核细胞染色体的功能相同，因此称为染色体。细菌的染色体与真核细胞的染色体不同，基因是连续的，无内含子。

（二）质粒

质粒是细菌染色体以外的遗传物质，多数是环状闭合的双链 DNA，经人工抽提后可变成开环状或线状。

质粒具有以下特征：质粒具有自我复制的能力；质粒 DNA 所编码的基因产物赋予细菌某些性状特征，如致育性、耐药性、致病性、某些生化特性等；质粒可自行丢失与消除；质粒具有转移性，可通过接合、转化或转导等方式在细菌间转移；分为相容性与不相容性 2 种。几种不同的质粒同时共存于一个细菌内称相容性，反之为不相容性。穿梭质粒是一类特殊的质粒，可携带原核或真核微生物的外源序列，在一些种属差异较大的微生物中转移。

（三）转位因子

转位因子是存在于细菌染色体或质粒 DNA 分子上的一段特殊的 DNA 片段，可以不依赖于同源重组从细菌基因组中的一个位置转移到另一个位置。转位因子通过位移改变了遗传物质的核苷酸序列或影响插入点附近基因的表达，从而影响细菌的致病性、耐药性等。

转位因子主要有插入序列、转座子和 Mu 噬菌体 3 类。

1. 插入序列（insertion sequence，IS）

它是最小的转位因子，长度不超过 2kb，不携带任何已知与插入功能无关的基因区域，往往在插入后与插入点附近的序列共同起作用，可能是原核细胞正常代谢的调节开关之一。

2. 转座子（transposon，Tn）

长度一般超过 2kb，除携带与转位有关的基因外，还携带有耐药性基因、抗金属基因、毒素基因及其他结构基因等。

3. Mu 噬菌体

它是促变噬菌体（mutator phage）的简称，是一类具有转位作用的温和噬菌体。Mu 噬菌体整合到细菌染色体上能够改变溶原性细菌的某些生物学性状。

（四）毒力岛（pathogenicity island，PAI）

PAI 是指病原菌的某个或某些毒力基因群，其分子结构和功能有别于细菌基因组，但位于细菌基因组之间，因此称之为“岛”。许多病原菌基因组中都存在 PAI。

三、细菌变异的机制与应用

（一）细菌变异的机制

在自然或者人工条件下，细菌基因发生了改变，使相应的性状也发生变化，并可以遗传下去，称为遗传性变异。遗传性变异又包括基因突变和基因转移 2 个方面。

1. 基因突变

突变是指细菌遗传物质的结构发生突然而稳定的改变导致细菌性状的变异。若细菌 DNA 上核苷酸序列的改变仅为一个或几个碱基的置换、插入或缺失，突变只影响到一个或几个基因，引起较少的性状变异，称为点突变；若涉及大片段的 DNA 发生置换、插入或缺失，称为染色体畸变。

2. 基因转移

与上述内在基因发生突变不同，外源性的遗传物质由供体菌转入某受体菌，从而导致受体菌发生基因重组的现象，称为基因转移。外源性遗传物质包括供体菌染色体 DNA 片段，质粒 DNA 及噬菌体基因等。细菌的基因转移可通过转化、接合、转导、溶原性转换、原生质体融合和转染等方式进行。

（1）转化（transformation）。供体菌的游离的 DNA 片段被受体菌直接摄取，使受体菌获得新的遗传性状，称之为转化。转化发生的前提条件是受体菌处于感受态，利于外源 DNA 片段的摄取。

（2）接合（conjugation）。细菌通过性菌毛相互连接，遗传物质（主要是质粒 DNA）从供体菌转移到受体菌，称为接合。能通过接合方式转移的质粒称为接合性质粒，主要包括 F 质粒、R 质粒、Col 质粒和毒力质粒等，不能通过性菌毛在细菌间转移的质粒为非接合性质粒。

（3）转导（transduction）。以温和噬菌体为媒介，把供体菌的 DNA 片段转移到受体菌中，使受体菌获得供体菌的部分遗传性状称为转导。细菌的转导可以分为普遍性转导和局限性转导。

前噬菌体从溶原菌染色体上脱离时，因装配错误误将细菌的 DNA 片段装入噬菌体的头部，成为一个转导噬菌体。转导噬菌体感染另一个宿主菌时将其头部的染色体注入受体菌内，完成转导过程。被错误包装的DNA片段可以是供体菌染色体上的任何部分，也可以是质粒DNA。此称普遍性转导。若噬菌体所转导的只限于供体菌染色体上特定的基因，称为局限性转导。

（4）溶原性转换（lysogenic conversion）。指温和噬菌体感染其宿主后，噬菌体基因整合于宿主基因组中，导致宿主的性状发生改变。该过程中被转导的是温和噬菌体自身的基因。溶原性转换是一种与转导相似但本质却不同的特殊现象。

（5）原生质体融合（protoplast fusion）。选择2个菌株细胞作为亲本，用人工方法去除其细胞壁，成为原生质体，使原生质体发生融合，形成带有双亲本菌株性状、遗传稳定的融合子，这种技术称为原生质体融合，是继转化、接合和转导之后一种更为有效的转移遗传物质的手段。

（6）转染（transfection）。受体菌获得从噬菌体而非从其他供体菌提供的DNA的过程，称为转染。因为噬菌体基因组较小，其DNA分离比较方便，因此转染成为研究细菌转化及重组机制的有用工具。另外，“转染”一词更广泛应用于真核生物细胞，其含义有差别，指真核细胞主动或被动导入外源DNA片段而获得新的表型的过程。

（二）细菌遗传变异的应用

细菌遗传变异的研究在微生物学诊断及疾病治疗和防控等方面具有重大的实用意义。

1. 微生物学诊断

细菌的变异可发生在形态、结构、染色特性、生化特性、抗原性及毒力等方面。因此，在临床细菌学检查中，不仅要熟悉细菌的典型特性还要了解细菌的变异规律，才能做出正确的诊断。

随着分子微生物学的发展，对病原微生物的鉴定已不再局限于对其外部形态结构及生理特性等的检验上，而是从分子生物学水平研究生物大分子，特别是核酸结构及其组成部分。在此基础上建立的众多检测技术中，聚合酶链式反应（polymerase chain reaction，PCR）以其敏感、特异、简便、快速的特点用于微生物鉴别，显著提高了细菌的鉴定水平。

2. 疾病治疗和预防

抗生素的广泛使用诱使许多敏感菌发生变异，产生耐药性，甚至对药物的依赖性。所以，在治疗细菌类疾病时，应该对分离菌株进行耐药性监测，根据耐药谱的变化针对性用药。对细菌耐药机制的研究将有利于指导正确选择抗菌药物和防止耐药菌株的扩散。

疫苗接种是使机体建立特异性免疫，预防传染性疾病的有效措施。弱毒菌菌株是病原菌的减毒变异株，有较好的免疫效果。

第四节　细菌的感染及致病性

一、细菌的致病性和毒力

一定种类的病原菌在一定条件下，在宿主体内引起感染的能力被称为细菌的致病性（pathogenicity）。细菌的致病性在很大程度上取决于其毒力因子，包括侵袭力与毒素，以及毒力因子的分泌系统。毒力则是指病原菌致病力的强弱程度。

（一）细菌致病性的确定依据

目前，细菌致病性的确定主要依据经典科赫法则。

该法则于 1890 年由德国细菌学家罗伯特・科赫（Robert Koch）提出。法则主要内容为：第一，病原菌应在同一疾病中查出，而健康者体内不存在；第二，病原菌能在体外获得纯培养；第三，此纯培养物接种易感动物能导致相同的病症；第四，从感染动物的体内能够重新分离得到该病原菌。

随着生物学技术的发展出现了基因水平的科赫法则，其主要内容也可归结为 4 个方面：在致病菌中检出某些基因或其产物，而无毒力菌株中无；毒力毒株的某个基因被损害，则毒株的毒力应减弱或消除，或者将此基因插入到无毒力的菌株中，表现为有毒力菌株的特性；将细菌接种动物时，该基因应在感染的过程中得到表达；在接种动物体内能够检测到该基因表达产物的抗体或产生免疫保护。

（二）细菌毒力的测定

细菌毒力大小的表示方法有最小致死量、半数致死量、最小感染量和半数感染量。最常用的是半数致死量（LD_{50}）或半数感染量（ID_{50}）。

半数致死量（media lethal dose，LD_{50}）在毒理学中是描述有毒物质或辐射的毒性的常用指标。按照医学主题词表（MeSH）的定义，LD_{50} 是指“能杀死一半试验动物的有害物质、有毒物质或游离辐射的剂量”。LD_{50} 的表达方式通常为有毒物质的质量和试验生物体重之比，例如，“毫克 / 千克体重”。大多数致死量的数据来自大鼠和小鼠，另外也可能使用仓鼠、豚鼠、兔、雪貂、猫、犬、猴、猪、马、蛙、鱼、鸟等实验动物。应用半数致死量这个度量方法有助于减少量度极端情况所带来的问题，以及减少所需试验次数。但作为一个毒性的指标，LD_{50} 在一定程度上有其缺点，其测试结果可以受到很多因素的影响，例如实验品的种类和环境因素等。此外，LD_{50} 只用于测试会导致短时间内死亡的急性中毒，却没有计算长期的影响。

半数致死量（lethal dose 50%，LD_{50}）通常用药物致死剂量的对数值表示。例如，将某药物按照 1∶10^3，（1∶10^4）~（1∶10^8）稀释，接种试验动物后，每个梯度 5 个重复，剂量 0.3mL，同时设立阴性对照组，逐日观察并记录各组的死亡数。死亡情况统计如表 14-2 所示。

表 14-2　死亡情况统计

病毒稀释度	接种动物数（只）	死亡动物数（只）	死亡率（%）
10^{-3}	5	5	100
10^{-4}	5	5	100
10^{-5}	5	4	80
10^{-6}	5	3	60
10^{-7}	5	1	20
10^{-8}	5	0	0
正常对照	5	0	0

按 Karber 法计算，$LogLD_{50} = L+d(S-0.5)$。其中 LD_{50} 用对数表示，L 为病毒最低稀释度的对数，d 组距，即稀释系数，S 为死亡比值的和。

$L=-3$，$d=-1$，$S=1+1+4/5+3/5+1/5+0=3.6$。$LogLD_{50}=-3+(-1)\times(3.6-0.5)=-6.1$。则药物对该动物的半数致死量（$LD_{50}$）为 $10^{-6.1}$/0.3mL。

半数感染量（median infective dose，ID_{50}）表示在规定时间内，通过指定感染途径，使一定体重或年龄的某种动物的一半数量感染所需的最少细菌数或毒素量。其测量方法与半数致死量的测量方法类似。

二、正常菌群与机会致病菌

自然界中广泛存在着多种多样的微生物。人类与自然环境接触密切，正常人的体表和同外界相通的口腔、鼻咽部、肠道、泌尿生殖道等腔道黏膜都寄居着不同种类和数量的微生物。当人体免疫功能正常时，这些微生物对宿主无害，有些甚至对人还有益，视为正常微生物群，通称正常菌群。正常菌群对宿主有以下的生理学作用。

（一）生物拮抗

致病菌侵袭宿主，首先需要突破皮肤和黏膜第一道生理屏障防线。而寄居的正常菌群可以发挥生物屏障的作用，对抗致病菌的侵入。这种拮抗作用的机制主要表现在 3 个方面：正常菌群通过其配体与相应上皮细胞表面受体结合而黏附，发挥屏障和占位性保护作用，使外来致病菌不能定植；产生有害代谢产物，如厌氧菌产生乙酸、丙酸、丁酸及乳酸等脂肪酸，降低了环境中的 pH 值与氧化还原电势，使不耐酸的细菌和需氧菌等受到抑制；在含有一定营养物的环境中，正常菌群通过营养争夺、大量繁殖而处于优势地位。

（二）营养作用

正常菌群参与了宿主的物质代谢、营养物质转化和合成。如肠道内大肠埃希菌可产生维生素 K 和 B 族维生素；乳杆菌和双歧杆菌等可合成烟酸、叶酸及 B 族维生素，供动物体和人体利用。

（三）免疫作用

正常菌群作为抗原既能促进宿主免疫器官的发育，亦能刺激其免疫系统产生免疫应答，产生的免疫物质对具有交叉抗原组分的致病菌有一定程度的抑制或杀灭作用。如双歧杆菌可诱导产生出 sIgA，sIgA 能与大肠埃希菌等发生反应，以阻断这些肠道菌对肠道黏膜上皮细胞的黏附和穿透作用。

（四）抗衰老作用

肠道正常菌群中的双歧杆菌、乳杆菌等许多细菌具有抗衰老的作用，可能与其产生超氧化物歧化酶（SOD）有关。超氧化物歧化酶是一种抗氧化损伤的生物酶，能催化体内自由基的歧化反应，消除自由基毒性，保护组织细胞免受其损伤。

此外，正常菌群可能还有一定的抑瘤作用，其机制是转化某些前致癌物或致癌物质为非致癌性，激活巨噬细胞等的免疫功能等。

正常菌群与宿主之间、正常菌群之间，通过营养竞争、代谢产物的相互制约等因素维持着良好的生存平衡。在一定条件下这种平衡关系被打破，原来不致病的正常菌群中的细菌可成为致病菌，这类细菌称为机会性致病菌（opportunistic pathogen），也称条件致病菌。如部分大肠杆菌。

这些细菌的致病条件主要有 3 种：第一种为定居部位的改变，某些细菌离开正常寄居部位，进入其他部位，脱离原来的制约因素而生长繁殖，进而感染致病；第二种与宿主有关，宿主机体免疫功能低下时，正常菌群可以进入组织或血液中扩散；第三种为菌群失调。

三、细菌的感染

病原微生物侵入动物机体在一定部位定居并生长繁殖，产生有毒物质，引起机体出现一系列病理生理现象或反应称细菌的感染。

病原菌引起感染的必要条件涉及病原菌、易感动物及外界环境3方面因素。病原菌必须有一定毒力且达到一定数量，有适宜的侵入门户时才有机会引起感染；不同年龄、不同种类、不同性别的动物在抵抗感染过程中的能力有较大差异；不同的致病菌对环境的要求也不尽相同。感染的表现形式多种多样，可根据有无临床症状、感染发生的部位等进行分类。主要有以下几种。

（一）显性感染

当侵入的病原菌毒力较强，数量较多，而机体抵抗力较低时，侵入的病原菌生长繁殖，对动物机体产生损害，出现具有明显临床症状的疾病时，称显性感染。

（二）隐性感染

当侵入的病原菌毒力较弱，数量不多，而动物机体又具有一定的抵抗力时，侵入的病原菌进行有限的生长繁殖，对动物机体损害较轻，不出现或仅出现轻微的临床症状，即隐性感染。

（三）带菌现象

隐性传染或传染病痊愈后，病原菌在动物体内继续存在，并不断排出体外，称带菌现象。呈带菌状态的动物称带菌者。

（四）局部感染

指病原菌侵入机体后在一定部位定居下来，生长繁殖，产生毒性产物，不断侵害机体的感染过程。这是由于机体动员了一切免疫功能，将入侵的病原菌限制于局部，阻止了它们的蔓延扩散。如化脓性球菌引起的疖痈等。

（五）全身传染

全身传染是指致病菌侵入动物体内血液循环，并在体内生长繁殖或产生毒素而引起的严重的全身性感染或中毒症状，其表现形式主要分为毒血症、菌血症、败血症和脓毒败血症4种。

1. 毒血症（toxemia）

指病原菌在侵入的局部组织中生长繁殖，只有其产生的外毒素进入血循环，病原菌不入血。外毒素经血到达易感的组织和细胞，引起特殊的毒性症状，例如白喉、破伤风等。

2. 菌血症（bacteriemia）

指外界的细菌经由体表的入口或是感染的入口进入血液系统后，在血液内繁殖并随血流在全身播散。

3. 败血症（septicemia）

致病菌或条件致病菌侵入血循环，并在血中生长繁殖，产生毒素而发生的急性全身性感染。

4. 脓毒败血症（pyemia）

由感染因素引起的全身炎症反应综合征。严重时可导致器官功能障碍和（或）循环障碍，是严重创伤、烧伤、休克、感染和外科大手术等常见的并发症。

四、细菌毒力的增强与减弱

病原微生物致病力的强弱程度称为毒力。毒力是病原微生物的个性特征，表示病原微生物病原性的程度，可以通过测定加以量化。不同种类病原微生物的毒力强弱常不一致，并可因宿主及环境条件不同而发生改变。同种病原微生物也可因型或株的不同而有毒力强弱的差异。同一种细菌的不同菌株有强毒、弱毒与无毒菌株之分。

（一）增强毒力的方法

在自然条件下，回归易感动物是增强微生物毒力的最佳方法。易感动物既可以是本动物，也可以是实验动物。回归易感实验动物增强病原微生物的毒力已被广泛应用。如多杀性巴氏杆菌通过小鼠、猪丹毒杆菌通过鸽子等都可增强其毒力。有的细菌与其他微生物共生或被温和噬菌体感染也可增强毒力，如产气荚膜梭菌与八叠球菌共生时毒力增强、白喉杆菌只有被温和噬菌体感染时才能产生毒素而成为有毒细菌。实验室为了保持所藏菌种或毒种的毒力，除改善保存方法（如冻干保存）外，可适时将其通过易感动物。

（二）减弱毒力的方法

病原微生物的毒力可自发地或人为地减弱。人工减弱病原微生物的毒力在疫苗生产上有重要意义。

常用的方法有：长时间在体外连续培养传代，如病原菌在体外人工培养基上连续多次传代后，毒力逐渐减弱乃至失去毒力；在高于最适生长温度条件下培养，如炭疽Ⅱ号疫苗是将炭疽杆菌强毒株在 42~43℃培养传代育成；在含有特殊化学物质的培养基中培养，如卡介苗是将牛型结核分枝杆菌在含有胆汁的马铃薯培养基上每 15 天传 1 代，持续传代 13 年后育成；在特殊气体条件下培养，如无荚膜炭疽芽孢苗是在含 50% CO_2 的条件下选育的；通过非易感动物，如猪丹毒弱毒苗是将强致病菌株通过豚鼠传代 370 次，又通过鸡传代 42 次选育而成；通过基因工程的方法，如去除毒力基因或用点突变的方法使毒力基因失活，可获得无毒力菌株或弱毒菌株。此外，在含有抗血清、特异噬菌体或抗生素的培养基中培养，也能使病原微生物的毒力减弱。

第五节　细菌性传染病的微生物学诊断及防治

一、细菌性传染病的微生物学诊断

细菌性疾病的正确诊断及合理治疗常需要进行微生物学检查。微生物学检查包括细菌及其抗原的检测和抗体检测 2 个方面。

检测细菌或其抗原的方法主要有显微镜直接观察，分离培养，生化反应试验，抗原分析及一些现代分子生物学试验等。机体感染病原菌一定时间后会产生特异性的抗体，用已知抗原检测发病动物血清中有无相应抗体及抗体产生水平的动态变化可作为疾病诊断的辅助手段。

（一）样本采集

在进行细菌学诊断时，样本的采集需要注意以下几点。

（1）采集样本必须使用无菌试管或者其他无菌容器，标本采集后应尽快送检。厌氧菌常需采用特殊的厌氧收集瓶。

（2）采集样本时应严格执行无菌操作，防止杂菌污染。

（3）样本中不得任意加入防腐、抗菌药物和其他药品。如已使用，应标注明确信息。

（4）对特殊细菌的检查应加标注，如厌氧菌、结核分枝杆菌等。

（二）镜检

不同的细菌具有不同的形态学特征。因此，对病料或者细菌纯培养物直接进行镜检，观察其形态学特征对于致病菌的鉴定具有重要的意义。通常根据临床症状，从菌体丰富的部位采取相应病料，例如化脓性病灶取脓汁或渗出液，败血症取血液，中毒症取粪便等，进行涂片。

染色在细菌学诊断中也具有一定的意义。正确的染色方法对于细菌的病原诊断有重大帮助。根据不同细菌性病原的特性，可以灵活选用单染色法、复杂染色法和鉴别染色法等，如革兰染色法、抗酸染色法、瑞氏染色法和吉姆萨染色法等。

利用显微镜可以直接观察到病原菌特征性的形态学特征。例如，葡萄球菌经革兰染色后镜下呈蓝紫色，并具有葡萄串状排列的特征；链球菌则呈链条状排列，炭疽杆菌呈竹节状等。

（三）病原菌的分离培养

进一步诊断需要对病原菌进行分离与培养。一般情况下，可取病料在适宜的固体培养平板表面进行划线以获得病原菌的单菌落。不同细菌的营养要求不同，所选取的培养基也不同。应该根据菌种培养及鉴定的要求选择合适细菌生长或者鉴定的培养基。病料中含量较少的细菌可以在划线之前进行增菌培养。

（四）生化试验

不同细菌细胞内携带的新陈代谢酶系不同，对营养物质的吸收利用、分解代谢及合成产物都有很大差异。生化试验就是通过检测某种细菌能否利用某种物质及其对某种物质的代谢及合成产物，确定细菌合成和分解代谢产物的特异性，借此来鉴定细菌的种类。常用的细菌生化试验有糖类分解试验、吲哚试验、甲基红 /VP 试验、枸橼酸盐利用试验、硫化氢试验和触酶试验等。

（五）现代分子生物学技术的应用

现代分子生物学技术的发展和创新为细菌病原学诊断提供了有力的工具。传统的微生物学鉴定方法常常难以快速、精确区分众多生长习性复杂的微生物，基于基因组序列的分子鉴定因其具有的快速、简便、准确的检测特点受到了科技工作者的广泛关注。在细菌基因组中，编码 16S rRNA 的 rDNA 基因具有高度的进化保守性、适宜分析的长度（约为 1 540bp）以及与进化距离相匹配的变异性，成为细菌分子鉴定的标准标识序列。16S rDNA 的序列包含 9 个或 10 个可变区和 11 个恒定区。保守区序列反映了生物物种间的亲缘关系，而高变区序列则体现了物种间的差异及其进化轨迹。16S rDNA 分子的序列特征为不同分类级别的近缘种系统分类奠定了分子生物学基础。目前，16S rDNA 的序列信息已经广泛应用于细菌菌种的鉴定及其系统发生学研究。

（六）血清学诊断

血清学方法主要用于感染动物血清抗体的检测及疫苗免疫后抗体水平的监测。细菌属于颗粒型抗原，可用凝集试验进行菌体的鉴定。如平板凝集实验用于沙门菌的鉴定。

简而言之，需要根据不同病原微生物的特点设计合理、正确、简便易行的鉴定方法。准确的鉴定和诊断是后续治疗与预防的基础。

二、细菌性传染病的免疫预防

免疫接种是预防传染病的有效措施之一，包括细菌性传染病。预防接种是在经常发生某些传染病的地区、或某些传染病潜在地区、或经常受到邻近地区某些传染病威胁的地区，为了防患未然，平常有计划地给健康动物进行的免疫接种。

预防接种要注意以下几点。制订疫苗接种计划：根据养殖实际情况和当季流行的传染病进行选择性接种，不能随意接种疫苗；注意观察预防接种后的副反应：预防接种会偶尔引起机体的不良反应，要学会排除个体差异；若几种疫苗联合使用，注意将注射时间间隔开，避免相互干扰；要制订合理有效的免疫程序：在制订免疫程序时，应考虑当地疾病流行情况及严重程度、免疫前动物体内的抗体水平、是否有母源抗体、疫病发生是否有季节性和周期性、免疫动物的用途、疫苗种类和性质、饲养管理水平、是否有生物安全措施、免疫效果如何等，需要依据免疫后效果优化免疫程序。每个养殖场要根据实际情况制订个性化的免疫程序。

紧急接种是指发生传染病时，为了迅速控制和扑灭疫情而对疫区和受威胁区域尚未发病的动物进行的应急性计划外免疫接种。发生重大疫情后，无论封锁与否，一般都要进行紧急免疫接种，目的是保护未感染动物（往往是多数）。紧急免疫接种在流行初期便应主动进行，越早、越快越好。紧急接种的可以是疫苗，也可以是抗体。

三、细菌性传染病的治疗

细菌性传染病的出现说明饲养环境差，需要加强环境卫生管理。要保持动物饲养间内外清洁、干燥。定期消毒、驱虫，杀灭蚊蝇。防止皮肤外伤，降低感染概率。患病动物可用抗生素治疗，治疗前应先进行药敏试验，以选用敏感性高、治疗效果好的抗生素。同时减少不良应激，避免应激因素对猪的影响。早期用药能有效控制疫情，中、晚期用药疗效欠佳，预后多不良。经常保持用具清洁卫生，定期用消毒剂（10% 石灰乳等）消毒，如发现患病动物，应立即隔离。

抗菌药物使用在临床疫病治疗过程中存在较多不合理的现象，而因抗菌药物滥用会造成细菌的耐药性，已是不争的事实。细菌性传染病治疗过程中要注意联合用药，足剂量给药，坚持给药疗程。重要的是在用药前一定要进行药敏实验，选择抑菌效果好的药物，以避免细菌耐药性的产生。

第六节　真菌概述

一、真菌的生物学特性与分类

（一）真菌的分类

六界分类法将生物划分为原核生物界、原生生物界、真菌界、植物界、动物界及病毒界。真菌界分为 5 个门。

1. 壶菌门

大多数在水中，少数两栖和陆生。无性繁殖产生有鞭毛的游动孢子，有性繁殖产生卵孢子。壶菌是介于真菌和原生动物之间的代表。

2. 接合菌门

多数腐生，少数寄生。它由低等的水生真菌发展到陆生种类，由游动的带鞭毛的孢囊孢子发展为不游动的孢囊孢子——静孢子或单孢孢子囊的分生孢子。

3. 子囊菌门

腐生或寄生。是真菌中最大的类群，与担子菌一起被称为高等真菌。生殖菌丝细胞出现较短的双核阶段，特征是产生子囊。

4. 担子菌门

它是一类高等真菌。构成双核亚界，包含 2 万多种。包括蘑菇、木耳等主要食用菌。

5. 半知菌门

它是一种已废止的生物分类，指在子囊菌和担子菌的同伴之中，还未发现有性繁殖阶段而在分类学上位置不明的一种临时分类。只进行无性繁殖的菌类被称作不完全型，这一阶段被称为无性阶段。进行有性繁殖的被称为完全型，该阶段被称作有性阶段。通常有性阶段的菌类也同时进行无性生殖。

（二）真菌的生物学特性

1. 生长形态与结构

真菌在生长过程中，形成营养体与繁殖体两大结构。

（1）营养体。真菌营养生长阶段的结构称为营养体。绝大多数真菌的营养体都是可分枝的丝状体，单根丝状体称为菌丝。许多菌丝在一起统称菌丝体。菌丝体在基质上生长的形态称为菌落。菌丝在显微镜下观察时呈管状，具有细胞壁和细胞质，无色或有色。菌丝可无限生长，但直径是有限的，一般为 2~30 μm，最大可达 100 μm。低等真菌的菌丝没有隔膜，称为无隔菌丝。而高等真菌的菌丝有许多隔膜，称为有隔菌丝。此外，少数真菌的营养体不是丝状体，而是无细胞壁且形状可变的原生质团或具有细胞壁的卵圆形的单细胞。寄生在植物上的真菌往往以菌丝体的形式在寄主细胞间或穿过细胞扩展蔓延。

当菌丝体与寄主细胞壁或原生质接触后，营养物质因渗透压的关系进入菌丝体内。有些真菌侵入寄主后，菌丝体在寄主细胞内形成吸收养分的特殊结构，称为吸器。吸器的形状因菌种不同而异，如白粉菌吸器为掌状，霜霉菌为丝状，锈菌为指状，白锈菌为小球状。有些真菌的菌丝体生长到一定阶段，可形成疏松或紧密的组织体。菌丝组织体主要有菌核、子座和菌索等。菌核是由菌丝紧密交织而成的休眠体，内层是疏丝组织，外层是拟薄壁组织，表皮细胞壁厚、色深、较坚硬。菌核的功能主要是抵抗不良环境。当条件适宜时，菌核能萌发产生新的营养菌丝或从上面形成新的繁殖体。子座是由菌丝在寄主表面或表皮下交织形成的一种垫状结构，有时与寄主组织结合而成。子座是形成产生孢子的结构。菌索是由菌丝体平行组成的长条形绳索状结构，外形与植物的根有些相似，也称根状菌索。菌索可抵抗不良环境，也有助于菌体在基质上蔓延。

有些真菌菌丝或孢子中的某些细胞膨大变圆、原生质浓缩、细胞壁加厚而形成厚垣孢子。厚垣孢子能抵抗不良环境，待条件适宜时再萌发成菌丝。

（2）繁殖体。当营养生活进行到一定时期，真菌就开始转入繁殖阶段，形成各种繁殖体即子实体。真菌的繁殖体包括无性繁殖形成的无性孢了和有性生殖产生的有性孢子。

2. 繁殖方式

（1）无性繁殖。是指营养体不经过核配和减数分裂产生后代个体的繁殖。它的基本特征是营养繁殖体直接由菌丝分化产生无性孢子。常见的无性孢子有 3 种类型。

① 游动孢子：形成于游动孢子囊内。游动孢子囊由菌丝或孢囊梗顶端膨大而成，无细胞壁，

有鞭毛，能在水中游动。

② 孢囊孢子：形成于孢囊孢子囊内。孢子囊由孢囊梗的顶端膨大而成，有细胞壁，水生型有鞭毛。

③ 分生孢子：产生于由菌丝分化形成的分生孢子梗上。顶生、侧生或串生，形状、大小多种多样，单胞或多胞，无色或有色，成熟后从孢子梗上脱落。有些真菌的分生孢子和分生孢子梗还着生在分生孢子果内。孢子果主要有 2 种类型，近球形的具孔口的分生孢子器和杯状或盘状的分生孢子盘。

（2）有性繁殖。真菌生长发育到一定时期时（一般到后期）就进行有性生殖。有性生殖是 2 个性细胞结合后细胞核产生减数分裂产生孢子的繁殖方式。多数真菌由菌丝分化产生性器官即配子囊，通过雌、雄配子囊结合形成有性孢子。真菌可产生 4 种类型的有性孢子。

① 卵孢子：卵菌的有性孢子。是由 2 个异型配子囊　　雄器和藏卵器接触后，雄器的细胞质和细胞核经授精管进入藏卵器，与卵球核配，最后受精的卵球发育成厚壁的、双倍体的卵孢子。

② 接合孢子：接合菌的有性孢子。是由 2 个配子囊以结合的方式融合成 1 个细胞，在细胞中进行质配和核配后形成的厚壁孢子。

③ 子囊孢子：子囊菌的有性孢子。通常是由 2 个异型配子囊——雄器和产囊体相结合，经质配、核配和减数分裂而形成的单倍体孢子。子囊孢子着生在无色透明、棒状或卵圆形的囊状结构即子囊内。每个子囊一般形成 8 个子囊孢子。

④ 担孢子：担子菌的有性孢子。通常是直接由“+”“−”菌丝结合形成双核菌丝，双核菌丝的顶端细胞膨大成棒状的担子。担子内的双核经过核配和减数分裂产生 4 个外生的单倍体的担孢子。

此外，有些低等真菌，如根肿菌和壶菌，产生的有性孢子是一种由游动配子结合成合子，再由合子发育而成的厚壁的休眠孢子。

二、真菌的致病性与免疫性

真菌感染可导致宿主各种疾病。有些真菌呈寄生性致病作用，有些真菌为机会致病，有些则通过产生毒素使宿主中毒。真菌的致病性主要表现在：

（一）致病性真菌感染

主要是一些外源性真菌感染，可造成皮肤、皮下和全身性感染。目前致病机制尚不完全明了。

（二）机会致病性真菌感染

这些真菌在正常情况下难以形成感染。只有当宿主的免疫力降低或长期应用广谱抗生素、激素或放射性治疗后，才能发生机会性感染。

（三）变态反应性感染

部分真菌能够引起变态反应，会造成接触性皮炎等疾病。

（四）真菌性中毒

有些真菌寄生在粮食或饲料上，在适宜的条件下会产生毒素。人与畜、禽食用后会发生急性或慢性中毒，造成组织器官的病变或急性损伤。

（五）致肿瘤作用

一些真菌能够产生毒性很强的毒素，小剂量即有致癌作用。

部分动物对真菌感染有一定的抵抗力。一般认为，真菌感染的康复主要靠机体的细胞免疫。血清中抗真菌抗体的滴度较高，但不能抑制真菌的生长，仅用于血清学诊断。

三、真菌病的诊断与防治

（一）真菌病的诊断

1. 显微镜检查

可做抹片或湿标本片检查。组织、体液、脓汁均可做成抹片，以吉姆萨染色法或其他适宜的方法染色。湿标本片检查包括氢氧化钾片法、乳酸石炭酸棉蓝液压片法和印度墨汁片法。

（1）氢氧化钾片。用于脓汁、痰液、毛发、角质等材料的检查。操作时，在材料上滴加 10%~20% 氢氧化钾溶液，加盖玻片，微热处理使其透明清晰后镜下检查。

（2）乳酸石炭酸棉蓝液压片。为实验室最常用的方法之一，具有着染、杀真菌及防腐的作用。可于材料上滴加染液或将培养物置于染色液滴中，必要时以细针梳理，再加盖玻片后检查。

（3）印度墨汁片。常用来检查某些真菌的荚膜。

2. 分离培养

将病料接种于沙堡葡萄糖琼脂。某些深部感染的病料还需接种血液琼脂。于室温及 37℃分别培养，逐日观察。真菌一般生长较慢，往往需要培养数日甚至数周。为了防止或减少细菌污染，可在培养基中加入适量抗生素，每毫升培养基可加 20~100IU 青霉素和 40~200μg 链霉素。

3. 血清学试验

对临床标本中的真菌及其抗原成分进行检测。如，用荧光抗体法检测呼吸道标本中的肺孢子菌；用乳胶凝集试验检测新生隐球菌荚膜多糖抗原等。

4. 变态反应诊断

有些真菌病，例如，荚膜组织胞浆菌假皮疽变种引致的马流行性淋巴管炎，可通过变态反应进行诊断。

5. 真菌毒素检测

对于真菌毒素引发的中毒性疾病，应对可疑的饲草、饲料进行真菌毒素及产毒真菌的检测。真菌毒素的检测比较困难，一般需要经免疫学方法检测或用气相液相色谱分析手段或接种动物做生物试验。

6. 分子生物学检查

应用分子生物学方法鉴定真菌可弥补传统方法耗时长、敏感性低的缺陷。以 18S rDNA 基因为基础的 PCR 和核酸探针技术最为常用。

（二）真菌病的防治

环境因素在真菌感染中起着重要作用。真菌的繁殖要有一定的湿度。所以，保持环境、用具、饲料、垫料的干燥并进行有效的消毒是防止真菌感染的先决条件。动物体表要保持清洁，防止皮肤外伤是预防皮肤真菌感染的重要措施。

霉菌是饲料中的常在菌。自然条件下，某一类饲料只有一种优势霉菌，其生长繁殖与环境因素有关。如储藏不当很容易污染有害真菌，引起变质，不仅丧失了营养价值，还可能引起动物中毒。霉变的饲料应尽可能废弃。

引起动物机体深部感染的真菌大多数是一些机会致病菌，在自然环境中广泛存在，只有当动物机体抵抗力降低时才会引发疾病。提高动物机体的抵抗力和免疫机能、避免长期使用抗生素及射线照射是预防真菌感染的有效措施。

第十五章　病毒学

第一节　病毒的一般特征

病毒是一类必须在细胞内增殖的非细胞结构的微生物，个体非常微小、结构极其简单。

一、病毒的形态与结构

（一）病毒的大小和形状

病毒一般以病毒颗粒的形式存在，具有一定的形态、结构及传染性。

病毒颗粒极其微小，以纳米（nm）为测量单位。病毒颗粒能够通过细菌滤器，大小多在20~300nm范围内，必须用电子显微镜才能观察到。病毒颗粒的直径可以用电子显微镜直接观察并测量，也可以通过分级过滤、梯度超速离心、电泳等方法间接测定。

病毒的形态多种多样（图15-1）。电镜下可看到的形态主要有5种：球状（大多数动物病毒为球状，如疱疹病毒、腺病毒等）；丝状及杆状（多见于植物病毒）；弹状（如狂犬病毒）；砖状（如痘病毒）；蝌蚪状（某些噬菌体为蝌蚪形，由一卵圆形的头和一条细长的尾组成）。

病毒衣壳的对称形式有3种，即二十面体对称、螺旋对称和复合对称（图15-2）。

1. 二十面体对称

由20个等边三角形构成12个顶、20个面、30个棱的立体结构。二十面体容积最大，能包装更多的病毒核酸。除痘病毒外，所有的脊椎动物DNA病毒均为二十面体对称。

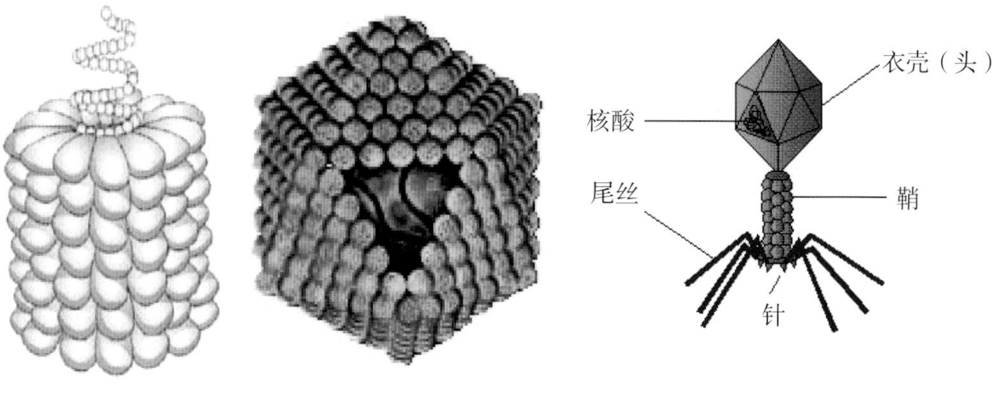

图15-1　病毒的形态

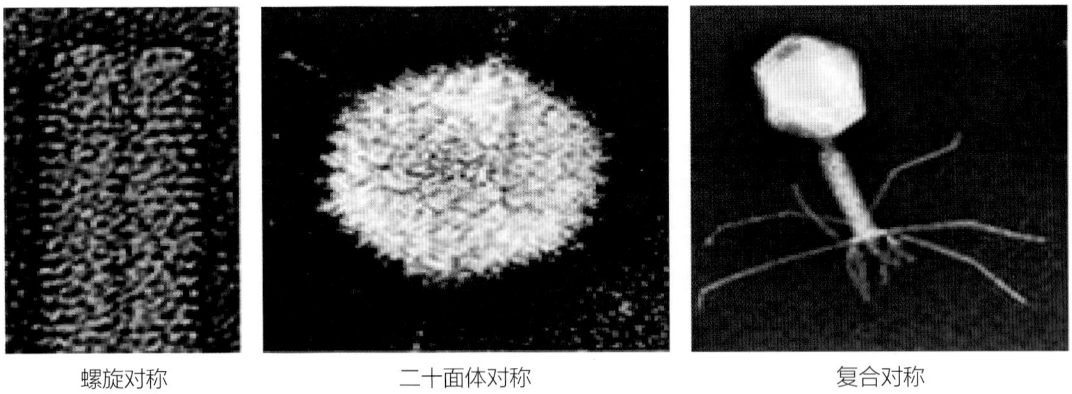

图 15-2　病毒衣壳的对称形式

2. 螺旋对称

为一种“螺旋形楼梯”的结构，对称的螺旋中间存在一个“轴”。在螺旋排列中，蛋白质亚基排列在核酸之间的转角上，构成病毒的衣壳。螺旋对称的衣壳（两端除外）的每个亚基都是严格等价的，并与相邻亚基以最大数目的次级键结合，保证衣壳结构处于稳定状态。动物病毒中衣壳呈螺旋对称的均属于有囊膜的单股 RNA 病毒，如狂犬病病毒（rabies virus）、水泡性口炎病毒（VSV）和流感病毒等。

3. 复合对称

螺旋对称和二十面体对称相结合的对称形式为复合对称。仅少数病毒的衣壳为复合对称结构。病毒衣壳由头部和尾部组成，包装有病毒核酸的头部通常呈二十面体对称，尾部为螺旋对称。大肠杆菌的 T 偶数噬菌体（例如 T4 噬菌体）便具有典型的复合对称结构。

（二）病毒的结构

病毒粒子（virion）是指一个结构和功能完整的病毒颗粒（图 15-3）。病毒粒子主要由核酸和蛋白质组成。核酸位于病毒粒子的中心，构成了病毒的基因组（genome）。蛋白质包围在核芯周围，构成了病毒粒子的衣壳（capsid）。核酸和衣壳合称为核衣壳（nucleocapsid）。

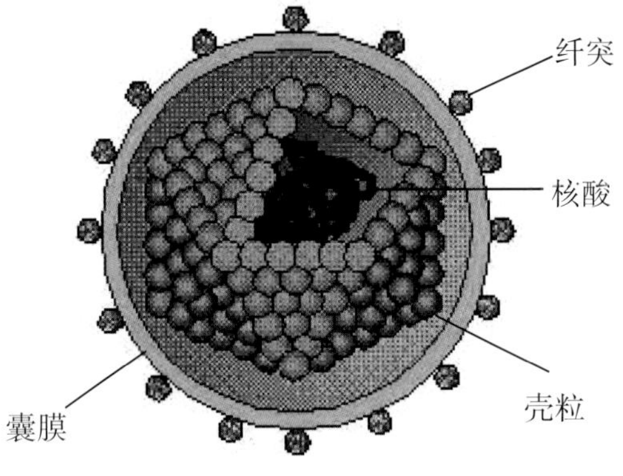

图 15-3　病毒的囊膜与纤突结构

某些病毒在核衣壳外还包裹着一层囊膜(envelope）结构。这些有囊膜的病毒称为囊膜病毒（enveloped virus），无囊膜的病毒称为裸露病毒（naked virus）。

也有一些特殊的病毒，例如，朊病毒目前被认为只含有蛋白质，类病毒等则只含有核酸。

有些病毒在增殖过程中还可以产生病毒样颗粒。病毒样颗粒（virus-like particle，VLP）是只含蛋白不含核酸的一种特殊形式的病毒粒子，一般自我组装形成，外观与有核酸的病毒颗粒无差异。不具有感染性，但具有免疫原性。能产生 VLP 的病毒已发现有 30 多种，例如兔出血症病毒、传染性囊病病毒等。

1. 核酸

核酸位于病毒衣壳的内部，为病毒的复制、遗传和变异等提供模板和遗传信息。某些病毒，例如，冠状病毒、微 RNA 病毒、疱疹病毒等，在除去囊膜和衣壳后，裸露的 DNA 或 RNA 也能感染细胞，这样的核酸称为感染性核酸（infectious nucletic acid）。感染性核酸一般不分节段，本身可作为 mRNA 或利用宿主细胞的转录酶生成 mRNA。

2. 衣壳

又称为蛋白外壳（protein coat）。它是由一定数量的壳粒排列形成的高度有序的结构。每个壳粒又由一个或者多个多肽组成。不同种类病毒的衣壳所含的壳粒数目不同，是进行病毒鉴别和分类的依据之一。衣壳能够保护病毒核酸免受环境中核酸酶或其他影响因素的破坏；还能吸附宿主细胞表面的受体，介导病毒核酸进入宿主细胞；此外，衣壳蛋白具有抗原性，是病毒颗粒的主要抗原成分。

3. 囊膜

囊膜是围绕核衣壳的双层脂质膜，由脂类、蛋白质和寡聚糖组成。它是病毒在成熟过程中从宿主细胞获取的，含有宿主细胞膜或核膜的化学成分，一般具有细胞膜或内膜的特性。在囊膜的脂质双层膜表面，通常有嵌入其中的膜蛋白，一般为病毒的糖蛋白，是病毒重要的蛋白成分。囊膜的主要功能包括维系病毒的外形结构、保护病毒核酸以及介导病毒与宿主细胞的融合。

4. 纤突

病毒的囊膜表面还有一些糖蛋白的突起物，称为纤突（spike）。囊膜与纤突构成病毒颗粒的表面抗原，与病毒的宿主细胞嗜性、致病性和免疫原性有密切关系。

病毒的形态和结构主要是通过电镜技术来解析的。近年来，随着 X 射线衍射、氨基酸测序结合空间构象模拟等技术的发展和应用，越来越多的病毒的细微结构正在逐步被解析。

二、病毒的化学组成

病毒的化学组成包括核酸、蛋白质、脂质和糖类。核酸和蛋白质是病毒的最主要的成分，由病毒基因组编码。脂质和糖类是病毒从其宿主细胞中获得的。

（一）核酸

病毒的核酸是主导病毒感染、增殖、遗传和变异的物质基础。它构成了病毒的基因组，是病毒粒子中最重要的成分，也是病毒分类鉴定的重要依据。迄今发现的成熟病毒颗粒中，一种病毒只含有一种核酸（DNA 或 RNA），但其存在形式可多种多样。核酸可以以双股或单股、线状或环状、分节段或不分节段等形式存在。

以 mRNA 的碱基序列为标准，病毒 RNA 与 mRNA 碱基排列顺序相同，称为正链 RNA（+RNA），正链 RNA 可以直接行使 mRNA 的功能。与 mRNA 碱基排列顺序互补的称为负链 RNA（−RNA）。根据核酸类型和结构的不同，病毒可分为双链 DNA 病毒、单链 DNA 病毒、双链 RNA 病毒、单股正链 RNA 病毒和单股负链 RNA 病毒。

不同病毒的核酸可能具有不同的结构特征，主要有黏性末端、循环排列和末端重复序列等。分段基因组（segemented genome）是指某些病毒（如流感病毒）的基因组是由数个不同的核酸分子构成。

除了逆转录病毒的基因组为二倍体外，其他病毒的基因组均为单倍体。不同病毒的基因组大小差异很大。

（二）蛋白质

蛋白质是病毒构成衣壳和囊膜的主要成分，具有保护病毒核酸的功能。衣壳蛋白、囊膜蛋白或纤突蛋白可特异地吸附至易感细胞表面的受体上，并促使病毒穿入细胞，是决定病毒对宿主细胞嗜性的重要因素。同时，病毒蛋白质是一种良好的抗原，可激发机体产生免疫应答。

病毒的蛋白质分为结构蛋白和非结构蛋白。

结构蛋白（structural protein）指构成一个形态成熟的、有感染性的病毒颗粒所必需的蛋白质，包括衣壳蛋白、囊膜蛋白和基质蛋白等。又可分为未修饰蛋白和修饰蛋白 2 类，前者如无囊膜病毒的衣壳蛋白，后者如病毒囊膜的糖蛋白，其前体需要糖基化修饰。

非结构蛋白（nonstructural protein）是指由病毒基因组编码的，在病毒复制或基因表达调控中具有一定的功能，但不参与病毒体构成的蛋白成分。非结构蛋白的作用和应用价值近年来已经逐步被了解。例如，冠状病毒和流感病毒的非结构蛋白有一定的抗宿主免疫的功能，有助于病毒在体内的复制和增殖。

（三）脂质与糖类

病毒的脂类成分来自宿主细胞的胞膜或核膜，因此具有宿主细胞的某些特性。例如，流感病毒的囊膜具有与正常动物细胞相同的抗原性。脂质主要存在于病毒的囊膜中，但在少数无囊膜病毒中也发现有脂类成分的存在，如 T 系噬菌体。在脂类成分当中，50%~60% 为磷脂，20%~30% 为胆固醇，其余为甘油三酰酯、糖脂、脂肪酸、脂肪醛等。

脂类的存在与病毒的吸附和侵入有关。因囊膜存在脂质，故乙醚、氯仿等脂溶剂可除去囊膜，使病毒失去感染性。而绝大多数无囊膜病毒不含有脂类成分，脂溶剂处理后不会丧失感染性。因此，常用乙醚、氯仿等脂溶剂鉴定病毒是否存在囊膜结构。

糖类是所有病毒核酸的成分之一，核糖与核苷酸共同构成了核酸的骨架。除此之外，大多数囊膜病毒的囊膜中还含有少量的糖类。主要是半乳糖、甘露糖、氨基葡糖、葡萄糖等，以寡糖侧链存在于病毒糖蛋白和糖脂中。还有一些病毒含有内部糖蛋白或糖基化的衣壳蛋白。糖类在病毒凝集红细胞的过程中起着重要的作用。用糖苷酶处理具有血凝特性的病毒，可破坏其血凝素中的糖类，使病毒丧失血凝活性。糖蛋白与病毒的吸附（吸附蛋白）和病毒的侵入（融合蛋白）有关，是病毒的重要抗原。

第二节　病毒的增殖及与细胞的相互作用

一、病毒的复制

病毒是严格的胞内寄生物，只有在活细胞内才能进行复制。其复制周期大致包括吸附、穿入与脱壳、生物合成、组装和释放 4 个步骤。

（一）吸附

吸附是病毒感染宿主细胞的第一步，有静电吸附和特异性吸附 2 种。前者是病毒与宿主细胞在随机接触后因静电引力而结合，这种吸附通常是暂时的、可逆的、非特异的。病毒感染细胞至关重要的是特异性吸附，是指病毒表面分子与敏感细胞表面的相应受体（宿主细胞表面的特殊结构）发生特异性的、不可逆的结合，这种特异性结合决定了病毒的细胞嗜性。

（二）穿入与脱壳

穿入又称病毒内化，发生于吸附之后。

动物病毒穿入细胞的方式主要包括：利用细胞的吞噬或吞饮作用进入细胞；囊膜病毒通过囊膜与细胞膜融合，核衣壳脱离囊膜进入细胞质中；通过与细胞表面相应受体相互作用而发生细胞膜移位，使核衣壳进入细胞；以完整的病毒粒子直接穿过宿主细胞膜进入细胞质。

脱壳是病毒粒子在进入细胞后或进入细胞的过程中脱去其衣壳和囊膜的过程，是复制的前提。脱壳方式因病毒的不同结构类型和不同的穿入方式而异。可发生在细胞膜、内吞小体及核膜上。

（三）生物合成

生物合成包括 mRNA 的转录、病毒核酸的复制和蛋白质的合成。

1. mRNA 的转录

由病毒基因组转录生成 mRNA 是病毒复制的关键步骤。除了大多数正链 RNA 病毒的基因组无需任何转录步骤，其他病毒的基因组均需要转录为 mRNA 后再进行蛋白表达。在细胞核内复制的 DNA 病毒通过宿主细胞的 DNA 依赖的 RNA 聚合酶Ⅱ执行转录，而其他病毒则靠病毒自身编码的特有转录酶进行转录。

2. 核酸复制

动物病毒基因组结构多样，复制方式也各有不同，主要有以下 6 种。

（1）双链 DNA 病毒。按照“中心法则”进行复制。DNA 既可以作为复制的模板，通过半保留方式复制出子代病毒的 DNA，又可以直接翻译为蛋白。

（2）单链 DNA 病毒。所有单链 DNA 病毒的核酸均为正链 DNA，先由正链 DNA 合成互补的双链 DNA，然后以正链 DNA 为模板合成 mRNA。

（3）双链 RNA 病毒。通过半保留方式复制，以负链 RNA 为模板合成互补链，即 mRNA。

（4）单正链 RNA 病毒。病毒基因组可直接作为 mRNA，翻译生成蛋白质，也可以作为模板复制出互补的负链 RNA，然后再以负链 RNA 为模板合成子代正链 RNA。

（5）单负链 RNA 病毒。病毒粒子携带转录酶，负链 RNA 可作为模板合成互补的正链 RNA，并由此翻译出 RNA 复制酶等蛋白质。

（6）单链 RNA 的逆转录病毒。逆转录病毒的单链 RNA 在复制过程中会形成 RNA-DNA 杂交分子和双链 DNA2 种中间体，双链 DNA 可整合到细胞的 DNA 中，并可以作为模板合成子代单链 RNA。母代和子代 RNA 都可作为 mRNA 合成各种蛋白质，又可作为基因组 RNA 装配到子代病毒颗粒中。

3. 蛋白质的合成

经加工的病毒单顺反子 mRNA 与细胞的核糖体结合，采用与细胞 mRNA 同样的方式翻译蛋白质。一般而言，病毒早期翻译的是病毒复制需要的蛋白，包括聚合酶等。晚期翻译的是子代病毒的结构蛋白。

（四）组装和释放

组装是指将合成好的核酸与蛋白质组合成完整的病毒粒子的过程。释放是指成熟的病毒粒子从被感染的细胞内转移到外界的过程。病毒的组装和释放显示了病毒的成熟，成熟的部位因病毒而异。

二、病毒的细胞培养

病毒是严格的细胞内寄生物。培养病毒必须使用细胞或者活体动物，如细胞、组织、动物或鸡胚。细胞培养是进行病毒增殖最常用的方法。

（一）培养细胞的种类

根据细胞来源及其生物学特性，用于病毒增殖的细胞主要有以下几类。

1. 原代细胞

指将动物新鲜组织经胰蛋白酶等方法消化处理后获得的离散细胞。大多数原代细胞只能进行有限的数次传代。但是因为直接来源于动物体，具有和动物体一样的病毒易感性。

2. 传代细胞

由原代细胞癌变而来，因此具有癌细胞的特性，能够进行无限的分裂增殖及传代培养。传代细胞产量高，但有的细胞系对野毒不敏感。

3. 二倍体细胞

由原代细胞继续培养传代获得。其染色体数目与原代细胞一样，仍是二倍体，且保持了原代细胞的大多数特征。但是，这种细胞对培养条件的要求更加严苛，如抗生素、温度、pH 值等。有的细胞，如神经细胞，因不能在体外继续分裂，故没有相应的二倍体细胞。

4. 病毒基因转染细胞系

将病毒基因转染入细胞后建立细胞系，带有某种病毒的全部或部分基因组，病毒基因组整合于细胞染色体中，能表达病毒全部或部分成分，或组装出完整的病毒粒子。

（二）细胞培养的基本条件

细胞培养要求严格。必须无菌、无毒，且温度和酸碱度适宜，营养成分充足，细胞才能生长良好。

1. 培养基

培养基的主要成分是氨基酸、葡萄糖、维生素和无机盐等。常见的有 DMEM、RPMI 1640、199 培养基等，应根据不同细胞的特性及生长需求选择使用。

2. 血清

培养基中还需添加一定量的血清。一般来说，生长液添加 10%~20%，维持液添加 2%~5%。常用的血清有胎牛血清、小牛血清和马血清等。血清中富含血清蛋白、球蛋白、生长因子和维生素等营养成分，可以为细胞生长提供原料，促进细胞生长；血清中的糖蛋白、脂蛋白等有助于细胞贴壁；血清还可以解除脂肪酸、重金属离子、蛋白酶等对细胞的毒性，起到保护细胞的作用。

3. 酸碱度

细胞生长的最适 pH 值为 7.0~7.4，最大耐受范围为 pH 值 6.6~7.8。过酸不利于细胞的生长。

4. 温度

理论上，细胞的最适培养温度应与来源的动物体温一致。实际上，一般选用 37~38℃作为细胞生长的温度，32~35℃作为维持温度。

5. 其他条件

5% CO_2 的气体条件利于维持细胞液的酸碱度。因此，常用 CO_2 培养箱进行细胞的培养。

（三）细胞培养的方法

最常用的是静置培养和旋转培养。有特定需求时，还可能用到悬浮培养或微载体培养等。现介绍前两种最常用的细胞培养方法。

1. 静置培养

将消化分散的细胞悬液分装于细胞培养瓶（皿、孔）中，封口后静置于恒温 CO_2 培养箱中。可根据不同细胞种类选择不同的培养温度和 CO_2 浓度。

2. 旋转培养

与静置培养不同，旋转培养需要不断地缓慢旋转（5~10r/h）。此方法细胞产量高，密度大，适用于疫苗生产。

三、病毒与细胞的相互作用

病毒种类繁多，其与宿主细胞的相互作用形式也千差万别。

（一）病毒感染对细胞的作用

并非所有病毒感染都会造成细胞死亡，有些非杀细胞性病毒可长期与宿主细胞共存甚至将基因组整合到宿主细胞染色体中，并与细胞一起分裂增殖，通常引发持续感染。

（二）病毒的杀细胞作用

CPE 病毒感染导致的细胞形态学损伤称为 CPE，可在光学显微镜下观察到，因病毒与细胞种类的不同有多种形式，例如细胞皱缩、圆缩、崩解、肿大、形成合胞体、形成包涵体、形成空泡等。

凋亡与坏死：凋亡是由病毒感染引致的不伴随炎症反应的细胞的程序性死亡；坏死是由病毒感染引致的伴随炎症反应的细胞死亡。

ADE 病毒感染抗体依赖的增强作用简称 ADE。是指在某些 RNA 病毒感染的过程中，宿主产生的抗体会加剧病毒对细胞的感染。

（三）病毒的非杀细胞作用

病毒感染细胞后，不会造成细胞死亡，此为病毒的非杀细胞作用。有以下 2 种表现。

1. 稳定感染

有些病毒在感染细胞后并不严重影响细胞的新陈代谢，可在相当长的一段时间里与细胞共存，这种感染称为稳定感染。

2. 整合感染

有些病毒可以将部分或者全部的基因组整合到宿主细胞的染色体内，并随细胞一同分裂增殖，这种感染称为整合感染。

（四）细胞对病毒感染的应答

在长期的进化过程中，细胞形成了对抗病毒感染的应答能力。

1. RNA 干扰

指细胞利用小分子双链 RNA 片段，特异性降解同源基因的 mRNA，从而导致靶基因转录后沉默的现象。

2. 干扰素（IFN）

它是细胞对强烈刺激（如病毒感染）应答时产生的一过性分泌物。干扰素是一类具有广谱抗病毒活性的蛋白质。干扰素的抗病毒活性无病毒特异性。干扰素本身不能直接杀灭病毒，而是通过刺激邻近细胞产生一组抗病毒蛋白（ISG），作用于病毒复制周期的一个或多个环节，进而发挥抗病毒作用。

3. 细胞凋亡

一般来说，凋亡是宿主细胞的重要防御机制，有别于细胞坏死。凋亡总是发生在病毒复制完成之后，是细胞在子代病毒产出之前通过有序的基因调控而诱导的自杀，以尽早清除感染病毒的细胞，限制病毒在体内的进一步扩散。

第三节　病毒的变异与演化

一、病毒的变异

病毒是自然界最简单的生命体之一。其遗传信息绝大多数都由核酸携带。病毒在快速的增殖过程中经常会自发产生核酸的改变，由此产生的众多子代病毒都会存在不同程度的变异。其中，大多数变异是致死性的，它会使病毒丧失存活和复制的能力，只有少数能适应环境生存下来。

常见的病毒变异主要有以下几种。

（一）突变（mutation）

病毒的突变是指基因组中核酸碱基顺序上的变化，可以是单个核苷酸的改变，也可以是小段或大段核苷酸的缺失、插入或易位。以突变概率而言，点突变最为常见，小片段核苷酸的缺失或插入次之，大片段核苷酸的缺失很少发生。

随着 PCR 及核苷酸测序技术的日益普及，我们可以采用定点诱变技术人为地将 DNA 或 RNA 中任何既定部位的核苷酸替换、缺失或者改变性插入。自然条件下，病毒复制过程中的自发突变率一般为 10^{-3}～10^{-11}。而各种物理、化学诱变剂可以提高突变率，如温度、射线、5- 溴尿嘧啶、亚硝酸盐等均可诱发突变。突变株与原先的野生型病毒株可能在病毒毒力、抗原组成、宿主范围等方面有差异。

1. 毒力增强或减弱

突变株致病能力增强成为强毒株，或者减弱成为弱毒株。后者可制成弱毒活病毒疫苗，如猪繁殖与呼吸综合征病毒（PRRSV）弱毒细胞疫苗、麻疹疫苗等。

2. 条件致死性突变株（conditional lethal mutant）

它是一种表型突变，指病毒突变后只在特定条件下能够增殖而在原来的条件下不能增殖。其中最主要的是温度敏感突变株（temperature sensitive conditional lethal mutant），简称 ts 株。ts 株在特定温度下孵育能进行复制增殖，其他温度下则不能增殖。可以通过改变培育细胞的温度来筛选这些突变株。现已从许多动物病毒中分离出 ts 株，选择遗传稳定性良好的品系用于制备减毒活疫苗，如流感病毒及脊髓灰质炎病毒 ts 株疫苗。

3. 宿主范围突变株（host range mutant）

例如猪瘟兔化弱毒疫苗（HCLV）。它是将病毒经兔体传代数百次后选育的一株适应家兔而对猪基本无毒力，但保持良好免疫原性的弱毒疫苗株。国外称为C株。C株是国际上公认的效果最好的猪瘟弱毒疫苗，不仅为我国，也为欧洲国家猪瘟的控制做出了重大贡献。

（二）基因重组（genetic recombination）

当2种不同病毒或者同一种病毒的不同毒株同时感染同一宿主细胞时，在核酸复制的过程中彼此的遗传物质发生交换，产生不同于亲代的子代病毒，称为基因重组。包括分子内重组（intramolecular recombination）、基因重配（reassortment）和复活（reactivation）。

1. 分子内重组

2种不同的通常密切相关的病毒间的核苷酸片段的交换。DNA病毒可发生此种现象，RNA病毒更为普遍。通常不同科的病毒之间或者是同一种病毒的不同毒株或者亚型之间都可以发生分子内重组。如SV40与腺病毒的重组，SV40 DNA具有腺病毒的衣壳。

在病毒与宿主细胞的基因组之间也会发生分子内重组。在逆转录病毒基因组内发现有细胞基因。病毒将宿主细胞的肿瘤基因掺入自身基因组，使其变为病毒的肿瘤基因。例如，鸡马立克病病毒的基因组含有肿瘤基因。序列分析表明，该基因来源于禽逆转录病毒或宿主细胞内的禽逆转录病毒肿瘤基因的类同物。

2. 基因重配

它又称为基因重排，是指多个遗传性相关的基因组分节段的RNA病毒在同时感染某一细胞时，互换其基因组节段，产生稳定的或者不稳定的重配毒株。重配只是RNA片段的简单交换，所以发生频率很高。在自然界中，人和动物流感病毒间不断的重配产生抗原性漂移，可引起新的疾病的暴发。

3. 复活

它又称增殖性复活（multiplicity reactivation），指用一株病毒的产生不同程度致死性改变的若干病毒颗粒同时感染一个细胞时，病毒重新具有感染性。这是因为病毒核酸上受损害的基因部位不同，通过基因重组得以弥补从而复活。另外，在有感染性的病毒与灭活的相关病毒或者该病毒的基因组片段之间，可发生交叉复活、基因组拯救以及DNA片段拯救。上述现象在制备病毒疫苗时应予以重视。例如，将能在鸡胚中生长良好的甲型流感病毒疫苗株（A0或A1亚型）经紫外线灭活后，与感染性的亚洲甲型流感病毒（A2亚型）一同培养，能够获得具有前者生长特点的A2亚型流感病毒，可用来制作疫苗。

（三）病毒基因产物间的相互作用

它病毒之间不仅有核酸水平的相互作用，其基因产物——蛋白质水平也会发生相互作用。蛋白质水平的相互作用可影响或改变病毒的表型。病毒基因产物间的相互作用主要表现为表型混合（phenotype mixing）和补偿作用（complementation）。

1. 表型混合

2个病毒混合感染后，一个病毒的基因组偶尔装入另一病毒的衣壳内，或装入2个病毒成分构成的衣壳内，子代病毒获得两者的表型特性，称为表型混合。子代病毒的混合表型是不稳定的，传代后可恢复至基因组原有的特性。某些无囊膜病毒之间的表型混合可以以衣壳转化的形式出现，即病毒的衣壳可以全部或者部分在病毒之间互换。例如，脊髓灰质炎病毒的核酸可由柯赛奇病毒的衣壳包裹；腺病毒2型的核衣壳之内包裹着腺病毒7型的基因组。衣壳转化可以改变病毒的组织嗜性。

偶尔也会出现 2 种病毒的核酸混合装在同一病毒衣壳内，或 2 种病毒的核衣壳偶尔包在一个囊膜内，但它们的核酸都未发生重组，所以没有遗传性。副黏病毒在成熟过程中也会出现数个核衣壳被一个囊膜包裹的现象。

2. 补偿作用

同一种病毒的 2 个毒株、2 种相关或不相关的病毒感染同一个细胞时，由于蛋白质的相互作用，拯救了一种或 2 种病毒或增加了病毒的产量，即为补偿作用。一种病毒为另一种病毒提供了其不能合成的基因产物，使后者在二者混合感染的细胞中得以增殖。缺损病毒与其辅助病毒之间，2 个缺损病毒之间，活病毒与灭活病毒之间都可以发生补偿作用。

二、病毒的演化

病毒在自然界中会不断地发生自发性突变，往往获得与亲代病毒性质有别的子代病毒。变异的子代病毒如果要适应生存并进一步演化，必须具备以下条件。

第一，具备快速复制的能力。大多数毒力强的毒株复制均较一般性毒株快。但是，如果太快，致病力太强，会导致宿主很快死亡，不利于病毒的传播。

第二，能达到较高的滴度。只有病毒的突变体增殖到群体水平时，才有可能发生演化。并且，这种突变在病毒复制过程中能被导入到每一个核酸分子中。感染病毒的细胞产生大量的子代病毒，这也是病毒演化的生长点。

第三，能在特定组织内进行增殖。病毒抗原与细胞受体结合的特异性决定了病毒对宿主细胞的嗜性，决定了病毒能感染哪些组织器官。如果病毒能在脑、肾组织或免疫器官的细胞内增殖，则具有更强的生存能力。

第四，能长期排毒。慢性排毒有利于病毒的存活和对环境的适应。如能复发及间歇性排毒，病毒存活和演化的机会更多。

第五，能够耐受外部环境的变化。病毒的衣壳和囊膜能够保护核酸抵御环境因素的影响，使其能够在一定的恶劣环境中生存下来。

第六，能够逃避宿主的免疫防御。宿主在进化过程中产生了抵御病毒的免疫系统。与此同时，病毒侵袭宿主的机制也在进化。例如，某些病毒，尤其是一些拥有较大基因组的病毒，能够编码干扰宿主抗病毒活性的蛋白，因此造成免疫耐受性感染。

第七，能进行垂直传播。垂直传递的过程可使病毒免受外界环境的影响，也是病毒适应性演化的一种表现。

病毒根据遗传物质的不同可以简单地分为 DNA 病毒和 RNA 病毒。DNA 复制具有校正功能，所以就复制的突变率而言，RNA 病毒远远高于 DNA 病毒。通常，病毒演化存在 2 种常规途径。在 r- 选择和 K- 选择下，病毒和它的宿主以统一体的形式共存。r- 选择的病毒产量更高，每一代生存时间短且能致死宿主细胞，而 K- 选择的病毒能够与宿主共存更长时间。由于病毒的复制完全依赖感染宿主，病毒的演化更倾向于通过 2 种途径中的一种。在第一种途径中，病毒与宿主共同演化，因此它们面临相同的命运：感染宿主的数量增加，病毒群体的数量也会增加。但如果不能感染其他宿主，病毒群体就会遭遇遗传瓶颈，例如，采取抗病毒措施或者宿主死亡，整个病毒群体就会被清除。在另一种演化途径中，病毒群体占据更广泛的生态位，可以同时感染多种宿主群。当一种宿主被感染，病毒群体就可以在另一个宿主群体中复制。通常情况下，第一种途径是 DNA 病毒典型的演化途径，而第二种途径是 RNA 病毒典型的演化途径。这 2 种途径都为病毒提供了极佳的生存策略。

在免疫功能正常的个体内，当病毒复制达到一定水平时，在抗体和细胞毒性 T 细胞的清除作用下，会出现对清除作用突变株的选择。抗原漂移和抗原转换就是病毒产生多样性的独特机制。以甲型流感病毒为例，漂移发生在某个亚型之内，是点突变的积累，其中和表位与未突变株稍有差异；转换则骤然获得一个全新的 HA 或 NA 基因，从而产生新的亚型，可能在全世界范围内导致新型流感的暴发。

病毒变异就是病毒本身为适应环境而进行演化的方式。它不促使病毒基因组从简单到复杂，也不沿着追求完美的轨迹发展，更确切地说，演化是为了清除目前不适应的因素而产生的，不能期望其为将来做更好的准备。

三、准种

1971 年，Manfred Eigen 在研究大分子进化模型时第一次提出“病毒准种”的概念。随着遗传学、生化学、免疫学等对病毒研究的不断深入，准种的概念逐渐完善。目前，病毒学家公认的病毒准种概念如下。

病毒准种是受遗传变异、竞争及选择作用影响的高度相关但不完全相同的变异株和重组基因组组成的动态种群。

就某一种病毒而言，它是一个群体，群体内的各种病毒颗粒具有保守的表型特性的同时，兼有遗传动态的差异。如果病毒核酸复制不发生错误，那就不再有表型变化，如果错误率太高，病毒种群将不再具有完整性。只有在错误率不大不小时，种群才能在变异中保持稳定。由于自然选择的结果，环境适应的突变得以积累并发展，从而实现病毒的演化。

第四节　病毒的致病性

病毒致病性的强弱由动物个体感染该种病毒后表现出来的临床症状体现，如动物感染病毒后的发病率和死亡率。病毒与机体之间的相互作用需要通过一定的途径联系起来。病毒可以通过呼吸道、胃肠道、皮肤、眼、口、泌尿生殖道、胎盘等途径入侵宿主组织和器官，并通过血液循环、淋巴循环、神经扩散等方式在机体内扩散和排放，引发机体的隐性感染和显性感染，造成机体出现病毒血症、组织器官损伤和免疫系统损伤。其中，免疫系统损伤是病毒致病的重要机理。

一、病毒感染的途径

病毒感染宿主的途径主要包括呼吸道感染、胃肠道感染、皮肤感染及其他途径感染。

（一）呼吸道感染

机体吸入带有病毒的空气导致感染较为常见。病毒首先与呼吸道黏膜上皮细胞上的相关受体特异性结合，逃避了纤毛和巨噬细胞的清除作用。随后在呼吸系统定殖，或通过细胞间的扩散入侵组织，或通过淋巴和/或血流引起广泛扩散。呼吸道病毒最初入侵并损伤上皮细胞，逐步损坏呼吸道黏膜的保护层，暴露出越来越多的上皮细胞。病毒感染早期，呼吸道纤毛摆动实际上有助于子代病毒沿着呼吸道扩散。感染后期，当上皮细胞损坏时纤毛停止摆动。呼吸道表面上皮的退行性变化非常迅速，但能迅速再生。例如，雪貂感染流感病毒后，其移行上皮细胞增生为新的柱状上皮细胞只需几天时间。移行上皮及其新分化的柱状上皮能抵抗感染，原因可能是这些细胞分泌干扰素或缺乏病毒受体。

（二）胃肠道感染

一般而言，引起单纯肠道感染的病毒，如肠病毒，都能抵抗胃酸和胆汁。轮状病毒和一些冠状病毒不仅能抵抗胃蛋白酶的水解作用，其感染力还可因此而增强。前者的衣壳蛋白被肠蛋白酶水解后，感染力增强。病毒经消化道感染多数潜伏期短，没有任何前驱症状。引起动物腹泻的病毒主要有轮状病毒、冠状病毒、环曲病毒、细小病毒、嵌杯病毒、星状病毒、某些腺病毒。轮状病毒感染肠绒毛顶端的细胞，感染细胞明显变短。相邻肠绒毛有时发生融合，肠道吸收面积减少，导致肠腔中黏液积累并腹泻。细小病毒则感染并损伤分化中的肠腺上皮，切断了肠绒毛上皮细胞的来源，其感染常发生在小肠近端，并逐步向空肠和回肠或结肠扩展。感染的扩展程度与摄入的病毒量、毒株的毒力以及宿主的免疫状况有关。随着感染的发展，肠绒毛的吸收细胞被不成熟的立方上皮细胞代替，后者的吸收能力和酶活性大为下降，但较能抵抗病毒的感染。腹泻引致的脱水如果不致死，这种病毒感染常常是自限性的，机体可很快康复，如果只感染肠腺尤其如此。

（三）皮肤感染

皮肤是机体天然的免疫屏障，防御病原感染的第一道防线。病毒入侵皮肤的一个主要的有效途径是通过节肢动物的叮咬，如蚊、蜱、库蠓、白蛉等可作为病毒的机械性传播媒介。例如，流行性乙型脑炎病毒、马传染性贫血病毒、兔出血病病毒和黏液瘤病毒、禽痘病毒等都能够通过昆虫咬伤的方式传播。在节肢动物体内复制的病毒称为虫媒病毒。病毒也可通过动物咬伤的方式获得传播，如狂犬病病毒。兽医或相关人员的某些操作也可导致病毒医源性感染。例如，马传染性贫血病毒可通过污染的针头、绳索、马具传播；乳头瘤病毒和口疮病毒可通过耳标、文身或被病毒污染的物体传播。病毒还可以通过破损的皮肤伤口直接感染动物机体。

（四）其他途径感染

病毒还可以通过生殖道、泌尿道、眼球、血液、母婴等途径引起感染。单纯疱疹病毒可通过阴道进入宿主。带毒动物在进行交配时阴道上皮出现磨损，利于性病病毒如免疫缺陷性病毒的传播。一些腺病毒和肠病毒可从眼结膜进入宿主。病毒也可经胎盘、产道或哺乳由母体传给胎儿或动物幼畜。

二、病毒的致病

病毒与宿主细胞相互作用的结果可引致宿主的临床和病理变化。了解病毒对动物个体的致病机理是理解动物全体乃至生态系统中病毒致病本质的基础。病毒感染宿主后可通过对宿主组织和器官的损伤和对免疫系统的损伤形成对宿主的致病效果。

病毒在细胞内增殖可造成细胞溶解死亡，并阻断宿主细胞蛋白质及核酸的合成，增强细胞膜和溶酶体膜的通透性，病毒衣壳蛋白还可以直接造成宿主细胞的损伤。病毒致病的严重程度与该病毒在组织细胞引致的病变程度并无直接关系。许多肠病毒能引起组织细胞病变，但不产生临床症状。反之，逆转录病毒和狂犬病病毒能引起动物的致死性疾病，但并不产生细胞病变。病毒引起的细胞和组织损伤是否会产生临床疾病因器官而异，损害肌肉或皮下组织等的功能与损害心脏或脑组织器官的功能，所致的后果显然不同。

（一）对皮肤的损伤

皮肤是感染的初始部位，还可经由血流被再次入侵。伴随病毒感染的皮肤损伤可以是局部的，如乳头瘤，也可以是扩散的。病毒引起的动物皮肤损伤包括斑点、丘疹、小水泡、脓疱等。某些病毒会造成特征性皮肤病变，例如，水泡是口蹄疫病毒感染的特征，丘疹是痘病毒感染的特征。

（二）对神经系统的损伤

作为中枢神经系统的脑和脊髓对某些病毒非常易感，常引起严重的致命性损伤。病毒可经由神经或血液从末梢部位扩散到脑。从血液扩散而来的病毒必须首先突破血脑屏障。一旦进入中枢神经系统，病毒很快扩散，引起神经细胞和神经胶质细胞的进一步感染。披膜病毒、黄病毒、疱疹病毒等引起的脑炎、脑脊髓炎等神经细胞裂解性感染以神经细胞坏死、噬神经现象和血管周围积聚炎性细胞为特征。狂犬病病毒感染神经细胞后无杀细胞作用，并且炎性反应轻微，但对大多数哺乳动物可致死。一些病毒感染还可出现其他的特征性病理变化。如引起牛海绵状脑病和羊痒病的朊病毒导致慢性进行性神经细胞退化和空泡化；感染犬瘟热病毒的犬由于神经胶质细胞受损出现进行性脱髓鞘病变。

（三）对其他器官的损伤

动物机体中几乎所有器官都能通过血流循环而感染病毒。大多数病毒都有特征性的感染靶器官。以动物肝脏作为靶器官的病毒相对较少。病毒介导的动物心脏损伤也不常见。

（四）对胎儿的损伤

胎盘屏障可以保护胎儿免受病原微生物的感染。但是一些病毒能跨过胎盘屏障感染胎儿，如猪繁殖与呼吸综合征病毒、猪瘟病毒、猪伪狂犬病病毒、猪细小病毒、猫泛白细胞减少症病毒、犬疱疹病毒、蓝舌病毒、禽脑脊髓炎病毒等。病毒感染胎儿的后果取决于病毒株的毒力、组织嗜性及胎龄，一般会造成产畸形胎、死胎、木乃伊胎，母畜流产等繁殖障碍。

（五）对免疫系统的损伤

动物机体的免疫系统由免疫器官、免疫细胞和免疫效应分子组成。许多病毒如猫白血病病毒、猫免疫缺陷病毒、猴免疫缺陷病毒、人免疫缺陷病毒 1 型和 2 型、传染性囊病病毒、人疱疹病毒 4 型能够直接感染免疫细胞，如 T 淋巴细胞、B 淋巴细胞、单核细胞、树突状细胞、淋巴网状组织基质细胞，造成机体免疫功能抑制，免疫力低下。另外，病毒感染免疫细胞导致免疫系统的损伤，从而加重疾病或使宿主易于再感染另一种或几种病原体（如病毒、细菌、寄生虫）。

三、病毒感染的类型

病毒感染的类型根据临床症状的明显程度可分为 2 种，隐性感染和显性感染。

（一）隐性感染

病毒感染后机体不表现任何临床症状，此为隐性感染。病毒毒力弱或机体防御能力强是造成隐性感染的可能原因。病毒在体内不能大量增殖，不会造成细胞和组织的严重损伤，或者病毒不能最后侵犯到达靶细胞，都可能不出现临床症状。隐性感染者可向体外不断散播病毒，是重要的传染源。

（二）显性感染

病毒在宿主细胞内大量增殖引起细胞损伤和死亡，机体表现出明显的临床症状，此为显性感染。显性感染又分为急性感染和慢性感染。

急性感染的特征为发病急，进展快，病程一般为数日至数周。发病动物有的在急性期死亡，有的耐过后产生后遗症，多数耐过痊愈。

慢性感染的特征为病毒长期存在于寄主体内，可达数月至数年，造成慢性持续性感染。慢性感染又可分为 4 种类型。

1. 持续性感染

不论是否发病，感染性病毒始终存在，可能很迟才发生免疫病理或肿瘤病。

2. 潜伏感染

只有被激活之后才能检测到感染性病毒颗粒。例如，牛疱疹病毒 1 型，可导致奶牛的传染性鼻气管炎。只要不发病，在潜伏感染的奶牛体内是分离不到病毒的。

3. 长程感染

具有感染性的病毒颗粒在一个很长的临床前阶段逐渐增多，最终导致缓慢的、渐进性致死疾病。导致绵羊痒病的朊病毒在感染神经组织若干年后才能被检测到，直至动物死亡时病毒在动物脑组织中才达到较高的滴度。

4. 迟发性临床症状的急性感染

此类病毒的持续性复制与疾病的进程无关。例如，猫泛白细胞减少症病毒，胎猫时已受感染，直至青年猫才表现小脑综合征。在神经损伤出现时，并不能分离出病毒。因此这种小脑综合征多年来一直被误认为是一种先天性的小脑畸形。

第五节　病毒性传染病的实验室诊断与防治

当遇到原因不明、症状不典型的传染病时，首先要考虑做病毒分离。要验证病原与疾病发生的关系，必须要按照科赫法则进行病原致病性的鉴定。

一、病毒的分离

（一）病料的采集与处理

病料一般可采集发病或死亡动物的血液、鼻咽分泌物、粪便、脑脊液或病变的器官组织等。采集的样本宜低温保存、冷藏速送。

固体样本可用细匀浆器或乳钵研磨制成匀浆，反复冻融 2~3 次，加入 Hanks 液稀释，3 000r/min 离心 10min，将上清用 0.22 μm 滤膜除菌后接种敏感细胞。液体样品可直接离心取上清，滤膜除菌后接种敏感细胞。

（二）病毒的分离和培养

灭菌处理（过滤、离心及加抗生素）的病料可接种易感细胞或鸡胚或易感动物，观察细胞或鸡胚是否出现病变或死亡，易感动物是否出现相应症状或死亡等。

细胞培养比动物接种和鸡胚接种更容易操作，且不易导致实验室感染。因此，细胞培养是分离病毒的首选方法。如果对于新发病毒的种类和特性不清楚，可以在培养时多选择几种细胞，以提高分离成功率。若接种病料后细胞未出现细胞病变，可用免疫荧光法进一步检测并观察病毒是否存在。如果仍是阴性，可将分离培养物盲传 3 代，每代均用免疫荧光法进行检测。阳性培养物可用电子显微镜进一步观察病毒的形态。

不同种类病毒的易感细胞往往不同。进行病毒的分离和培养时首先要选择敏感的细胞，特别是从样本中直接分离病毒时，原代细胞的敏感性较强，对原有组织更具代表性。但是原代细胞不能多代培养，制备技术麻烦，应用受限。二倍体细胞和传代细胞在病毒分离培养方面的应用更为广泛。一种病毒往往对多种细胞敏感，在分离病毒的时候应进行合理选择。

二、病毒的检测与鉴定

将病料接种细胞后，还需要进一步确认病毒是否在细胞中进行了有效增殖。针对病毒的检测包括病毒颗粒的检测、感染单位的检测、血清学检测和核酸检测。

（一）病毒增殖的鉴定

病毒在敏感细胞中进行增殖，通常会有以下几种表现。

1. 细胞病变效应（CPE）

大多数病毒感染敏感细胞，在细胞内增殖并与之相互作用后，会引起受感染细胞发生聚集、脱落、融合，形成包涵体，甚至损伤死亡，可在低倍镜下直接观察。感染细胞的特征性的形态学改变称为细胞病变效应（cytopathic effect，CPE）。CPE 随病毒种类及所用细胞的类型不同而异，可进行病毒的初步鉴定。

2. 红细胞吸附现象

某些病毒感染细胞后一定时间会在细胞膜上出现病毒的血凝素，可吸附豚鼠、鸡等动物和人的红细胞，此为红细胞吸附现象。该现象可被相应的抗血清所抑制，称为红细胞吸附抑制试验。某些囊膜病毒，如流感病毒或某些副流感病毒，感染单层细胞后不产生明显的 CPE。但其合成的血凝素蛋白质可插入受感染细胞的细胞膜中，使受感染细胞获得吸附红细胞的能力。

3. 干扰现象

指一种病毒感染细胞后可以干扰另一种病毒在该细胞中的增殖，造成一种或 2 种病毒的滴度下降。可利用干扰现象对某些不能产生 CPE 的病毒进行初步鉴定。

4. 细胞代谢的改变

如细胞糖代谢的改变等。除此之外，还可以利用血清学方法，如间接免疫荧光试验、免疫酶试验等直接观察在感染细胞中的病毒抗原信号，判定病毒在细胞中的增殖情况。

（二）病毒颗粒的观察

电子显微镜（EM）观察是鉴定病毒最直观的方法，但仅适用于形态具有明显特征的病毒颗粒，如轮状病毒、痘病毒等。形态难以区分的病毒可以利用免疫电镜技术进行观察。

（三）病毒感染单位的检测

常用空斑形成单位（PFU）、半数致死量（LD_{50}）或半数组织感染量（$TCID_{50}$）来表示感染性病毒颗粒的滴度。HA 是检测具有血凝活性的病毒的滴度的常用方法。

空斑试验技术类似于细菌培养。将不同稀释度的病毒悬液接种于单层细胞上，使病毒吸附于细胞，然后覆盖一层营养琼脂培养基。琼脂限制了病毒在细胞中的扩散，使病毒只能感染周围的细胞，最终出现没有细胞生长的空斑区域。一个空斑理论上可认为是由一个病毒粒子感染形成的，即一个空斑形成单位（plaque forming unit, PFU）。空斑试验可作为定量检测感染性病毒颗粒（病毒感染单位）的方法。

（四）血清学检测

基于抗原与抗体特异性反应的血清学技术可用于病毒及其相应抗体的检测。如中和试验、凝集反应、酶联免疫吸附试验（ELISA）、补体结合试验、免疫荧光、免疫沉淀技术、血凝抑制试验等。

（五）分子生物学鉴定

运用聚丙烯酰胺凝胶电泳、蛋白质肽图与 N 末端氨基酸分析、核酸的酶切图谱、序列测定、聚合酶链式反应（PCR）等方法鉴定病毒的核酸、蛋白质等组分的性质，就是在分子水平上阐释病毒的性质。

三、病毒性传染病的防治

坚持“预防为主”。针对自身情况制订有效的疫苗免疫程序，注重生物安全管理，同时加强饲养管理，搞好卫生消毒工作。

基础传染病学

第十六章 基础传染病学

第一节 动物传染病的传染和流行

动物传染病学是研究动物传染病的发生和发展的规律以及预防、控制和消灭传染病，保障公共卫生安全的科学。动物传染病的控制和消灭程度是衡量一个国家兽医事业发展水平的重要标志。

一、感染与传染病的概念及其特征

（一）感染

病原微生物侵入动物机体，并在一定的部位定居、生长繁殖，从而引起机体产生一系列的病理反应，这个过程称为感染。动物感染病原微生物后会有不同的临床表现，从完全没有临床症状到明显的临床症状，甚至死亡，这不仅取决于病原本身的特性，也与动物的遗传易感性和宿主的免疫状态以及环境因素有关。

（二）传染病

凡是由病原微生物引起，具有一定的潜伏期和临床症状，并具有传染性的疾病称为传染病。传染病具有以下特性。

1\. 病原特异性

传染病是在一定条件下病原微生物与动物机体相互作用引起的，每一种传染病都有其特异的致病性微生物。如猪繁殖与呼吸综合征是由猪繁殖与呼吸综合征病毒引起的，没有猪繁殖与呼吸综合征病毒就不会发生猪繁殖与呼吸综合征病。

2\. 传染性和流行性

如从患有传染病的动物体内排出的病原微生物，能够侵入另一有易感性的健康动物体内的现象，就是传染病与非传染病相区别的一个重要特征。当一定的环境条件适宜时，在一定时间内，某一地区易感动物群中可能有许多动物被感染，致使传染病蔓延散播，形成流行。

3\. 耐过动物获得免疫力

大多数耐过传染病的动物能获得特异性免疫。动物耐过传染病后，在大多数情况下均能产生特异性免疫，使机体在一定时期内或终生不再患该种传染病。

二、感染的类型和传染病的分类

（一）感染的类型

根据病原微生物与动物机体的相互作用及其表现可将感染分为不同的类型。按感染动物的临床症状表现分为显性感染、隐性感染、一过型感染和顿挫型感染；按感染发生的部位分为全身感染和局部感染；按病原微生物来源分为外源性感染和内源性感染；按病程长短分为最急性、急性、亚急性和慢性感染；按病原种类分为单纯感染、混合感染和继发感染；按症状是否典型分为典型感染和非典型感染；按感染的严重程度分为良性感染和恶性感染。

（二）动物传染病的分类

按疾病的危害程度，国内将动物传染病分为 3 类。

一类动物疫病是指对人和动物危害严重、需要采取紧急、严厉的强制性预防、控制和扑灭措施的疾病，一类动物疫病大多数为发病急、死亡快、流行广、危害大的急性、烈性传染病或人和动物共患的传染病。按照法律规定，此类疫病一旦暴发，应采取以区域封锁、扑杀和销毁动物为主的扑灭措施。

二类动物疫病是指可造成重大经济损失、需要采取严格控制和扑灭措施的疾病。按照法律规定，发现二类动物疫病时应根据需要采取必要的控制、扑灭措施。

三类动物疫病是指常见多发、可造成重大经济损失、需要控制和净化的动物疾病。法律规定应采取检疫净化的方法，并通过预防、改善环境条件和饲养管理等措施控制。

与国内的疫病分类情况不同，世界动物卫生组织（OIE，旧称国际兽医局）2006 年取消了 A 类疫病和 B 类疫病的提法，统称为“List diseases”，译为“通报疫病”。与之前的 OIE 法典相比，疫病种类有所增加。增加及调整最多的是贝类及虾蟹类；猪病方面增加了尼帕病毒性脑炎及猪繁殖与呼吸综合征病毒，但是未列入猪圆环病毒 2 型和猪链球菌 2 型；高致病性禽流感仍位列禽病之内。

三、传染病病程的发展阶段

传染病的发展过程在大多数情况下可分为 4 个阶段，即潜伏期、前驱期、明显期（发病期）和转归期（恢复期）。

（一）潜伏期

从病原微生物侵入机体开始到出现临床症状为止的这段时间，称为潜伏期。处于潜伏期的动物可能是传染的来源。

（二）前驱期

潜伏期过后即转入前驱期，是疾病的征兆阶段。特点是临诊症状开始出现，但特征性症状仍不明显。

（三）明显期（发病期）

前驱期之后，表现出该种传染病的特征性的临诊症状，是疾病发展到高峰的阶段。在这个阶段，感染动物会相继出现很多有代表性的特征性症状，在诊断上比较容易识别。

（四）转归期（恢复期）

动物体的抵抗力得到改进和增强，可以转入恢复期。如果病原体的致病性增强或者机体的抵抗力减弱，动物可发生死亡。

四、动物传染病流行的基本环节

动物传染病的一个基本特征是能在动物之间经直接接触传染或通过媒介物（生物或非生物的传播媒介）间接传染，构成流行。动物传染病的流行过程就是从动物个体感染发病发展到动物群体发病的过程。

传染病在动物群中蔓延流行，必须具备 3 个相互连接的条件，即动物传染病流行过程的 3 个基本环节：传染源、传播途径、易感动物。当这 3 个条件同时存在并相互联系时就会造成传染病的流行。

（一）传染源

传染病的病原体在其中寄居、生长、繁殖，并能向外界排出病原体的动物机体称为传染源。动物受感染后，可以表现为患病和携带病原 2 种状态，因此传染源一般可分为 2 种类型。

1. 患病动物

病畜是重要的传染源。前驱期和症状明显期的病畜能排出病原体且具有症状，尤其是在急性过程或者病程转剧阶段可排出大量感染性较强的病原体，因此作为传染源的作用也最大。潜伏期和恢复期的病畜是否具有传染源的作用，则随病种不同而异。病畜能排出病原体的整个时期称为传染期，不同传染病传染期长短不同。

2. 病原携带者

病原携带者是指外表无症状，但体内有病原体存在，并能繁殖和排出体外的动物。它是危险的传染源，易被忽视。病原携带者一般分为潜伏期病原携带者、恢复期病原携带者和健康病原携带者 3 类。

潜伏期病原携带者携带的病原体数量很少，一般不具备排出条件，因此不能起传染源的作用。但有少数传染病如狂犬病、口蹄疫和猪瘟等在潜伏期后期能够排出病原体，此时就有传染性。

恢复期病原携带者是指在临诊症状消失后仍能排出病原体的动物。一般来说，这个时期动物的传染性已逐渐减少或已无传染性了。但还有不少传染病如猪气喘病、布鲁氏菌病等在临诊痊愈的恢复期仍能排出病原体。

健康病原携带者是指过去没有患过某种传染病但却能排出该种病原体的动物。一般认为这是隐性感染的结果，通常只能靠实验室方法检出。如巴氏杆菌病、沙门菌病、猪丹毒和马腺疫等病的健康病原携带者为数众多，有时可成为重要的传染源。

值得注意的是，病原携带者存在着间歇排出病原体的现象。仅凭一次病原学检查的阴性结果不能得出正确的结论，只有反复多次检查均为阴性时才能排除是病原携带状态。

（二）传播途径

病原体从传染源排出后，经过一定的方式再侵入健康动物经过的途径，称为传染病的传播途径。

传播途径可分两大类，水平传播和垂直传播。水平传播指传染病在群体之间或个体之间以水平形式横向平行传播；垂直传播指从母体到其后代两代之间的传播。水平传播又分为直接接触传播和间接接触传播。垂直传播分为经胎盘传播、经卵传播和经产道传播。

1. 直接接触传播

病原体通过被感染的动物（传染源）与易感动物直接接触（交配、舐咬等）而引起的传播方式。以直接接触为主要传播方式的传染病以狂犬病最具有代表性。直接接触传播的传染病的流行特点是

一个接一个地发生，形成明显的链锁状。这种方式使疾病的传播受到限制，一般不易造成广泛的流行。

2. 间接接触传播

病原体通过传播媒介使易感动物发生传染的方式，称为间接接触传播。将病原体从传染源传播给易感动物的各种外界环境因素称为传播媒介。传播媒介可以是生物，也可以是无生命物体。间接接触传播的途径包括空气（飞沫、飞沫核、尘埃）传播、经污染的饲料和水传播、经污染的土壤传播、经活的媒介物传播等。

3. 经胎盘传播

受感染的孕畜经胎盘血流传播病原体感染胎儿，称为胎盘传播。可经胎盘传播的疾病有猪瘟、猪细小病毒感染、牛黏膜病、蓝舌病、伪狂犬病、布鲁氏菌病、弯曲菌性流产、钩端螺旋体病等。

4. 经卵传播

主要见于禽类。由携带有病原体的卵细胞发育而使胚胎受感染，称为经卵传播。可经卵传播的病原体有禽白血病病毒、禽腺病毒、鸡传染性贫血病毒、禽脑脊髓炎病毒、鸡白痢沙门菌等。

5. 经产道传播

病原体经孕畜阴道通过子宫颈口到达绒毛膜或胎盘引起胎儿感染。或胎儿从无菌的羊膜腔穿出而暴露于严重污染的产道时，胎儿经皮肤、呼吸道、消化道感染母体的病原体。可经产道传播的病原体有大肠杆菌、葡萄球菌、链球菌、沙门菌和疱疹病毒等。

（三）动物的易感性

易感性是指动物对某种病原体的感受性的大小。动物易感性的高低虽与病原体的种类和毒力强弱有关，但主要还是由动物的遗传特征等内在因素、特异性免疫状态决定的。外界环境条件如气候、饲料、饲养管理、卫生条件等因素都可能直接影响到动物的易感性和病原体的传播。

五、疫源地和自然疫源地

（一）疫源地

有传染源及其排出病原体存在的地区称为疫源地。疫源地的含义除了包括传染源之外，还包括被污染的物体、房舍、牧地、活动场所，以及这个范围内怀疑有被传染的可疑动物群和储存宿主等。疫源地具有向外界传播病原体的条件，因此可能威胁其他地区的安全。而传染源则仅仅是指带有病原体和排出病原体的动物。

根据疫源地范围大小可分别将其称为疫点和疫区。疫点通常指由单个传染源所构成的疫源地。疫区由许多在空间上相互连接的疫源地组成。在疫源地存在的时间内，凡是与疫源地接触的易感动物都有受感染并形成新疫源地的可能，这样一系列的相继发生就构成了传染病的流行过程。

（二）自然疫源地

自然疫源地是指自然疫源性疾病存在的地区。自然疫源性指某种病原体不依赖人和动物的参与而能在自然界生存繁殖，并只在一定条件下才传给人和家畜。自然疫源性疾病可以通过传播媒介（吸血昆虫等）感染宿主（主要是野生脊椎动物）造成流行。其发生具有明显的地区性和季节性，并受经济活动的显著影响。一定意义上说，自然疫源性是一种生态学现象。

六、流行发展的规律性

（一）流行形式

根据在一定时间内发病率的高低和传播范围的大小，可将动物传染病的表现形式分为以下 4 种。

1. 大流行性

发病数量大，流行范围可达几个省份、全国甚至几个国家。如历史上出现过的口蹄疫、牛瘟和流感等的大流行。

2. 流行性

指一定时间内，一定畜禽群中出现比较多的病例，是疾病发生频率较高的一个相对名词，没有绝对的数量界限。因此，任何一种病当其被称为流行时，各地各畜群所见的病例数是很不一致的，流行性疾病的传播范围广、发病率高，不加防治的话，可能传播至几个乡、县或者省。如猪瘟、鸡新城疫等重要疫病可能表现为流行性。

3. 地方流行性

在一定的地区或畜禽群中发病动物的数量较多，但传播的范围不大，带有局限性传播的特征。有 2 个方面的含义：一是发病数量多于散发性；二是呈地区性或者区域性。

4. 散发性

发病数目不多，在一个较长时间里只有个别的零星发生，发病没有规律性，称为散发。

（二）流行过程的季节性和周期性

1. 季节性

指某些传染病常发生在一定季节或在一定的季节内发病率显著升高。原因可能有 3 个方面。其一，季节对病原体在外界环境中存在和散播有影响。高温和烈日暴晒可使外界环境中的大多数病毒很快失去活性，相应的疾病的流行一般在夏季会减缓或平息。其二，传播媒介（如节肢动物）的生长周期具有明显的季节性。如在夏季，蝇、蚊、虻类等吸血类昆虫大量滋生、活动频繁。以它们为传播媒介的疾病会比较容易发生并流行，如流行性乙型脑炎、马传染性贫血、非洲猪瘟等。其三，不同季节动物的活动和抵抗力有差异。如冬季舍饲期间，舍内温度降低、通风不良、湿度增高等常易诱发畜群呼吸道传染病。而寒冬或初春时动物抵抗力普遍下降，则更容易暴发呼吸道及消化道传染病等。

2. 周期性

指某些动物传染病经过一定的时间间隔（常以数年计）后会再度流行。处于 2 个发病高潮的中间一段时间，称为流行间歇期。

七、影响流行过程的因素

传染病的流行必须具备传染源、传播途径及易感动物 3 个基本环节。只有这 3 个环节相互连接协同作用，传染病才得以发生并流行。动物活动所在的环境和条件，即各种自然因素和社会因素通过作用于传染源、传播途径和易感动物影响着疾病的流行过程。

（一）自然因素

1. 作用于传染源

例如，季节变换、气候变化常常引起机体抵抗力的变动。气喘病隐性病猪在寒冷潮湿的季节里病情会恶化，咳嗽频繁，导致排出的病原体增多，散播传染的机会增加。反之，在干燥温暖的季节里病情易好转，咳嗽减少，散播传染的机会也会变小。自然因素对于一些以野生动物为传染源的疫病影响更加显著。疫病的传播常常局限于这些野生动物生活的自然地理环境（如森林、沼泽、荒野等），形成自然疫源地。

2. 作用于传播媒介

传播媒介具有特征性的生长周期，因此自然因素对传播媒介的影响非常明显。夏季气温上升，利于蚊类吸血昆虫的滋生，进而导致其传播的乙型脑炎病毒的感染病例也增多。

3. 作用于易感动物

自然因素对易感动物的影响体现在其对动物体免疫力或者抵抗力的改变。低温高湿的条件下，易感动物易受凉，呼吸道黏膜的屏障作用降低，易诱发呼吸道传染病。长途运输、过度拥挤等应激也可导致动物机体的抵抗力下降，使传染病更易暴发并流行。

（二）社会因素

影响疫病流行过程的社会因素主要包括社会制度、生产力和人们的经济、文化、科学技术水平以及贯彻执行法规的情况等。动物和它所处的环境，除受自然因素影响外，还在很大程度上受人们的社会生产活动的影响，而后者又受社会制度的制约和管理。

除此之外，养殖场的饲养管理要素，如，动物舍的整体设计、场址的选择、建筑结构、饲养管理制度、卫生防疫制度和措施乃至工作人员的素质都会影响疫病的发生及是否流行。

简而言之，疫病的流行是多因素综合作用的结果。传染源、传播途径和易感动物不是孤立地起作用，而是相互衔接方可构成传染病的流行过程。掌握传染病流行的基本条件及其影响因素有助于制订正确的防疫措施，控制传染病的蔓延及流行。

第二节　动物传染病的防疫措施

一、防疫工作的基本原则

（一）加强防控技术研究，提升我国动物传染病防控能力

随着现代化动物养殖规模的日益扩大，传染病发生或流行会给生产带来越来越严重的损失，特别是一些传播能力较强的传染病。一旦发生即可在动物群中迅速蔓延，有时甚至来不及采取相应的措施就已经造成疫病的大面积扩散和流行。因此，必须重视并坚决贯彻“预防为主”的防治原则。

另外，还应尽快完善新技术并迅速加以推广应用，全面提高我国动物传染病防控能力与水平，确保我国养殖业的健康发展和人民财产安全。鼓励到生产实践中去推广动物传染病新技术，提高科技成果转化对现代养殖业发展的支持力度。同时，着力改变“重治轻防”的传统兽医防疫模式，建立健康的兽医防疫体系，为我国畜牧业绿色可持续发展提供平台支撑。

（二）逐步完善兽医防疫法律法规建设，形成有效的疫病防控工作体系

兽医行政部门要以兽医流行病学和动物传染病学的基本理论为指导，以《中华人民共和国动物防疫法》等法律法规为依据，根据动物生产的规律，制定和完善动物保健和疫病防治相关的法规条

例以规范动物传染病的防治。从全局出发，统一部署，各相关部门密切配合，建立、完善动物产品生产全过程的动物防疫监管机制。建立和完善垂直管理的官方兽医体制，实现对动物饲养、管理、屠宰、加工、销售等各个环节的全程监控。

（三）建立并依靠动物传染病流行病学调查监测平台，全面有效处理突发性动物传染病疫情

不同传染病在时间、地区及动物群中的分布特征、危害程度和影响流行的因素有一定的差异。制订适合本地区或养殖场的疫病防治计划或措施必须建立在对该地区展开流行病学调查和研究的基础上。建立动物传染病流行病学调查监测平台及疫情通报网络，实时监控疫情发生情况，迅速针对突发疫情制订并实施有效防控措施，是控制或消灭动物传染病的有力手段。在实施和执行综合性措施时，需要考虑不同传染病的特点及不同时期、不同地点和动物群的具体情况，突出主要因素和主导措施，即使为同一种疾病，在不同情况下也可能有不同的主导措施，在具体条件下究竟应采取哪些主导措施要根据具体情况而定。

二、防疫工作的基本内容

传染源、传播途径和易感动物 3 个环节决定了动物传染病的流行。因此，要从消除或切断 3 个基本环节及其相互联系来制订防疫措施，以预防或遏制传染病的流行。综合性防疫措施的制订至关重要。综合性防疫措施可分为平时的预防措施和发生传染病时的扑灭措施。

（一）平时的预防措施

制订标准化动物饲养模式、实行健康养殖和生物安全动物生产体系、贯彻自繁自养和全进全出原则；定期制订预防接种计划，提高动物特异性免疫水平；平时注意消毒、杀虫、灭鼠及对粪便和废弃物等的无害化处理；严格执行各种检疫工作，根除垂直传播的传染病，防止外来传染病的侵入，及时发现并消灭传染源。

（二）发生传染病时的扑灭措施

发现疫情后及时上报，尽快通知邻近单位做好预防工作，迅速诊断并查明疾病来源；尽快隔离或扑杀患病动物，对污染的场所和环境进行紧急消毒。重大传染病（如口蹄疫、炭疽、高致病性禽流感等）须依法采取封锁等综合性措施；必要时可使用疫苗或特异性抗体进行紧急预防接种，对可疑动物进行治疗或预防性治疗；完善和强化养殖场的生物安全措施，并依法进行病死和淘汰患病动物的无害化处理。

三、疫情报告与诊断

（一）疫情报告

当家畜突然死亡或怀疑发生传染病时，应立即通知兽医人员。

在兽医人员尚未到场或未作出诊断之前，应迅速隔离疑似病畜；对病畜停留或接触过的地方和污染的环境、用具进行消毒；密切接触的同群动物不得随便急宰或转移与出售；病畜的皮、肉、内脏禁止食用。

从事动物疫情监测、检验检疫、传染病诊疗与研究以及动物饲养、生产、屠宰、经营加工、贮藏、隔离运输、采购畜禽及其产品等活动的单位和个人，一旦发现动物突然死亡或者疑似染疫时，应当立即向当地兽医主管部门、动物卫生监督机构或者动物传染病预防控制机构报告，并采取隔离

消毒等控制措施，以防止疫情的进一步扩散。

接到动物疫情报告的单位，应及时采取必要的控制处理措施，并按照国家规定程序上报。紧急疫情应以最迅速的方式上报有关领导部门。

（二）传染病的诊断

动物疫病的控制和消灭均应建立在正确诊断的基础上。传染病的诊断方法通常分为两大类。临床诊断（包括流行病学、临床症状、病理解剖学诊断等）和实验室诊断（包括病理组织学、病原学、血清学和分子生物学方法等）。

同一种传染病可用不同的方法进行诊断，而不同检测方法的特异性、敏感性、稳定性和判定标准又有一定差异。因此，对病例进行确诊往往需要多种方法的联合使用。

四、检疫、隔离与封锁

（一）检疫

动物检疫是遵照国家法律、运用强制性手段和科学技术方法对动物及其相关产品和物品进行传染病的检查（包括病原体或抗体的检查）。检疫的目的是查出传染源，以便切断可能的传播途径，防止传染病传入和扩散。实施检疫的动物包括各种家畜、家禽、皮毛兽、实验动物、野生动物和蜜蜂、鱼苗、鱼种等；动物产品包括生皮张、生毛类、生肉、种蛋、鱼粉、兽骨、蹄角等；运载工具包括运输动物及其产品的车船、飞机、包装、铺垫材料、饲养工具和饲料等。

动物检疫可分为动物生产地区的检疫、运输检疫和国际口岸检疫。

（二）隔离

隔离是控制传染源、防治传染病的重要措施之一。将不同健康状态的动物严格分离、隔开，完全彻底切断其间的来往接触以防传染病的传播或蔓延即为隔离。

隔离对象分为 2 种，包括新引进动物的隔离和传染病发生时对病畜和可疑感染病畜的隔离。在传染病流行时应首先查明传染病在畜群中的蔓延程度，将畜群分为病畜、可疑感染家畜和假定健康家畜三大群。

其中，有典型或类似症状或实验室检查阳性的动物均可列为病畜。它们是最危险的传染源，应迅速隔离，并划出适当范围的隔离区，区内用具、饲料、粪便等未经彻底消毒处理不得运出。人员出入严格遵守消毒制度。隔离观察时间的长短应根据患病动物带、排菌（毒）的时间长短而定。

没有任何症状，但与患病动物及其污染环境有过明显接触的动物为可疑感染动物。这些动物有可能处在潜伏期，并有排毒（菌）的危险。应限制其活动，经常消毒，详细观察，出现症状的按患病动物处理，有条件的应立即进行紧急免疫接种或预防性治疗。隔离观察时间应根据该传染病的最长潜伏期长短而定。经最长潜伏期后仍无病例出现时，可取消其限制。

除上述 2 类外，疫区内其他易感动物均属于假定健康动物。应禁止假定健康动物与以上 2 类动物接触，加强防疫消毒和相应的保护措施，立即进行紧急免疫接种。必要时，可根据实际情况分散喂养或转移至偏僻牧地。

（三）封锁

封锁就是切断或限制疫区与周围地区的往来自由，以避免传染病的扩散及安全区健康动物的误入。当暴发某些重大传染病时，除了采取隔离、扑杀、销毁、消毒和紧急免疫接种等强制性措施外，还应划区封锁。我国《动物检疫法》的规定，当确诊为牛瘟、口蹄疫、炭疽、猪水疱病、猪瘟、非洲猪瘟、牛肺疫、高致病性禽流感、高致病性蓝耳病等重大传染病以及严重的人畜共患病或当地新发现的重大疫情时，兽医人员应立即报请当地政府机关，划定疫区范围，进行封锁。其目的是要把传染病控制在封锁区内，保护更大区域畜群的安全和人民健康。

封锁的疫点原则上应严禁人员、车辆出入和畜禽产品及可能污染的物品运出。在特殊情况下人员必须出入时，须经有关兽医人员许可，经严格消毒后出入。县级以上农牧部门有权扑杀病死畜禽及其同群畜禽并实行销毁或无害化处理等措施。疫点内的畜禽粪便、垫草、受污染的草料必须在兽医人员监督指导下进行无害化处理。牧区畜禽与放牧水禽必须在指定牧场放牧，役畜限制在疫区内使役。

封锁的解除需要在确认疫区内（包括疫点）最后一头病畜扑杀或痊愈后，经过至少一个潜伏期的监测，未再出现病畜禽，经彻底消毒清扫，由县级以上农牧部门检查合格后，报原发布封锁令的政府发布解除封锁令，并通报毗邻地区和有关部门。疫区解除封锁后，病愈畜禽需根据其带毒时间，控制在原疫区范围内活动。

五、治疗

动物传染性疾病在治疗过程应遵守以下原则。

一是在传染病发生或流行早期及时诊断并确定病因，以采取相应的治疗方法和策略。在传染病发展的早期阶段，病原体尚处于增殖阶段，机体尚未受到严重损伤，此时治疗可以保证疗效。

二是传染病发生时，应注意隔离和消毒并防止病原体的传播和扩散。治疗过程中，应隔离患病动物，安排专人管理，确保环境清洁。

三是根据疫病种类及其危害程度确定治疗方法。如 OIE 规定的必须通报疫病或我国规定的一类疫病和部分二类疫病、刚刚传入的外来疫病、人兽共患病等发生或流行时，往往应采取以扑杀为主的严密控制措施。对于那些无法治愈的传染病、治疗费用超过动物本身价值的疾病以及某些慢性消耗性传染病也可采取扑杀和淘汰的处理方式。

四是选用药物或生物制品时应了解药物或生物制品的特性和适应证。特别是对细菌性传染病的治疗，应通过药敏试验选择适当的敏感药物以确保可靠的治疗效果。要严格遵守行业标准和职业道德规范，禁止滥用药物或制品，盲目加大使用剂量、盲目投药、盲目搭配其他药物等，以减少耐药菌株的产生。

严禁使用国家规定的各种违禁药品。严格执行动物宰前各种药品休药期的规定，以减少或防止动物产品中的药物残留。

第三节　消毒、除害、免疫接种与药物预防

一、消毒

饲养环境的消毒是养殖场日常的例行工作。严格的消毒管理可以及时净化设施内外的病原体并

避免重大动物疫病的发生。

规范消毒流程可从3方面着手：建立严格可控的消毒管理制度、实行定期消毒和工作人员的技术培训。

消毒方式总体可分为3类：物理消毒法、生物消毒法和化学消毒法。物理消毒法主要包括清扫地面、高压水清洗、焚烧等。生物消毒法是指对生产中产生的大量粪便、污水、垃圾及杂草等进行生物发酵杀灭病原体。化学消毒法是采用化学消毒剂杀灭病原。常用的消毒剂主要有氢氧化钠、氧化钙、福尔马林、高锰酸钾等。

二、除害

（一）杀虫

养殖场应定期清除并扑杀能够传播病原微生物的所有昆虫。昆虫等传播媒介是许多疾病的接种和传播者，动物设施是昆虫的栖息地。可在昆虫易滋生的水沟、草丛、粪便池、堆积发酵池等地进行集中定期消毒，及时清理废弃物，喷洒消毒液，熏蒸畜舍等。根据饲养动物的特点建立驱虫程序，在春秋和季节转换时及时投放驱虫药。

（二）灭鼠

由于畜禽养殖场食源、水源丰富，温度适宜，环境良好，有利于鼠类的生存和繁殖。老鼠可携带多种病原体，传播多种疫病。在养殖过程中，首先应调查了解畜舍内外的鼠密度；其次，选择合适的灭鼠剂或毒饵。根据鼠情选择合适的投药方式，间隔多长时间分多少批次给药都需要摸索。灭鼠最佳时期一般选择在每年3月中旬，对于鼠密度高的畜禽养殖场，每年11月可再进行1次统一灭鼠。

（三）防鸟

防鸟工作对养禽场尤为重要，家禽的禽流感多由野鸟传播而来。防鸟不能仅限于养禽场。除日常免疫防鸟外，设施防鸟也是非常重要。尤其需要注意的是，地处候鸟迁徙线路上的养殖场应采取全封闭式的饲养方式。冬春季节是禽流感高发期，应注意加强对养殖场的管理。养殖场及周边环境要尽量做到确保无鸟类食物且无其歇息或停留地点，迫使鸟类自行远离养殖场。

三、免疫接种

采取有组织有计划的免疫接种是常见的预防和控制动物传染病的重要措施之一。疫苗的免疫接种可分为预防接种、紧急接种以及环状免疫带和免疫隔离屏障建立等。

（一）预防接种

为了防患传染病的发生，在经常发生或有潜在传染病的地区，或者易受传染病威胁的地区，平时有计划地为健康动物进行的免疫接种称为预防接种。预防接种通常使用疫苗、菌苗、类毒素等生物制剂。

（二）紧急接种

紧急接种指在暴发某些传染病时为迅速控制和扑灭传染病的流行，对疫区和受威胁区未发病动物进行的应急性免疫接种。经验证明，在疫区内使用某些疫（菌）苗进行紧急接种是切实可行的，尤其适合急性传染病。

（三）环状免疫带建立

指在发生急性烈性传染病的某些地区在封锁疫点和疫区的同时根据该病的流行特点对封锁区及其外围一定区域内所有易感动物进行的免疫接种。其目的是将传染病控制在封锁区内，并将其扑灭以防疫情扩散。

（四）免疫隔离屏障建立

指为了防止传染病从疫病发生国家向无该病的国家扩散，对国界线周围地区的动物群进行的免疫接种。

免疫接种应根据生物制剂的不同特点采用不同的接种方式。如皮下、皮内、肌内注射或皮肤刺种、点眼、滴鼻、喷雾、口服等。

为了保证免疫接种的有效性，应注意以下几点。

（1）免疫接种要有周密的计划。

（2）免疫接种前应注意动物群体的健康状况，并对免疫用器械进行严格消毒，检查并确保疫苗质量。

（3）疫苗接种后加强对动物群体的饲养管理，增强群体抵抗力和免疫机能，减少接种后的不良反应；及时检查免疫效果，尤其是改用新的免疫程序及免疫疫苗种类时。

（4）尽量联合使用疫苗。同一地区同一种家畜同一季节内往往可能有 2 种以上传染病的发生和流行。联合疫苗制剂可一针防多病，大大提高了防疫效率，是预防接种工作的发展方向之一。

（5）制订合理的免疫程序。畜牧场要根据各方面的情况制订科学合理的免疫程序，包括接种疫苗的类型、顺序、间隔时间、次数、方法等规程和次序。做好免疫监测，根据监测结果指导和调整免疫程序。

另外，免疫接种失败有很多原因。归纳起来要从 3 个方面考虑：即疫苗本身的问题、动物身体状况和人为因素。具体表现在：疫苗质量问题，如病毒滴度较低，不能够刺激机体产生有效的免疫应答；疫苗的运输、保存、配制或使用不当，使其质量下降甚或失效，或过期、变质等；疫苗株与流行株血清型不一致；免疫程序不合理；接种活苗时动物体内母源抗体水平较高或残留抗体产生的干扰；接种时动物已处于潜伏感染状态，或接种污染；动物群中有免疫抑制性疾病的存在；防疫措施不力、多种疾病感染、饲养管理水平低、各种应激因素的影响等使动物免疫力降低；接种途径或方法错误；药物干扰。

四、药物预防

药物预防是一种为了预防某些传染病，在动物饲料或饮水中加入某种安全的药物进行群体性投饲的预防方式，是预防和控制畜禽传染病的重要措施之一。至今仍然是养殖场用于畜禽传染病防控最常用的措施之一。

但药物预防存在明显的弊端，如药物残留问题；易引起畜禽体内外微生物产生耐药性或抗药性，使得药效降低，用药量增加；造成畜禽体内正常的有益微生物菌群的微生态体系失衡；使动物对药物产生依赖性，抗病能力下降；抑制动物免疫系统的发育，降低动物免疫功能。

第四节　动物传染病的治疗与尸体处理

一、传染病的治疗

科学技术的不断发展使得细菌性或病毒性传染病都可以通过一定的方法进行治疗。通过治疗可以阻止病原体在机体内的增殖并清除传染源。

传染病的治疗首先要考虑是否有助于该传染病的控制与消灭，同时还应该力求以最少的花费取得最佳的治疗效果。治疗也在“预防为主”的基础上进行。及时诊断、早期治疗是提高治疗效果的关键；争取做到尽早治疗，标本兼治，特异型和非特异性结合，药物治疗与综合性措施相配合。

传染病的治疗方法分为针对病原的治疗方法、针对畜群机体的疗法、微生态制剂调整疗法和中药制剂的治疗等。

（一）针对病原的治疗方法

1. 特异性疗法

应用针对某种传染病的高免血清、高免卵黄抗体、痊愈血清等特异性生物制品进行治疗。这些制品只对某种特定的传染病有疗效，对其他种病原无效。

2. 抗生素与化学药物的疗法

抗生素作为细菌性急性传染病的主要治疗药物在兽医实践中的应用十分广泛。合理使用抗生素和化学药物是发挥其疗效的重要前提。使用一般要注意抗生素与化学药物的适应证，要考虑到药物的用量、疗程、给药途径、不良反应以及经济效益等，要考虑抗生素与其他药物的联合使用。

3. 干扰素

干扰素是动物机体内天然存在的一种生物活性物质。当机体发生任何病毒感染时都能产生干扰素防御。目前临床上常用的干扰素是 α 型干扰素。

（二）针对畜群机体的疗法

治疗患病动物要考虑帮助机体消灭或抑制病原体，消除其致病作用，又要帮助机体增强抵抗力，调整生理功能，恢复健康。主要从加强护理和对症治疗 2 方面入手。

（三）微生态制剂调整疗法

正常动物肠道中的微生物总数可达 10^{14} 个。这些正常定殖的微生物群落之间以及微生物与宿主之间在动物的不同发育阶段均建立了动态的稳定平衡关系，这种稳定平衡关系是动物健康的基础。微生物菌群的生理功能是动物生存所必需的。胃肠菌群促进黏膜细胞的发育和成熟；肠黏膜菌群发挥着屏障作用；并能够激活免疫系统；酸化肠道环境，激活酶系统和抑制偏碱性有害微生物的生长。因此，动物体内的微生态系统有着抑制有害菌群、增强免疫功能、防治疾病、提高饲料消化转化效率、促进动物产品的形成和品质改善等功能。

（四）中药制剂的治疗

无论是单方还是复方中药制剂均对病原体有抗菌、抗病毒作用，能够促进机体的免疫功能。有不少中药虽然抗菌能力不强，却具有明显的“解毒”作用，能够缓解毒素引起的多种病状和对机体的进一步病理损伤。

二、尸体处理

因患传染病而死亡的动物尸体含有大量的病原体，是重要的传染源。正确、及时处理病死动物尸体对防治动物传染病、维护公共卫生安全具有重大意义。

常见的动物尸体处理方法有以下几种。

（一）化制

指病尸经过某种特定的加工处理，既进行了消毒处理又保留了许多有再利用价值的材料。化制处理需要一定的设备条件，限制了其大范围推广。

（二）掩埋

病尸掩埋于地下。经过一定时间的自然发酵后可以消除具有一般抵抗力的病原体，但若处置不当会形成新的污染源。尸体的掩埋应选择干燥、平坦和偏僻地区进行。尸坑的长和宽以容纳尸体侧卧为度，深宽在 2m 以上。此法简便易行，应用比较广泛。

（三）腐败

将尸体投入专用的尸坑内使其自然腐败分解以达到消毒的目的，并可以作为肥料加以利用。尸坑为直径 3m、深 9~10m 的圆形井，坑壁与坑底用不渗水的材料砌成，坑沿高出地面一定高度，坑口有严密的盖子，坑内有通气管。此法较掩埋法方便、合理。当尸体完全分解后还可以作为肥料。但腐败法不适合炭疽、气肿疽等芽孢菌所致疾病的尸体处理。

（四）焚烧

通过高温火焰焚烧尸体，是一种最彻底的处理病尸的方法。但花费较高，一般不常用。该法最适合患特别危险的传染病的动物尸体的处理，如炭疽、气肿疽、痒病、牛海绵状脑病及新的烈性传染病等。

兽医寄生虫学

第十七章 寄生虫与宿主

第一节 寄生虫和宿主的类型

一、寄生虫的类型

寄生虫是指暂时或永久地在宿主体内或体表营寄生生活的动物。寄生虫的发育过程是极其复杂的，由于寄生虫和宿主之间关系历史过程的长短、相互之间适应程度的不同，有的寄生虫只适合于在一种动物体内生存，有的寄生虫则在幼虫和成虫阶段分别寄生于不同的宿主，因而使寄生虫和宿主之间的关系呈现为多样性。这样也使寄生虫显示出不同类型。

（一）内寄生虫和外寄生虫

按寄生的部位来分：凡寄生于宿主动物或人的内脏器官及组织中的寄生虫称为内寄生虫。如蛔虫、球虫等；凡寄生在宿主动物或人的体表的寄生虫称为外寄生虫。如虱、蜱、蚤等。

（二）永久性寄生虫和暂时性寄生虫

按寄生的时间来分：全部发育过程都在宿主动物或人体上进行的寄生虫称为永久性寄生虫。这类寄生虫终生不离开宿主，否则难以存活，如旋毛虫、虱等；只有在采食时才与宿主动物或人相接触的寄生虫称为暂时性寄生虫。这类寄生虫在它们的生活过程中只有一部分短暂的时间营寄生生活，其余的大部分时间营自由生活，如蚊、虻、蜱等。

（三）土源性寄生虫和生物源性寄生虫

按寄生虫的发育过程来分：土源性寄生虫是指随土、水或污染的食物而感染的寄生虫，如猪蛔虫，它们的虫卵随粪便排出体外，在自然界适宜条件下，发育为具有感染性的虫卵，猪由于采食了被感染性虫卵污染的饲料和饮水而获感染。由于这类寄生虫发育过程中仅需要一个宿主，也称为单宿主寄生虫。由于生活史比较简单，这类寄生虫一般分布比较广泛，流行比较普遍。生物源性寄生虫是指通过中间宿主或媒介昆虫而传播的寄生虫。如扩展莫尼茨绦虫，其孕卵节片或虫卵随牛羊粪便排出体外，被中间宿主地螨吞食，在地螨体内发育到具有感染性的似囊尾蚴阶段，当牛羊吃草时，采食了含有似囊尾蚴的地螨而感染。由于这类寄生虫发育过程中需要多个宿主，也称多宿主寄生虫。

（四）专一性寄生虫和非专一性寄生虫

按寄生虫寄生的宿主范围来分，专一性寄生虫是指寄生于一种特定宿主的寄生虫。如鸡球虫只寄生于鸡而不寄生于其他动物，人体虱只寄生于人，而不感染其他动物等。非专一性寄生虫是指能寄生于多种宿主的寄生虫。如肝片形吸虫，除寄生于绵羊、山羊、牛、骆驼、鹿等多种反刍动物外，还可感染马、猪、犬、猫、兔、象、海狸鼠、袋鼠等多种动物和人。

（五）专性寄生虫和兼性寄生虫

按寄生性质来分：专性寄生虫是指在其生活史中，寄生关系中的那部分时间是必需的，没有这一部分，寄生虫的生活史就不能完成。专性寄生虫必然就是永久性寄生虫，如日本分体吸虫。兼性寄生虫是指既可以营寄生生活，也可以营自由生活的种类，如类圆线虫。

（六）机会致病性寄生虫

有些寄生虫在宿主体内通常处于隐性感染状态，但当宿主免疫功能受损时，虫体出现大量繁殖和强致病力，这类寄生虫称为机会致病性寄生虫，如卡氏肺孢子虫、隐孢子虫等。

（七）伪寄生虫

某些本来是自立生活的动物，偶尔主动侵入或被动地随食物带入宿主体内，这种动物就称为伪寄生虫。如某些正常情况下存在于谷物、糖等中的粉螨科的螨类，有时误入人的肠道或呼吸道，并引起相应的病变。

二、宿主的类型

凡是被寄生虫暂时或永久地寄生的动物称为宿主。根据寄生虫发育特性和它们对寄生生活的适应情况，把宿主分为如下不同类型。

（一）终末宿主

寄生虫的成虫阶段或有性生殖阶段所寄生的宿主叫作终末宿主。在终末宿主体内寄生虫达到性成熟阶段，并以有性生殖方式进行繁殖。如犬、猫是华支睾吸虫的终末宿主。

（二）中间宿主

寄生虫的幼虫阶段或无性生殖阶段所寄生的宿主叫作中间宿主。寄生虫在中间宿主体内以无性生殖方式进行繁殖，或者处于未成熟阶段，如肝片形吸虫，其成虫寄生在牛、羊等反刍动物的肝脏和胆管内，而幼虫则寄生在小土窝螺体内，牛、羊是肝片形吸虫的终末宿主，而小土窝螺则是肝片形吸虫的中间宿主。

（三）补充宿主

有些种类的寄生虫的幼虫，在其发育过程中需要 2 个中间宿主，我们依其发育阶段的先后分别称为第一、第二中间宿主。第二中间宿主又称补充宿主。一般来说，第一中间宿主是主要的，因为主要发育和繁殖是在它们体内完成的，而且具有特异性，而第二中间宿主是次要的，在它们体内发育极微，而且特异性不够强，但它们却是寄生虫在发育过程中不可缺少的宿主。如寄生在牛、羊肝脏内的矛形双腔吸虫，它的幼虫除在陆地蜗牛体内进行发育和繁殖以外，幼虫的最后发育阶段还要在蚂蚁体内完成。因此，陆地蜗牛为矛形双腔吸虫的第一中间宿主，而蚂蚁则第二中间宿主或补充宿主。

（四）贮藏宿主

有些种类的寄生虫可以在某些动物体内长期存活，但是并不进行发育和繁殖，这种动物叫作贮藏宿主，也称转运宿主或转续宿主。如寄生在家禽和某些鸟类气管中的比翼线虫，它们的感染性虫卵散布到自然界当中，既可直接感染鸡，也可以被蚯蚓及某些昆虫吞食，暂时地贮藏在它们的体内，以后再间接感染鸡和鸟类，因此蚯蚓及这些昆虫就是比翼线虫的贮藏宿主。

（五）保虫宿主

在多宿主寄生虫的宿主中，主要寄生于某种宿主的寄生虫，有时也可寄生于其他一些宿主，但不那么普遍，从流行病学的角度看，通常把不常寄生的宿主称为保虫宿主。例如，牛、羊的肝片吸虫除主要感染牛、羊之外，也可感染某些野生动物，这些野生动物就是肝片吸虫的保虫宿主。保虫宿主是重要的感染源。

（六）带虫宿主

由于年龄免疫或药物治疗等原因，感染寄生虫的宿主不表现临床症状，处于隐性感染阶段，但体内仍保留有一定数量的虫体，这样的宿主称为带虫宿主。

（七）超寄生宿主

寄生虫本身被寄生物所寄生的现象称为超寄生。例如，犬复孔绦虫的幼虫寄生于犬虱或蚤体内，犬虱或蚤即为超寄生宿主。

（八）媒介生物

通常是指在脊椎动物宿主间传播寄生虫病的一类动物，多指吸血的节肢动物。根据其传播疾病的方式不同可分为生物性传播和机械性传播。前者是指虫体需要在媒介体内发育，如蜱在牛与牛之间传播双芽巴贝斯虫，库蠓在鸡与鸡之间传播卡氏住白细胞虫等；后者是指虫体不在昆虫体内发育，媒介昆虫仅起搬运作用，如虻、螯蝇传播伊氏锥虫等。

第二节　宿主和寄生虫的相互关系

宿主与寄生虫的相互关系主要包括宿主对寄生虫的抵抗或杀灭作用以及寄生虫对宿主的危害作用。

一、宿主对寄生虫的影响

感染寄生虫后，宿主会通过不同的机制产生免疫应答，抑制或消灭侵入的虫体。另外，宿主的天然屏障、营养状况、年龄、种属等因素也会对寄生虫产生不同程度的影响。

（一）遗传因素的影响

某些动物对某些寄生虫种类具有先天不感受性。如一般马不感染脑多头蚴，牛羊不感染鸡球虫和猪肾虫等。

（二）宿主的天然屏障

当寄生虫侵入机体时，宿主的皮肤黏膜、血脑屏障以及胎盘等可有效地阻止一些寄生虫的侵入。如一般寄生虫难以通过皮肤、胎盘感染宿主。

（三）宿主的年龄

动物的年龄对于寄生虫病发展具有很大的影响。多数寄生虫在幼龄动物体内发育迅速，而在成年动物体内发育较慢，有些寄生虫在成年动物体内甚至不能发育。

（四）宿主的营养状况

饲喂全价饲料的动物，在很大程度上能抵抗寄生虫的侵害。如饲料中缺乏维生素A的仔猪，受到蛔虫损害的情况严重；如果饲喂全价饲料，就不容易感染蛔虫病。此外，饲料中含有足量的维生素A和维生素D时可增加鸡对蛔虫的抵抗力。

（五）宿主的免疫应答

寄生虫本身以及它的分泌物、排泄物都具有抗原性质，可刺激宿主机体产生特异性免疫反应，使宿主产生体液免疫和细胞免疫。它们所产生的免疫力有时能抑制虫体的生长，降低其繁殖力，或缩短其寿命；或阻止虫体对组织的附着，使之排出体外；或能沉淀或中和寄生虫产物，甚至可以杀灭寄生虫。宿主对寄生虫的免疫力常常是不完全免疫。当宿主与寄生虫的关系处于某种平衡状态时，寄生虫保持着一定数量，而宿主亦不呈现可以用一般实验和临床方法测知的症状时，即称为带虫免疫。带虫免疫是寄生虫感染中极为普遍的现象。

二、寄生虫对宿主的危害作用

寄生虫在侵入、移行和定居的整个过程中，都以各种方式危害宿主，这种危害作用是多方面的，也是极其复杂的，归纳起来主要有以下几个方面。

（一）夺取宿主的营养

营养关系是寄生虫与宿主关系中最本质的关系。寄生虫在侵入宿主后，无论是幼虫期，还是成虫期，都从宿主取得营养，供其生长、发育和繁殖。寄生虫从宿主获得营养的方式随种类不同而异，有以下几种。

1. 直接摄取宿主肠道中的营养物质

这类主要是寄生于宿主消化道内的寄生虫。如绦虫缺乏消化系统，成虫寄生在宿主肠道内，浸没在宿主半消化的食物中，通过皮层直接吸收各种营养物质，如氨基酸、糖类、脂肪酸、甘油、维生素、核苷、嘌呤和嘧啶等。有的寄生虫，如蛔虫等则直接以宿主肠腔内的半消化食物为食。

2. 吸取宿主的血液

如钩虫、捻转血矛线虫、蜱、蚊等都是直接吸取宿主血液的。一条犬钩虫所吸食的血液，连同从虫口溢出的血液加在一起，每天可达0.36mL，最多可达0.7mL。

3. 消化、吞食宿主的组织细胞

如绵羊夏柏特线虫将宿主的大肠黏膜纳入口囊并吞食宿主的组织；寄生于马盲肠、结肠内的普通圆线虫除吸血外，也吞食肠黏膜组织碎片。

（二）机械性损伤

1. 损伤宿主的组织器官

有些寄生虫的幼虫在钻入宿主时，会给局部的皮肤、黏膜造成损伤，如钩虫幼虫侵入宿主皮肤引起的皮炎，蛔虫幼虫侵入肠壁时引起的黏膜损伤与出血。许多寄生虫幼虫在宿主体内移行时，还会给移行经过的组织器官造成损伤。成虫通过其口囊、吸盘、吻突、体表的棘和刺等固定在宿主组织器官内时，则会对组织器官造成损伤。如钩虫引起的小肠黏膜糜烂出血，蛭形巨吻棘头虫引起肠壁溃疡、穿孔，螨在皮肤内穿凿隧道等。一些细胞内寄生的原虫会破坏宿主的细胞，如双芽巴贝斯虫破坏宿主的红血球，引起贫血、黄疸，球虫则会造成肠道上皮细胞的大量破坏。

2. 堵塞宿主的腔道

有些寄生虫，特别是个体大的种类，在数量多或扭结成团时，常可造成宿主腔道器官的阻塞，如蛔虫引起的肠阻塞和胆管阻塞、肺线虫引起的支气管和气管阻塞等。

3. 压迫组织器官

一些寄生虫在宿主体内不断发育、增大，对周围组织器官会产生压迫作用，使之萎缩、变性、坏死，进而导致相应的功能障碍。如多头蚴压迫脑组织会引起脑组织贫血、萎缩，导致宿主出现各种神经症状；棘球蚴压迫宿主的肝脏、肺脏，引起肝、肺的机能障碍。

（三）毒素作用

寄生虫生活期间排出的代谢产物、排泄物和分泌物，虫体、虫卵死亡崩解时的产物，都会对宿主产生毒害作用，引起局部或全身反应，是寄生虫危害宿主的最重要方式之一。例如，钩虫分泌的抗凝血物质，使其吸着部位的肠黏膜长期出血，从而加重贫血程度；一些经皮肤或黏膜侵入宿主的寄生虫能分泌蛋白水解酶、透明质酸酶而造成宿主组织的损伤；有些硬蜱的唾液内含有的毒素能作用于运动肌和感觉神经，干扰神经引起上行性肌肉麻痹，导致宿主发生瘫痪，称为“蜱瘫痪”。另外，寄生虫的代谢产物和死亡虫体的分解物又都具有抗原性，可使宿主致敏，引起局部或全身变态反应。如血吸虫卵内毛蚴分泌物引起周围组织发生免疫病理变化——虫卵肉芽肿，这是血吸虫病最基本的病变，也是主要致病因素；棘球蚴囊壁破裂，囊液进入腹腔，可以引起宿主发生过敏性休克，甚至死亡。

（四）引入其他病原体

在外界环境中发育的幼虫，侵入宿主体内时，可把各种病原微生物带入宿主体内。例如，由肠道钻入组织器官中的幼虫可将肠道微生物引入组织器官中，蜱通过口器刺吸动物血液时可将 Q 热病毒、脑炎病毒、布鲁氏菌等多种病原传播给宿主。另外，寄生虫感染造成宿主的免疫力下降和组织器官损伤，也为其他病原体的侵入和发展创造了条件。

第三节　寄生虫感染来源和传播途径

一、寄生虫的感染来源

寄生虫的感染来源主要包括 3 个方面。

（一）患病动物和带虫动物

病畜或带虫动物通过分泌物、排泄物把寄生虫的虫卵、幼虫或卵囊等排出体外，污染水源、草场等外界环境，造成其他动物的感染。如感染各种消化道线虫的牛羊，每天从粪便中排出大量虫卵，这种虫卵在外界经过一段时间发育为感染性幼虫，被其他健康牛、羊采食后即会造成感染。

（二）病人和带虫者

感染人兽共患病如猪带绦虫的病人，会时常向外界排出孕节或虫卵，当被猪只采食时，即可感染猪囊尾蚴。

（三）中间宿主、补充宿主、贮藏宿主和生物媒介

当人或动物采食了含有华支睾吸虫囊蚴的中间宿主淡水鱼（生或未熟）时即可感染华支睾吸虫。

二、寄生虫的传播途径

寄生虫的传播途径指的是寄生虫从感染来源传播给易感动物的途径。虫体种类不同，其传播途径也会不同。

（一）经口感染

感染期虫卵或幼虫污染的饲料、牧草和饮水或者中间宿主，被宿主吞食或饮入后会造成寄生虫感染。这是蠕虫侵入宿主的主要途径，有些原虫也可经口感染，如球虫。

（二）经皮肤感染

感染期幼虫从宿主健康皮肤钻入而感染。如日本血吸虫，仰口线虫、皮蝇幼虫等。

（三）接触感染

病畜或带虫动物与健康动物直接或间接接触时发生感染。如螨、虱、蚤等外寄生虫和马媾疫锥虫、胎儿毛滴虫等生殖道寄生虫。

（四）经生物媒介感染

包括机械性传播和生物性传播 2 种。生物媒介主要是节肢动物，其中有些是寄生虫的必须宿主，有些是寄生虫的机械传播者，在侵袭动物过程中把感染期寄生虫注入宿主体内。如巴贝斯虫、锥虫、住白细胞虫等。

（五）经胎盘感染

经胎盘感染又称垂直感染。在妊娠动物体内，寄生虫通过胎盘进入胎儿体内发生感染。如新孢子虫、弓形虫、牛弓首蛔虫等。

（六）自身感染

有时，某些寄生虫的虫卵或幼虫不需要排出宿主体外，即可使原宿主再次受到感染，这种感染方式叫自身感染。如患有钩绦虫的病人自身感染囊尾蚴。

每种寄生虫都有特定的传播途径，多数只有一种途径；有的则有 2 种途径，如仰口线虫、有齿冠尾线虫既可经口感染，也可经皮肤感染；少数有 3 种途径，如日本分体吸虫可以经口感染、经皮肤感染和经胎盘感染。

第四节　寄生生活的建立

一、寄生虫的生活史

寄生虫生长、发育和繁殖的一个完整循环过程，叫作寄生虫的生活史或发育史。包括寄生虫的感染与传播。寄生虫的种类繁多，生活史也极其复杂，依据是否需要中间宿主，可分直接发育型和间接发育型。直接发育型生活史是指寄生虫在发育过程中不需中间宿主参加的类型，而间接发育型

生活史则是指寄生虫在发育过程中需要中间宿主的参加。

二、寄生生活的建立

寄生生活的建立需要 4 个条件：一是寄生虫必须有其适宜的宿主，甚至是特异性宿主。这是寄生生活建立的前提；二是在外界环境中存在有寄生虫，而且这种寄生虫是处于感染阶段（侵袭性阶段）；三是寄生虫必须与宿主有接触的机会；四是该种寄生虫必须具有它所需要的感染途径。这 4 个条件具备了，感染才成为可能。但即使寄生虫进入了它所需要的专性宿主，也并非一定能建立起寄生生活。寄生虫进入宿主体内后，一般经过移行过程和发育过程，然后才能到达寄生部位，并且要战胜宿主的抵抗力，才能发育为成虫。例如，外界环境中的蛔虫卵发育至感染阶段时，猪通过饮食被虫卵污染饲料或饮水时吞入感染性虫卵，卵壁在胃液作用下破裂在肠道释放出幼虫，后者钻入肠壁血管通过血液循环进入肝脏，再经心脏、肺脏移行到咽，通过吞咽进入小肠，发育为成虫。在整个入侵、移行和发育过程中，蛔虫必须战胜宿主的各种抵抗力才能成功建立寄生生活。

第五节　寄生生活对寄生虫的影响

在生物演化过程中，寄生虫长期适应于寄生环境，在不同程度上丧失了独立生活的能力。对于营养和空间依赖性越大的寄生虫，其自身生活的能力就越弱；寄生生活的历史越长，适应能力越强，依赖性愈大。因此与共栖和共生相比，寄生虫更不能适应外界环境的变化，因而只能选择性地寄生于某种或某类宿主。寄生虫对宿主的这种选择性称为宿主特异性，实际反映了寄生虫对寄生环境的适应力增强的表现。长期寄生生活，使得寄生虫从形态、结构、发育、营养、繁殖等方面都发生了一定变化。

一、在形态构造上的适应

（一）寄生虫形态上的变化

寄生虫可因寄生环境的影响而发生形态构造变化。如跳蚤身体左右扁平，以便行走于皮毛之间；血虱有适于吸血的刺吸式口器，毛虱口器则为咀嚼式；为适应狭长的肠腔，肠道蠕虫多呈细长形状。

（二）附着器官的发展

寄生虫为了更好地寄生于宿主的体内或体表，逐渐进化产生了一些特殊的附着器官。如吸虫、绦虫的吸盘、小钩、小棘；线虫的唇、齿板、口囊等；原虫的鞭毛、纤毛、伪足，既是运动器官也是附着器官。

二、在生理机能上的适应

（一）营养关系的变化

主要表现为消化器官的变化，有的变为简单，甚至消失，也有的消化道长度增加。如吸虫为简单盲肠，没有肛门；绦虫没有消化系统，由体表吸收营养；有的吸血节肢动物，其消化道长度大为增加，以利大量吸血，如软蜱饱吸一次血可耐饥数年之久。

（二）生殖机能加强

为适应寄生生活，不断繁衍后代，不断克服外界（包括宿主）恶劣环境条件要求，发展成为巨大生殖力，形成强大生殖系统。

（三）对体内外环境抵抗力的增强

蠕虫体表一般都有一层较厚的角质膜，具有抵抗宿主消化的作用；绝大多数蠕虫的虫卵和原虫的卵囊具有特质的壁，能抵抗不良的外界环境。

（四）生理行为有助于寄生虫的传播

矛形双腔吸虫的囊蚴寄居在第二中间宿主蚂蚁的脑部，能使其向草叶的顶端运动，提高感染草食动物的机会。

第十八章　寄生虫的分类与命名

所有的寄生虫均属动物界，而且依照各种寄生虫之间相互关系之密切程度，分别组成不同的分类阶元。在同一寄生虫种群内，其基本形态特征相似，而且可以遗传，这是寄生虫传统分类学的重要依据。

第一节　寄生虫的分类

寄生虫分类的最基本单位是种，种是指具有一定形态学特征和遗传学特性的生物类群，是在长期的生物进化中逐渐形成。近缘的种被归结到一起称为属；近缘的属归结到一起称为科；依次类推，有目、纲、门等。进一步细分时，还可有亚门、亚纲、亚目、超科、亚科、亚属、亚种等。与兽医相关的寄生虫大体分类如图 18-1 所示。

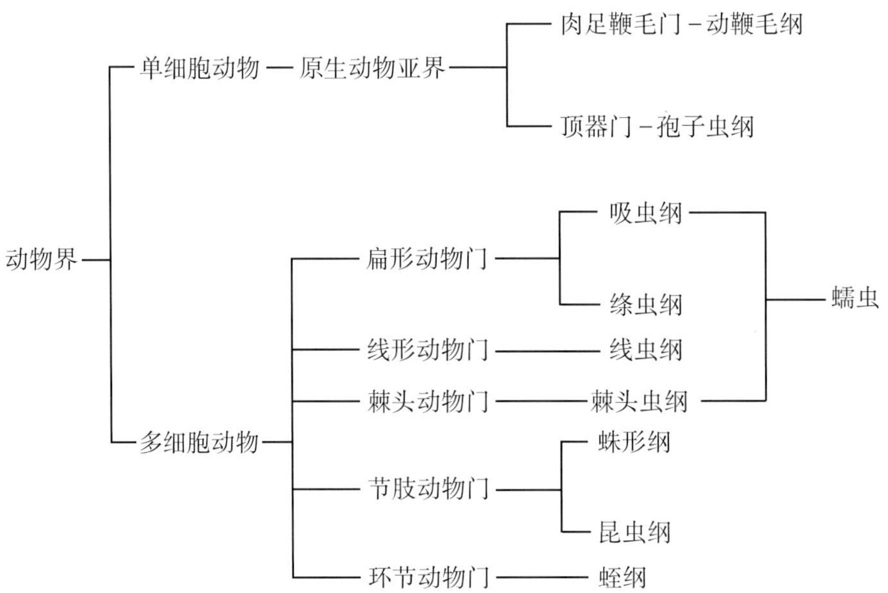

图 18-1　寄生虫的分类

第二节　寄生虫的命名

现在世界公认的生物命名规则是林奈创造的双名制法。用这种方法给寄生虫规定的名称叫作寄生虫的学名（科学名）。学名是由 2 个不同的拉丁文单词组成。第一个单词是寄生虫的属名，其第一个字母要大写；第二个单词是寄生虫的种名，全部字母小写。此外，在用印刷体书写学名时，属名和种名最好用斜体字表示。例如，日本分体吸虫的学名是“*Schistosoma japonicum*”。其中“*Schistosoma*”表示分体属；而“*japonicum*”表示日本种。当人们已知道某种寄生虫归于哪个属或文章中第一次出现时已写过该寄生虫学名全称的，重复出现时属名可以简写。如日本分体吸虫 *S.japonicum*，曼氏分体吸虫 *S.mansoni* 等。

需要表示亚属时，可把亚属的名写在属名后面括号内；需表示亚种时，则在种名后面写上亚种名。例如，尖音库蚊属于库蚊亚属、浅黄亚种“*Culex*（*Culex*）*pipicns pallens*”。只确定到属，未定到种时，可在属名后加上 sp.。如分体吸虫未定种为 *Schistosoma* sp.。一个属中有若干个未定种时，可在属名后加上 spp.。如 *Schistosoma* spp.。

第十九章　寄生虫病与流行病学

寄生虫病流行病学是通过对群体的研究，阐明寄生虫病发生、发展和流行的规律，目的是为制订防治、控制及消灭寄生虫病的具体措施和规划提供科学依据。寄生虫病在一个地区流行必须具备3个基本环节，即传染源、传播途径和易感动物。在这3个环节中，传染源是最活跃的，传播途径是决定性的，易感动物处在被动的地位。三者又是相互依赖、相互联系，一个地区当这3个环节都具备时，才有相当数量的动物获得感染，而引起寄生虫病的流行，缺少任何一个环节，新的感染就不可能发生，流行过程即可中断。寄生虫病的流行过程根据发病动物数量可分为散发、暴发、流行或大流行，多表现为地方性和季节性。

第一节　寄生虫病的流行规律

寄生虫病流行过程不是单纯的生物学现象，3个环节能否相互连接，受生物因素、自然因素和社会因素的影响和制约，这3类因素始终影响流行过程，使这一过程呈现不同的强度和性质。在诊断群体寄生虫病和制订防治计划时，调查分析有关流行病学资料是十分必要的。它有助于对寄生虫病的正确诊断，利于有的放矢地采取措施，达到防控寄生虫病的目的。

一、寄生虫病流行的相关因素

（一）生物因素

宿主与寄生虫等生物性因素无疑会对寄生虫病的传播、流行产生重要的影响。在宿主方面，畜群的遗传因素、年龄、体质和健康状况及免疫机能强弱、饲养管理好坏等都会影响到许多寄生虫病的发生和流行。如果宿主营养合理、体质健壮，对寄生虫的抵抗力就强，寄生虫病就较难发生和流行。寄生虫的种类、致病力、潜在期、寄生虫在宿主体内寿命、寄生虫虫卵或幼虫在外界的生存条件及发育所需要的时间，中间宿主的分布、密度、习性、栖息场所、出没时间、越冬地点和有无自然天敌，寄生虫的贮藏宿主、保虫宿主、带虫宿主以及它们和易感动物接触的可能性及寄生虫感染情况等，均可影响寄生虫病的流行。

（二）自然因素

气候、地理、生物种群等自然条件是影响寄生虫病流行的重要因素。纬度、海拔、光照、水源、森林和土壤等因素都与终末宿主、中间宿主、媒介生物以及寄生虫的分布密切相关。因此，寄生虫病的流行通常都有明显季节性和地区性特征。例如，螨病主要发生在冬春季节，因为冬春时节阳光照射不足、动物被毛较密，在潮湿、卫生不良的圈舍里，非常适合螨虫的生存、发育和繁殖。而在夏季，圈舍和家畜皮肤表面经常受到强烈阳光照射，也比较干燥，不易发生螨病。我国南方地区水网密集，气候适宜，大量钉螺广泛存在，因此血吸虫病流行，北方地区的气候环境条件不利于钉螺生存，因此血吸虫病不会流行。

（三）社会因素

不同国家和地区的社会经济状况、人们的生活方式、风俗习惯、饲养管理水平和条件等社会因素也会影响寄生虫病的流行。在某些寄生虫病的流行中，社会条件因素甚至起着非常重要的作用。例如，在不少农村地区，卫生条件差，厕所和猪圈混用，粪便管理不严，再加上猪散养，导致猪囊虫病行流。还有某些地区有半生食猪肉的习惯，导致人群的旋毛虫病感染率较高。因此，向群众宣传科普知识，提倡讲究卫生，改变不良卫生习惯和风俗习惯，提高和改善饲养管理水平，是预防寄生虫病流行的重要环节。

二、寄生虫病流行的特点

寄生虫的生活史比较复杂，有多个生活史阶段，能使动物机体感染的阶段称感染性阶段或感染期。寄生虫侵入动物机体并能生活或长或短一段时间，这种现象称寄生虫感染。有明显临床表现的寄生虫感染称为寄生虫病。一个动物机体同时有 2 种以上虫种寄生时，称多寄生现象。这种现象是十分普遍的，尤其是在动物的消化道，往往可以同时感染多种寄生虫。不同虫种生活在同一个微环境中，相互制约或相互促进，但其中往往一部分寄生虫种占优势，因此寄生虫感染中有优势虫种之说法。如鸡球虫 2 个以上虫种同时感染时，由于存在拥挤效应，往往只有某一个种占据数量优势。

缓慢传播和流行是许多寄生虫病的重要特点之一，许多寄生虫病都属于慢性感染或隐性感染。当宿主多次低水平感染或在急性感染之后治疗不彻底而未能清除所有寄生虫时，就会转入慢性持续性感染，如血吸虫病流行区大多数患者属慢性感染。寄生虫在动物机体内可生存相当长的一段时期，这与动物机体对绝大多数寄生虫未能产生完全免疫力有关。在慢性感染期，动物机体往往伴有修复性病变。隐性感染则是指动物感染寄生虫后没有出现明显临床表现，也无法通过常规方法检测出寄生虫虫体和虫卵的一种状态。但是，当隐性感染动物的抵抗力下降时，体内的寄生虫会大量繁殖，导致发病，甚至造成患畜死亡。发生慢性感染的宿主通常没有特异性临床症状，致死率很低。但是，由于寄生虫以多种方式长期缓慢地掠夺宿主的营养，导致渐进性的贫血、消瘦和发育不良，引起生产性能下降、畜产品数量和质量降低，生产成本增加，给畜牧业带来巨大的经济损失。

寄生虫病的感染和流行情况一般通过感染率和感染强度这 2 个指标来反映。感染率代表了动物群体遭受某种寄生虫感染的普遍程度，感染强度则显示了动物受到寄生虫感染的严重性，通常用最高感染强度、最低感染强度、平均感染强度来表示。寄生虫感染后动物机体处于什么状态，这与宿主机体内寄生虫的感染强度密切相关。当寄生虫的感染强度不大时，动物机体并不呈现明显的临床症状，呈带虫状态。当寄生虫的感染强度达到并超过阈值时，动物才表现出明显的症状，阈值大小与宿主个体遗传素质、营养、免疫状态及寄生虫虫种的致病性等因素有关。

第二节 寄生虫病的地理分布

在不同的地理位置，气候和自然环境不同，动物区系和植被分布也不同，这些都会直接或间接地影响到寄生虫病的地理分布。国际上根据动物基本类型的分布不同，在世界上划分出6个主要的动物区。古北区：包括欧洲全部、亚洲北部，南界大约在我国的长江流域，基本上是欧亚大陆的温带地区；远东区：包括了我国的长江以南地区，还有印度、巴基斯坦和中南半岛诸国，均位于热带和亚热带；新北区：主要是北美，其地理位置与古北区相似；澳大利亚区：其陆地部分主要在南半球的热带和亚热带；埃塞俄比亚区：基本上包括非洲全部，还有阿拉伯半岛的一部分，分布在赤道两侧的热带和亚热带；新热带区：主要是中南美洲，大部分位于热带和亚热带。

动物区系的不同，就意味着宿主、中间宿主和媒介的不同，必然影响到寄生虫病的分布。特别是那些对宿主选择性比较严格的寄生虫，总是随着其特异性宿主的分布而存在。例如，寄生于牛、羊、马等多种哺乳动物的刚果锥虫和布氏锥虫，都是分布在非洲的热带地区，这与其媒介——采采蝇（舌蝇）的分布相一致。而伊氏锥虫虽与布氏锥虫非常相近，却分布于古北区、埃塞俄比亚区、远东区和新热带区，因为它们的媒介——虻几乎无处不在。由此可见，媒介或中间宿主的分布决定了这些寄生虫及寄生虫病的分布。终末宿主的地理分布当然更决定了寄生虫及寄生虫病的存在，例如，大象的一些特异性寄生虫只存在于有象的地区。所以，宿主与环境都影响或决定了寄生虫及寄生虫病的地理分布。一般来说，同种宿主的生态环境不同时，其寄生虫的类别也有所不同，生态环境越复杂，寄生虫的种类往往越多。

动物的移动无疑也会影响到寄生虫及寄生虫病的分布，长距离的交通运输和频繁往来给某些动物的移动创造了有利条件，尤其昆虫的迁移最为常见，还有某些鱼类和鸟类迁移所引起的寄生虫区系的变化，均是这方面研究的重要课题。例如，活跃锥虫本来是一种以舌蝇为媒介并和刚果锥虫及布氏锥虫有着共同地理区域的种类，但现在也见于南美和毛里求斯等地。研究者认为，活跃锥虫可能是近百年内随着牛的运输而迁往新热带区的，并通过虻类进行机械性传播，也有研究者推测伊氏锥虫可能源于非洲“舌蝇区”的布氏锥虫。人类的迁移也可以将一些寄生虫带到新的地方，在气候合适、宿主条件具备和相似的生活习惯条件下，这些寄生虫便会在新的地方流行。

在某些地区或某些动物区系，常常保持着固有的一些特殊寄生虫种类，这些寄生虫的分布范围完全对应于其宿主的分布，这种特性叫作自然疫源性。自然疫源性寄生虫病的特征是病原体可不依赖人类，只要该地区具有该病的动物传染源、传播媒介和寄生虫在动物间生存传播的自然条件，就能在该地区野生动物中绵延繁殖。当人或家畜进入这一生态环境时，可能遭到感染而得病。例如，通常情况下，细粒棘球绦虫与多房棘球绦虫的某些亚种的感染循环于狐狸、犬、狼、野猫（终末宿主）和一些野生反刍兽、啮齿类、有袋类（中间宿主）动物之间，有些血液原虫保持感染于其媒介（蜱、各种吸血昆虫）和哺乳动物及鸟类之间。这类寄生虫所引起的疾病，有时称为自然疫源性寄生虫病，一旦对人类或家畜“开放”，可能造成严重后果。

地理上相隔遥远的宿主可以有同样的寄生虫种类。有时在2个相隔甚远的地区之间，确实也存在某些寄生虫之分布上的隔离（有时甚至是海洋的隔断）。但有时所谓的隔断，实际是人们没有发现它们的缘故。宿主的长距离移动无论在其旅行中或达到一个新的栖息地之后，通常都要失去某些寄生虫种，但也会保留原栖息地的一些寄生虫种。对于广泛分布于世界各地的动物宿主，它们的寄生虫往往也随其足迹遍布各地，尤其是受地理性限制较少的土源性寄生虫。随着近代更加发达的交通和频繁的动物及动物产品的国际贸易，更增加了寄生虫及寄生虫病的广泛散布。了解寄生虫及寄生虫病地理分布方面的一些普遍规律，有助于我们对寄生虫病流行病学有更为深刻的理解和判断，对于畜产品国内外贸易的检疫和隔离及疫病防治工作都有指导性意义。

第二十章　寄生虫病免疫

免疫是机体识别和清除非自身物质，从而保持机体内外平衡的生理学反应。寄生虫对动物机体来说是一种异物，当其进入机体后，会引起机体对寄生虫的识别和清除，但寄生虫会形成一系列的逃避机制来抵御机体对它的作用。寄生虫与宿主相互作用的过程，就是免疫反应或称免疫应答。寄生虫与宿主的相互应答，对于双方有着同等的重要性。寄生虫必须克服宿主的这种反应，才能生存、发育和繁殖。

第一节　寄生虫抗原特性

由于大多数寄生虫是多细胞生物，结构复杂，即使是单细胞的原虫，其抗原也因其存在不同的发育阶段而变化，而且寄生虫的生活史复杂，加之某些寄生虫为适应环境变化产生的变异等多种原因，导致寄生虫的抗原十分复杂。

一、寄生虫抗原种类

（一）根据抗原的来源分类

1. 体抗原或结构抗原

由寄生虫虫体结构成分组成的抗原称为体抗原或结构抗原，也称内抗原。体抗原作为一种潜在的抗原能引起宿主产生大量的抗体。这些抗体与补体或淋巴细胞的共同作用，可破坏虫体，从而减少自然感染的发生。体抗原的特异性不高，常被不同种和不同属的寄生虫所共享。例如，猪蛔虫和犬弓首蛔虫就有许多共同的体抗原。

2. 代谢抗原或分泌排泄产物或外抗原

寄生虫生理活性产物抗原称为代谢抗原。如寄生虫在入侵宿主组织和移行过程中产生的物质、与脱皮有关的物质、在吸血过程中以及与寄生虫其他生命活动有关的物质。这类抗原大多数是酶，常有生物学特征，由它产生的相应抗体有很高的特异性，可以区别同一虫种中的不同株，甚至同一寄生虫的不同发育阶段。如捻转血矛线虫分泌排泄抗原具有双重的免疫学功能，一方面它可以作为检测抗原，将分泌排泄抗原用于 ELISA 检测羊的捻转血矛线虫感染表明，它具有很好的敏感性和特异性，可测出自然感染 1~2 条以上的捻转血矛线虫所产生的抗体；另一方面，它还是制备免疫原的理想材料，捻转血矛线虫的分泌排泄抗原与宿主免疫系统直接接触，刺激机体产生免疫反应。它不但可以产生体液免疫，也可激发宿主的细胞免疫。分泌排泄抗原对虫体寄生过程和虫体的生存起重要作用，机体对其产生的免疫反应往往能有效地阻碍虫体寄生过程。

3. 可溶性抗原

存在于宿主组织或体液中游离的抗原物质。它们可能是寄生虫的代谢产物、死亡虫体释放的体内物质或由于寄生生活所改变的宿主物质。可溶性抗原在抗寄生虫方面、感染病理学方面以及寄生虫免疫逃避方面发挥着重要作用。

（二）根据抗原的功能分类

1. 非功能性抗原

不能刺激机体产生保护性免疫反应的抗原叫非功能性抗原。一些非功能性抗原产生的抗体在寄生虫的检测和诊断中具有重要价值。

2. 功能性抗原或保护性抗原

能刺激机体产生保护性免疫反应的抗原叫功能性抗原。据报道，已发现的疟原虫的 100 多种抗原物质中只有少数具有保护性作用。功能性抗原大多数是代谢产物，直接针对寄生虫酶的抗体且能中和它们，并改变寄生虫的生理学特性，从而杀伤寄生虫。功能性抗原一般在寄生虫寄生过程的某一阶段出现。例如，鸡球虫的功能性抗原产生于发育的第二代裂殖生殖阶段，猪蛔虫的功能性抗原产生于第二期幼虫向第三期幼虫退化的时期。

此外，寄生虫抗原按照化学成分可分为蛋白质、多糖、糖蛋白、糖脂抗原等。

二、寄生虫抗原的特点

（一）抗原具有复杂性与多源性

大多数寄生虫为多细胞生物，生活史复杂。因此，寄生虫抗原比较复杂，种类繁多。其来源可以是体抗原、分泌排泄抗原或可溶性抗原，其成分可以是蛋白质、多肽、糖蛋白、糖脂或多糖等。不同来源和成分的抗原诱导宿主产生免疫应答的机制和效果也不同。

（二）抗原具有属、种、株、期的特异性

寄生虫生活史中不同发育阶段既具有共同抗原，又具有各个发育阶段的特异性抗原。共同的抗原还可见于不同科、属、种或株的寄生虫之间。特异性抗原在寄生虫病的诊断及疫苗的研制方面具有重要的意义。

（三）寄生虫抗原免疫原性较弱

寄生虫抗原可诱导宿主产生免疫应答，宿主产生对抗原的特异性抗体，但与细菌、病毒抗原相比，其免疫原性一般较弱。

由于寄生虫抗原比较复杂，又表现有属、种、株、期的特异性，因此筛选和分析其抗原组成十分重要。近年研究表明，宿主保护性抗原的决定簇分为 B 淋巴细胞决定簇和 T 淋巴细胞决定簇，尤其是能刺激宿主生产 $CD4^+$ 和 $CD8^+$ 细胞的抗原，对宿主的保护性免疫应答是十分重要的。而 B 淋巴细胞决定簇的抗原是不完全的，也不能诱发宿主产生持久的保护性免疫。

第二节 寄生虫免疫逃避机制

寄生虫可以侵入免疫功能正常的宿主体内，并能逃避宿主的免疫效应，在宿主体内定居、发育、繁殖和生存，这种现象称为免疫逃避。虽然宿主的免疫系统能抵抗寄生虫的寄生，但绝大多数寄生虫能在宿主有充分免疫力的情况下生活和繁殖。寄生虫与宿主的关系是长期进化的结果。在进化过程中，如果寄生虫毒力太强，就会消灭宿主，但在无宿主的情况下，也就不会有寄生虫种的存在。反之如此，如果宿主防御反应过于强大，以至于能完全防止寄生虫感染，这样也会导致寄生虫种的灭亡。在共进化过程中，只有能与宿主相互容忍的寄生虫才会存活下来。为此，寄生虫在进化过程中形成种种对策。某些寄生虫甚至利用宿主免疫系统的细胞和分子为其服务。例如，利什曼原虫借补体受体进入巨噬细胞，从而避免呼吸暴发的触发和受其毒性产物的破坏。尽管细胞因子在许多寄生虫免疫应答中都发挥明显保护作用，但宿主 TNF-α 却能刺激曼氏血吸虫成虫的产卵，而 IFN-γ 可被布氏锥虫作为其一种生长因子来利用。近年来，对寄生虫的免疫逃避机制的研究成果较多，下面将分类介绍。

一、寄生虫抗原性的改变

虫体的抗原性改变是一些寄生虫最重要的免疫逃避机制。例如，锥虫、巴贝斯虫、疟原虫等寄生原虫，它们的表面抗原在宿主产生有效免疫反应之前就已经发生了改变，从而使宿主的免疫监视和应答系统失去目标。寄生虫自身抗原的变化机制主要有以下 4 类。

（一）不同发育阶段的变化

寄生虫发育过程中的一个重要特征是存在发育期的阶段性改变，甚至存在宿主的改变。同一个寄生虫在不同发育阶段会有不同的特异性抗原，有些虫种的抗原即使在同一发育阶段也可能不同。例如，巴贝斯虫、泰勒虫和疟原虫在发育过程中要经历裂殖生殖、配子生殖和孢子生殖，其间还经历了在哺乳动物宿主和昆虫宿主体内的繁殖阶段，在这些不同发育时期，虫体自身的抗原均会发生不同的变化。对于宿主来说，每一个发育时期的虫体都是一种新的抗原。与原虫相比，蠕虫的生活史更加复杂。例如，猪蛔虫从虫卵发育到成虫要经过多个发育时期，而且会在不同的组织中移行，所以各个时期的虫体抗原成分各不相同。虫体不断地发育变化，无疑干扰了宿主免疫系统的有效监视和应答。

（二）抗原变异

某些寄生虫的表面抗原经常发生变异，不断形成新的变异体，使得机体现有的抗体无法对其进行识别。例如，引起非洲锥虫病的原虫显示出“移动靶”的机制，即产生持续不断的抗原变异型，所以当宿主对一种抗原的抗体反应达到一定程度时，另一种新的抗原又出现了。枯氏锥虫虫体表面的糖蛋白膜抗原不断更新，新变异体不断产生，并且总是早于宿主特异性抗体的合成。巴贝斯虫和疟原虫的抗原变异虽然没有锥虫那样快，但也能干扰宿主对它们的免疫清除。抗原变异的原因是编码变异体的基因发生了改变，不同变异体有各自的编码基因，在一段时间内一条虫只有一个变异体的编码基因活化，其他基因都属于静止状态，当另一个基因活化时原来表达的基因便沉默了，这时虫体表面原有的变异体脱落，换上了新的变异体。基因需要在一定的活化位点才能活化，锥虫的这类活化位点在染色体端粒处，锥虫有一种核酸剪切因子，它可以使不同的变异体基因移位到表达位点，而疟原虫和巴贝斯虫的基因内部都有一些基因重排位点，这些位点所转录的 mRNA 分子各不相同，因而所翻译的蛋白质的抗原性也各异。另外，寄生虫虫株间的杂交与融合也会形成不同的抗原，锥虫、疟原虫、巴贝斯虫在宿主体内都可进行遗传物质的交换，当2个抗原性不同的虫体杂交融合后，其子代虫体的抗原性就会与母代的抗原性不同。

（三）分子模拟与伪装

有些寄生虫体表能表达与宿主组织抗原相似的成分，称为分子模拟。有些寄生虫能将宿主的抗原分子镶嵌在虫体体表，或用宿主抗原包被，称为抗原伪装。例如，非洲锥虫表面外膜分子（即可变表面糖蛋白），会通过抗原变化保护其下面的表膜不受宿主防御机制的损伤，所以新的寄生虫株抗原性与原来的虫株抗原性明显不同。又如，分体吸虫可吸收许多宿主抗原，所以宿主免疫系统不能把虫体作为侵入者识别出来。如果把成虫从小鼠体内移出并用外科手术的方法植入猴子体内，分体吸虫可暂时停止排卵，但很快就会恢复正常。然而，如果在植入虫体前曾用小鼠红细胞免疫过猴子，植入的虫体很快就会被杀灭。寄生在皮肤内的曼氏血吸虫的早期童虫的表面是不含有宿主抗原，但肺期童虫表面则会包裹着宿主血型抗原（A、B、H）和主要组织相容性复合物，使抗体不能与童虫结合。令人惊奇的是，人们发现某些抗血吸虫药物可以影响蠕虫的免疫逃避。例如，吡喹酮对虫体皮层有迅速而明显的损伤作用，并导致正常情况下隐匿在宿主抗原之下的虫体体表抗原暴露，从而易遭受宿主的免疫攻击。

（四）表膜的脱落与更新

多数原虫和蠕虫具有脱落和更新表面抗原的能力，以逃避宿主的特异性免疫应答。事实上，抗原的脱落与抗原的变异是相互关联的。例如，锥虫的VSG始终处于不断脱落和变异的过程中，脱落下来的抗原还可中和特异性抗体。血吸虫成虫在特异性抗体的作用下会迅速脱去部分表皮，然后再自发地修复，皮肤中的童虫也能脱去表面抗原并保持其形态完整，尾蚴在钻入皮肤时会脱去其表皮的多糖蛋白质。除此之外，很多线虫的幼虫在宿主体内移行的过程中都要经过正常的蜕皮过程后才能发育为成虫，每次蜕皮后的虫体抗原均会有变化，这也是寄生虫逃避免疫攻击的一种方式。

二、组织学隔离

（一）免疫局限位点寄生虫

胎儿、眼组织、小脑组织、睾丸、胸腺等通过其特殊的生理结构与免疫系统相对隔离，不存在免疫反应，被称为免疫局限位点。寄生在这些部位的寄生虫通常不会受到免疫系统的影响。例如，寄生在小鼠脑部的弓首蛔虫的幼虫、寄生在人眼中的丝虫和寄生在胎儿中的弓形虫等。

（二）细胞内寄生虫

宿主的免疫系统不能直接作用于细胞内的寄生虫，如果细胞内寄生虫的抗原不被递呈到感染细胞的外表面，免疫系统就不能识别感染细胞，因而细胞内的寄生虫就可逃避宿主的免疫反应。例如，刚第弓形虫会通过非吞噬途径进入巨噬细胞的空泡内，并抑制空泡与溶酶体的融合，从而免受酶的攻击，避免呼吸暴发。呼吸暴发是吞噬细胞的氧依赖性杀菌途径之一，吞噬细胞吞噬微生物后能够活化胞内的膜结合氧化酶，使还原型辅酶Ⅱ氧化，继而催化氧分子还原为一系列反应性氧中间物，从而发挥杀菌作用。寄生在空泡内的利什曼原虫也已进化出免遭酶攻击的保护性机制，虫体表面的脂磷酸聚糖外膜不仅是氧化代谢物的清道夫，而且能保护虫体免受酶的攻击，糖蛋白Gp63等还能抑制巨噬细胞溶酶体酶的活性。另外，利什曼原虫可以下调被感染的巨噬细胞上的MHC Ⅱ类分子表达，减少对 Th 细胞的激活强度。

（三）被宿主包囊膜包裹的寄生虫

寄生虫在宿主组织内寄生时可被包囊膜所包绕，这是寄生虫对宿主免疫反应的一种有效屏障。如旋毛虫、囊尾蚴、棘球蚴，尽管它们的囊液有很强的抗原性，但由于有厚的包囊壁包裹，机体的免疫系统无法作用于包囊内的寄生虫，所以包囊内的寄生虫可以保持存活状态。

三、抑制宿主的免疫应答

寄生虫能释放某些因子直接抑制宿主的免疫应答，这是寄生虫感染过程中的一种普遍特征，而且是一种主动的免疫抑制。表现为：

（一）特异性 B 细胞的耗竭

一些寄生虫感染往往诱发宿主产生高 Ig 血症，表明一些 B 细胞亚群受抗原刺激后分裂增殖并分化为浆细胞，产生特异性的 IgG 和自身抗体。但是，白细胞介素的分泌和细胞表面受体的表达受到抑制，T 细胞对正常信号产生耐受，使免疫系统耗竭，不能产生针对病原的保护作用。至感染晚期，虽有抗原刺激，B 细胞亦不能分泌抗体，说明多克隆 B 细胞的激活导致了能与抗原反应的特异性 B 细胞的耗竭，抑制了宿主的免疫应答，甚至出现继发性免疫缺陷。如锥虫分泌的某种物质能明显抑制宿主抗体和细胞介导的免疫反应。

（二）抑制性 T 细胞的活化

T 细胞活化可抑制免疫活性细胞的分化和增殖。动物实验证明，利什曼原虫感染小鼠局部存在 Treg 细胞的聚集并伴有虫体数量的明显增多，Treg 细胞明显抑制了机体抗利什曼原虫的免疫反应，利于虫体的存活。在人体内，Treg 和 TGF-β 的存在也有利于疟原虫的存活及增殖。另外，锥虫等也可通过分泌排泄抗原感染树突状细胞，促使其分泌 TGF-β、IL-10 来诱导 Treg 的产生，进而分泌更多的抗炎因子 IL-10 来逃避宿主的免疫应答。

（三）虫源性淋巴细胞毒性因子

有些寄生虫的分泌排泄物中某种成分具有直接的淋巴细胞毒性作用，或可抑制淋巴细胞激活。例如，感染旋毛虫幼虫的小鼠血清、肝片吸虫的排泄分泌物均可使淋巴细胞凝集，枯氏锥虫 ES 中分离出的 30kD 和 100kD 蛋白质可抑制宿主外周血淋巴细胞增殖和 IL-2 的表达，曼氏血吸虫 0.1~0.5kD 热稳定糖蛋白不需通过 T 细胞活化就可直接抑制 ADCC 的杀虫效应，枯氏锥虫分泌的蛋白酶可直接分解附着于虫体表面的抗体，使结晶的片段脱落，从而无法激活补体。寄生虫释放这些淋巴细胞毒性因子，是其逃避宿主免疫杀伤作用的重要机制。

（四）封闭抗体的产生

有些寄生虫抗原诱导的抗体可结合在虫体表面，不仅对宿主不产生保护作用，反而阻断保护性抗体与虫体结合，这类抗体称为封闭抗体。已证实在布氏锥虫、疟原虫、曼氏血吸虫感染的宿主中均存在封闭抗体。

四、释放可溶性抗原

研究发现，宿主的循环系统或非寄生性组织中如果有寄生虫可溶性抗原的存在，则会利于寄生虫数量的增加。过量可溶性寄生虫抗原的释放，可通过一种称为免疫分散的过程损害宿主的免疫应答。例如，恶性疟原虫的可溶性抗原与循环抗体结合后犹如“烟幕”一样将抗体诱离虫体。许多共有的表面抗原是借 GPI 锚嵌入寄生虫膜中的可溶性分子，如利什曼原虫的脂磷酸聚糖、布氏锥虫的多变表面糖蛋白都经磷脂酰肌醇尾结合至虫体表面，这些可溶性抗原会阻碍宿主免疫系统对寄生虫的杀灭作用，使寄生虫逃避宿主的保护性免疫反应。

五、代谢抑制

有些寄生虫在其生活史的潜在期能保持静息状态，此时寄生虫代谢水平降低，减少刺激宿主免疫系统的功能抗原的产生，降低宿主对寄生虫的免疫反应，从而逃避宿主免疫系统对寄生虫的损伤。如寄生在细胞内的刚地弓形虫、枯氏锥虫、人疟原虫的肝细胞内虫体、许多线虫的受阻幼虫、长期持续的蝇蛆病的第三期幼虫都存在代谢抑制现象。这些处于代谢抑制的寄生虫在适宜条件下又能重新大量繁殖，感染宿主。

第三节　寄生虫免疫特点与免疫预防

免疫应答是指宿主对特异性的寄生虫抗原产生的免疫反应过程，包括抗原的加工与递呈，T 细胞的活化和淋巴细胞因子的产生以及体液免疫反应和细胞免疫反应。

一、寄生虫免疫的特点

（一）免疫复杂性

寄生虫比细菌和病毒都大很多，因而含有的抗原种类也较多。寄生虫有复杂的生活史，生活史中存在不同的发育阶段。在某些特定的发育阶段，寄生虫常表达一些只在该时期才存在的特殊抗原，会相应地激发宿主产生期特异性的免疫应答。

（二）不完全免疫

宿主尽管对寄生虫感染能起一定的免疫作用，但不能将虫体完全清除，以致寄生虫可以在宿主体进行生存和繁殖。

（三）带虫免疫

寄生虫在宿主体内保持一定数量时，宿主对同种寄生虫的再感染具有一定的免疫力。一旦宿主内虫体完全消失，这种免疫力也随之结束。这种免疫现象就是带虫免疫。

二、抗寄生虫免疫的反应类型

近代科学的发展，使人们认识到免疫就如一个良好的屏障，时刻防止外界对机体的各种伤害，通过免疫防御、免疫稳定和免疫监视三大功能实现这种屏障作用。所谓免疫防御功能，是指当机体受到病原侵袭时，体内的白细胞就会对此种外来致病物质加以识别，并产生一种特殊的抵抗力，及时有效地清除微生物，维护机体的健康。免疫稳定功能，指的是及时清除机体组织的正常碎片和代谢物，防止其积存体内，误作外来异物而产生自身抗体，导致一些自身免疫性疾病。在正常机体内经常会出现少量的"突变"细胞，它们可被免疫系统及时识别，并加以清除，这种发现和消灭体内出现"突变"细胞的本领，被称为免疫监视功能。和免疫的基本范畴一样，抗寄生虫免疫包括非特异性免疫和特异性免疫。

（一）非特异性免疫

动物的非特异性免疫是机体在长期进化过程中逐渐建立的，具有相对稳定性，是能遗传给下一代的防御能力，也称先天性免疫。它对各种寄生虫的感染均有一定程度的抵抗力，但没有特异性，一般也不十分强烈。这种免疫常包括屏障结构、吞噬细胞、抗微生物物质以及嗜酸性粒细胞的抗感染作用。

1. 皮肤、黏膜和胎盘的屏障作用

动物机体的屏障结构和表面分泌物可有效地抵抗病菌的侵入。皮肤的角质层是良好的天然屏障，皮脂腺分泌的脂肪酸能杀菌，呼吸道黏膜表面的纤毛能排出细菌，胃肠黏膜分泌物、泪液中溶菌酶、唾液和鼻腔的分泌物均有杀灭某些病原的作用。血脑屏障可阻挡病原进入脑脊液和脑组织，对中枢神经有保护作用。血胎屏障可阻止病原自母体通过胎盘感染胎儿，对胎儿有保护作用。

2. 吞噬细胞的吞噬作用

血液中的粒细胞以及肝、脾、肺、结缔组织、神经组织和淋巴结中的巨噬细胞构成了机体免疫的第二道防线。这些细胞既可以吞噬、消化、杀伤寄生虫，也可以在处理寄生虫的抗原过程中参与特异性的免疫反应，它们既受基因的调控，又受各种非特异性因素和特异性因素的影响，成为完整免疫作用中的一个重要组成部分。例如，有研究者在进行猴子疟原虫试验感染时发现，正常宿主的巨噬细胞有吞食受感染的红细胞现象，初期这种现象比较微弱，当病程达到严重期或补充抗体后，细胞的吞噬效应立即增强。

3. 抗病原物质的杀伤作用

正常体液中特别是血清中含有多种抗微生物物质，如补体、溶菌酶和干扰素等。补体是存在于血清、组织液和细胞膜表面的一组不耐热的经活化后具有酶活性的蛋白质，包括 30 余种可溶性蛋白和膜结合蛋白，故被称为补体系统。补体广泛参与机体微生物防御反应以及免疫调节，也可介导免疫病理的损伤性反应，是体内具有重要生物学作用的效应系统和效应放大系统。在正常情况下，补体系统各成分通常多以非活性状态存在于血浆之中，当其被激活物质通过经典途径、替代途径或凝集素途径激活之后，会形成攻膜复合物，导致病原的膜上出现穿孔，病原最终裂解、死亡。某些动物的血清对布氏锥虫有毒性作用，后来发现这种作用与血清内高密度脂蛋白有关，当从血清中清除高密度脂蛋白后，对锥虫的毒性作用即消失。现已查明，血清内脂质成分的改变，影响到淋巴细胞膜的结构和功能，从而抑制了机体的免疫能力，致使寄生虫感染加重。实验资料显示，实验动物随年龄增长，其体内的脂质成分发生相应变化，对寄生虫感染的抵抗能力也逐渐降低。

4. 嗜酸性粒细胞的抗感染作用

多数寄生虫感染伴有外周血及局部组织内嗜酸性粒细胞增多现象，其中以组织内寄生的血吸虫、肺吸虫、丝虫、旋毛虫、猪囊虫和包虫以及内脏幼虫移行症较为明显。嗜酸性粒细胞的吞噬作用比中性粒细胞弱，其表面膜受到干扰就会脱颗粒，粒细胞、巨噬细胞集落刺激因子和 α- 肿瘤坏

死因子等细胞因子可增强嗜酸性粒细胞的活性，但多限于抗原特异性机制，即遇到体表结合或覆盖有 IgE 和 IgG 幼虫（如曼氏血吸虫和旋毛形线虫）时，嗜酸性粒细胞释放颗粒内容物至虫体表面的作用会增强。嗜酸性粒细胞结晶核心的主要碱性蛋白对童虫能够造成非特异损害，由于它被限定在嗜酸性粒细胞和血吸虫之间的狭小空间内，因而对周边的宿主细胞的损害作用较小，而肥大细胞的产物能促进嗜酸性粒细胞对曼氏血吸虫幼虫的杀伤作用。体外实验发现，血吸虫病患者的嗜酸性粒细胞的抗感染比正常人作用更强。在猴体内试验证明，机体对血吸虫的杀伤伴随有嗜酸性粒细胞的集聚现象。

（二）特异性免疫

1. 免疫应答的过程

动物机体在抗原物质的刺激下，免疫应答的形式和反应过程一般可分为 3 个阶段，即致敏阶段、反应阶段和效应阶段。

（1）致敏阶段。抗原进入体内后从识别到活化的过程。进入机体内的抗原，除少数可溶性抗原物质可以直接作用于淋巴细胞外，大多数抗原需要经过巨噬细胞吞噬、加工，然后呈递给免疫活性细胞，启动免疫应答，活化 B 细胞和 T 细胞。

（2）反应阶段。淋巴细胞被活化后，转化为母细胞，进行分化增殖，B 细胞变成浆细胞，产生特异性抗体，表现为体液免疫反应。T 细胞增殖后形成致敏淋巴细胞，产生淋巴细胞因子。由于 T 细胞功能的多样性，T 细胞反应远较 B 细胞复杂。除了产生淋巴细胞因子外，一部分 T 细胞分化成为辅助性 T 细胞和抑制性 T 细胞，调节体液免疫，还有一部分 T 细胞能直接杀伤靶细胞，表现为细胞免疫反应。在淋巴细胞分化过程中，无论 B 细胞或 T 细胞均有一部分形成记忆细胞。

（3）效应阶段。为抗体、淋巴细胞因子和各种免疫细胞共同战斗清除抗原的阶段。浆细胞合成并分泌的抗体进入淋巴液、血液、组织液或黏膜表面，中和毒素，或在巨噬细胞及补体等物质的协同作用下杀灭或破坏抗原物质。抗原使 T 细胞致敏后，可直接杀伤再次进入的抗原或带有抗原的靶细胞，也可通过抗原和致敏 T 细胞接触后释放的淋巴细胞因子杀伤或破坏靶细胞。在抗原被清除的同时，致敏的和被选择的大量增殖的淋巴细胞，由于再次接触抗原而表现再次免疫应答，从而增强了免疫效应。

当抗原从体内消失后，在一定时间内，体内还存在有特异性抗体和致敏淋巴细胞，在这一时期内，如再次接触同种抗原物质，就能更快地组织免疫应答，更迅速有效地清除抗原，这就是获得性免疫的再次应答。当抗体和致敏淋巴细胞在体内已经消失，但由于记忆细胞的存在，机体也能迅速地产生免疫应答，称为免疫记忆，这也是获得性免疫长期存在的原因。

2. 细胞免疫应答

细胞免疫是指 T 细胞在受到寄生虫抗原或有丝分裂抗原刺激后，分化、增殖、转化为致敏淋巴细胞，当相同抗原再次进入机体，产生致敏 T 细胞对抗原的直接杀伤作用及致敏 T 细胞所释放的细胞因子的协同杀伤作用。这种免疫应答不能通过血清传递，只能通过致敏淋巴细胞传递，所以称细胞免疫。广义的细胞免疫还应该包括原始的吞噬作用以及 NK 细胞介导的细胞毒作用。细胞免疫是清除细胞内寄生原虫等寄生虫的最为有效的防御反应。例如，宿主对细胞内寄生的弓形虫速殖子和速殖体的免疫应答即为细胞免疫反应。其免疫应答过程包括：致敏的 T 细胞抗原受体与弓形虫抗原（核糖核蛋白）反应，导致 T 细胞分裂和分化，即分化为淋巴因子生成细胞、细胞毒性效应细胞与记忆细胞；淋巴因子生成细胞释放淋巴因子，作用于巨噬细胞，使它们首先能抵抗弓形虫的致死作用，然后通过解除对溶酶体和吞噬体融合的阻碍而使溶酶体发挥作用，杀伤细胞内的虫体；细胞毒性 T 细胞（CTL）还能破坏速殖体和受弓形虫感染的细胞的作用；干扰素能激活巨噬细胞和刺激细胞毒性 T 细胞，使之有效地抵抗弓形虫。

3. 体液免疫应答

抗原激发 B 细胞产生抗体以及体液抗体与相应抗原接触后引起一系列抗原抗体反应统称为体液免疫。

（1）抗原的加工与递呈。寄生虫抗原可以通过与细胞表面的受体等多种形式结合于巨噬细胞、树突状细胞、B 细胞等抗原递呈细胞的表面，被吞噬到细胞内抗原被酶消化为短肽，后者与 MHC 分子联结形成多肽 -MHC 复合物，并转移到抗原递呈细胞的表面，被 T 细胞识别。寄生虫多糖、糖脂和核酸等非蛋白类抗原不能通过形成抗原肽 -MHC 复合物而被呈递，但有些与 B 细胞表面上的细胞膜 Ig 发生最大程度的交联，引起无需 T 细胞辅助的 B 细胞活化而直接产生体液免疫效应。由于许多寄生虫抗原为多糖性质，因此体液免疫在抵御外源性寄生虫感染中起重要作用。

（2）抗原与抗体的结合。抗原分子中决定抗原特异性的特殊化学基团，称为抗原决定簇或抗原表位。寄生虫的抗原较大，故常含有多个抗原决定簇，每个均可与 1 个抗体分子结合。对于核酸或蛋白质而言，抗原决定簇是由抗原分子折叠形成的，通常由 5~15 个氨基酸残基或 5~7 个多糖残基或核苷酸组成。能与抗体分子结合的抗原表位的总数称为抗原结合价。蛋白、核酸及其复杂碳水化合物分子中可含有一些重复结构，每个复杂分子可出现多个相同的抗原决定簇，这种情况被称为多价。寄生虫的磷脂或多糖类抗原、抗原决定簇经非共价键与抗体结合。

（3）特异性抗体的效应机制。许多寄生虫感染激发非特异性高丙种球蛋白血症，如锥虫病和疟疾中的 IgM、疟疾和内脏利什曼原虫病的 IgG 水平增加。

4. 体液免疫和细胞免疫协同作用

细胞免疫和体液免疫是相互联系和密切相关的，而且在许多情况下两者是协同的。一般认为，以嗜酸性粒细胞为主要效应细胞的 ADCC 在杀伤蠕虫中起重要作用。ADCC 对寄生虫的作用需要特异性抗体如 IgG 和 IgE 结合于虫体，然后巨噬细胞和嗜酸性粒细胞等效应细胞通过 Fc 受体附着于抗体，通过两者的协同作用来杀灭虫体。

三、免疫预防

寄生虫病免疫预防是寄生虫病防治的重要技术措施之一。由于寄生虫在形态结构和生活史上，比细菌和病毒更复杂，其功能性抗原的鉴别和批量生产更为困难，抗寄生虫的疫苗较之细菌和病毒更难获得。因此，寄生虫感染中的免疫预防相对落后，但也取得了一些重要的进展，具体包括以下几点。

（一）强毒虫苗

强毒虫苗是直接利用从自然发病的宿主体内或其排泄物中分离的虫株制备的活虫苗，如临床上应用最多的是鸡球虫强毒虫苗，其免疫原理是接种低剂量的强毒虫体诱导机体产生免疫并处于带虫免疫状态。

（二）弱毒虫苗

弱毒虫苗是利用经物理或化学方法、人工传代、遗传学方法和筛选自然弱毒虫株等途径获得的寄生虫弱毒株来制备的，如目前临床上已经应用的牛胎生网尾线虫虫苗、羊丝状网尾线虫虫苗、犬钩虫虫苗、鸡球虫弱毒虫苗、环形泰勒虫苗、山羊泰勒虫苗、牛巴贝斯虫苗、双芽巴贝斯虫苗、龚地弓形虫苗等，其免疫原理是弱毒虫体在宿主体内存活并繁殖，能引起一定的临床反应但不会引起临床发病，虫体在相当长的一段时间刺激机体产生免疫抵抗力。

（三）分泌性抗原苗

分泌性抗原苗是利用体外培养的寄生虫产生的分泌或代谢产物制备的，如在一些国家或地区应用的牛巴贝斯虫、双芽巴贝斯虫、分歧巴贝斯虫、犬巴贝斯虫、弓形虫等多种虫体的分泌性抗原苗，其原理是寄生虫的分泌或代谢产物具有很好的抗原特性，可以刺激宿主产生特异的免疫反应。

（四）重组抗原苗

重组抗原苗是利用基因工程重组技术将虫体抗原基因或片段导入异种生物体内，随着异种生物体的繁殖而获得大量的虫体抗原，然后经过必要的处理而制备成虫苗，例如，目前已经商品化的棘球蚴病基因工程亚单位疫苗、绵羊带绦虫和微小牛蜱疫苗等。

（五）化学合成苗

化学合成苗是通过化学反应合成能诱导宿主产生针对相应虫体的免疫保护作用的小分子抗原，主要包括合成肽苗和合成多糖苗。如疟原虫的合成多肽苗 spf66。

（六）基因工程活载体疫苗

基因工程活载体疫苗是指以某种非致病性生物（病毒、细菌、寄生虫等）为载体来携带并表达其他致病性生物的保护性抗原基因。即用基因工程方法，将一种生物的免疫相关基因整合到另一种载体生物基因组的非复制必需片段中构成重组生物，在被接种的宿主体内，特定免疫基因可随重组载体生物的复制而适量表达，从而刺激机体产生相应的免疫抗体。如携带弓形虫的 ROP2 基因的疱疹病毒可以诱导猫产生一定的免疫保护作用。

（七）核酸疫苗

核酸疫苗是指将含有编码某种抗原蛋白基因序列的质粒载体作为疫苗，直接导入动物细胞内，通过宿主细胞的转录系统合成抗原蛋白，诱导宿主产生对该抗原蛋白的免疫应答，从而使被接种动物获得相应的免疫保护。核酸疫苗包括 DNA 和 RNA 疫苗，目前研究较多的是 DNA 疫苗，已报道的主要有疟原虫、弓形虫、隐孢子虫、血吸虫、猪囊尾蚴、艾美耳球虫等多种虫体的 DNA 疫苗，疟原虫的 DNA 疫苗已进入临床试验阶段。

第二十一章　寄生虫病的诊断与防治

第一节　寄生虫病的诊断

寄生虫病的诊断是一个综合判断的过程。病原体检查是寄生虫病最可靠的诊断方法。但也应注意有些时候动物体内发现寄生虫，并不一定引起寄生虫病。在宿主荷虫数量较少时，常常处于带虫免疫或伴随免疫状态而不表现明显的临床症状。因此，寄生虫病的诊断除了检查病原体外，还要结合流行病学资料、临床症状的观察以及实验室检查结果等进行综合分析，必要时还要采取一些特殊的诊断方法才能确诊。

一、临床观察

临床症状的观察是生前诊断最直接的方法。大多数蠕虫病是慢性消耗性疾病，临床上多表现为贫血、消瘦、营养不良、腹泻、水肿等，这些症状可以提供一些诊断线索。有些寄生原虫和蜘蛛昆虫所引起的疾病可表现特征性的症状，如反刍兽的梨形虫病可出现高热、贫血、黄疸、血红蛋白尿；鸡的卡氏住白细胞虫病可出现白冠，排绿色粪便；家畜的螨病可出现奇痒、脱毛等症状。根据这些特征性的症状可以做出初步诊断。有些寄生虫病在临床观察时就可以发现病原体，建立诊断。例如，在牛表现被毛蓬乱、奇痒并且在皮肤上发现皮孔及牛皮蝇幼虫时就可初步诊断为牛皮蝇蛆病。

二、流行病学调查

流行病学调查对寄生虫病的诊断尤其是对群体寄生虫病的诊断具有重要作用。详细调查引起寄生虫病发生和流行的各种因素，包括生物学因素、自然因素和社会因素等，摸清寄生虫病的传播和流行动态，可以为确立诊断提供依据。

三、实验室检查

病原体检查是寄生虫病确诊的主要依据。对动物的粪便、尿液、血液、组织液、体表及皮屑等进行检查，查出各种寄生蠕虫的虫卵、幼虫、成虫或节片以及原虫的各发育期虫体、蜘蛛昆虫成虫、幼虫或虫卵等，即可做出准确的诊断。必要时也可采取病料接种实验动物，然后从实验动物体内查出虫体或特征性病变来确定诊断结果。还可以利用已经建立的免疫学方法进行病原或抗体的检测，如间接血凝试验（IHA）、酶联免疫吸附试验（ELISA）等。由于寄生虫结构复杂、生活史多样以及许多寄生虫具有免疫逃避能力等，寄生虫的免疫学诊断常常作为寄生虫病诊断的辅助方法。然而，对于一些只有剖检动物或活组织检查才能确诊的猪囊尾蚴病、旋毛虫病、弓形虫病等，免疫学诊断仍是较为有效的方法。许多分子生物学技术也已应用于寄生虫病的诊断和流行病学调查，如 PCR、LAMP 等。作为病原学检查方法，分子生物学诊断技术具有更高的特异性和灵敏性。另外，分子生物学技术也为探索寄生虫的系统进化及亚种和虫株鉴别、虫株的标准化等提供了更为可靠的手段。

四、病理剖检

病理学剖检要按照寄生虫学剖检的程序做系统的观察和检查，并详细记录病变特征和检获的虫体，不仅可以确定寄生虫种类、感染强度，还可以明确寄生虫对宿主危害的严重程度，尤其适合于群体寄生虫病的诊断。

第二节　寄生虫病的防治

寄生虫有复杂的生活史，其传播途径多种多样，许多寄生虫病的流行与人类的卫生习惯、经济状况、畜牧业的饲养条件、牲畜屠宰管理措施、畜产品贸易中的检疫情况等密切相关。要达到有效的防治目的，必须在充分了解寄生虫的生活史、流行病学与生态学特征的基础上，制订综合防治措施。同时，寄生虫病的防治一定要贯彻“预防为主，防重于治”的原则，还应依赖于相邻地区的通力合作及各种法规和规章制度的建立和完善。

一、防治原则

同其他生物源性疾病一样，寄生虫病发生和流行的基本要素包括感染源、传播途径和易感动物，因此寄生虫病防治的原则必须围绕这三要素展开。

（一）控制和消灭感染源

感染源是寄生虫病发生和流行的基本条件。寄生虫病的感染源主要存在于发病和带虫的动物，因此一方面要及时治疗患病动物，驱除或杀灭其体内外的寄生虫，另一方面要对带虫动物进行有计划的预防性驱虫。此外，对保虫宿主、贮藏宿主的防治也是控制感染源的重要措施。

（二）切断传播途径

尽管寄生虫病的传播途径因寄生虫的生活史和特定的感染阶段而异，但大多可以归为生物性传播和经土、水、食物等非生物性传播两大类。对非生物性传播的寄生虫病，为了减少动物的感染机会，要加强粪便和水源的管理，做好动物圈舍和牧场的环境卫生等工作。对生物性传播的寄生虫病，要设法避免终末宿主与中间宿主以及传播媒介的接触，针对中间宿主或传播媒介要制订有效的防治措施。

（三）保护易感动物

加强动物饲养管理、增强动物体质，提高动物抗病能力，尤其要注意饲料的营养水平和饲养条件的改善。对于某些寄生虫病可在必要时进行预防性驱虫以保护动物的健康。如果有免疫效果较好的寄生虫虫苗，可通过人工接种使动物获得抵抗力。对某些地方性寄生虫病，可以筛选有抵抗力的动物品种进行繁育和饲养，降低动物易感性。

二、防治措施

（一）驱虫

驱虫是寄生虫病综合防治的基本措施，是指利用药物将寄生于动物体内外的寄生虫驱除或杀灭。驱虫一方面具有治疗的作用，使宿主康复；另一方面也是重要的预防措施，减少病原体向外界的散播，控制感染源。当动物感染寄生虫并出现明显的临床症状时，要及时进行治疗。寄生虫病治疗方案的确定应结合患病动物的体质和病情，依据标本兼治的原则，除采用特效药物进行驱虫外，还应采取对症治疗措施如强心、补液、输血等，同时注意动物护理，以保证动物的安全。预防性驱虫是控制寄生虫病发生和流行最常用的方法，是指按照寄生虫的发育规律，不论动物是否发病，在计划的时间内利用药物进行驱虫。该措施不仅能降低动物的荷虫量，又能减少对环境的污染，尤其对规模化动物养殖具有重要意义。

驱虫药物的选择要遵循高效、低毒、广谱、价廉、使用方便等原则。在生产实践中动物往往同时受到多种寄生虫的感染，仅对一种或一类寄生虫有效的驱虫药物不能满足实际生产的需要，因此要选择广谱驱虫药或者选择多种驱虫药物联合使用。如伊维菌素作为一种广谱驱虫药既能驱除蜱、螨等体表寄生虫，也能驱除消化道线虫，因此常在临床上应用。但由于该药对体内移行的幼虫作用较差，因此临床上常将伊维菌素和芬苯哒唑复配后应用于猪寄生虫病的预防。另外，在驱虫药的使用过程中，要避免长期连续使用一种药物，以防抗药性的产生。驱虫时机的选择和寄生虫病防治效果密切相关。驱虫时间一般应根据寄生虫的发育规律，选择在“成熟前驱虫”。成熟前驱虫主要应用于一些蠕虫。“秋冬季驱虫”比较适合我国北方地区，此时驱虫有利于动物安全过冬。驱虫应在专门的或有隔离条件的场所进行。驱虫后排出的粪便应当集中，用“生物热发酵法”进行无害化处理。驱虫药药效的评价主要通过驱虫前后动物多方面的对比来进行综合评价，包括发病率与死亡率、营养状况、临床症状、虫卵减少与转阴情况的变化情况等，必要时也可通过剖检等方法计算粗计和精计驱虫率。几种驱虫药药效评价的计算公式如下。

虫卵转阴率（%）＝虫卵转阴动物数 / 试验动物数 ×100

虫卵减少率（%）＝（驱虫前 EPG- 驱虫后 EPG）/ 驱虫前 EPG×100

（EPG ＝每克粪便中的虫卵数）

精计驱虫率（%）＝排出虫体数 /（排出虫体数＋残留虫体数）×100

粗计驱虫率（%）＝（对照组平均残留虫体数 - 试验组平均残留虫体数）/ 对照组平均残留虫体数 ×100

驱净率（%）＝驱净虫体的动物数 / 全部试验动物数 ×100

家禽的驱虫比较特殊，一般按家禽群总重量计算药量，驱虫前先选 10 只以上有代表性的个体进行安全试验。驱虫效果主要根据驱虫前后的营养状况、生长速度、产蛋率等的对比来判断。

（二）卫生措施

对土源性寄生虫而言环境卫生的意义更为重要。动物粪便是寄生虫散播病原的主要途径，因此要加强动物粪便的管理，一方面做好环境卫生，减少宿主与感染源接触的机会，另一方面对动物粪便进行无害化处理和综合利用，如堆积发酵、沼气发酵、鸡粪喂鱼和牛粪用作燃料等。动物饲养卫生也是寄生虫病控制的重要内容，要保持饲料、饮水卫生，优选干燥处放牧，禁止猪到池塘自由采食水生植物，禁止以生的或半生的鱼虾、蝌蚪和贝类饲喂动物，禁止用动物的废弃物作为饲料用蛋白质原料，家畜的废弃物要经过无害化处理。对于人畜共患病则要加强卫生宣传，不吃生的或半生的肉类制品。

对生物源性寄生虫则可以采用物理、化学或生物学的方法消灭他们的中间宿主或传播媒介。如结合农田水利建设采用土埋、水淹、水改旱等措施进行物理灭螺，也可利用化学药物或生物学方法灭螺。

寄生虫的中间宿主和媒介的控制往往是比较困难的，可以利用它们的生物学特性设法回避或加以控制。例如，莫尼茨绦虫和马裸头绦虫的中间宿主地螨畏强光、怕干燥，地潮湿和草高而密的地方数量较多，在黎明和日落时活跃，因此在放牧时避开地螨活动的高峰即可减少宿主感染的机会。

（三）免疫预防

由于寄生虫免疫的复杂性等原因，寄生虫病的免疫预防尚不普遍。但还是有一些研制成功的寄生虫疫苗应用于临床并取得了很好的保护效果。

（四）生物控制

寄生虫生物控制就是采用寄生虫的某些自然天敌来对寄生虫及其所引起的疾病进行防治的一种生物技术。这种生态学方法可以将寄生虫感染程度控制在一个亚临床水平之下，使之不至于因病害而造成经济损失。对节肢动物害虫的生物控制已经成功地应用于临床实践。目前已经分离出的可致昆虫发病的细菌有 100 多种，国内外生产的细菌杀虫剂商品有几十种，这些杀虫剂大多集中在芽孢杆菌科，如苏云金芽孢杆菌、球形芽孢杆菌、金龟子芽孢杆菌等。其中苏云金芽孢杆菌的研究和应用最多，由于其作用广谱，并可提纯和合成，所以被广泛用来杀灭昆虫性害虫。苏云金芽孢杆菌制剂的销售量占世界生物杀虫剂的 90%~95%。对动物蠕虫病的生物控制也有很多研究和报道。其中利用捕食性真菌防治动物寄生线虫的研究一直受到各国生物科学家的关注。已有一些制剂申请了相关的专利并进行了商业化开发和利用。对动物吸虫的生物防治则主要是通过水禽、鸟、某些蝇类、甲虫、水蛭、扁形动物等控制其中间宿主——螺类。由于寄生虫抗药性问题、药物残留问题以及环境污染问题的存在，尽管化学药物驱虫仍是今后相当一段时间控制寄生虫病的主要手段，但从可持续发展的角度来看，生物控制寄生虫病必将是寄生虫学研究和发展的重要方向。

第二十二章　分子寄生虫学

第一节　分子寄生虫学发展概况

分子寄生虫学是运用分子生物学、生物化学、遗传学、免疫学和细胞学等的理论和技术，从分子水平研究寄生虫及与宿主、环境的关系，阐明寄生虫生长、发育、繁殖及致病和传播规律的一门科学。在20世纪上半叶，寄生虫涉及分子方面的研究明显滞后于细菌、脊椎动物等的相关研究。20世纪60年代，在寄生虫的中间代谢，包括代谢酶的特性化、旁路代谢、代谢调节、膜的转运、氧在代谢中的作用等方面的研究得以进一步开展，阐明了一批抗寄生虫药物的作用机制，从而使分子寄生虫学初露端倪。进入20世纪70年代后，寄生虫学的研究进一步向纵深发展。由于生物化学和生物物理学新技术、新方法在寄生虫学领域中的广泛应用，使得寄生虫中间代谢、酶学、生物能量、细胞膜的结构和功能的研究更为深入。到20世纪80年代后，在分子生物学、免疫学方面的迅速发展，如基因克隆及其在细菌等载体中的表达、杂交瘤技术等，使寄生虫学发展进入一个全新的分子时代。进入20世纪90年代后，由于分子生物学、分子免疫学在方法学上的快速发展，寄生虫病疫苗的研究进入了兴盛时期。对于与控制寄生虫病有关的候选抗原进行了鉴定，特别是对危害严重的疟原虫、血吸虫、球虫等寄生虫给予了更多关注。同时，由于分子生物学、酶学等技术的发展，为寄生虫病的诊断、流行病学调查提供了必要手段，极大提高了寄生虫病诊断的敏感性和特异性。

自20世纪90年代中叶开始，先后开展了寄生虫基因组和蛋白质组的研究。2002年，恶性疟原虫基因组全序列公开发表，这是分子寄生虫学发展史上的又一个里程碑。世界卫生组织现已将寄生虫基因组计划更名为寄生虫功能基因组计划。分子寄生虫学的研究已进入了一个后基因组时代，将进一步使用基因技术以获得更多、更全面的寄生虫基因组信息，深入地进行寄生虫功能基因组学，即蛋白质组学的研究。分子寄生虫学研究的最终目的是发现新的、有效的方法以期预防、控制寄生虫病，其中，最重要的是药物和疫苗。因而，分子寄生虫学今后的研究方向为：寄生虫生长发育、分化等关键因子的功能基因组学；寄生虫免疫的分子机制和疫苗；寄生虫代谢系统所涉及的生物化学和遗传学机制以及寄生虫在宿主免疫和代谢系统的环境中得以生存的机制；寄生虫表面抗原变异的遗传学及其生物合成、加工、转运的机制；药物的作用靶点、抗性的分子机制；转基因寄生虫动物模型和其他动物模型。

第二节　寄生虫基因组学及蛋白组学

自 20 世纪 90 年代中期开始，几乎与人类基因组计划同步，先后开展了寄生虫基因组学和蛋白质组学的研究。基因组计划是对 DNA 水平上遗传密码进行正确排序、绘制物理图谱并加以解读。目前，恶性疟原虫、小泰勒虫、弓形虫、阿米巴原虫、人隐孢子虫、微小隐孢子虫、冈比亚按蚊、猪蛔虫、曼氏血吸虫、日本血吸虫、牛带绦虫、隐孢子虫、柔嫩艾美耳球虫等的基因组全序列已公开发表。寄生虫基因组和其他生物基因组一样含有核基因组、线粒体基因组或动基体基因组、质体（类质体）基因组。因此，其研究内容和方法也大都沿用了人类基因组和模式生物基因组研究所采用的方法。寄生虫结构基因组学研究是指通过基因作图、核苷酸序列分析确定寄生虫基因组成和基因定位。根据使用的标志和手段不同，基因作图有 3 种类型，即构建基因组高分辨率的遗传图谱、物理图谱和转录本图谱。寄生虫功能基因组学研究是指利用寄生虫结构基因组提供的信息和产物，发展和应用新的实验手段，在基因组或系统水平全面分析寄生虫基因的功能。

一、寄生虫基因组组成和特点

寄生虫涉及的物种范围较广，横跨原生动物门、扁形动物门、线形动物门、软体动物门以及节肢动物门。因此，相对于高等的脊椎动物，寄生虫基因组除了核（染色体）DNA 之外，还有线粒体 DNA、动基体 DNA 和质体 DNA。在一些较低等的寄生原虫中，甚至没有成形的线粒体 DNA，如阿米巴原虫除了染色体 DNA 外，只含有类似细菌质粒的编码 rRNA 基因的环状 DNA 和胞质 DNA，而隐孢子虫则无线粒体。

（一）核（染色体）基因组

寄生虫染色体基因组的大小差别较大，其中，微孢子虫基因组的大小不到 10Mb，在整个真核生物中最小，甚至小于大部分真菌属的基因组；血吸虫的基因组有 270Mb 以上，相当于人类基因组的 1/10。有些寄生虫染色体的大小和数目变化很大，例如锥虫，即便是同种异株的布氏锥虫，其分子核型也不一样。寄生虫基因组和其他真核基因组一样，含有高度、中度和单拷贝重复序列，只是不同的寄生虫重复序列所占的比例不同，如利什曼原虫基因组中重复序列较小；而在杜氏利什曼原虫中，高度重复序列占核基因组的 12%，中度重复序列占 13%，其余为单拷贝序列。除了基因间的重复序列，许多寄生原虫的蛋白质含有更复杂的氨基酸基序（motif）重复序列，这些模体在高等真核生物同源蛋白序列中不出现。重复的基序往往可以诱导高水平的抗体反应。在利什曼原虫，暴露在原虫表膜的分子重复膜体十分普遍，宿主对这些成分的反应可以作为血清学或分子诊断的基础。寄生虫基因组碱基 G+C 含量（摩尔分数，%）在 30%~40%。寄生虫基因组在密码子 3 个不同位置上的碱基利用情况存在着偏好性。据统计，在疟原虫中，多数密码子的第三个以 A 或 T 较常见，而在表达水平较高的基因中则多为 C，这造成疟原虫基因在体外难以克隆表达。利什曼原虫种内、种间染色体多态性程度相当高，这种多态性大多由于染色体改变所致，变化程度可以达到染色体长度的 25%。同源染色体大小的改变不仅发生在种间，而且也发生在种内不同克隆株间。微孢子虫的基因多态性也非常显著，其核糖体内转录间隔区的多态性在不同虫种间差异明显；此外其 ITS 间的重复序列、核型及染色体数目也呈多态性。

（二）线粒体基因组

线粒体存在于几乎所有的真核生物中，是含有自身基因组的细胞器，其基因组长度为14~20kb的环状DNA分子，具有编码区和非编码区。不同生物线粒体基因组大小、基因排列、转录方式和遗传密码都不尽相同，也不同于核基因密码。但是线粒体的基因构成在不同进化阶段的动物间都是相当保守的。线粒体DNA具有母体遗传和快速进化的特点，较染色体DNA更易反映种、株乃至型间差异，由于具有较好的稳定性，因此通常被用来评价物种的种系发生。

（三）动基体基因组

利什曼原虫、锥虫等是最原始的具有线粒体的真核生物之一，与自然界其他生物不同的是，每个利什曼原虫都含有一个单管状线粒体，叫作动基体。每个动基体拥有不同寻常的单个动基体DNA，它是由具有成千上万拷贝的小环与拷贝数较少的大环在拓扑学上互相连环，形成巨大的有高度组织结构的盘状网络，位于拟鞭毛基体的基质内。动基体的大环相当于其他真核生物体的线粒体，而小环被转录成导向gRNA。利什曼原虫动基体DNA大环蛋白编码基因的表达极其复杂，大部分转录子必须进行转录后修饰——RNA编辑，从而矫正阅读框的移码，产生可翻译的mRNA。RNA编辑是锥虫亚目原虫线粒体mRNA成熟的一种形式。动基体DNA大环和小环的复制与细胞核的复制高度同步，会产生一个双倍大小的网络结构，随后在细胞分裂之前分开形成2个子网络动基体DNA。利什曼原虫的小环DNA序列高度一致性的特征可以用于区分利什曼原虫的种、亚种间的差异，甚至可用于临床诊断利什曼病。

（四）质体基因组

植物、藻类和顶复门寄生虫中都存在着一种被称为质体的细胞器，它是一种由4层膜质包围的含有DNA的独特细胞器。质体可能起源于一个或多个介于进行光合作用的细菌和一个非光合作用的真核宿主之间的共生物。迄今为止在包括疟原虫、弓形虫、巴贝斯虫和艾美耳球虫等多种顶复门原虫中都发现了这种细胞器。质体DNA也为闭合环状，在弓形虫和疟原虫其大小为35kb。序列比较发现，质体DNA与藻类植物的叶绿体DNA具有较高的同源性。和进行光合作用的植物相比，质体基因组已经丢失了进行光合作用的基因，只保留了RNA聚合酶亚单位、rRNA和tRNA的基因。

（五）内共生菌基因组

已证实在绝大多数丝虫中都存在胞内共生菌，有助于丝虫的生长发育，这种立克次氏体样的生物属于沃尔巴克体属。对丝虫的动物宿主使用作用于立克次氏的抗生素可以使宿主体内的丝虫发育迟缓。使用抗生素消除丝虫体内的内共生菌已经成为治疗丝虫的新途径。因此，沃尔巴克体基因组的研究可以为寻找新的疫苗和药物靶点提供信息。

二、寄生虫基因组研究与应用

（一）寄生虫–宿主共进化规律

寄生虫要适应环境的变化而更好地存活，在形态结构及生理机能等方面都不可避免地发生了适应性变化。由于寄生虫与宿主之间的共进化及之间的相互影响最终都会在基因组上留下线索，因此分析寄生虫和宿主的基因组序列，有可能阐明共进化的规律。

（二）免疫及疫苗靶点发掘

基因组研究为了解寄生虫的免疫逃避机制提供了基础。疟原虫之所以成为一种病原体，就因为它能够逃避人体免疫系统的清除作用。基因组分析发现，大约 200 种基因编码的蛋白质参与了免疫逃避。疟原虫通过在细胞表面表达不同的蛋白质以干扰宿主的免疫应答，从而逃避宿主的免疫反应。编码逃避作用蛋白的多数基因位于染色体的末端，这一位置使疟原虫易于通过改变编码基因而改变这些蛋白质的结构。疟原虫基因组序列第一次详细阐明了一种寄生虫的一整套逃避免疫的蛋白质。血吸虫转录组的信息则发现成百上千的血吸虫基因具有与哺乳动物或多或少的同源性，这些相似序列中包括结构蛋白、酶调节蛋白和受体或生长因子，同时还发现血吸虫编码人类白细胞抗原（HLA）相关类似蛋白的基因与人类对应基因有很大相似性。寄生虫基因组的研究和疫苗的研制开发之间是一种相辅相成的关系。一方面，通过生物信息学的手段可以初步快速筛选出一些可能的候选基因，为疫苗的研制提供参考，并且还能够对实验数据进行有效的分析；另一方通过实验积累的一些实验数据又能不断丰富基因组数据库中的信息。两者有效结合，极大地提高了工作效率，共同推进了人们对寄生虫疫苗的研究。

三、寄生虫蛋白质组学

蛋白质组学是一个以细胞或机体的蛋白质组为研究对象的学科，应用蛋白质组学技术探讨寄生虫与宿主之间的关系，有助于从蛋白质水平认识寄生现象和寄生虫病发生的分子机制，能够为分离、鉴定新的寄生虫病候选疫苗抗原、诊断抗原和治疗药物靶分子等开拓新的途径。寄生虫蛋白质组学的研究内容主要包括：第一，通过双向电泳结合质谱、生物信息学等技术，分析比较不同发育阶段、不同性别、不同虫株之间的差异表达蛋白，鉴定可能与寄生虫生长、发育、致病等相关的蛋白质分子，或可区分不同虫株的蛋白标记，为寄生虫病疫苗和新治疗药物的研制、新诊断技术、分类技术的建立提供基础。第二，分析比较利用不同药物或免疫制剂在动物体内或体外处理后寄生虫蛋白质表达图谱的差异，鉴定差异表达蛋白并研究其功能，为阐明药物作用机制和免疫制剂的免疫机制，确定产生耐药性的相关蛋白质提供基础。第三，通过分析比较寄生虫感染后宿主和寄生虫蛋白质表达图谱的差异，分离、鉴定可能与宿主免疫应答和寄生虫免疫逃避等相关的蛋白质分子，为探索寄生虫与宿主的关系，阐明寄生虫寄生现象，为揭示寄生虫免疫机制和免疫预防疫苗的研制提供基础。第四，应用蛋白质芯片分析比较不同感染阶段，或治疗药物、免疫制剂处理后宿主和寄生虫蛋白质表达图谱的差异，分离、鉴定相关抗原 / 抗体、受体 / 配体或蛋白质 /DNA，寻找相关的药物或免疫靶标。随着寄生虫基因组学研究不断取得新进展，寄生虫基因组学和蛋白组学数据库不断充实，蛋白质组学研究技术不断完善、改进和取得新的突破，将会有力地推进寄生虫蛋白质组学研究工作，为阐明寄生虫的寄生现象和宿主免疫应答机制积累更多的知识，为分离、鉴定一批值得深入研究的蛋白质和研制开发防治寄生虫病的疫苗、新治疗药物、诊断制剂等提供新思路、新途径。

第三节　免疫学和分子生物学诊断技术

免疫学诊断是根据寄生虫感染的免疫机理而建立起来的较为先进的诊断方法，如果在患病动物体内查到某种寄生虫的相应抗体或抗原时，即可作出诊断。该方法具有简便、快速、敏感、特异等优点。但是由于寄生虫体结构复杂，寄生虫在不同的生活阶段产生不同种的蛋白质都起到抗原作用，所以寄生虫病的免疫过程十分复杂，有时会出现假阳性、假阴性，应用时须加以克服。目前在重要的动物寄生虫病以及人兽共患寄生虫病方面已经相继建立了许多免疫诊断的方法，并且得到了广泛应用。

一、皮内试验

皮内试验是利用宿主的速发型变态反应，将特异抗原液注入皮内，观测皮丘及红晕反应以判断有无特异性抗体（IgE）存在的试验。皮内试验使用的抗原多为酸溶性蛋白抗原。该法在棘球蚴病、弓形虫病、旋毛虫病、片形吸虫病、肺吸虫病、血吸虫病、多头蚴病、猪囊虫病、冠尾线虫病、后圆线虫病、蛔虫病、马脑脊髓丝虫病、锥虫病等曾有试用的介绍，具有敏感性高，操作简便，反应和读取结果快速，不需特殊仪器设备，适宜现场应用等优点。但由于所用抗原不纯等原因，皮内试验存在较严重的假阳性反应和交叉反应，致使本法在寄生虫病诊断中的应用受到限制。近年有试用纯化抗原作皮试，可望提高本法的特异性。以下为棘球蚴病和旋毛虫病的皮内试验方法。

（一）棘球蚴病皮内试验

这是 1911 年由 Casoni 氏首创，最早用于诊断寄生虫病的方法，因此又称 Casoni 氏反应。以无菌抽取、过滤的棘球蚴囊液作抗原，动物皮内（最好是颈部）注射 0.1~0.2mL，注射后 5~10min（最迟不超过 0.5~1h）内，在注射部位出现红肿，红肿面积直径达 5~20mm 者即为阳性。试验的同时，在距注射部位一定距离处用等量生理盐水同法注射以做对照。在收集的囊液抗原中加入 0.5% 氯仿防腐，密封保存于冷暗处，可延长抗原使用期，保存期可达 6 个月。

（二）旋毛虫病皮内试验

取人工感染旋毛虫肌幼虫 30d 后的小鼠或大鼠或仔猪的横纹肌，剪碎或用绞肉机绞碎，按肉的重量加入 10 倍量的人工胃液（胃蛋白酶 1.0%，活性 1 ∶ 3 000；盐酸 1.0%），置 37℃恒温箱中，搅拌消化 15~20h，经 5 号筛和 9 号筛用自来水反复冲洗，收集 9 号筛上冲洗物于小烧杯中，再用自来水反复洗涤和沉淀，得纯净的旋毛虫脱囊肌幼虫。将纯净肌幼虫用灭菌生理盐水洗涤 3~4 次，移入每毫升含 3 000U 卡那霉素的灭菌生理盐水中，4℃冰箱中过夜，再用灭菌生理盐水洗涤 3~4 次，除去卡那霉素。按旋毛虫肌幼虫自然下沉压积加入 4 倍量的硼酸缓冲液（pH 值为 8.3），玻璃匀浆器中研磨 15min，然后在 −20℃速冻，30℃水浴速融，反复冻融 5 次。所得匀浆用硼酸缓冲液（pH 值为 8.3） 5 倍稀释，超声间隙破碎 15min，至无虫体残片为止。所得匀浆再用硼酸缓冲液（pH 值为 8.3）稀释 5 倍，4℃冰箱中浸出 24h。将以上碱性匀浆 3 000r/min 离心 30min，弃去残渣。在上清液中徐徐加入冰醋酸（pH 值为 4.6）使成酸性。然后在 4℃冰箱中放置 24h，3 000r/min 离心 30min，去沉淀。上清液用硼酸缓冲液（pH 值为 9.0）调成中性，即为旋毛虫皮内试验抗原。如上制备的抗原置冷暗处保存，4℃保存有效期为 1 年，室温保存为 3 个月。取抗原 0.2mL，注射于猪耳后颈部皮内，注射正确的就会在注射部位形成一个豆粒大小的水疱，然后观察皮肤反应。于注射后 10~20min，注射的局部水疱变红变暗，形成直径 1cm 以上的暗紫红色斑点，并保持 30min 以上者为阳性反应。注射的局部水疱无变化且在 10min 左右消失，或仅出现淡红色斑点但在 30min 内很快消失者为阴性反应。

二、沉淀试验

宿主感染寄生虫后，其血清中即含有特异性抗体，此抗体与病原体的抗原相结合而产生沉淀，可由此测定家畜体内是否存在抗体以判定家畜是否感染某种寄生虫。

（一）免疫扩散沉淀试验

免疫扩散沉淀试验的原理是当可溶性抗原与其相应的抗体在溶液或凝胶中彼此接触时所产生的抗原抗体复合物，可成为肉眼可见的不溶性沉淀物。可据此进行抗原、抗体的定性及定量分析。但在寄生虫病临床诊断中，多采用已知抗原测抗体以判定被检者血清中是否含有抗体或被某种寄生虫感染。已报道用免疫扩散沉淀试验作诊断的寄生虫病有马媾疫、伊氏锥虫病、巴贝西虫病、冠尾线虫病、旋毛虫病、片形吸虫病、血吸虫病等。

（二）活体沉淀试验

活体沉淀试验是寄生虫病所特有的免疫诊断方法，将寄生虫的活幼虫或虫卵放于被检血清内，如果在幼虫或虫卵周围或某一部位形成沉淀，则表示被检者血清内已含有抗体或被检者已受该寄生虫感染。目前，采用这一原理进行寄生虫病诊断的方法有环卵沉淀试验、尾蚴膜反应和蛔虫环幼沉淀试验等。

1. 环卵沉淀试验

取人工感染日本分体吸虫的兔肝，捣碎后，经分层过滤、离心沉淀或以胰酶消化肝组织，而后将所得虫卵悬液加福尔马林醛化，减压低温干燥制成干卵备用。试验时，在载玻片或凹玻片上滴加被检血清一滴，挑取适量干卵（100~150 个）混于血清中，覆以盖玻片，四周用石蜡密封，置 37℃恒温 24~48h 后，低倍镜下检查结果。典型的阳性反应为在虫卵周围出现泡状、指状、片状或细长弯曲状的折光性沉淀物，边缘整齐，与卵壳牢固粘连。根据反应卵的百分率和反应强度进一步分级：（+）为卵周出现泡状、指状沉淀物的面积小于卵周面积的 1/4，片状沉淀物小于 1/2，细长曲带状沉淀物不足卵的长径；（++）为泡状、指状沉淀物总面积大于卵周面积 1/4，片状沉淀物大于 1/2，曲带状沉淀物相当或超过卵的长径；（+++）为泡状、指状沉淀物大于卵周面积的 1/2，片状沉淀物面积等于或超过卵的大小，曲带状沉淀物超过卵长径数倍。

2. 尾蚴膜反应

尾蚴膜反应是以尾蚴为抗原的一种血吸虫感染血清反应。先在载玻片或凹玻片上滴加被检者血清 0.05~0.lmL，用细针挑取活尾蚴（逸出 10h 内）5~20 条置于血清中，加盖片密封置湿盒内 20~25℃孵育 24h 后，低倍镜下观察尾蚴表膜是否有膜状免疫复合物形成。被检血清保存 4d 以上应加入 0.10mL 补体和适量青霉素。应用冻干尾蚴（室温可保存 4~5 周），也可获得类似结果。根据反应结果分级判定：（−）为尾蚴体表无胶膜反应，口部或表膜周围可见泡状或絮状沉淀物；（+）为尾蚴体表的全部或局部形成一层不明显的、平滑而有折光的胶状薄膜；（++）为尾蚴体表形成一层较厚、有皱褶的透明胶膜或套膜、由于足迹的活动、有时可见游离的空套膜。本试验有较高的敏感性和特异性，阳性率可高达 95% 以上，有早期诊断价值。

3. 蛔虫环幼沉淀试验

用人工感染蛔虫的小白鼠，6d 后自肺内分离幼虫，经生理盐水洗净后，放于数滴被检血清中，置 37℃温箱中 24h 后，如在蛔虫幼虫口部和肛门等处出现泡沫状或颗粒状沉淀物则判为阳性。此法可用于诊断蛔虫幼虫移行期所致的寄生虫性肺炎。

三、凝集试验

原虫等颗粒抗原或表面覆盖抗原的颗粒状物质（如聚苯乙烯胶乳、碳素等）与相应抗体在电解质存在的条件下会发生凝集反应，抗原称凝集原，抗体称为凝集素。凝集反应的种类很多，但用于寄生虫病免疫反应诊断的凝集试验主要包括直接凝集试验和间接凝集试验，其共同特征是操作简便，反应快速，敏感性高；缺点是容易发生非特异性反应。所以在做凝集试验时，必须设置阴性血清、阳性血清和生理盐水等对照，以排出非特异性凝集。

（一）直接凝集试验

直接凝集反应是颗粒性抗原与凝集素直接结合而产生的凝集现象。在寄生虫病直接凝集试验中，所用抗原多为微小原生动物活的虫体，所以也称活抗原凝集试验。活抗原凝集试验在马、牛伊氏锥虫病、牛胎儿毛滴虫病和弓形虫病中曾有应用。以伊氏锥虫病为例：自感染有伊氏锥虫的实验动物采血，在血液中见有大量虫体时，将所采血以改良阿氏液稀释。以在显微镜下 450~600 倍放大时，每个视野中含虫体 30~50 个，并见虫体运动活泼，无自然团集现象为准。取被检血清 1 滴于载玻片上，再加入 1 滴上述活虫，混匀，置 37℃恒温箱中，20~30min 后取出镜检。虫体后端相互靠拢，成菊花状排列，但虫体仍保持活动者即为阳性反应。

（二）间接凝集试验

间接凝集试验是将可溶性抗原吸附于某些载体表面，在电解质存在条件下这些吸附抗原的载体颗粒与相应抗体发生凝集反应。由于是抗原与相应抗体的结合使载体颗粒发生凝集，故称为间接凝集，又称为被动凝集。红细胞是一种常用的抗原载体，用红细胞作抗原载体的凝集反应称间接血凝试验。如果将抗体吸附于红细胞表面检测抗原则称为反向间接血凝试验。若以定量已知抗原液与血清样本充分作用后测定其对红细胞凝集的抑制程度，则称为间接血凝抑制试验。除红细胞外，聚苯乙烯乳胶、活性炭、皂土、卡红、火棉胶、胆固醇 - 卵磷脂等，也可用作可溶性抗原的载体，其试验可分别以载体命名，即胶乳凝集试验，碳素凝集试验，皂土凝集试验等。曾用间接凝集试验作诊断的寄生虫病有弓形虫病、旋毛虫病、猪囊虫病、血吸虫病、疟疾、锥虫病、肺吸虫病、华支睾吸虫病、棘球蚴病和蛔虫幼虫内脏移行症等。近年来，一些表面带有化学功能基团的载体颗粒的应用大大提高了凝集试验的稳定性、敏感性和特异性，从而使其应用更加广泛。

四、酶联免疫吸附试验

酶联免疫吸附试验是一种常用的固相酶免疫测定方法，可用于测定寄生虫抗原、抗体，广泛用于寄生虫及其他疾病的流行病学调查、临床诊断、寄生虫生活史研究、抗寄生虫药物的疗效评价等。

五、补体结合试验

最初，在寄生虫病的免疫诊断上行之有效和广泛使用的是诊断马伊氏锥虫病的补体结合试验，该技术比从病畜血液中检出锥虫的病原学技术敏感，检出率高，对血液中不能检出锥虫、也无显著临床症状的亚临床病畜亦能检出，显著优于凝集试验、变态反应、沉淀反应、溶血试验等。

六、间接免疫荧光试验

间接免疫荧光试验是将荧光素与抗 IgG 抗体结合使成荧光标记二抗，当固相抗原与待测血清中抗体特异性结合后，再用该荧光标记二抗与之孵育，即形成免疫荧光复合物，在荧光显微镜下观察到荧光即为阳性，若无荧光则为阴性。间接免疫荧光法具有特异、敏感、快速、重复性好等优点，在检抗原时，被检标本可以是组织涂片、触片、组织切片或培养细胞、粪便样品涂片等，优点是标本不需要特别的前处理，方法简便、直观性强，可以进行寄生虫形态学、组织内定位观察，已在许多寄生虫病中得到应用，如血吸虫病、锥虫病、旋毛虫病、弓形虫病、利什曼病等。缺点是敏感性偏低，有时会有非特异性荧光干扰，需要荧光显微镜和一定经验的工作人员才能准确判定其结果，因此在基层中应用不及 ELISA 等方法普遍。

七、免疫染色试验

免疫染色法是应用抗原与抗体特异性结合的原理，通过化学反应使标记抗体的显色剂（荧光素、酶、金属离子、同位素）显色来确定组织细胞内抗原（虫体、多肽、蛋白质等），对其进行定位、定性及定量的研究。参照标记物的种类可分为免疫荧光法、免疫酶法、免疫铁蛋白法、免疫金法及放射免疫自影法等。免疫酶法敏感性高，标本可长期保存，一般光学显微镜就能观察组织细胞的细微结构和寄生虫虫体在组织中的分布等。目前，电镜水平的免疫金染色、光镜水平的免疫金银染色以及肉眼水平的斑点免疫金染色技术日益成为科学研究和临床诊断的有力工具。由于它具有试剂及样品用量极少、免疫反应高度的专一性、稳定性等的特点，使它在寄生虫病的诊断研究领域中得到了日益广泛的应用，如血吸虫病、肝吸虫病、鼻虫病的免疫诊断及寄生虫抗原定位等。

八、分子生物学诊断技术

寄生虫病分子生物学诊断技术主要包括核酸探针技术和 PCR 技术。核酸探针技术的敏感性、特异性高，操作简单快速，目前已经应用于疟原虫病、利什曼原虫病、阴道毛滴虫病、贾第虫病、弓形虫病等主要寄生虫病的诊断，在对虫株进行种、株鉴定等分类学研究方面也有广泛的应用。例如，用人工合成的高度重复序列的寡核苷探针对人群进行恶性疟原虫检测，与镜检结果有很高的符合率，该探针可检出 0.01~0.1pg 疟原虫 DNA。DNA 微列阵（基因芯片）技术则能在一次实验中同时快速、敏感地检测上千个基因，可用于寄生虫不同发育阶段差异性表达基因和不同种、株的差异基因的检测，对于寄生虫不同阶段发育和种属差异、寄生虫疫苗以及寄生虫病的分子诊断和抗寄生虫药的开发及耐药性的研究都有着十分重要的意义。PCR 方法不仅可以快速检测病原的基因，而且还可以区分虫株的基因型。

参考文献

蔡宝祥，1996. 家畜传染病学 [M]. 第 3 版 . 北京 : 中国农业出版社 .

蔡亮，杨秋林，2007. 弓形虫病免疫学诊断研究进展 [J]. 中国病原生物学杂志，2(3): 233–236.

车振明，2011. 微生物学 [M]. 北京 : 科学出版社 .

陈溥言，2010. 兽医传染病学 [M]. 第 5 版 . 北京 : 中国农业出版社 .

陈兴保，吴观陵，孙新，等，2002. 现代寄生虫病学 [M]. 北京 : 人民军医出版社 .

崔宝安，2005. 动物微生物学 [M]. 第 3 版 . 北京 : 中国农业出版社 .

葛兆宏，2006. 动物传染病 [M]. 北京 : 中国农业出版社 .

韩文瑜，冯书章，2003. 现代分子病原细菌学 [M]. 长春 : 吉林人民出版社 .

胡建和，2006. 动物微生物学 [M]. 北京 : 中国农业科学技术出版社 .

黄文林，2015. 分子病毒学 [M]. 第 3 版 . 北京 : 人民卫生出版社 .

蒋金书，2000. 动物原虫病学 [M]. 北京 : 中国农业大学出版社.

孔繁瑶，2000. 家畜寄生虫学 [M]. 第 2 版 . 北京 : 中国农业大学出版社.

李凡，刘晶星，2008. 医学微生物学 [M]. 第 7 版 . 北京 : 人民卫生出版社 .

陆承平，2013. 兽医微生物学 [M]. 第 5 版 . 北京 : 中国农业出版社 .

罗满林，2013. 动物传染病学 [M]. 北京 : 中国林业出版社 .

邱立友，王明道，2011. 微生物学 [M]. 北京 : 化学工业出版社.

沈杰，2004. 我国首次建立的家畜寄生虫病免疫诊断技术——家畜伊氏锥虫病补体结合试验 [J]. 中国兽医寄生虫病，12(3): 58.

宋铭忻，2008. 兽医寄生虫学 [M]. 北京 : 科学出版社 .

索勋，杨晓野，2005. 高级寄生虫学实验指导 [M]. 北京 : 中国农业科学技术出版社 .

汪明，2003. 兽医寄生虫学 [M]. 第 3 版 . 北京 : 中国农业出版社 .

王小纯，2007. 病毒学 [M]. 北京 : 中国农业出版社 .

邢来宝，李春明，2010. 普通真菌学 [M]. 第 2 版 . 北京 : 高等教育出版社 .

杨光友，2007. 动物寄生虫病学 [M]. 第 2 版 . 成都 : 四川科学技术出版社 .

殷宏，张其才，吕文祥，等，1996. 补体结合试验诊断环形泰勒虫病的研究 [J]. 中国兽医科技，26(7): 9−11.

詹希美，2001. 人体寄生虫学 [M]. 第 5 版 . 北京 : 人民卫生出版社 .

张龙现，蒋金书，2001. 隐孢子虫和隐孢子虫病研究进展 [J]. 寄生虫和医学昆虫学报 (3): 184−192.

赵辉元，1997. 人畜共患寄生虫病学 [M]. 长春 : 东北朝鲜民族教育出版社 .

郑世军，宋清明，2013. 现代动物传染病学 [M]. 北京 : 中国农业出版社 .

中国农业科学院哈尔滨兽医研究所，1998. 兽医微生物学 [M]. 北京 : 中国农业出版社 .

左仰贤，1998. 人畜共患寄生虫学 [M]. 北京 : 科学技术出版社 .

Fayer R, Morgan U, Upton S J, 2000. Epidemiology of Cryptosporidum:transmission, detection and identification[J]. Int J Parasitology, 30(12−13): 1 305−1 322.

Ivan R, 2001. Immunology[M]. 6th edition. London:Harcourt Publishers.

Jane Ft, 2015. Principles of Virology[M] 4th Edition. Washington DC:ASM Press.

Liao D, 1996. Study on the new egg count technique for M.hirudinaceus and A.suum[J]. Veterinary Parasitology, 61:113−117.

Taylor M A, Coop R L, Wall R L, 2007. Veterinary Parasitology [M]. 3rd Edition.London:Blackwell Publishing Ltd.